바이크 엔진
A to Z

쓰지 · 쓰카사 · 著

月刊 모터바이크 편집팀 · 編譯

전문도서의 양심선언

골든-벨

책머리에…

　주변에 많이 있는 듯 하면서도 막상 찾아보면 안 보이는 재미있는 바이크 메커니즘 책을 만들고 싶었다. 책을 쓰기로 구상하면서 다음과 같은 점을 염두에 두었다.

　우선 사전과 비슷하면서도 그냥 읽을만한 책으로 만들고자 했다. 전문서적에 나오는 어려운 말, 흥미를 끄는 말은 뒤의 색인을 찾아 의미를 파악하면서 술술 읽으면 더욱 재미있다. 마음에 드는 부분부터 편하게 읽는 동안 바이크의 전체구조가 파악된다. 물론 처음부터 읽으면 얘기가 자연스럽게 연결된다.

　또 초보자용일 것에 주안점을 두었다. 내가 처음 바이크 책을 잡았을 때, '공부 안 하는 놈은 이 책 보지마' 라고 말하는 것 같은 거만한 책에는 화가 났다. 독자에게 그런 무례를 범하면 결례다. 하지만 입문서니까 내용이 빈약해도 괜찮다고 생각하는 것도 문제다. 메커니즘의 진정한 재미를 알려주고 싶다. 그러려면 가능한 한 본격적인 내용을 넣고 싶다.

　그러나 본격적인 바이크를 만들기 위한 책은 아니다. 우선 라이더의 관점에서 재미있거나, 바이크를 타거나 고르는데 도움이 되는 얘기가 중심이 되어야 한다.

　위와 같은 계획으로 집필을 시작했지만 여기에서 양해를 구하고 싶은 것은, 곰곰이 생각하면서 쓰다보니 글이 점점 늘어나 1권으로 바이크의 모든 것을 알 수 있는 책으로 만들고 싶었던 처음의 계획에서 개론과 엔진 편만으로 한 권이 되었고 게다가 분량 또한 상당해져서 책값이 비싸졌다. 이점은 죄송하다.

하지만 처음의 방향성은 고수했다고 자부한다. 쉽지 않았던 이 작업을 도와준 사람이 일러스트 담당 무라이 마코토 군이다. 나 혼자 만으론 재미 면이나 완성도가 떨어진다. 솔직히 무라이 군에게 많은 도움을 받았다.

가까운 시일 내에 차체 편을 손델 생각이니까 기대하시길 바란다. 어디까지나 나는 라이더이지 메커니즘 전문가는 아니다. 그쪽 전문가 입장에서 도움을 주시고 적절한 도면 등을 찾거나 작성해주신 많은 메이커의 관계자와 엔지니어 분들에게 감사드린다. 참고 또는 인용한 전문지나 서적 관계자에게도 감사한다.

사람의 지혜와 노력이 낳은 고도 기술의 결정이면서도 자연의 섭리에 충실하고 인간적인 탈것인 바이크의 재미를 이 책을 통해 맛보시게 된다면 다행이겠다. 그럼 마음껏 즐기시길…

つじ・つかさ
쓰지 쓰카사

역자의 글

　바이크에 대해 관심을 갖게 되면 자기 애마에 대해서 여러 가지를 알고 싶어진다. 뭔가 좋은 참고서가 없을까? 하고 책방을 기웃거리게 되는데, 알고 보면 엔진에 대해 설명하고 있는 비슷한 내용의 책이란 꽤 많다.

　그러나 그 책들을 자세히 읽어보면 모두 자동차 엔진에 관한 내용이다. 바이크용 엔진에 대한 설명은 깍두기처럼 겨우 붙어 있거나, 있어도 수박 겉핥기 식이다. 그리고 마치 무슨 대학 논문처럼 어렵다. 마치 "기초 지식이 없는 사람은 읽을 생각도 말라!" 라고 하는 것 같다. 그런 태도는 독자에게 실례가 아닌가?

　그렇지만 "어차피 입문서니까 내용은 대충해도 된다" 라는 것도 실례다. 메커니즘의 진정한 재미를 느낄 수 있어야 한다. 그러기 위해서는 가능한 한 본격적인 내용으로 채워야 한다.

　본격적이긴 해도, 그러나 바이크를 설계하기 위한 서적일 필요는 없다. 우리들 라이더의 입장에서 재미있고 즐겁고, 나중에 바이크를 사거나 타고 달릴 때에 도움이 되는 이야기가 중심이 되어야 한다…….

　그래서 이 책이 재미있고 흥미로운 것이다.

　바이크 잡지에 나온 전문 용어나 뜻을 모르는 단어, 또는 흥미를 끄는 단어를 중심으로 페이지를 넘기면서 읽을 수 있을 것, 언제든지 읽고 싶은 부분부터 부담 없이 읽을 수 있을 것. 그렇게 이곳 저곳 골라 읽다 보면 전체적인 바이크의 윤곽을 파악할 수 있을 것. 물론 첫 장부터 읽어도 내용이 일관성 있게 설명되어 있을 것…… 그런 동기로 엮은 것이 바로 이 책이다.

이 책을 통해 메거니즘의 진정한 묘미를 깨닫는 데에 도움이 된다면 더할 나위 없이 큰 기쁨이겠다.

2000년 6월
月刊 모터바이크 편집팀

크랭크 둘레 · 99

피스톤 & 실린더 · 125

연소실 · 145

흡배기계의 본체구조와 기본원리 · 165

구동계 · 435

모터 사이클

자전거(cycle 또는 bicycle)에 엔진(motor)을 단 것…. 우리들의 사랑스러운, 타이어가 두 개 밖에 없는 이 물건이 바로 이런 발상에서 탄생해서 진화해 왔다는 것을 「모터사이클」이란 이름은 단적으로 표현하고 있다. 돌이켜 보면 1885년에 독일 사람인 고트리프ㆍ다임러가 세계 최초로 모터사이클(프레임은 나무로 만들었고 양쪽에는 보조 바퀴가 달려 있었지만)을 만든 이래로, 어떤 의미에서는 「엔진 달린 자전거」의 기본형은 전혀 변하지 않았다. 그러나 한편으로 고도로 진화된 엔진과 프레임, 서스펜션, 타이어 등을 보고 있노라면 더 이상 이녀석을 자전거의 형제뻘이라고는 부르지 못 할 것 같은 느낌도 든다.

bicycle은 바이크(bike)라고도 부르며 거기에 동력장치를 붙였다고 해서 모터바이크라는 호칭도 바이크 선진국에서는 일반적이다. 바이크란 넓은 의미의 2륜차를 말하지만, 요즘에는 우리나라에서도 모터사이클을 가리키는 인식이 정착되어 가고 있다. 또한 오토바이라는 호칭도 일반적이지만 이것은 자동차를 뜻하는 auto와 bike를 합성시켜 일본인이 만들어낸 조어이다.

이들 호칭에 명확한 사용구분 따위는 없다. 그러나 감각적으로 「모터사이클」은 뭔가 딱딱하고 엔지니어적인 분위기이다. 우리들이 보통시에 쓰는 것은 아무래도 「바이크」 혹은 「오토바이」일 것이다. 세상 사람의 인식에는 오토바이가 일반적이지만 앞서 말했듯이 명칭 자체와 그 의미가 매우 부자연스럽다. 따라서 이 책에서는 기본적으로 「바이크」라고 부르기로 한다.

스포츠 바이크

다임러가 자신이 발명한 엔진을 이용해서 뭔가 탈 것을 만들려고 생각했을 때, 가장 손쉬웠던 것이 바이크였다. 구동계통과 조향계통의 구조가 간단했기 때문이다. 특별히 바이크를 좋아했던 것은 아니다. 그는 곧바로 칼·벤츠와 둘이서 자동차 제작에 몰두하게 된다. 어쨌거나 엔진 달린 탈 것을 연구, 개발했던 이유는 우선, 장거리를 짧은 시간에 편안히 이동하는 수단으로서, 말이나 마차보다 우수한 것을 원했기 때문이다. 즉 인간이나 화물을 운반하는 실용차로서의 의미가 크다.

그러나 바이크는 거의 같은 시기에 탄생하여 진화를 개시한 자동차에 비해, 화물 운반용으로서의 기능은 현저하게 뒤떨어진다. 그야 바이크는 자동차가 흉내낼 수 없는 우수한 기동성능이 있고, 이는 신문배달이

● 바이크는 재미있는 탈 것이다

나 요즘 번창하는 택배 서비스 등을 보면 알 수 있다. 그렇지만 자동차처럼 화물을 대량으로 실을 수 없다. 비가 오면 짐도 젖고 사람도 젖는다. 여름엔 덥고 겨울엔 춥다. 주행 안정성도 낮고 사람도 금새 피로해진다.

그럼에도 불구하고 바이크가 지금까지 계속 존재해온 이유는 그 스포츠성 때문이다. 수많은 바이크들은 그런 방향으로 진화해 왔다. 엄연한 상용 바이크가 존재하고 있다는 사실을 부정할 수는 없겠지만 이 책에서는 스포츠 바이크를 주제로 이야기해 보자.

스포츠라곤 하지만 이것은 그저 스피드를 추구한다는 말이 아니다. 조종하는 작업을, 혹은 승차감을, 아니면 이동하는 것 자체를…. 하여간 바이크를 사용해서 즐기는 것, 즐거운 시간을 갖는 것. 그 수단으로 쓰이는 바이크는 모두 스포츠 바이크이다. 물론 생활의 수단으로도 활용하겠지만 우리 마음 속의 테마는 「엔조이」이다. 취미의 도구. 까놓고 말하자면 놀이 도구이다. 바이크는 도도한 자존심에 빛나는 놀이 도구이다.

그런 기분으로 탄다면 설사 세상 사람들이 상용차라는 이름을 붙여놓아도 그 라이더에게 있어서는 훌륭한 스포츠 바이크이다. 애시당초 매이커나 잡지가 어떤 장르로 그 바이크를 구분해 놓더라도 그것에 따를 필요 따윈 없다. 기존의 장르 구분은 어디까지나 참고 사항일 뿐이지, 스스로가 즐겁게 탈 수 있다면 그걸로 좋은 것이다. 가령 투어러로 구분되어 있더라도 실제로는 슈퍼스포츠적인 요소가 강한 바이크도 많다. 이 점을 염두에 두고 이 책을 읽어 주기 바란다.

온로드 바이크

포장된 도로를 달리는 것을 주된 목적으로 만들어진 바이크를 말한다. 온로드 바이크를 더욱 세분화해서 슈퍼스포츠 또는 투어러, 아메리칸 크루저 등으로 구분하기도 한다. 그렇지만 게중에는 명확하게 구분지을 수 없는 바이크도 있어서. 원래는 이런 것이 보통 바이크일 것이다. 사용 용도를 제한한 구조일수록 그 상황에서는 최고로 재미있지만, 그 밖의 분야에서는 고통스러운 경향이 있다. 아울러 오프로드 바이크처럼 생긴 온로드 바이크도 많다.

슈퍼 스포츠

스포츠 바이크에게 있어서 스포츠성은 가장 중요한 요소이다. 그 스포츠성 중에서도 가장 근본적이고 단순한 것이 「보다 빠르게」일 것이다. 100년 이상 전부터 현재까지 이것은 바이크나 자동차와 연관된 인

● 포장 도로에서는 온로드 바이크

간들의 변함없는 욕구이다. 다만 빠르기라는 것은 최고속도만의 문제가 아니다. 가속 성능, 코너링, 브레이킹, 더 나아가 끝까지 주파할 수 있는 안정성과 신뢰성 등 다양한 의미의 「성능」이 추구되어야 한다.

슈퍼스포츠란 무엇보다도 그런 빠르기를 우선시킨 바이크를 말한다. 크루징에서의 쾌적성이나 평상시에 사용하기 좋은 편의성 따위는 과감하게 생략한다. 그리고 실제로는 그런 방향성을 가진 온로드 바이크에 한해서 이렇게 부른다. 얼마만큼 빠르기 성능을 우선시킬 것인가는 바이크 마다 다르다. 어느 특정 바이크를 슈퍼 스포츠라고 정의 내릴 것인가 여부는 라이더 각자가 판단할 일이다.

한편 이런 고성능 기계를 능숙하게 다루고 싶어하는 것이 라이더가 추구하는 욕망이며 여기에 바로 조종하는 즐거움이 존재한다. 원래는

● 「보다 빠르게…」를 추구한 슈퍼스포츠

이것이야말로 슈퍼스포츠의 가장 중요한 요소라고 나는 생각한다. 엔진과 타이어, 그리고 노면의 상황을 몸으로 직접 느끼면서 달리는 즐거움이다. 이것을 제대로 할 수만 있다면 결과적인 속도 차이 따윈 별 상관없다. 다만 「달리는 기능」의 기본이 제대로 돼 있지 않은 바이크가 아니면 이 쾌감을 얻을 수 없다. 쾌감이 있다면 엔진의 마력이나 타이어의 그립력이 낮더라도 일반도로에서는 실질적으로 빠르다.

그런데 「빠르게 달린다」는 것이 스포츠의 기본일지는 모르지만, 엔진의 출력이 클수록 그것에 비례해서 스포츠성이 높아진다고는 할 수 없다. 무한대로 뻗어 있는 직선도로에서 최고속도 경쟁을 하려는 것이 아니다. 또한 최고출력을 자꾸 높여가는 경향에 대한 사회적 의미의 제한

이 생기고 있는 것도 사실이다.

따라서 가령 엔진 형식을 예로 들자면 굳이 다기통 엔진 이외의 것도 주목의 대상으로 떠오르고 있다. 물론 다기통 엔진에는 나름대로의 장점과 맛이 있지만 무겁다는 결점도 있다. 또 엔진의 폭이 넓어서 경쾌한 핸들링이라는 면에서는 커다란 마이너스 요인이다. 그런데 단기통이나 V트윈이라면 폭이 매우 좁고 가볍다. 차체의 운동성은 월등하게 향상된다. 새로운 방향의 「빠르기」가 탄생할 수 있으며, 동시에 경쾌하고 자유롭게 조종할 수 있는 「즐거움」의 폭도 넓어진다. 이런 식의 접근방식으로 추구해가는 「스포츠성의 향상」도 있는 것이다. 엔진 특성도 저회전에서 둥둥거리며 달리는 복고 취미적인 것 말고도, 부드럽게 고회전까지 방방 돌아가는 것이 있어도 좋다고 생각한다. 「심각하게 슈퍼스포츠를 추구하는」 단기통이나 V트윈 바이크는 자꾸 나와야 한다.

이처럼 슈퍼스포츠는 꼭 다기통 엔진이어야 한다든지, 풀 카울을 달고 있어야 한다든지, 라는 식의 부분적인 형태를 따지는 고정 관념에서 탈피해야 한다. 스포츠 라이딩을 즐길 수 있는 바이크는 모두 슈퍼스포츠이기 때문이다.

레플리카

원래는 돈으로 살 수 없는 유명한 바이크나 레이싱 머신을 본따서 오리지널에 가까운 상태로 만든 바이크를 '무슨무슨 레플리카' 라고 한다. 레플리카의 본고장 일본에서는 1980년대부터 로드 레이서처럼 생긴 바이크를 가리키는 의미가 된 듯하다. 그리고 한 때에는 '레플리카가 아니면 바이크가 아니다' 라는 분위기까지 형성되었다.

그러나 90년대에 들어서면서 네이키드의 인기가 치솟기 시작한다. 단락적으로 본다면 「레플리카의 쇠퇴」이지만, 빠르게 달리는 기능을 철저하게 추구하는 그 기본자세는 어떤 의미애선 바이크의 본질이며 결코 소멸될 수 없다. 요즘 들어 레플리카는 슈퍼스포츠의 한 장르로 정착돼 가고 있다고 봐야 할 것이다.

처음 유행하기 시작했을 당시에는 오로지 가속이나 최고속도, 또는 손쉽게 탈 수 없는 까다로운 점이 두드러지게 눈에 띄었고, 그리고 오히려 그런 점을 세일즈 포인트로 선전하던 시절도 있었던 레플리카. 그러나 치열한 성능 경쟁의 결과, 단순히 빠르다는 것 말고도 다양한 상황과 주행 여건에 폭넓게 대응할 수 있는, 진정한 의미의 고성능을 갖추고 있는 모델이 요즘에는 많다. 잡지 기사나 메이커의 선전문구 중에는 레플리카임을 강조하거나, 또는 그럴 듯한 겉모습을 하고 있는 바이크라도

● 레플리카는 레이서에서 비롯되었다…

승차감으로 보면 그저 진솔한 슈퍼스포츠라고 부르는 편이 어울리는 모델도 있다.

아울러 오프로드 바이크 중에서도 모터크로서 레플리카 풍의 바이크도 있다.

네이키드

카울이 없는 온로드 스포츠 모델을 가리킨다. 따지고 보면 가장 기본적인 바이크의 형태인데 1990년에 가와사키에서 제퍼(ZEPHYR)가 등장하고부터, 카울 달린 레플리카와 구별하기 위해 이렇게 부르게 되었다.

● 레플리카에서 네이키드로…

　엔진과 핸들링의 부드러운 특성, 극단적으로 앞으로 숙이지 않는 라이딩 포지션 등을 기본으로 하고, 부담없이 달릴 수 있는 분위기와 엔진이 훤히 들여다 보여서 그야말로 「바이크」라는 말이 제대로 어울리는 스타일은, 레플리카만 보고 성장해 온 젊은 세대에게는 신선하게 비춰졌을 것이다. 하긴 그 중에는 가속력을 강조한 모델도 있고 신속한 코너링 성능을 중시한 모델도 있어서 내용적으로는 상당히 애매하다는 것이 사실이다.

　92년에 등장한 혼다의 CB400SF는 라이딩 포지션이나 프레임의 강성 밸런스, 엔진 특성 등에 레플리카와는 다른 스포츠성이 있다. 네이키드다운 슈퍼스포츠의 세계가 펼쳐지고 있는 것이다. 카울이 없더라도 슈퍼스포츠 요소가 있어서 신기할 게 없다.

● 이지 라이더의 기분으로…

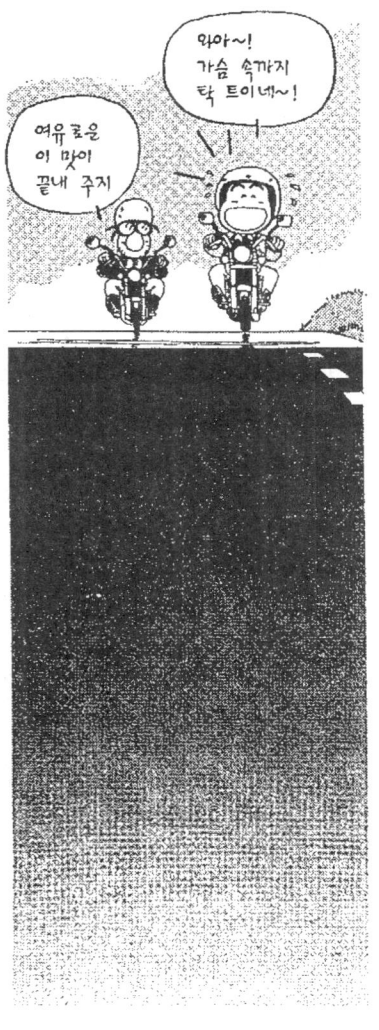

와아~!
가슴 속까지
탁 트이네~!

여유로운
이 맛이
끝내 주지

카울이 없으면 심적인 개방감이 크고, 차체 무게는 가볍고 가격도 싸다. 그렇지만 고속주행에서는 풍압으로 쉽게 피곤해지며 겨울에는 춥다. 핸들링 면에서도 불리한 점이 많다.

아메리칸 크루저

이쪽 계통의 발단은 미국의 일부 라이더들이 기성 바이크를 자르고 붙이고 해서 만든 개조차량인 쵸퍼 (chop＝썰다, 뻐개다) 이다. 기본적으로는 길～죽한 프론트 포크와 깊숙히 기울인 캐스터각, 두터운 리어 타이어 등이 외관상의 특징인데, 그렇다고 명확하게 정해진 스타일은 없다. 개조의 베이스가 되는 차량은 할리가 많다.

이 쵸퍼를 모델삼아 주로 일본 메이커가 만든 바이크를 이른바 「아메리칸」이라고 부른다. 메이커가 대량으로 생산하므로 이미 이것은 쵸퍼가 아니다.

엔진은 슈퍼스포츠나 투어러의 것을 그대로 사용하는 모델도 있지만 그 중에는 전

용 엔진을 탑재하는 것도 있다. 이런 스타일로 호쾌한 파워를 맛보는 것도 하나의 즐거움이다. 그렇지만 뭐니뭐니 해도 이 바이크의 가장 큰 매력은 그 여유로운 승차감. 시트가 낮아서 두 다리가 편히 땅에 닿고 느긋한 라이딩 포지션은 현실적인 기능성 이상으로 기분을 개방적으로 해준다.

현실론을 말하자면 주행풍의 압력이 온 몸에 부딪히고 엉덩이에 모든 체중이 쏠리는 그 자세는 쾌적성이라는 면에서 반드시 최고는 아니다. 그 스타일 때문에 필연적으로 리어의 서스펜션 스트로크는 짧아지고 노면의 충격이 그대로 엉덩이로 전달되기 쉽다. 또한 이 바이크는 겉모습이 중요한 가치를 지니고 있는데 이 형태로는 코너에서의 기민한 운동성능도 기대하기 어렵다. 라이딩 포지션도 조종하기 어려운 자세이다. 다만 근

래에 들어서는 그 스타일을 그대로 유지하면서도 나름대로의 운동성과
서스펜션 성능을 확보하고 있는 모델도 등장하기 시작했다. 물론 어디
까지나 「나름대로」이지만….

스프린터

단거리를 활기차게 달리는 즐거
움을 강조한 바이크를 가리킨다.
레플리카 등이 여기에 해당된다.
장거리 크루징에서의 쾌적성보다
도 고도의 조종성을 중시한 설계가
많다. 특히 2스트로크 차량에 이런
경향이 강하다. 온로드/오프로드
모델을 구분하지 않고 불리운다

스프린터는 단거리를
달리는 것이 즐거운
바이크지

투어러

스프린터처럼 순간적인 빠르기
를 추구하는 것만이 스포츠가 아니
다. 투어링도 바이크를 사용한 또
하나의 원점이다. 장거리를 쾌적하게 달리는 것을 주제로 한 바이크를
투어링 스포츠, 투어러 등이라고 부른다.

투어러에게 요구되는 엔진의 조건은 우선 필요충분한 파워가 있을 것
과 곧은 토크 특성으로 다루기 쉬울 것. 진동도 가능한 한 적은 편이 좋
다. 아울러 일정 속도로 달리고 있더라도 조급하게 재촉당하는 느낌이
없어야 하며, 적절한 고동감 등으로 지루하지 않는 것이 최고이다.

● 장거리를 쾌적하게 달리고 싶다면… 투어러

핸들링은 너무 신경질적이지 않은 편이 좋다. 그러나 그렇다고 단순히 안정 지향성을 강조해서 둔하고 무거운 것을 선호하는 것은 시대 착오적인 발상이다. 적절한 경쾌함이 없다면 금새 피곤해지기 마련이고 유사시에 위험을 회피할 수도 없다. 앞뒤 서스펜션도 그저 푹신거리면 좋다는 것도 역시 시대 착오적이다. 제대로 된 작동감이 있어야만 안심하고 달릴 수 있는 것이며 몸도 마음도 피곤하지 않다.

투어러의 차체 프레임은 수준이 좀 낮아도 괜찮다는 인식이 아직도 일부 남아 있기는 하지만 그 또한 잘못된 생각이다. 코너를 공략하기 위함이 아니라 투어러로서의 고성능은 역시 필요하다.

쾌적하게 2인 승차를 할 수 있는 시트 디자인, 화물을 싣기 쉽도록 캐

리어나 사이드백을 장착할 수 있는 구조가 바람직하다. 주행풍의 압력이
나 엔진 열풍을 효과적으로 컨트롤할 수 있는 카울도 달려 있는 편이 유
리하다.

오프로드 바이크

오프(off)라는 이름이 붙어 있을 정도니까 길을 벗어난 곳을 달리는
바이크라는 뜻이지만, 대부분은 포장이 되어 있지 않은 도로를 달리는
기능을 중시한 모델이다. 그래도 현실적으로는 포장도로의 주행 성능도
상당히 고려되어 있어서 그 중에는 온/오프 모델, 멀티 퍼포우즈 또는

● 비포장 도로라면 오프로드 바이크

듀얼 퍼포우즈 바이크라고 불리우는 모델도 있다.

한 마디로 길을 가리지 않는 바이크라는 뜻이며 사용 범위가 매우 넓다. 가볍고 차체가 가늘어서 시내 주행도 의외로 편리하기도 하다. 다만 고속주행에서의 엔진 성능이나 차체의 안정성, 포장도로에서의 브레이크 성능 등은 일반적으로 온로드 모델보다 낮다. 체중이동을 하기 쉽도록 시트가 좁고 딱딱한 모델이 많아서 착석감도 그다지 좋지 못한 모델도 많다. 일반적으로 2스트로크 차량이 오프로드 바이크에 주로 사용되는 경향이 있다.

숲길 등 비포장 도로에서의 주행성능을 중시한다면 일반적으로 말해서 200~250cc 정도의 배기량이 적당하다. 이것보다 크면 오히려 그 크기와 무게가 고통스러워진다. 그렇지만 400cc나 게중에는 1000cc

정도의 바이크도 있는데, 이건 또 이것대로 온로드에서 여유로운 주행 성능을 발휘하고 또한 어느 정도는 비포장길도 달릴 수 있는 기능도 갖추고 있으므로, 장거리 투어링에서는 매우 편리하다. 또 그 압도적인 외관상의 박력도 매력의 하나이다.

최근에는 오프로드 모델 특유의 차체구성을 능숙하게 활용하여 일반적인 온로드 바이크와는 이질적인, 온로드에서의 경쾌한 핸들링이 돋보이는 모델도 등장하고 있다. BMW의 R100GS나 야마하 TDM850, 혼다 트랜스앨프400V 등이 좋은 예이다.

격렬한 오프로드 주파성능을 추구해 가면 노면의 심한 충격을 흡수하기 위해 앞뒤의 서스펜션 스트로크가 길어진다. 이것은 발착지성을 비롯한 차체 다루기 성능이 나빠진다는 뜻이다. 그러나 부담없이 숲 속의 오솔길을 달리기 위해서는 그 정도까지의 서스펜션 스트로크는 필요없잖은가? 그래서 서스펜션 스트로크를 줄여서 차체를 아담하게 만들고, 또 엔진을 셀프 스타터 시동으로 해서 현실적인 주파성능을 노린 바이크도 주목을 끌고 있다.

이것을 트렉킹 바이크라고 부르기도 한다. 혼다 XL 디그리, 야마하의 세로우 225 등이 그것이다.

레이서

경기용 차량을 말한다. 레이싱 머신이라고도 한다. 바이크의 스포츠성을 추구해 가면 결국에는 그 스포츠 성능을 비교해서 경쟁하게 되는데, 여기서 사용하는 바이크는 그 경기에서 겨루는 스포츠 성능이 철저하게 연마되어 있다. 가령 로드 레이서는 포장된 일정 구간의 코스를 얼마나 빠르게 달리는가, 라는 성능이다. 험난한 비포장지에서의 빠르기를 겨루는 모터크로스에서 사용하는 것이 모터크로서. 정지 상태에서 출발해

● 승리를 추구하는 궁극적인 바이크, 레이서

서 4분의 1마일을 주파하는 시간을 겨루는 드랙 레이서. 그밖에도 타원형의 평탄한 비포장 트랙을 달리는 플랫 트랙커. 얼음 위를 달리는 아이스 레이서 등 각양각색의 종류가 있다. 한편 속도를 겨루는 것만이 아니라 험난한 지형을 얼마만큼 능숙하게 주파할 수 있는가를 겨루는 트라이얼 경기도 있어서, 여기서 사용되는 머신을 트라이얼러라고 부른다.

이러한 경기용 차량은 승차감을 즐기는 일과는 거리가 멀고 어디까지나 이기기 위한 도구로서의 기능만이 추구된다. 그러나 결과적으로 그 한정된 상황하에서는 머신을 조종하는 즐거움을 만끽할 수 있다. 또한 요즘에는 고통과 격투하지 않으면 안되는 머신으로는 이길 수 없게 되었다. 의미는 좀 다르지만 나름대로의 쾌적성이 없으면 경기에 집중할 수 없기 때문이다.

이러한 레이서의 노하우는 여러 형태로 일반 스포츠 바이크에 활용되고 있다. 굳이 엔진이나 차체의 모양새 뿐만 아니라, 가령 프레임의 강성 밸런스 비율 등도 마찬가지다. 그리고 바이크의 경우는 자동차와는 비교도 안될 정도로 레이서와 일반 시판차의 형태가 가깝다.

스쿠터

엔진 달린 2륜차 중에서 차체 대부분이 커버로 가려워있는 경향이 강하고 두다리를 편평한 바닥에 올려 놓고 타는 형식을 말하지만 명확한 정의는 없다. 평상시의 옷차림으로 부담없이 탈 수 있는 점이 스쿠터의 매력이지만, 타이어 & 휠이 작아서 안정성은 그다지 좋지 못하다.

2스트로크 엔진에 유니트 스윙식 리어 서스펜션, 원심 클러치에 무단변속기라는 구성이 일반적인 내용이다. 원래는 실용차 지향적인 요소가 강하지만 소형 스쿠터 중에는 일종의 스포츠성을 강조한 모델도 많다.

●누구나 어디서나 부담없는 스쿠터

한편 250cc 클래스의 대형 스쿠터도 의외로 인기가 많다. 주로 바이크 선진국에서는 250cc 정도의 배기량이면 고속도로 통행을 허용하고 있기 때문이다. 출발 가속 성능도 스포츠 바이크에게 뒤지지 않을 정도의 모델도 많고 도시 생활자의 평소 자가용으로서의 가치가 높다.

스리터

말하자면 50cc 스쿠티의 일종인데 이것은 2륜차가 아니다. 뒷바퀴가 두 개 달려 있어서 코너링시에도 뒷바퀴는 기울어지지 않으며, 차체와 앞바퀴만을 기울여서 코너링한다. 무거운 짐을 싣기 쉽고 저속에서의 안정성도 높은 점이 장점이다. 혼다의 자일로X 등이 좋은

예이다. 도심의 번화가 등지에서 피자 배달용으로 활약하는 천정 달린 3륜차로 유명하다.

사이드카

바이크의 좌우 어느 한 쪽에 타이어가 한 개 달린, 사람이 타기 위한 상자('카'라고 부른다)를 붙여 놓은 것을 말한다. 가속할 때에는 카 쪽으로, 브레이크를 걸면 반대쪽으로 핸들이 쏠리기 때문에 독특한 조종 기술이 필요하다. 당연히 코너링도 왼쪽과 오른쪽이 다르다. 그러나 카에 타는 사람('패선저'라고 부른다)이 편안하게 탈 수 있다는 이점이 있다. 참고적으로 덧붙이면 고속도로의 바이크 2인승차 주행이 허용되지 않는 일본에서도, 사이드카라면 패선저를 태우고 주행할 수 있다. 3

● 사이드카는 3인 승차용

일반적으로
사이드카란 건 팔지
않으니까 나중에 따로
나와서 바이크에게
붙이는 거겠지

여러 바이크를 갖고
싶지만 세워 둘
곳도 없고…

그렇다면 한 대의
바이크로 여러 가지
기분을 맛볼 수
있도록…

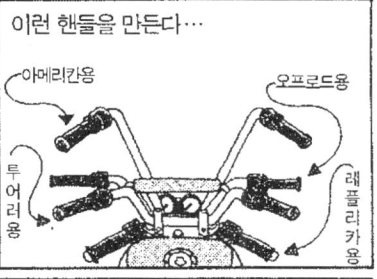

이런 핸들을 만든다…

아메리칸용
오프로드용
투어러용
래플리카용

타이어는 여러 종류를 준비해 놓고
용도에 따라 바꿔 단다…

오늘은
"오프로드니까…"

내친 김에 그때마다 엔진도
바꿔 달으면…

아예 넓은
공터를 닦아
보는 편이
낫지 않아?

륜차이지만 2륜차 면허 범주에 속하는 탈 것이다.

겉모습은 기성 바이크에 단순히 카를 붙인 것 외에도 일체식 카울로 뒤덮힌 모델도 있다. 프레임도 전용으로 설계된 완전 일체식의 것을 사용한다. 독일의 도마니 등이 좋은 예이다. 그러나 이것은 극소수에 지나지 않고 전세계적으로 보아도 바이크 메이커에서 사이드카를 만들어 판매하는 경우는 드물다.

자, 드디어 엔진에 대해 알아 보도록 하자

이제부터는 바이크용 엔진에 대해 구체적으로 해설하고자 한다.

다만 엔진 하나만 가지고는 바이크의 성능이나 기능을 따질 수 없다는 점을

언제나 명심하고 있기를 바란다.

특히 바이크는 그 전체적인 성격을 엔진이 좌우하는 비중이 매우 크다.

따라서 엔진의 기본 구조론은 자동차와 똑같더라도 각 기술의 활용 형태가

바이크 특유의 성격을 띄게 된다. 더구나 그 수준이 높고 섬세하며 감성을 중시한다.

왜냐하면 바이크는 매우 섬세한 도구이기 때문이다.

엔진이란?

　동력을 발생시키는 장치(기관, engine)를 말한다. 우리가 엔진이라고 부르는 것은 거의 대부분이 휘발유를 연료로 사용하는 것을 연상하기 쉬운데, 로켓 엔진이나 원자력 엔진 등도 해당된다. 기본적인 의미로서는 동력을 발생시키는 기관을 통틀어 가리키는 것이다. 영어 사전을 찾아 보면 단순히 「기계」라는 뜻도 포함되어 있다. 다만 일반적으로 전기 모터 같은 것은 엔진이라고 부르지 않는다. 어떠한 연료를 연소시켜서 동력을 얻는 기관을 가리키는 것이 일반적이다.

　연료를 사용하는 엔진은 크게 나누어 두 가지가 있다. 하나는 기관 밖에서 연료를 연소시켜서 그 열에너지로부터 동력을 얻는 것인데, 이것을 외연기관 또는 외연기라고 부른다. 기차에 사용되는 증기기관 등이 이것이다. 또 하나는 기관 안에서 연료를 연소시켜 그 연소압력으로부터 동력을 얻는 것으로써, 이것을 내연기관 또는 내연기라고 부른다.

내연기관에도 여러 종류가 있는데, 로켓 엔진이나 제트 엔진 등은 강렬한 분사 반력을 발생시킬 수는 있지만 바이크나 자동차에 사용하기에는 불편한 점이 너무 많다. 애시당초 바퀴를 돌리는 회전력을 직접적으로 얻을 수가 없다. 속도기록 경주용차 등에 가끔 쓰이기도 하지만 이는 어디까지나 특별한 예이다. 또한 가스 터빈 엔진이란 것도 있는데 제트 엔진처럼 통 속에서 연속적으로 연료를 연소시키면서, 그 가스 압력으로 바람개비(터빈)를 돌려서 회전력을 얻어 내는 방식이다. 그러나 이것도 미묘한 스로틀 컨트롤에 난점이 있어서 선박이나 비행기에 사용되는 경우는 있어도, 바이크나 자동차용으로 사용되는 예는 일부 경기용 차량을 제외하고 거의 없다.

인간은 다양한 종류의 엔진을 발명하고 연구해 왔고, 그 일은 아직도 계속되고 있지만 바이크나 자동차용으로 사용할 수 있는 엔진은 매우 제한을 받고 있다는 것이 현실이다. 특히 바이크는 기능성면에서도 제한이 심하다. 바이크나 자동차용 엔진의 주역은 내연기관 중에서 리시프러케이팅 엔진이다.

리시프러케이팅 엔진

리시프러케이팅 엔진(reciprocating engine) 이란 우리나라 말로 하면 왕복운동 엔진이다. 뚜껑이 달혀 있는 원통(실린더) 안을 피스톤이 왕복운동하며 마치 펌프같은(엔진 발명의 기초는 대부분이 펌프이다) 구조를 이루고 있다.

이 실린더 안에 혼합기(연료＋공기)를 집어 넣고 이것에 불을 붙여

● 실린더 안에서 피스톤이 왕복하는 리시프러케이팅 엔진

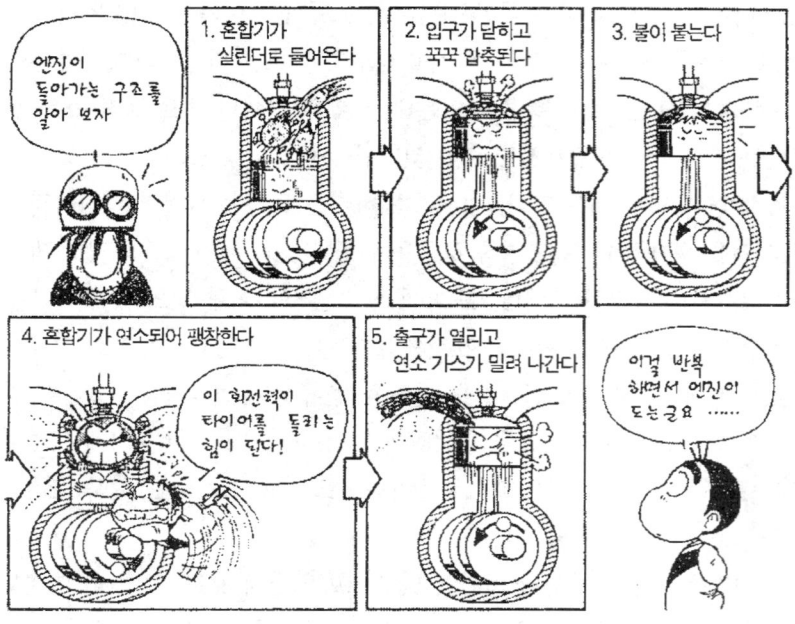

태워서 연소→팽창압력에 의해 피스톤을 내리 누른다. 이 때의 눌리는 힘을 커넥팅 로드와 크랭크 샤프트를 사용해서 축회전력으로 변환시킨다. 이것이 리시프러케이팅 엔진의 기본 형태이다.

내연기관, 그 중에서도 리시프러케이팅 엔진은 크기가 작고 회전수=속도와 출력을 제어하기가 쉬우며 유지 관리하기도 편하다. 특히 휘발유를 연료로 하는 엔진은 경량 & 소형, 고출력이므로 바이크용으로는 최고로 안성마춤이다. 경유를 사용하는 디젤 엔진은 열효율(연료가 발생시킨 열에너지를 회전력으로 바꾸는 효율)이 높다는 장점이 있지만, 휘발유 엔진보다 마력이 낮고 회전수를 재빠르게 조정하기가 어려운 단점 때문에 바이크에게는 어울리지 않는다.

휘발유 엔진은 2스트로크 엔진과 4스트로크 엔진으로 나뉘는데 그

내용은 나중에 자세히 설명한다. 자동차의 경우, 2스트로크 엔진은 현재 사용되고 있지 않으므로 4스트로크 엔진 해설 쪽으로 편중되는 경향이 있지만, 바이크는 2스트로크가 당당하게 시민권을 획득하고 있다.

로터리 엔진

휘발유 엔진 중에는 로터리 엔진이란 것이 있는데 이것은 리시프러케이팅 엔진이 아니다. 누에고치처럼 생긴 단면 형상의 케이스(로터 하우징) 안에서 삼각형으로 생긴 로터가 회전한다. 회전하긴 하는데 1점을 중심으로 도는 순수한 원운동이 아니라, 로터의 3개의 각이 로터 하우징을 따라 미끄러지면서 데굴데굴 도는 식으로 회전하면서, 안쪽에 들

●케이스 안에서 로터가 회전하는 로터리 엔진

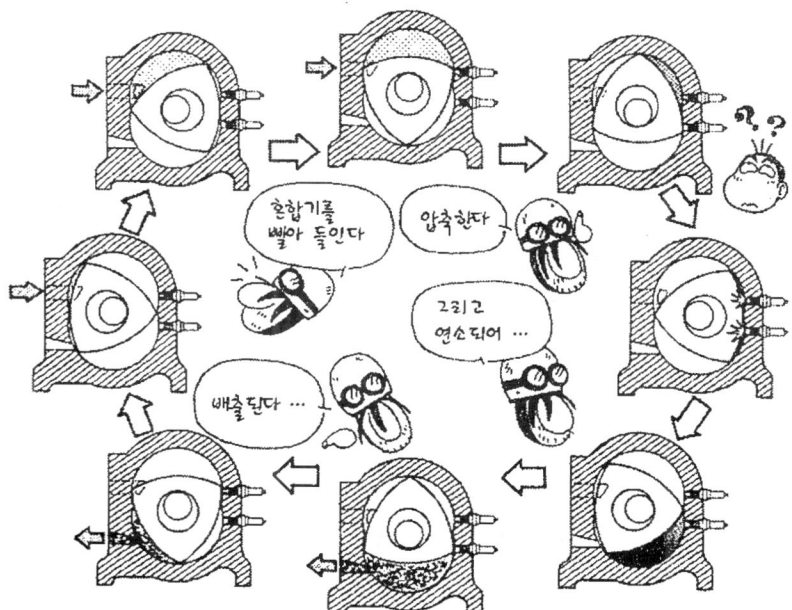

어있는 편심축(익센트릭 샤프트라고 부르며 크랭크 샤프트의 역할을 한
다)을 돌린다. 로터가 1회전 하는 동안에 연소 행정이 3회 발생하며 익
센트릭 샤프트도 3회전한다.

이 움직임은 그림을 보거나 글을 읽어서만은 여간 이해하기 어려운
게 아니다. 나도 예전에 실물을 직접 보고나서야 겨우 이해할 수 있었
다. 그러나 이 이상의 설명은 생략하련다. 과거에 스즈키에서 생산한 적
도 있었고 지금도 영국의 노튼에서 만들고 있으며, 자동차의 경우에는
마츠다의 시판차가 달리고 있지만, 적어도 바이크에게 로터리 엔진은
보편적이 아니다.

그 이유는 무거운 로터 때문에 회전수를 컨트롤하기 어려운 데에 있
다. 또한 2스트로크 엔진과 유사한 문제점도 있다. 그러나 그 보다도 대
다수의 메이커가 진지하게 개량, 개발을 추진하고 있지 않다는 점이 로
터리 엔진의 진화를 저해하고 있다고 나는 생각한다. 이유야 어쨌건 우
리들은 바이크를 설계하는 사람들이 아니다. 우리들 주변에 있는 바이
크 중에서 로터리 엔진은 찾아 볼 수 없으므로 그에 대한 고찰은 다음
기회로 미루고자 한다.

유니트 컨스트럭션

경우에 따라서는 엔진을 파워 유니트라고 부르기도 하는데, 이 낱말
자체는 유식한 척 하기 좋아하는 사람들이 즐겨 사용하는 표현이라는
것 말고는 굳이 설명할 필요도 없을 것이다. 그러나 바이크용 엔진은 파
워 유니트라는 호칭이 제대로 어울리는 경우가 많다.

동력을 발생하는 장치가 엔진인데 여기서 얻은 회전력 및 그 회전 속
도를 상황에 맞춰 변화시키는 장치, 즉 트랜스미션이 필요하게 된다. 1차
감속 기구와 클러치도 필요하다. 그런데 대부분의 바이크용은 이들 구동

●소형화를 추구하는 바이크 엔진

계통과 엔진이 일체식 구조, 즉 유니트 컨스트럭션(unit construction)으로 되어 있다. 하나의 구조물로서 일체식을 이루고 있으므로 우리들이 단순히 「○○차의 엔진」이라고 부를 경우에는 구동계통을 포함한 그 유니트 전체를 가리키는 경우가 적지 않다. 유니트 컨스트럭션 방식을 취하고 있는 이유는 간단하다. 전체를 작고 가볍게 만들기 위해서이다.

자동차처럼 엔진이 독립되어 있는 형태에서는 한 가지 형식의 엔진을 오토매틱 미션에 연결하거나, 4륜 구동으로 만들거나 등 여러 가지 차종에 사용할 수 있다.

우선 효율성이 높고 하나의 엔진을 개발하기 위해 방대한 비용과 시간이 걸리는 자동차의 세계에서는 이것이 필연적이라고도 말할 수 있다. 또한 자동차는 대부분의 경우, 엔진의 크랭트 샤프트와 미션 샤프트가 일렬로 연결되는 구조라서, 이들을 별개 부품으로 만드는 데에 특별히 구조를 바꿀 필요가 그다지 없다. 그러나 소형 경량화라는 관점에서 본다면 엔진과 구동계통을 별체식으로 하는 것은 불리하다. 또한 아주 작은 소형 경량화도 바이크처럼 덩치가 작은 차에서는 커다란 의미를 갖는 것이다.

옛날 바이크는 미션이 별체식으로 되어 있는 구조가 적지 않았고 할리 등은 지금도 이 방식을 고수한다. 또한 크랭크 샤프트와 미션이 일렬로 연결되어 있는 형식의 BMW도 별체식이다. 그러나 현재의 주류는 역시 유니트 컨스트럭션 방식이다.

엔진 회전수

크랭크 샤프트가 회전하는 속도를 말하며 rpm이라는 단위로 표시한다. 1분간에 크랭크 샤프트가 몇번 도는가를 나타내는 숫자이다. 이 숫자가 엔진의 성능을 생각함에 있어서 기본이라고도 할 수 있다.

발전기의 엔진처럼 일정한 회전수로 계속 돌리면서 사용하는 엔진도 있지만, 바이크나 자동차에서는 회전수가 변화하면서, 또는 변화시키면서 사용하는 경우가 많다. 이 「변화시키면서」라는 부분을 충분히 인식하고 있지 않으면 토크나 마력 등 엔진의 성능에 대해 이해하기가 어렵다. 이점이 바로 바이크나 자동차 엔진의 가장 큰 특징인 것이다.

● 움직이는 엔진의 내부를 상상해 보자

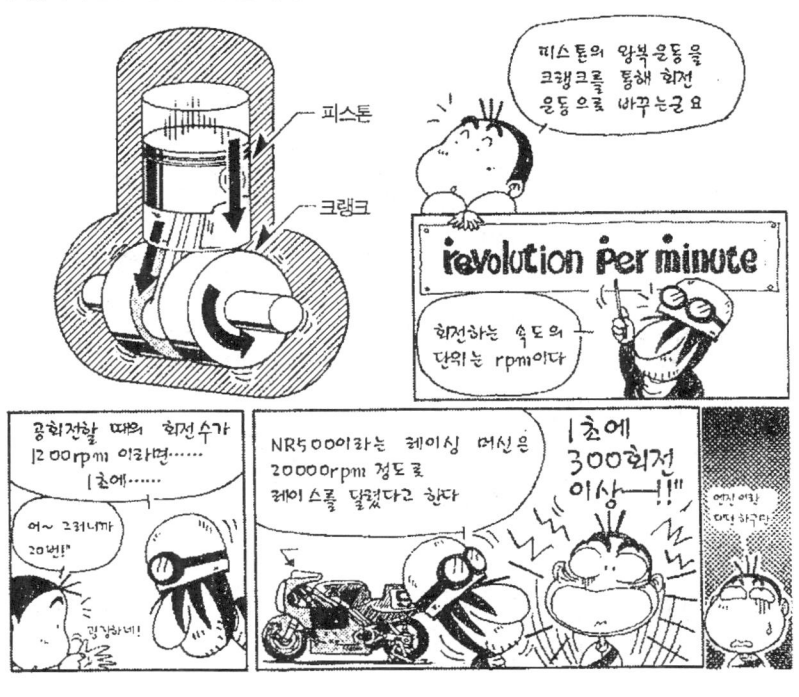

토크

엔진의 복잡한 구조 따위는 몰라도 바이크를 운전하며 즐길 수 있다. 그러나 토크와 마력의 의미를 이해하지 못하면 라이더로서 손해를 보게 된다. 또한 제원표에 나와 있는 최고출력만 가지고 떠들고 있다면, 토크 는 물론 마력의 의미도 제대로 알고 있지 못하다는 뜻이다. 우선은 토크 를 이해해야 한다.

토크란 축회전력이라는 힘을 말한다. 이 힘의 단위는 kg·m 라는 단위 로 표시한다. 회전축에 직각으로 길이 1m짜리 막대를 달고 그 막대기 끝에 회전방향으로 1kg의 힘을 가했을 때의 축회전력이 1kg·m 이다.

● **토크의 의미를 알자**

50cm 막대기에 2kg의 힘을 가해도 토크는 같다. 바꿔 말하면 막대기 끝에 그 만큼의 힘이 발생하는 축회전력이다.

　토크라는 단어는 여러 가지 경우에 사용되며 예를 들어 「이 볼트는 ○kg·m의 토크로 조인다」 등이 그것이다. 엔진의 경우에는 크랭크 샤프트를 돌리는 힘이다. 이것이야말로 바이크를 움직이는 힘의 원천이며 모든 것이다.

　다만 토크는 엔진의 회전수에 따라 모두 다르다. 모든 회전수에서 똑같은 토크를 발생시키지는 못하는 것이다. 혼합기를 효율적으로 빨아들여서 압축하고, 연소시켜서 배기시킬 수 있는 엔진 회전수는, 밸브 타이밍이나 카뷰레이터의 크기 등 다양한 조건에 따라 제한을 받게 된다.

　즉 크랭크 샤프트가 발생하는 토크는 회전수에 따라 바뀌는 것이다. 그리고 현실적으로는 라이더가 그 변화를 몸으로 느끼면서 달리거나 코너링하는 경우가, 바이크의 경우에는 큰 비중을 차지한다.

엔진에게 부여된 조건을 어떻게 설정하느냐에 따라 회전수에 따른 토크의 변화 정도와 절대적인 토크값이 변한다. 모든 엔진은 회전수의 변화에 따라 발생 토크가 변화해 가는 저마다의 토크특성이 있다.

최대 토크

스로틀을 100% 연 상태에서 가장 큰 토크를 발생하는 회전수에서의 토크값.

그러나 바이크나 자동차 엔진에서 스로틀을 끝까지 연 상태를 유지한 채로, 더구나 언제나 같은 회전수를 사용하는 일이란 있을 수 없다. 풀 스로틀로 가속하더라도 엔진의 회전수는 언제나 상승을 계속한다. 또한 크루징 상태에서 앞차를 추월하려는 경우에도 최대 토크 발생회전수에서 가속을 시작하는 경우는 드물다. 정지상태에서 출발할 때에도 현실

● 토크는 엔진 회전수에 따라 그 크기가 다르다

적으로는 그 보다 훨씬 낮은 회전수를 사용한다. 즉 최대 토크값 뿐만 아니라 「토크 특성」이 중요한 것이다.

일반적으로 넓은 회전역에 걸쳐 일정한 수준의 토크를 유지하는 특성, 이른바 평탄한 토크 특성으로 설정할수록 절대적인 토크값을 키우기가 어렵다.

반면에 최대토크 발생 회전수가 최고출력 발생 회전수에 가까울수록 파워 밴드가 좁고, 이 회전역을 벗어나면 급격하게 힘이 떨어지는 특성, 이른바 모난 특성이 된다. 배기량이 클수록 커다란 토크를 넓은 회전역에서 발휘하기 쉽다. 작은 배기량으로 커다란 토크를 얻기 위해서는 회전역을 한정시켜서 흡기효율과 배기효율을 높이는 수밖에 없으며 까다로운 성격이 된다.

자동차에 비해서 바이크용 엔진은 저회전에서의 토크(저속 토크라는 표현을 쓴다) 가 작고 성격이 까다로운 경향이 있다. 작은 배기량으로 가능한 한 큰 토크를, 최종적으로는 큰 마력을 얻고 싶고, 또한 차중이 가벼워서 저속 토크가 작더라도 그다지 불편함없이 평범하게 가속할 수 있기 때문이다.

스로틀 개도에 따라서도 토크는 변한다. 같은 회전수라도 스로틀을 많이 열수록(개도가 클수록) 토크도 크다. 스로틀 조작에 대해 발생 토크가 얼마만큼의 시간차를 두고 변화하는가, 스로틀 개도에 따라 어떻게 변화하는가. 이것이 스로틀 리스펀스(응답성)이며 바이크에게는 자동차보다 월등히 중요한 요소이다. 인간의 감각에 친숙한 응답성이 아니면 다루기가 매우 힘들어진다. WGP 머신조차도 단순히 예민한 응답성만으로는 이길 수 없다.

아울러 크랭크 샤프트의 토크가 그대로 뒷바퀴의 회전 토크로 되지는 않는다. 기어 등으로 회전수가 절반이 되면 토크는 2배로 된다. 반비례하는 것이다. 자세한 설명은 「트랜스미션」항을 참조할 것.

마 력

　파워, 또는 출력이라고도 표현한다. 마력은 흔히 쓰이는 단어 치고는 그 실체를 제대로 이해하고 있는 사람이 많지 않다. 이것은 일의 능률을 표시하는 단위이다.

　앞서 말했듯이 바이크를 움직이는 힘은 토크이다. 라이더가 스로틀 그립으로 조절하고 있는 것도 이것이다. 그러나 토크 수치만으로는 바이크에 성능에 대해 설명하기 힘들다. 왜냐하면 토크는 단순한 「힘」에 지나지 않기 때문이다. 이 힘은 바이크와 사람을 이동시키고 결과적으로 이동거리가 생긴다. 더구나 여기에는 속도가 관여하게 된다. 속도란 시간과 거리의 관계이다. 힘과 거리 그리고 시간……. 여기서 마력의 개념이 등장한다.

●마력과 토크의 관계를 알자

● 마력은 토크×회전수이다

　토크는 중학교 과학시간에 공부한 「일」과 똑같은 단위지만 내용은 조금 달라서 단순한 힘이다. 여기에 엔진 회전수라는, 시간과 거리의 요소를 가미한 것이 마력이다.

　1kg의 물건을 1m 들어 올리는 일이 1kg · m이다. 그러나 여기에는 시간이 고려되어 있지 않다. 1초에 들어 올리건 1시간에 들어 올리건 「일」의 양은 똑같다. 바이크로 치자면 하루종일 걸려서 언덕 하나 넘어도 좋다면 토크만 가지고도 이야기는 끝난다. 그러나 가속이나 속도 성능에서는 「일」을 얼마만큼의 「시간」으로 처리하는가 라는 「일의 능률」이 문제가 된다. 이 「일의 능률」이 마력이다.

　일의 능률이라는 개념을 고안해 낸 사람은 증기기관으로 유명한 영국의 와트로서, 탄광의 배수작업을 하는 말의 동력을 기준으로 삼아 증기기관의 동력을 표시하였고, 1초에 550파운드의 물건을 1피트 움직이는 동력을 1마력이라고 하였다 (영마력＝HP).

우리들이 사용하는 마력은 ps 단위로 표시하는 불마력이며,
1ps=75kg·m/s라고 정의되어 있다. 1ps는 1초에 75kg·m의 일을
한다는 의미이다. 쉽게 말하자면 마력(ps)는 토크(kg·m)×회전수
(rpm)÷716으로 구할 수 있는 계산 수치이다. 참고적으로 마력과 토크
의 관계에 대해 좀 더 설명해 본다.

토크=T는 회전축에 직각으로 설치한 길이r m짜리 막대기 끝에, 회
전방향으로 f kg의 힘을 발생하는 회전력으로서, T=r×f 이다. 한편 막
대기 끝의 이동거리는 1회전당 2×π×r 이며, 여기에 힘 f를 곱하면 이
것이 「일의 양」이 된다. 여기에 매초당 회전수를 곱하면 「일의 능률」이
되며, 그 숫자를 75로 나누면 마력 ps가 된다. 단 rpm으로 표시되는 회
전수=N은 1분당의 것이므로 60으로 나누어 1초당으로 계산해 준다.
즉,

$$\text{마력(ps)} = \frac{2\pi r \times f}{75} \times \frac{N}{60}$$

여기서 r×f 는 토크=T이므로

$$\text{마력(ps)} = \frac{2\pi TN}{75 \times 60} \doteqdot \frac{TN}{716}$$

이 된다.

아무튼 마력은 계산 결과일 뿐이다. 그러나 이것이 단순히 토크 수치
뿐만 아니라 회전수와도 비례한다는 점이 중요하다.

예를 들어 5kg·m의 토크를 5000rpm에서 발생하는 엔진A(바이
크)가 있다고 하자. 엔진 회전수는 미션 등으로 감속되어 뒷바퀴로 전
달되는데, 톱기어에서의 총감속비가 5라고 한다면 엔진이 5000rpm일
때에 뒷바퀴는 매분당 1000회전으로 돌게 된다. 한편 토크는 감속비에

비례하므로 이 때의 뒷바퀴 회전토크는 5배인 25kg·m이다. 이 후륜토크가 노면을 박차고 바이크를 전진시킨다.

이 엔진을 똑같은 5kg·m의 토크를 10000rpm에서 발생하는 엔진B로 교환한다면, 톱기어에서의 뒷바퀴 회전수는 2000rpm에서 똑같은 후륜토크를 발휘할 수 있다. 이 때의 차량 속도는 엔진A의 2배이다.

만약 엔진A의 감속비를 반으로 줄여서 뒷바퀴의 회전수를 2배인 2000rpm으로 한다면, 후륜 토크는 절반이 되어 버린다. 상황에 따라서는 이 후륜토크로는 공기저항 등의 주행저항을 이겨내지 못하고 원하는 만큼 속도가 나지 않을 수도 있다. 엔진A는 5000rpm에서 35ps, 엔진B는 10000rpm에서 70ps이다.

이상은 어디까지나 간단한 예시이지만 요는 보다 큰 토크를 보다 높은 회전수에서 발생하는, 즉 마력이 좋은 엔진이 가속 성능도 최고속도도 빠르다는 이야기이다.

그러나 바이크를 타고 있을 때에는 엔진을 최고출력 회전수에 고정시키고 있지는 않다. 풀 가속을 하더라도 하나의 기어로 가령 2000rpm이나 4000rpm 이라는 식으로 어느 정도의 폭을 사용하는 것이 현실이다. 이 폭에서의 가속이 좋지 못하면 의외이겠지만 빠르게 달리지 못한다. 똑같은 최고출력이라도 회전수 변화에 대한 출력변화의 특성, 즉 파워특성(결국은 토크 특성)에 따라 가속 성능이 변하는 것이다. 다만 엔진은 마력, 즉 고회전에서의 토크를 중시할수록 저회전에서의 토크가 작아지며, 또한 커다란 토크를 발생시킬 수 있는 회전역이 좁아지는 운명을 안고 있다.

최고출력 이외의 마력도 중요한 것이다.

최고 출력

스로틀을 100% 연 상태에서
계측한 토크로부터 산출된 수
치로서, 그 엔진이 발휘할 수
있는 가장 큰 마력을 말한다.
그 회전수가 최대토크 발생 회
전수보다 높은 것은, 토크가 다
소 낮아지더라도 회전수로 일
의 능률을 보완할 수 있기 때문
이다. 최대토크 발생 회전수로
부터 멀리 떨어진 회전수에서
최고출력을 발생하는 엔진일수
록, 토크 정상을 지나서부터의
하강 곡선이 완만하다는 뜻이
다. 배기량이 클수록 최고출력
을 높이기 수월하다.

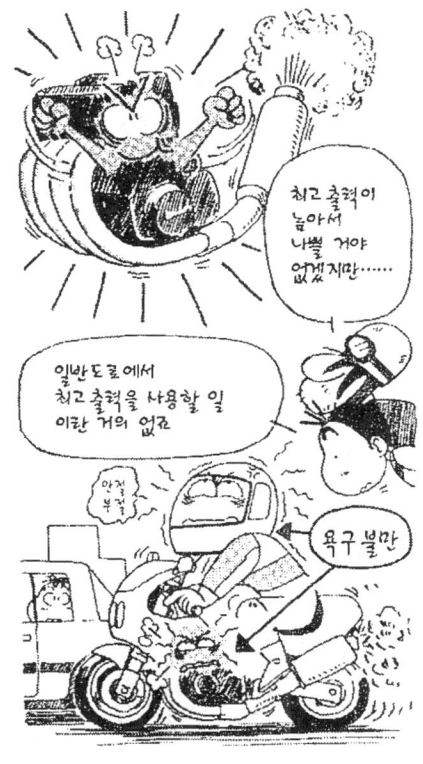

참고적으로 일본 메이커가
자국 내수용으로 판매하는 바
이크의 최고출력은 「자주규제」라는 형태로 배기량마다의 최고출력이
제한되어 있다. 또한 세계적인 풍조가 아무리 배기량이 크더라도 실질
적으로 97마력을 상한선으로 하자는 방향으로 흘러가는 경향도 있는
듯하다. 특히 스포츠 모델의 중심적 존재인 250cc와 400cc클래스는 45
마력에서 40마력으로, 그리고 59마력에서 53마력으로 그 규제치가 각
각 하향 조정되었다. 이것은 관계 당국으로부터의 압력이 있었음이 명
백하다.

이러한 마력규제는 바이크 사고 증가에 대한 대책으로 부득이 실시하게 되었다. 원래는 마력이 좋다고 반드시 위험한지 어떤지는 의심스럽다. 그보다도 라이더의 본심으로서 그다지 유쾌하지 못하다. 70마력 정도는 우습게 나오는 2스트로크 250cc 모델이 40마력으로 규제받게 되어 본래의 실력과 맛을 발휘하지 못하는 점이 아쉽다. 그렇지만 이 규제에 의해 마력 추구 이외의 형태로 즐거움과 빠르기를 추구한 모델이 나타나기 시작한 것도 사실이다. 실제로 바이크를 타고 있을 때에는 최고 출력 따위는 여간해서 사용하지 않는 것도 사실이다. 물론 빠르게 달리는 것만이 즐거움의 모든 것도 아니잖은가.

리터당 마력

총배기량 1000cc당 몇 마력인가 라는 수치로서, 그 엔진의 고성능 정도를 판단하는 하나의 기준이 된다. 예를 들어 총배기량 500cc에 100마력의 엔진은 「리터당 200마력」이라고 표현하며, 1000cc에 100마력 엔진(리터당 100마력) 보다도 고성능이라는 뜻이 된다. 이 수치를 향상시키는 일이 마력을 추구하는 일이지만, 일반적으로 그럴수록 다루기 힘든 까다로운 엔진 성격이

그러니까 엔진에도 나처럼 여러 가지 타입이 있다는 뜻이다

흥-흥-

덩치 크고 힘 있는 녀석

작지만 민첩한 녀석,
누가 더 좋네 나쁘네 라고
할 수 없지만 …

그래?
그럼 난 엔진으로
비유하면
어떤 엔진일까~?

힘도 없고
느려 터지고
정비도 하지 않은
중고 엔진 ……

된다.

바이크에서는 일반 시판차라도 리터당 100마력은 전혀 신기하지 않다. 마력규제로 얌전해진 250cc클래스도 리터당 160마력이다. 500cc클래스 WGP 로드 레이서 등은 리터당 400마력에 육박하고 있다. 일반 승용차에서는 터보 등 과급기를 장착하지 않고서는 리터당 100마력을 발휘하는 것이 거의 없는 점에 비하면 큰 차이를 보인다. 바이크는 고출력을 추구하기가 수월하고, 또한 스포츠성이 무엇보다도 중요한 도구이기 때문이다.

고회전 고출력형

발생하는 토크가 똑같더라도 그 토크를 보다 높은 회전수에서 발휘할수록 마력이 좋다. 따라서 토크값 향상보다 회전수를 올리는 방향으로 마력을 올리는 엔진을 고회전 고

● 고출력을 얻기 위해……

출력형 엔진이라고 부른다.

물론 정해진 일정량의 배기량으로 마력을 추구하기 위해서는 회전 상한을 끌어 올리는 노력이 필요하다. 가능하다면 토크를 키우는 방향이 바람직하지만 혼합기를 효율적으로 빨아 들이고 연소시켜서……라는 식의 엔진 효율 추구에는 한도가 있게 마련이다. 다만 고회전일수록 저항 손실(프릭션 로스)이 증가하는 등 손실도 커진다. 그러나 그 보다도 너무나 고회전형이고 중저속역을 다루기 힘든 엔진은, 일반도로에서 실제로 달릴 때에는 고통스러울뿐더러 오히려 느리다는 결과가 되기 쉽다.

그래도 기술의 진보는 대단하다. 4스트로크 4기통 250cc 모델 중에는 최고출력을 15000rpm에서 발휘하고, 끝까지 돌리면 19000rpm이나 휘돌리는 쾌감을 맛 볼 수 있는 데다가, 동시에 2000rpm부터라도 원활하게 가속할 수 있고 중속 토크도 그런대로 확보하고 있는 엔진이

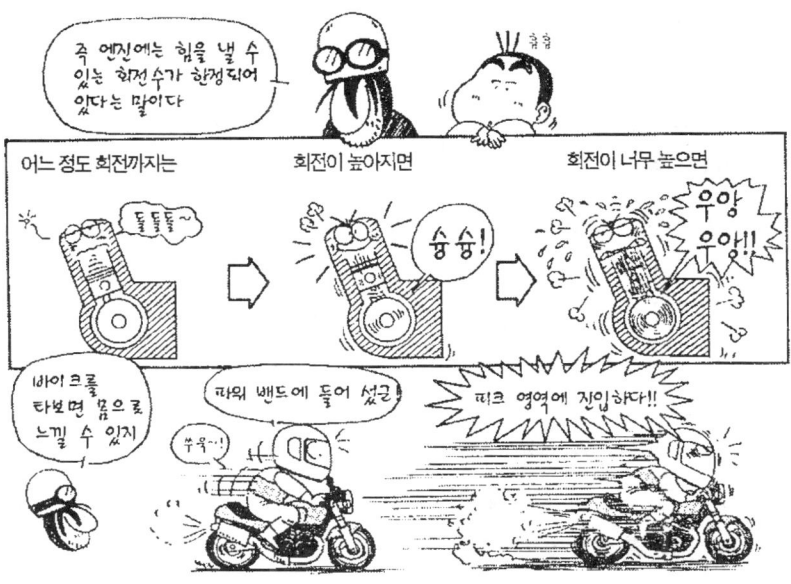

선보이고 있다. 자동차 관계 기술자가 본다면 눈이 휘둥그래질 정도의 비정상적인 엔진이다. 빠르게 달리기 운운하기 이전에 이런 엔진을 직접 조종할 수 있다는 것이 재미있지 않은가.

저항 손실

저항이란 마찰을 뜻한다. 이 손실을 줄일 수만 있다면 엔진은 실질적으로 마력이 커진다. 조금만 연구해 보면 2~3마력 정도는 쉽게 올릴 수 있다. 동시에 저항이 적은 엔진은 스로틀 워크로 구동력을 미묘하게 조절하기도 쉽다. 이를 위해서는 눈에 확 뜨이는 기발한 구조보다는 재질의 연구와 정밀한 가공법 등 기초적인 노력과 진정한 기술력이 진가를 발휘한다. 특히 배기량에 비해 높은 출력이 필요하고 더구나 절대 출력이 낮은 바이크용 엔진에서는, 예나 지금이나 저항 손실의 최소화가 중요한 과제이다.

파워 밴드

아이들링(공회전) 상태에서도 엔진은 나름대로의 토크와 마력을 발생하고 있다. 그러나 활기찬 가속력을 얻기 위해서는 어느 정도 회전을 올려 주어야 한다. 그렇다고 해서 너무 돌려도 마력이 저하해서 가속력이 떨어진다. 이 사이에 있는, 효과적인 마력을 얻을 수 있는 회전역을 파워 밴드, 또는 파워 존이라고 부른다. 평범하게 달리는 경우보다도 연속적으로 사용할 경우에 가속력이 가장 좋은 회전역이라는 의미가 크지만, 그런대로의 가속력을 얻을 수 있는 회전역이 포함되는 경우도 있어서 그다지 명확한 구분은 어렵다.

피크 영역

기본적으로는 엔진이 최고출력을 발휘하는 회전수를 피크 회전이라고 부르며, 이 회전수를 중심으로 하는 회전역을 피크 영역이라고 부르지만, 어느 정도의 폭을 두고 가리키는 말인지는 명확하지 않다. 또한 피크 회전은 최고출력점을 넘어서서, 실제 주행에서 허용되는 마력의 감소 한계점을 나타내는 말이기도 하고, 어떤 때에는 허용 회전수의 상한점이라는 뜻으로 쓰이기도 하는 등 상당히 애매하다.

더욱 애매한 것은 저속, 중속, 고속 등의 표현이다. 물론 엔진에 따라 그 회전역은 다르게 마련이며, 6000rpm이 상한선인 엔진에서는 5000rpm이 고속이겠지만, 15000rpm 이상이나 도는 엔진이라면 저속에 속한다.

이처럼 그 표현을 사용하는 사람의 감각에 따라 어디부터 어디까지가 저속인지는 상당히 대략적이다. 그러나 바이크를 탈 때에는 감각으로 조종하고 있으므로 라이더끼리는 이런 표현으로도 실제적인 불편은 없다. 그래도 장르가 다른 바이크끼리 비교할 경우에는 주의할 필요가 있다.

응답성

리스펀스라고도 한다. 엔진의 경우에는 스로틀을 조작했을 때의 엔진의 반응 정도를 뜻하는 스로틀 응답성이라는 의미로 단순히 응답성이라고 줄여서 말하는 경우도 많다. 바이크 라이딩에서는 마력 수치보다 훨

● 인간의 감각에 친숙한 응답성이 중요하다

씬 중요한 요소이다.

스로틀 그립을 비틀었을 때에 오른손과 뒷바퀴가 직접 연결된 듯한 기분이 들 수 있는 상태가 바람직하다. 이를 위해서는 무엇보다도 라이더로서의 테크닉을 연마하는 일이 중요하지만, 물론 엔진 그 자체도 효율적인 연소와 적절한 크랭크 관성, 카뷰레이터의 올바른 세팅 등이 필요하다. 또한 최종적으로는 뒷타이어가 노면을 걷어 차는 힘의 반작용을 스로틀 응답성으로 느끼는 부분도 크므로, 구동계통과 앞뒤 서스펜션의 기능 등에도 관계가 있다.

엔진 이외에도, 바이크를 기울였을 때의 조향계통의 반응 정도를 스티어링 응답성이라고 부르는 등의 경우도 있다.

과도 특성

상태가 변화해 가는 과정에서의 변화 특성을 뜻한다.

예를 들어 엔진에서 스로틀을 점차 열어가는 과정에서 토크가 어떤 식으로 솟아 나는가 라는 것이 좋은 예이다. 이 경우, 스로틀이 열려 감에 따라 엔진 회전수도 변화하게 되며, 결과적으로 토크와 마력도 변화해 간다. 이 때 라이더는 머리로 이론을 생각하면서 조작하는 일 따위는 있을 수 없고, 그저 기분과 감각으로 오른손을 비틀어 간다. 이 기분과 감각대로 쑤욱 하고 가속해 주는 엔진이 최고이다. 알고 보면 스로틀 응답성이라는 말 속에 포함되는 내용이다.

스로틀을 일정하게 고정시켜 놓은 상태에서 엔진 회전수 변화에 따른 토크 변화를 가리키는 경우에도 과도특성이란 표현은 자주 쓰인다. 응답성의 경우와 마찬가지로 핸들링의 과도특성 등으로 사용하기도 한다.

그러나 무턱대고 이런 어려운 단어를 남발하기 보다는 어떤 상황하에서 어떤 느낌이었는지를, 꾸욱~ 이라든지 슈오옹! 이라는 식의 의성, 의태어로 표현하는 편이 라이더끼리의 의사소통이 빠르다. 어려운 단어로 유식한 척할 필요는 없는 것이다.

퍼 셜

바이크 용어에서는, 가속하지도 않고 엔진 브레이크가 걸리는 상태도 아닌, 그 중간의 스로틀 개도를 나타낸다. 더욱 정확하게 설명하자면 드라이브 체인에 가속 방향으로 텐션이 걸려 있으면서, 동시에 실제로 가속할 정도로는 파워가 걸려 있지 않은 상태를 말한다.

코너링에서는 스로틀 오프 상태로부터 퍼셜로 부드럽게 옮아가는 테크닉이 중요하다. 테크닉 외에도 엔진의 응답성능도 중요하다.

스트로크

바이크 용어로서는 왕복운동 하는 기구가 작동하는 상태에 대해서 사용한다. 가령 앞뒤 서 스펜션이 가라앉는 상황을 「깊 이 스트로크하다」 등으로 표현 한다. 「브레이크 레버의 스트로 크가 작다」 라는 식의 명사처럼 사용하는 일도 많다.

엔진에 있어서 가장 흔히 사용되는 경우는 피스톤 스트로크에 관련된 부분이다. 피스톤은 직선적으로 왕복 운동을 하는데 그 편도 운동이 1 스트로크인 것이다. 이 경우 스트로크란 「행정」이라는 명사적 표현으로 사용되기도 하는데, 「2스트로크 하는 동안에……」라는 식으로 동사로서도 사용한다.

상사점

엔진은 크랭크 샤프트 윗쪽에 실린더가 있는 것이 기본형이다. 그 실린더 안에서 피스톤이 위아래로 움직인다. 피스톤이 올라갔다가 그 다

● 크랭크 샤프트에 대한 피스톤의 위치

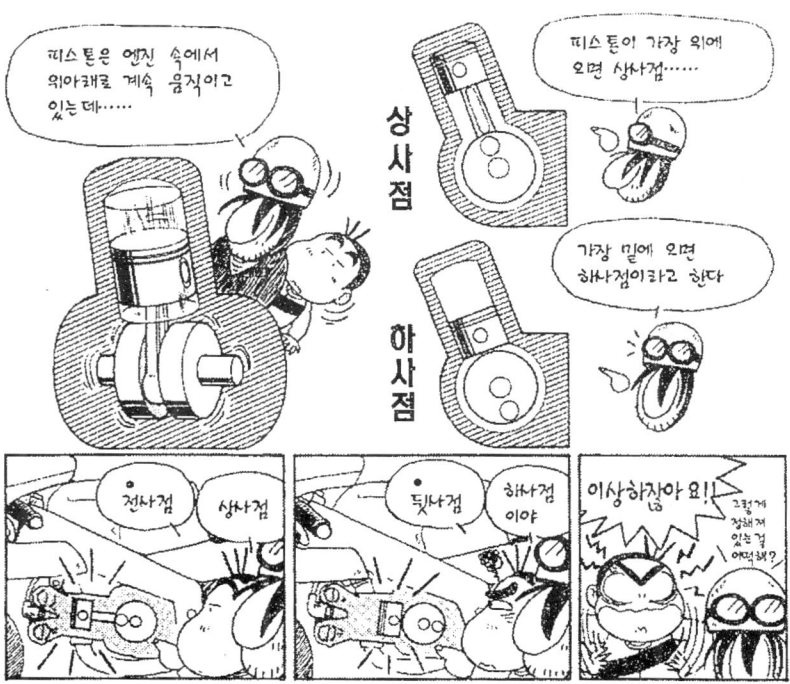

음에 내려오기 시작하기 바로 직전, 즉 가장 위에 있을 때를 상사점이라고 한다. 여기서 피스톤은 한 순간이지만 움직임이 멈추게 되므로 「사점, dead point」이라는 표현이 쓰이는 것이다. 반대로 피스톤이 끝까지 아래로 내려간 곳을 하사점이라고 부른다.

엔진에는 다양한 형식이 있어서 실린더가 크랭크 샤프트로부터 옆으로 뻗어 있는 것이나, 개중에는 아래로 뻗어 있는 것도 있다. 그러나 어떤 엔진도 피스톤이 크랭크 샤프트에서 가장 멀리 떨어지는 곳을 상사점, 그 반대를 하사점이라고 부르는 데에는 변함이 없다. 즉 정확하게 말하자면 이것은 단순한 위아래의 문제가 아니라, 크랭크 샤프트에 대한 피스톤의 위치 관계를 나타내는 것이다.

이 피스톤의 위치에 대응하는 크랭크 샤프트의 각도 위치에서도 상사점과 하사점은 자주 사용된다. 상사점에서 정규회전 방향으로 30도 돌아간 위치를 「상사점후 30도」, 반대 방향으로 돌렸을 경우에는 「상사점전 30도」라는 식이다. 피스톤의 1회 왕복은 크랭크 샤프트의 360도 회전과 일치하지만, 서로간의 위치관계가 중요하므로 이런 표현을 사용하는 것이다.

보어 · 스트로크

실린더 안쪽의 직경(내경)을 실린더 보어, 또는 단순히 보어라고 한다. 피스톤이 왕복운동하는 상사점↔하사점의 행정 거리를 피스톤 스트로크, 또는 단순히 스트로크라고 한다. 단위는 통상적으로 mm이다. 이 두 치수를 함께 표현하는 말이 보어 · 스트로크이다. 이것은 엔진 배기량의 기본이 되는 숫자이다. 보어 치수에 대한 스트로크 치수 비율을 보어 · 스트로크 비율이라고 한다.

스트로크보다 보어 치수가 큰 것(보어 · 스트로크 비율이 1미만)을

● 보어 · 스트로크 비율로 알 수 있는 엔진의 성격

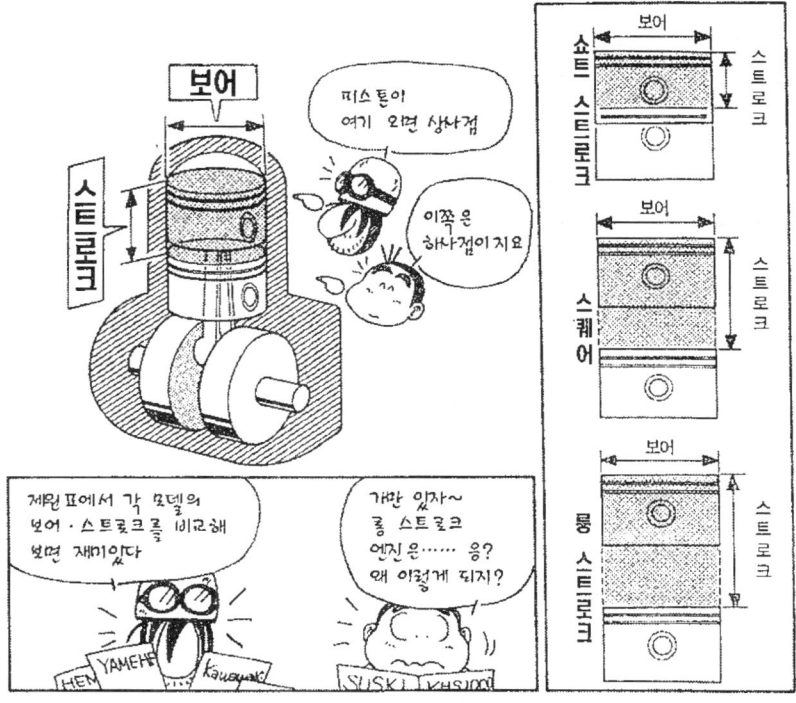

쇼트 스트로크 엔진, 똑같은 것을 스퀘어, 스트로크가 긴 것을 롱 스트로크라고 한다.

쇼트 스트로크가 고회전에 유리하다는 것이 일반적인 정설이다. 같은 배기량에 같은 엔진 회전수라면 피스톤이 움직이는 속도(피스톤 속도)를 낮게 억제할 수 있기 때문이다. 또한 4스트로크 엔진의 경우에서는 같은 배기량이라면 보어가 큰 편이 흡배기 밸브의 크기를 키우기 쉽다는 이유도 있다.

특히 보어 · 스트로크 비율을 조정하기 수월한 4스트로크에서는, 새 시쪽의 요구에 따라 엔진의 형상을 조정하기 위해 쇼트 스트로크화해서 엔진의 높이를 낮추거나, 반대로 해서 엔진의 폭을 줄이거나 하는 일도 있다.

한편 2스트로크는 실린더 벽에 각종 포트를 설치해야 하는 필요성 때문에 보어 · 스트로크 비율 설정에 제한을 많이 받는다.

배기량

엔진의 행정 용적을 말한다. 실린더 단면적×스트로크로서 산출할 수 있다. 통상적으로 cc 단위를 사용하며 소수점 이하를 반올림해서 표시한다. 엄밀하게 말하자면 이렇게 계산된 1기통당 배기량, 즉 「기통용적」이 배기량이다.

● 보어 · 스트로크로 구할 수 있는 배기량

엔진 전체의 배기량을 뜻하는「총배기량」은, 2기통 이상의 엔진의 경우라면 여기에 기통수를 곱해서 산출된 숫자를 말한다. 그러나 일반적으로「이 엔진의 배기량은 말야……」라고 말할 경우에는 총배기량을 의미하는 경우가 많다.

배기량이 크면 클수록 한 번에 보다 많은 양의 혼합기를 빨아들여 연소시킬 수 있으므로 토크와 파워를 올리기 유리해진다. 그렇지만 한편으론 기통수 등의 기본구조가 똑같다면 배기량이 커질수록 엔진이 무거워지고 크기도 커진다.

이「무겁고 크다」라는 요소가 바이크의 경우에는 대단히 중요한 문제로 작용한다. 바이크를 구성하는 부품 중에서 압도적으로 크고 무거운 부품이 엔진이기 때문이다.

이 배기량이 바이크를 클래스 구분하는 기준이 되어 있다. 참고적으로 보어와 스트로크가 r & h (cm)이고 기통수가 n 이라면, 총배기량 V(cc)는 다음 식으로 구할 수 있다.

$$V(cc) = \frac{\pi r^2 h n}{4}$$

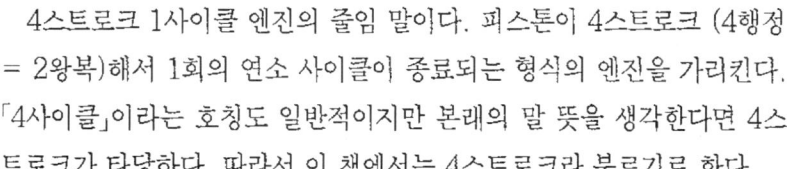

4스트로크 엔진

4스트로크 1사이클 엔진의 줄임 말이다. 피스톤이 4스트로크 (4행정 = 2왕복)해서 1회의 연소 사이클이 종료되는 형식의 엔진을 가리킨다.「4사이클」이라는 호칭도 일반적이지만 본래의 말 뜻을 생각한다면 4스트로크가 타당하다. 따라서 이 책에서는 4스트로크라 부르기로 한다.

그 작동 과정은 원리적으로 1회의 스트로크마다 하나의 작업이 이루어지므로 비교적 이해하기 쉽다. 다음이 그 4개의 행정이다.

● 4행정으로 한 번의 연소 사이클을 이루는 4스트로크 엔진

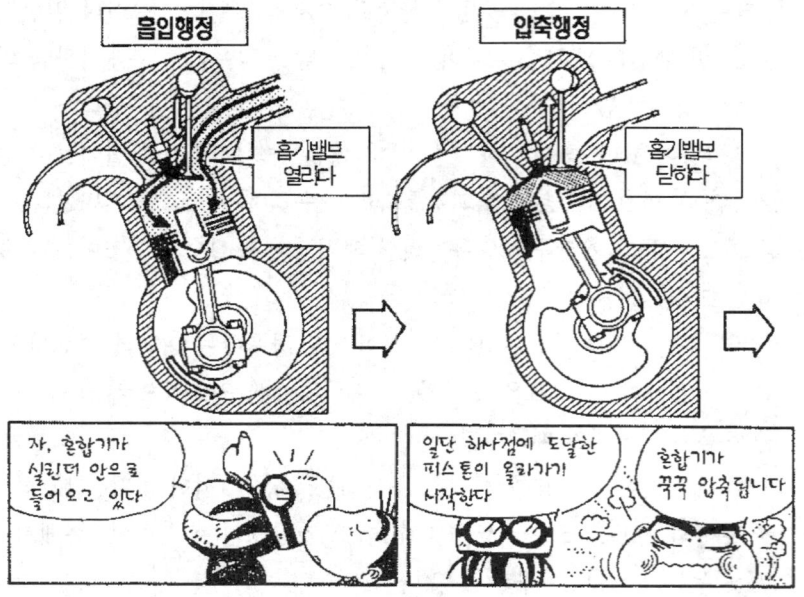

1. 흡입행정

상사점에서 피스톤이 내려오고 실린더 안에 부압이 생긴다. 이 때 흡기밸브가 열리고 혼합기(공기＋휘발유)를 실린더 안으로 빨아 들인다.

2. 압축행정

흡입행정이 끝나고 피스톤이 하사점에서 올라간다. 흡기, 배기밸브 모두 닫힌 상태. 빨려 들어온 혼합기가 피스톤으로 압축된다.

3. 연소행정

혼합기가 압축되면 점화 플러그에 전기 불꽃이 튀어서 혼합기에 불이 붙는다. 혼합기가 타면서 열이 발생하고 실린더 안의 가스가 팽창한다. 이 팽창압력이 피스톤을 내리 누른다.

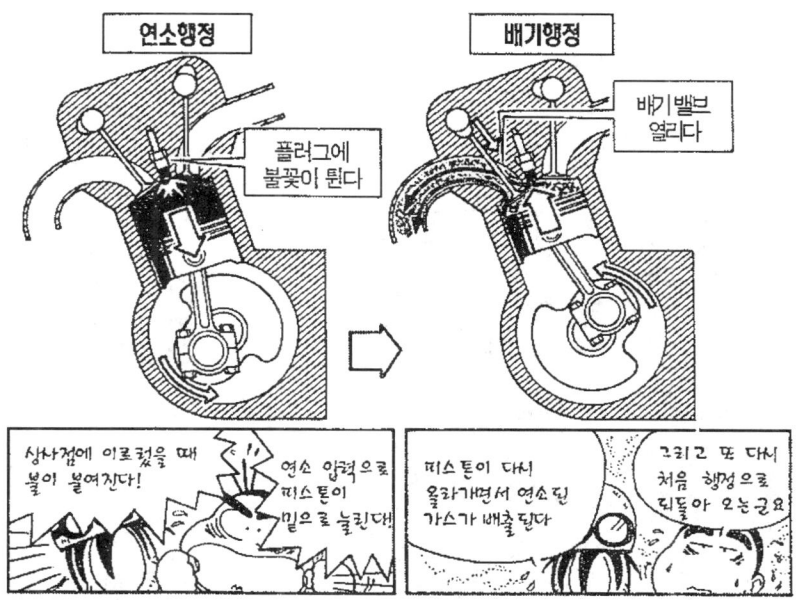

4. 배기행정

피스톤이 충분히 내려간 시점에서 배기밸브가 열리고, 피스톤이 상승하면서 연소가 끝난 가스를 연소실에서 배출시킨다.

이상과 같은 1→2→3→4 다음에는 당연히 1로 되돌아 오며, 이 동작을 되풀이하게 된다. 흡입행정에서 혼합기의 흐름을 발생시키는 것은 대기와 실린더 내부의 압력차다. 주사기로 물이나 공기를 빨아 들이는 것과 동일한 원리다. 또한 배기행정에서 연소가스가 배출되는 것도 주로 연소가 끝난 고압 가스와 대기압의 압력차이다. 피스톤이 올라 오면서 연소가 끝난 가스를 밀어 내는 요소도 없지는 않지만 극히 적은 수준이다. 이것은 나중에 상세하게 설명할 「밸브 타이밍」, 「밸브의 오버랩」 항을 읽어 보면 이해할 수 있을 것이다.

연소행정은 곧잘 폭발행정이라는 표현으로도 자주 쓰인다. 「혼합기

● 4스트로크와 2스트로크를 비교해 보면……

에 불이 붙어 폭발하고……」라는 식의 표현도 많다. 그러나 이 책에서
는 「연소」라는 단어를 주로 사용하고자 한다. 이것은 「연소 속도」의 문
제다. 플러그에 불꽃이 튀면 혼합기가 그곳으로부터 사방으로 타들어
간다. 이 화염이 진행하는 속도는 매초 20~30m 정도로 알려져 있으며
매초 50m에 도달하는 일은 거의 없다. 한편 화약이 폭발할 때의 화염
의 전달속도는 매초 2000~8000m로서 아예 수준이 다른 것이다. 이
걸로는 엔진이 부서져 버린다. 엔진 내부에서 발생하는 것은 연소인 것
이다.

4스트로크는 크랭크 샤프트가 2회전하는 사이에 1번의 연소행정이
있게 되는데, 각 행정이 비교적 확실하게 이루어지므로 1회 연소로 얻
을 수 있는 힘이 크고 연비도 좋은 경향을 보인다.

엔진이 크고 무거운데다가, 바이크에 실을 수 있을 정도의 소형 엔진
에서는 2스트로크 만큼의 파워를 얻기는 어렵지만, 넓은 회전역에서 고
른 출력을 얻기가 쉽고, 부드러운 회전 필링도 특징이다. 다양한 환경에
대처할 수 있는 유연한 성격의 엔진이라는 것이 일반적인 인식이다.

인간을 운반할 차량에 사용할 목적으로 최초로 발명된 내연기관이 바
로 이것이다. 자동차를 비롯한 각 방면에서 왕성하게 사용되면서, 수많
은 기술자와 기업이 방대한 노력과 시간과 돈을 들여 연구하고 진화시
켜 왔다. 오랜 기간동안 숙성된 만큼 내용적으로 매우 높은 완성도를 보
인다.

2스트로크 엔진

2스트로크 1사이클 엔진의 줄임 말이다. 피스톤이 2스트로크(2행정
= 1왕복)해서 1회의 연소 사이클이 종료되는 형식의 엔진을 가리킨다.
「2사이클」이라고 부르기도 하지만 이 책에서는 2스트로크를 사용하기

● 2스트로크 엔진의 필링은……

로 한다.

그 작동 원리는 4스트로크처럼 단순하게 순서대로 생각하려면 이해하기 힘들다. 원인은 혼합기를 2곳에서 동시에 빨아 들이고 압축하고 있기 때문이다. 하나는 당연히 실린더 부분이고 또 하나는 크랭크 케이스이다. 크랭크 케이스 중에서 크랭크 샤프트가 들어 있는 공간을 하나의 밀폐된 방으로 사용하여 혼합기를 흡입, 압축하고 있다. 이 방으로 사용하고 있는 부분을 「크랭크실」이라고 부른다

우선 크랭크실을 보자.

a. 피스톤이 하사점에서 올라가기 시작하면 크랭크 케이스 안에 부압이 생기고, 대기와의 압력차로 혼합기를 빨아 들인다. 크랭크 케이스에는 카뷰레이터로부터 혼합기를 인도하는 「흡입포트」가 설치되어 있다.

b. 피스톤이 내려가고 있을 때에는 흡기포트가 닫히고, 크랭크 케이

● 2행정으로 한 번의 연소 사이클을 이루는 2스트로크 엔진

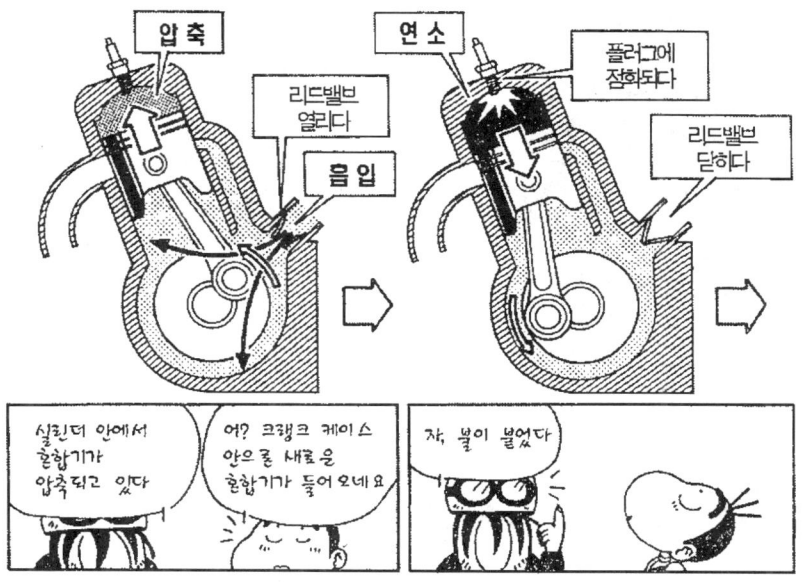

스 안의 압력이 높아진다. 이것을 「1차압축」이라고 한다. 이 때에 크랭크 케이스와 실린더를 연결하는 「소기포트」가 열린다. 크랭크 케이스 안의 혼합기가 실린더 속으로 밀려 나간다.

소기포트는 「배기포트」와 함께 실린더 벽에 구멍이 뚫려 있다. 이 구멍을 여닫는 것은 피스톤의 옆면이다.

자, 이번에는 실린더를 보자.

c. 피스톤이 올라가면서 먼저 소기포트를 닫는다. 다음에 배기포트를 닫고 실린더 안의 혼합기를 압축한다. 충분히 압축된 상태에서 점화 플러그에서 불꽃이 튄다.

d. 혼합기가 연소되고 그 압력으로 피스톤이 눌려 내려간다. 어느 정도 내려간 시점에서 배기포트가 열리고 연소가 끝난 가스가 배출되기 시작한다. 다음에 소기포트가 열리고 크랭크 케이스로부터 새로운 혼합

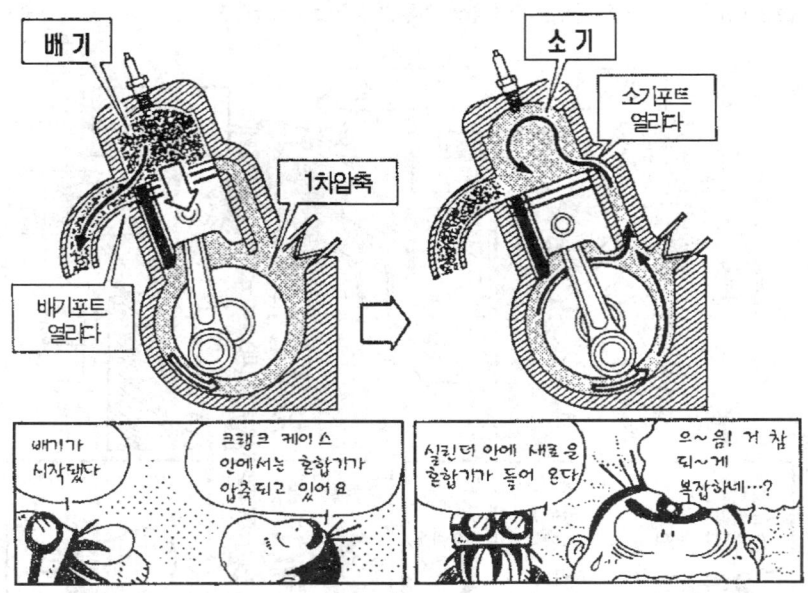

기가 흘러 들어오면서, 이것이 연소가 끝난 가스를 밀어 낸다 (소기한다).

피스톤이 상승할 때에는 실린더 안에서 혼합기를 압축하면서, 동시에 크랭크 케이스에 혼합기를 빨아 들이고 있다.

피스톤이 하강할 때에는 중간 쯤까지가 4스트로크의 연소행정, 나머지 후반이 배기작업, 그리고 4스트로크에는 없는 「소기」 작업이 동시에 진행하게 된다. 그리고 배기와 소기는 피스톤이 하사점을 통과한 후에도 계속된다.

혼합기와 연소가스의 흐름은 서로의 관성력이랄까? 흐르는 여세를 이용하고 있으며 어떻게 보면 상당한 고등기술이라고도 할 수 있다. 반면에 양쪽 가스가 서로 마구 뒤섞이는 부분이 있는 것도 사실이다. 이런 곡예 같은 짓을 하고 있으므로 한 번의 연소 효율은 나쁘지만 크랭크 샤프트 1회전마다 연소행정이 있다. 같은 회전수에서 4스트로크의 2배의 연소 횟수가 있기 때문에 바이크처럼 소배기량 엔진으로 파워를 내기 안성마춤이다. 또한 복잡한 밸브 기구가 없으므로 가볍고 작게 만들 수 있는 이점도 크다.

경기용 차량으로서의 잠재력은 압도적으로 4스트로크를 웃돈다. 따라서 4스트로크보다 배기량으로 핸디캡을 주거나, 아니면 별도로 나누어서 경기를 벌이는 등의 경우도 적지 않다. 다만 그 회전 필링은 장거리 크루징에는 어울리지 않는다는 것이 일반적인 평가이다. 연비가 나쁜 경향도 있다.

사실을 밝히자면 2스트로크 엔진의 역사는 4스트로크의 그것보다 짧다. 또한 1기통당 배기량이 커지면 앞서 말한 곡예 비행같은 가스 교환이나, 엔진 각 부분의 열분포가 불균등해지는 등 문제가 발생하므로 너무 큰 엔진에는 맞지 않다. 그밖에 승차감 따위의 문제도 있고 해서, 자동차의 세계에서는 어느 정도 기술이 확립되어 있는 4스트로크로부터 굳이 이쪽으로 옮겨 올 이유가 없었다. 과거에는 일부 경자동차에서 활약한 적도 있었지만, 근래에 들어 부쩍 엄격해진 배기가스 규제를 따라가지 못하는 점이 결정적 요인으로 작용하여, 현재 자동차용으로는 쓰이지 않고 있다. 하지만 그 경량, 소형화와 고출력을 추구하기 유리한 점이 주목을 받게 되어, 자동차용 2스트로크 엔진이 최근에 다시 연구 개발되고 있다.

그러나 애당초 역사가 짧은데다 이 엔진을 사용하고 연구, 개발하고 진화시키려는 태세가 4스트로크보다 훨씬 미약한 상태로 진행되어 온 것이 현실이다. 더구나 그 곡예적인 가스 흐름 상태를 효과적으로 제어하는 부분은 최근까지도 일부 기술자의 경험에 의한 직감에 의존하는 부분이 많았고, 이른바 손으로 더듬는 수준에서 크게 벗어나지 못했다. 그리고 지금까지는 단순한 경험의 축적에 지나지 않았지만 근래에 들어 이 축적된 자료를 이론화시키고, 그로부터 새로운 방향성을 개척하려는 선진기술이 구축되고 있다. 바이크의 세계에서 2스트로크는 훌륭한 현역이다.

아울러 흡기포트를 여닫는 방법에는 피스톤 밸브 흡기, 로터리 벨브 흡기, 크랭크 케이스 밸브 흡기 등이 있는데 이들에 대해서는 나중에 「흡배기계」항에서 상세히 다룬다.

기통수와 실린더 배치

● 기통수에 따라 달라지는 엔진의 성격

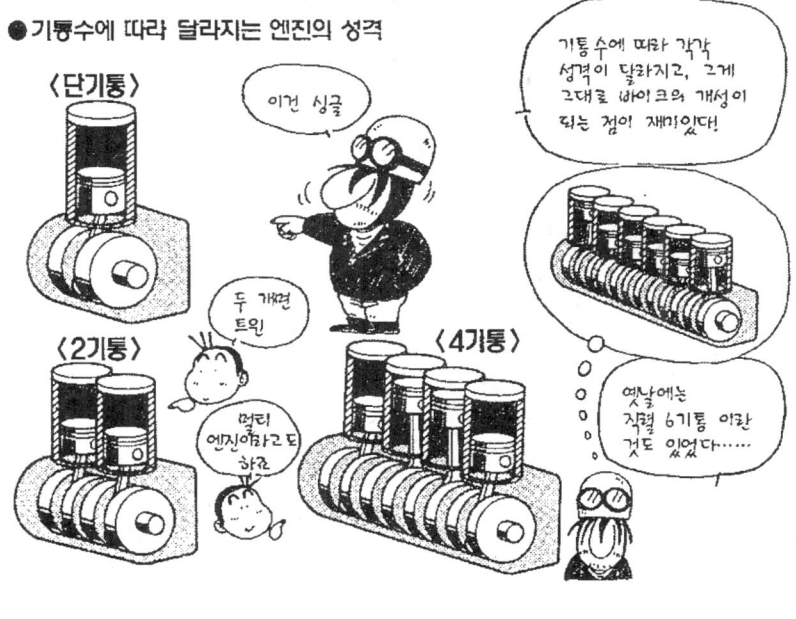

단 기 통

단기통은 엔진의 기본형이다. 역사적으로 보아도 엔진은 여기부터 출발하였다. 현재에도 메이커가 새로운 엔진을 개발할 때에는 그것이 가령 4기통 엔진이라도, 처음에는 단기통짜리 테스트 엔진을 제작해서 시행착오를 거듭한 후에, 최종적으로 목적했던 4기통 엔진 제작으로 옮아가는 과정이 적지 않다.

그리고 단기통 엔진의 장단점을 이해하는 일은 다른 엔진의 특성을 알려고 하는 데에도 도움이 된다.

싱글이라고도 불리우는 단기통 엔진의 특성은 크게 두 가지로 나눌 수 있다. 하나는 엔진 자체의 필링이고 또 하나는 차체 구성에 미치는

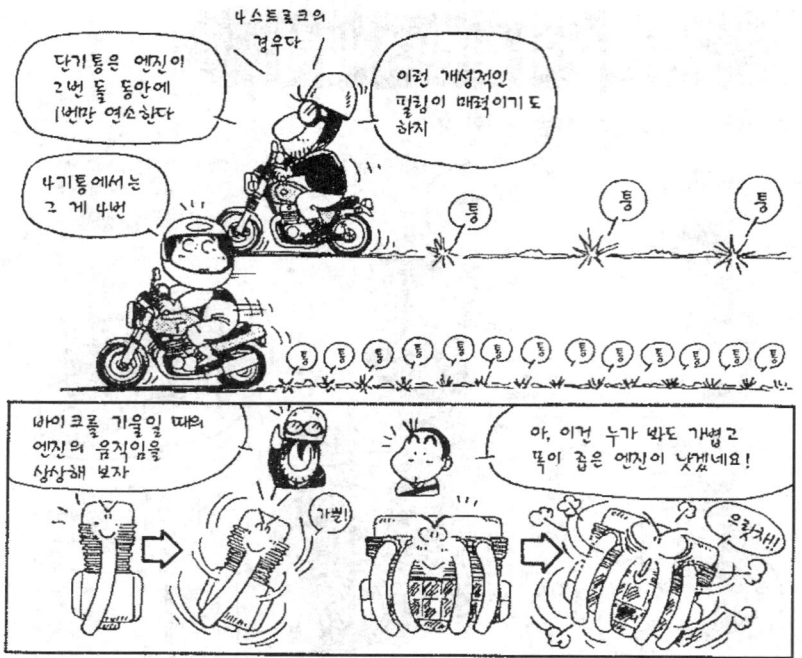

영향이다.

　우선 엔진 필링에 대해서……. 4스트로크에서는 크랭크 샤프트가 2회전하는 사이에 연소행정이 1번밖에 없으므로, 구동력이 발생되는 상태가 탁탁 끊어지는 단속적인 느낌이 강하다. 배기음도 단속적이며 이런 이유로 두두둥! 이라든지 투타타타! 라는 식의 주행 필링이 된다. 맥동감 또는 고동감이라고 불리우는 것들이다. 취미성이 강한 탈 것인 바이크에게는 이런 개성있는 필링도 커다란 가치이다.

　그러나 이런 고동감은 스무드한 회전감과는 상반되는 요소이다. 특히 저회전에서는 부드럽게 돌기 힘들고, 한 번의 연소행정에서 불이 붙지 못하면 다음 연소행정까지 시간이 걸리므로 엔진이 꺼지기·쉽다.

　또한 같은 배기량의 2기통이나 다기통 엔진에 비하면 다른 기통들과 힘을 상쇄시키지 못하므로, 특히 고회전에서는 진동이 심해진다. 연소실 용적이 크므로 혼합기를 신속하게 제대로 연소시키기 어렵고, 피스톤과 커넥팅 로드가 커서 회전을 올리기 어렵고 마력도 내기 어렵다. 이러한 경향은 배기량이 커질수록 뚜렷해진다. 한편 상식적인 수준에서 본다면 고출력에 연연하지 않는 설정일수록 고동감을 강하게 연출할 수 있다.

아무리 취미성 도구라고는 하지만 현실적인 조종성도 어느 정도는 필요하기 때문에, 요즘에는 극단적으로 고동감을 중시한 단기통 엔진은 극히 적다고 보아도 좋다. 그러나 기술이 진보해서 성능 경쟁도 어느 정도 진정된 양상을 보이는 요즘에, 앞으로는 반대로 이런 심오한 필링을 중시한 엔진이 다시 등장해도 좋을 것 같은 생각이다.

다만 고동감, 맥동감이라는 말은 배기음 등에서 느끼는 감각적인 부분이 상당히 크다. 이론적으로 본다면 엔진이 6000rpm 정도로 돌고 있을 때, 4스트로크의 경우에도 1초에 50번이나 연소행정이 있다. 분위기만으로 상상하는 것처럼 퉁, 퉁, 퉁 하며 1번씩의 연소를 직접 느낄 수는 없는 것이다. 2스트로크에서는 완전히 왜~앵 하고 연속적으로 연소하는 느낌이며 고동감 따위를 연출하기 위한 성격은 아니다.

이러한 개성적인 엔진 필링과는 별도로, 단기통에게는 차체 구성상 크나큰 장점이 있다. 작고 가볍다는 점이다. 바이크를 구성하고 있는 부품 중에서 가장 무거운 부품이 엔진이며, 이것을 작고 가볍게 만들 수 있다는 것은 핸들링과 조종성면에서 매우 중요한 의미를 지닌다. 프레임을 설계하기도 편하다.

크랭크 샤프트가 짧은 점도 핸들링에는 매우 유리하다. 특히 차체에 대해 크랭크 샤프트를 가로로 배치할 경우는, 여기서 발생되는 자일로 효과가 핸들링에 커다란 영향을 미치게 된다. 크고 무거운 크랭크 샤프트가 고속으로 회전하면 커다란 자일로 효과가 발생하게 된다. 차체를

● 간소하고 고동감이 있는 싱글 엔진

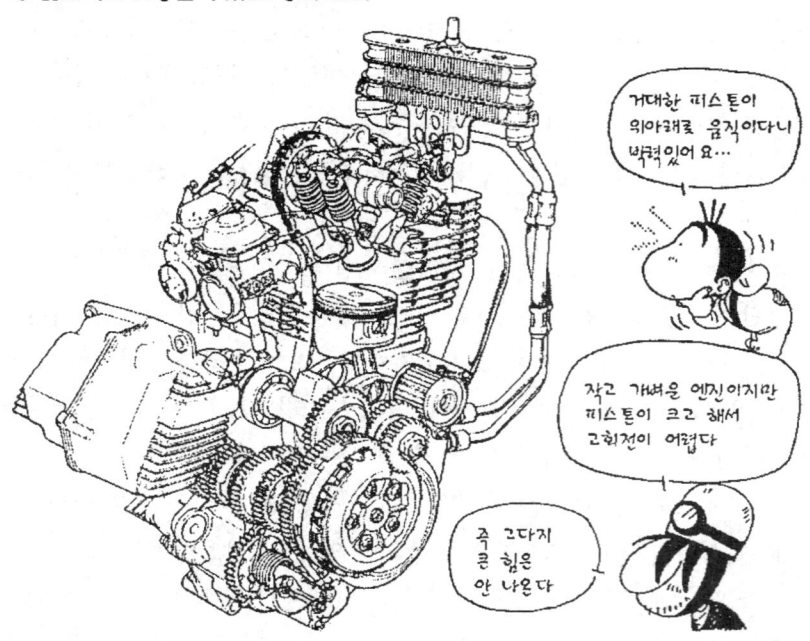

좌우로 기울일 때에 이 자일로 효과가 저항으로 작용한다. 그러나 크랭크 샤프트가 짧고 가벼운 단기통에서는 자일로 효과가 작아서 기울이기 작업이 매우 가볍다. 엔진의 폭이 좁다는 것 자체도 경쾌함과 이어지며, 이것은 또한 공기 저항이 작다는 뜻이기도 하다. 다만 배기량이 400cc 이상이 되면 엔진의 높이가 높아지는(스트로크 치수가 커지므로) 단점을 무시할 수는 없지만…….

작고 가볍다는 장점 때문에 오프로드 차량에서는 250cc 를 넘는 클래스에도 단기통 모델이 많다. 온로드 모델에서도 이 장점을 최대한으로 살린 슈퍼 스포츠가 자꾸 출현해 주었으면 하는 바람이다.

배기량이 125cc 정도보다 작을 경우에는 2기통 이상으로 제작함으로서 얻을 수 있는 이점이 적다. 파워의 증강보다는 오히려 저항 손실

등이 커지는 단점이 나타난다. 또한 이쪽 클래스는 단가가 싸다는 단기
통의 이점도 큰 의미를 갖는다.

참고적으로 작은 배기량에서도 순수하게 파워를 철저하게 추구할 경
우에는 다기통화가 유리하다. 60년대의 WGP 레이서 중에는 125cc 5
기통, 또는 250cc 6기통 짜리 머신들도 있었다.

다 기 통

3기통 이상의 엔진을 다기통 엔진, 또는 멀티 엔진이라고 부른다. 트
윈이라고 불리우는 2기통 엔진은 통상적으로 다기통이라고는 부르지
않는다.

●부드러운 필링이 특징인 다기통 엔진

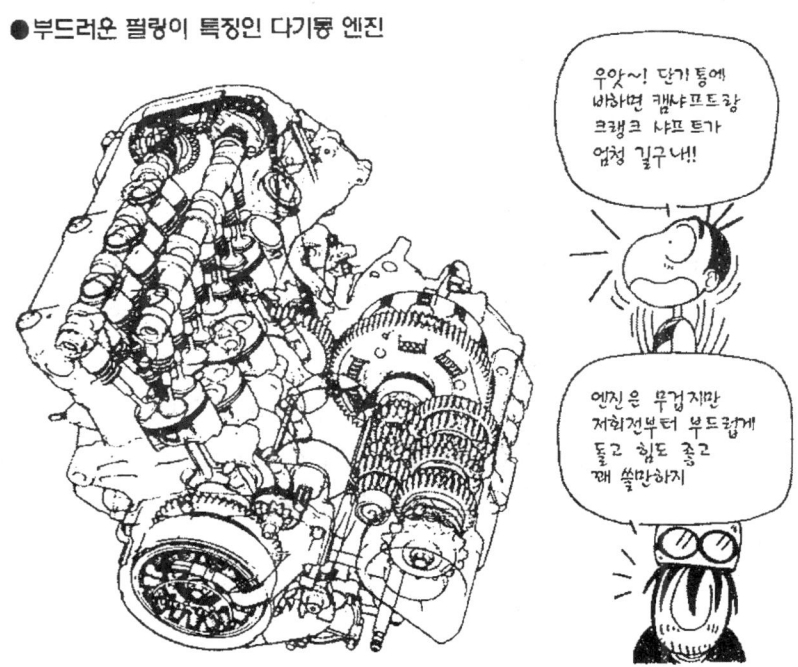

일반적으로 기통수가 많을수록 넓은 범위에서 회전이 원활해지고, 회전수를 올리기 쉬우며 출력을 높이기도 쉽다. 그러나 반면에 크고 무거워지는 결점이 있는데 바이크의 경우에는 이 영향이 매우 크게 작용하며 다기통화에는 한계가 있다. 옛날의 WGP 머신에는 V형 8기통 짜리도 있었는데, 현실적으로는 6기통 정도가 한계점이며, 종합적인 스포츠성을 중시한다면 4기통까지가 오늘날의 상식이다.

또한 기통수가 늘어날수록 구조가 복잡해지는 만큼 저항 손실이 커지고, 제작 비용도 비싸진다. 「단기통」항에서 설명한 내용과 정반대라고 생각하면 좋다. 아울러 투어링 등에서의 연비는 일반적으로 같은 배기량이라면 기통수가 적을수록 좋다고 한다.

실린더 간격

2기통 이상의 엔진에서 서로 맞닿아 있는 기통끼리의 간격을 말한다. 각 실린더 중심축의 간격 치수로 나타낸다. 실린더 간격이 작을수록 엔진이 작아진다.

그러나 실린더 벽에는 강도적으로 일정한 두께가 필요하고, 크랭크 샤프트의 구조상의 문제 등 때문에 간격을 줄이는 일은 간단하지 않다. 수냉 엔진에서는 냉각수가 지나는 통로(워터 재킷), 공냉에서는 공기가 지나는 통로도 실린더 사이에 필요하다. 상식적으로 말하자면 수냉 엔진이 실린더 간격을 좁힐 수 있다. 캠 체인 등이 지나는 통로를 설치할 경우에는 그 실린더 간격이 넓어진다. 기술자들은 엔진을 설계할 때에 어떻게 하면 실린더 간격을 줄일 수 있을까를 가지고 매우 고생을 하게 된다.

직렬 엔진

2기통 이상인 엔진에서 크랭크 샤프트를 따라 각 실린더가 일렬로 늘어서 있는 것을 직렬 엔진, 또는 인라인(in-line) 이라고 부른다. 다만 바이크의 세계에서는 크랭크가 가로 방향(차체의 좌우 방향)으로 배치된 직렬 엔진의 경우는 병렬 엔진, 또는 패럴렐(parallel) 이라고 구분해서 부르는 일이 많다. 따라서 단순히 직렬이라는 말만 가지고는 크랭크가 세로방향(차체의 진행방향)으로 배치된 엔진을 가리키는 경우도 있다.

V형 엔진

2기통 이상인 엔진에서 실린더가 V자 모양으로 벌어진 형태를 가리키는데, 2기통 엔진에서는 오히려 직렬보다 고전적이라고 할 수 있을 정도이다. V형에서는 서로 마주 보는 기통끼리의 커넥팅 로드 2개가 하나의 크랭크 핀에 연결된다.

2기통이라도 크랭크 샤프트의 생김새가 단기통과 똑같고, 2기통이면 단기통에, 4기통이면 2기통에 가까운 길이로 크랭크 샤프트를 짧게 만들 수 있다. 바이크 구성품 중에서 가장 무거운 부품인 엔진을 작은 덩어리로 꾹꾹 뭉쳐 놓은 것 같은 형태이며 경쾌한 핸들링을 얻는데 유리하다. 4기통 이하에서는 부등간격 연소가 이루어지므로 토크감있는 독특한 엔진 필링도 나타난다. 그 구조상의 관계 때문에 기통수는 반드시 짝수이다.

이처럼 장점이 많은 V형이지만 흡배기계의 레이아웃이 어렵다. 특히 바이크라는 조그마한 차체 안에서 차체의 운동성과 라이딩 포지션 등을 고려하면서 적절한 크기, 형태로 만들어 내려면 상당히 고심하게 된다.

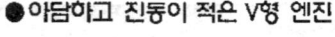

●아담하고 진동이 적은 V형 엔진

아울러 2스트로크 V형 엔진에 대해서는 4스트로크와 크랭크 샤프트의 구조가 다르기 때문에 나중에 따로 설명한다.

실린더 배열각

V형 엔진에서 V자로 벌어진 실린더끼리의 각도를 실린더 배열각, 또는 V뱅크각이라고 한다. 이 배열각을 얼마로 설정하느냐에 따라 각 기통이 연소행정에 들어가는 간격이 달라지게 되며, 이것이 동시에 진동 특성과도 연관이 있다.

이들은 기통수와의 상관관계도 있어서, 가령 12기통에서는 실린더 배열각이 60도와 120도일 때에 등간격 연소가 되며, 진동면에서도 균형이 잡힌다. 하지만 현실적으로 바이크는 4기통 이하이므로 여기에 맞

추어 설명하련다.

V트윈의 경우 실린더 배열각이 작을수록 투둥! 투둥! 하는 고동감을 강하게 연출할 수 있다. 오히려 단기통보다도 묵직한 느낌의 고동감이 된다.

유명한 할리 V트윈의 실린더 배열각은 45도인데, 이 이상으로 좁히게 되면 서로 마주 보는 기통의 실린더와 피스톤이 서로 부딪히게 되고, 이런 간섭을 피하려면 엔진의 높이가 매우 높아지므로 현실성이 없어진다. V자 사이에 흡기계를 배치하기 위해서는 배열각을 더욱 키워야 한다.

한편 실린더 배열각이 너무 커도 차체에 제대로 탑재하기가 어려워진다. 더욱이 진동특성까지 고려하면 자연스럽게 90도V가 주목의 대상이 된다.

배열각이 90도일 경우에는 서로 마주 보는 기통들이 발생하는 1차진동과 2차진동을 서로 상쇄시킬 수 있으며, 이론상으로는 진동을 완전히 없앨 수 있다. 현실적으로는 다른 진동도 발생하지만 특히 2기통일 경우에는 직렬 엔진과 비교했을 때, 대폭적으로 진동이 적어지는 것이 사실이다. 4기통에서도 마주 보는 2기통씩이 진동을 상쇄하므로 같은 이론이 통용된다.

이태리의 두카티나 모토 굿지, 혼다의 스포츠 모델에 탑재된 V형 엔진 등은 모두 90도V를 채용하고 있다. 두카티 매니아들은 그 엔진을 옆에서 보았을 때의 모양 때문에 L트윈이라고 부르기도 한다.

혼다 이외의 일본 메이커들이 이러한 장점을 갖고 있는 90도V를 적극적으로 판매하고 있지 않다는 것이 조금 이상하지만, 여기에는 아무래도 각종 디바이스(보조장치)류 레이아웃에 관한 특허 문제가 있는 듯하다.

수평대향 엔진

외관적으로 설명하자면 V형 엔진의 실린더 배열각이 180도로 된 것이라고 말할 수 있다. 다만 크랭크의 구조가 다르다. 만약 크랭크가 통상적인 V형의 그것과 똑같다면 진동이 너무 커서 실용적이지 못하다. 크랭크축을 세로로 배치할 경우를 예로 들면, 좌우 양쪽의 피스톤이 동시에 왼쪽으로, 또는 오른쪽으로 이동하기 때문이다.

따라서 실제로는 서로 마주 보는 기통의 커넥팅 로드는 각각 180도 위상이 붙어있는 크랭크 핀에 연결되어 있다. 마주 보는 피스톤이 서로 붙었다가, 떨어졌다가 하는 식으로 작동하며, 그래서 수평대향이라고 불리운다. 권투 선수가 양손의 글러브를 서로 부딪히는 모양새와 닮았다고 해서 복서라고도 불리운다. 이런 동작 때문에 1차 & 2차진동은 90도V와 마찬가지로 이론상으로는 제로이다. 또한 연소 간격이 등간격

●복서라고 불리우는 수평대향 엔진

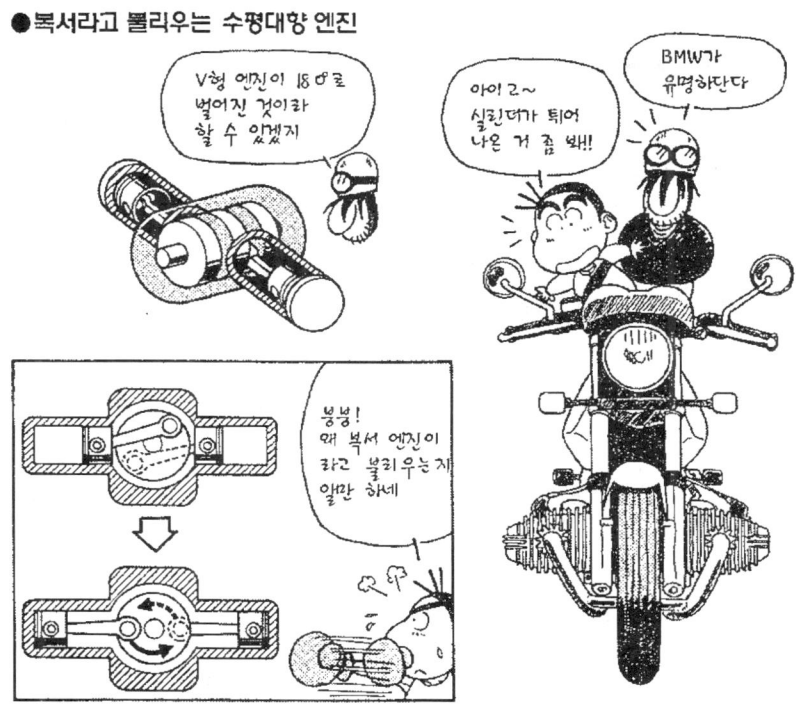

이다. 상당히 부드럽고 원활한 엔진이다.

크랭크 샤프트의 형상은 직렬 2기통과 똑같지만, 마주 보는 실린더끼리 서로 어긋나 있는 양(=오프세트량)은 직렬 엔진의 실린더 간격보다 훨씬 작다. 따라서 크랭크 샤프트의 길이는 V형보다 약간 긴 정도이다. 다만 이런 배치 방식으로는 엔진의 높이는 매우 낮지만, 앞 뒤 길이가 터무니 없이 길어진다. 바이크에게 탑재할 경우에는 현실적으로 세로형 크랭크(크랭크 샤프트를 차체 진행 방향으로 배치하는 것) 방식을 취한다.

유명한 예로는 BMW의 공냉 2기통이 있다. 혼다에도 수냉식 수평대향 6기통 1520cc 엔진을 탑재한 모델이 있다.

기통 배치

2기통 이상의 경우, 같은 기통수라도 실린더를 어떤 식으로 배치할 것인가라는 기통 배치가 바이크의 차체구성 및 핸들링에 상당한 수준으로 영향을 미친다. 그리고 이것은 크랭크 샤프트의 배치방법/ 구조와 끊을래야 끊을 수 없는 관계가 있다.

직렬과 V형은 그 형상이 전혀 다른 엔진이다. 가장 큰 차이점은 직렬에서는 하나의 크랭크 핀에 1개의 커넥팅 로크가 접속되지만, V형에서는 2기통분의 커넥팅 로드가 연결된다. 즉 크랭크 구조의 문제인 것이다.

그 다음은 크랭크의 방향이다. 차체의 좌우방향으로 크랭크를 배치할

● 기통 배치가 바이크에게 미치는 영향

경우, 이 형식을 「가로 배치식 크랭크」, 또는 「가로형 크랭크」라고 부른다. 차체의 전후방향으로 되어 있는 것을 「세로 배치식 크랭크」, 또는 「세로형 크랭크」라고 부른다.

직렬과 V형, 그리고 세로 배치식과 가로 배치식을 각각 조합한 것에 대한 설명은 다음과 같다.

「가로형 크랭크 직렬 엔진」, 즉 병렬 엔진은 바이크에서는 가장 보편적인 형태이다. 앞뒤로 중량 배분을 조정하기 쉽고 휠베이스도 짧게 설정할 수 있다. 흡배기계 레이아웃도 하기 편하다. 또한 모든 실린더에 주행풍이 직접 닿으므로, 공냉 엔진에서는 냉각성을 고려한다면 이 방식이 가장 적합하다. 그리고 뒷바퀴를 체인으로 구동할 경우, 크랭크에

● **가로형 크랭크와 세로형 크랭크**

서 발생한 회전운동의 방향을 바꿀 필요없이 뒷바퀴로 전달하게 되므로
효율적이다.

다만 엔진의 폭이 넓어지며 뱅크각을 확보하기 위해서는 엔진의 탑재
위치를 낮추기 어렵다. 라이딩 포지션에 미치는 영향, 특히 흡기계 배치
와의 관계도 문제가 된다.

또한 가로로 배치된 크랭크가 발생하는 자일로 효과 때문에 차체를
기울이는 경쾌성이 떨어지는 경향이 있다. 기울일 때의 경쾌성 문제는
기술적인 배려에 따라서는 적절한 안정감, 또는 안심하고 휘돌릴 수 있
는 조종성 등으로 연출할 수 있는 요소이지만, 그래도 경쾌한 스포츠성
을 생각한다면 4기통이 한계이다. 과거에는 혼다 CBX1000이나 가와

사키 Z1300 등 병렬 6기통 모델도 있었지만, 슈퍼스포츠의 위치를 유지하기에는 역부족이었다.

「가로형 크랭크 V형 엔진」이라면 병렬 엔진에 비해 엔진 폭을 상당히 좁힐 수 있다. 다만 6기통 이상이 되면 후방 기통렬이 라이딩 포지션에 미치는 영향이 매우 커지며, 현실적으로는 역시 4기통이 타당한 숫자이다.

「세로형 크랭크 직렬 엔진」도 폭을 줄일 수 있다. 또한 크랭크가 세로로 놓여 있는 까닭에 차체 기울이기나 방향 바꾸기 등을 경쾌하게 만들 수 있다. 뒷바퀴를 샤프트 드라이브로 구동하는 바이크라면 동력전달에도 효율성이 우수한 장점이 있다.

그러나 앞뒤로 길어지므로 4기통 이상일 경우에는 휠베이스가 짧은 아담한 바이크로 만들어 내기가 어렵다. 흡배기계를 깔끔하게 처리하기도 힘들다. 2기통 이상의 공냉 엔진에서는 후방 기통을 냉각시키기가 상당히 어려워서 옛날에는 몇 기종인가 있었지만 현실적이지 못하다.

아울러 직렬, V형을 가리지 않고 세로형 크랭크의 경우에는 공회전 시 급격하게 회전을 올리면 차체가 옆으로 기울어지려고 하는 힘이 발생한다. 크랭크의 회전 반력에 의해 그 회전 방향과는 반대방향으로 차체가 회전하려고 하기 때문이다.

다만 이것은 클러치나 제너레이터를 크랭크 반대 방향으로 회전시키는 구조를 취해 주면 서로 상쇄시킬 수 있다.

현재의 바이크 중에서 세로형 크랭크 직렬 엔진으로 성공을 거두고 있는 것은 BMW의 K시리즈를 들 수 있다. 2기통 모델과 4기통 모델이 있는데 둘 다 샤프트 드라이브 구동식이며, 대형 투어러의 컨셉을 가지고 있고 물론 수냉식이다. 엔진을 수평으로 눕힘으로서 흡배기계 레이아웃을 깔끔하게 처리하는 동시에 엔진의 높이도 낮추고 있다.

「세로형 크랭크 V형 엔진」이라면 직렬보다 앞뒤 길이를 줄일 수 있다. 뱅크각도 충분히 확보할 수 있다. 더구나 공냉 V형의 경우, 가로형 크랭크에서는 후방 기통에 냉각풍이 닿기 어려웠던 점이 문제시 되지만, 세로형 2기통이라면 양쪽을 제대로 식힐 수 있다. 이런 이유 때문에 샤프트 드라이브 방식의 바이크에 의외로 많이 채용되는 구조이다. 다만 이것도 4기통이 한계이고 6기통씩이나 되면 라이딩 포지션에 미치는 영향이 크다.

2스트로크의 V형

2스트로크의 경우, 각 기통마다 1차압축이 이루어지가 때문에 크랭크실을 각각 독립시키지 않으면 안 된다. 따라서 V형이라고는 하지만 기본적으로는 직렬과 똑같은 크랭크 구조를 취할 수 밖에 없는 것이 현실이다. 그렇지만 실린더를 V자형으로 벌려 놓음으로써, 직렬에서는 옆으로 길게 늘어설 수밖에 없었던 실린더를 서로 겹치게 만들 수 있다. 각 실린더마다 양쪽 끝에 소기포트를 설치해야 할 필요가 있는 2스트로크에서는, 이것만으로도 크랭크샤프트의 길이(가로식의 경우, 엔진의 폭)를 대폭적으로 줄일 수 있다.

엔진이라는 무거운 부품 덩어리를 꾹꾹 뭉쳐 놓은 느낌이라서 질량의 집중화를 꾀할 수 있으며, 보다 효율적인 프레임 레이아웃도 가능해지는 등 역시 이 V형만의 이점은 매우 많다.

제조 단가가 비싸지는 경향이 있지만 속도와 스포츠성을 극한 상황까지 추구하자면 역시 2스트로크도 V형이 유리해진다. 그 증거로서 현재 WGP 로드레이서의 주류는 V형 엔진이며, 시판차 중에서도 2스트로크 250cc 클래스의 이른바 레플리카라고 불리우는 바이크는 혼다, 스즈키, 야마하 등 메이커를 불문하고 모두 V형 2기통이다.

다만, 2스트로크 V형의 구조에는 여러 가지 형태가 있다. 앞서 말한,

●2스트로크 V형 엔진의 다양한 종류

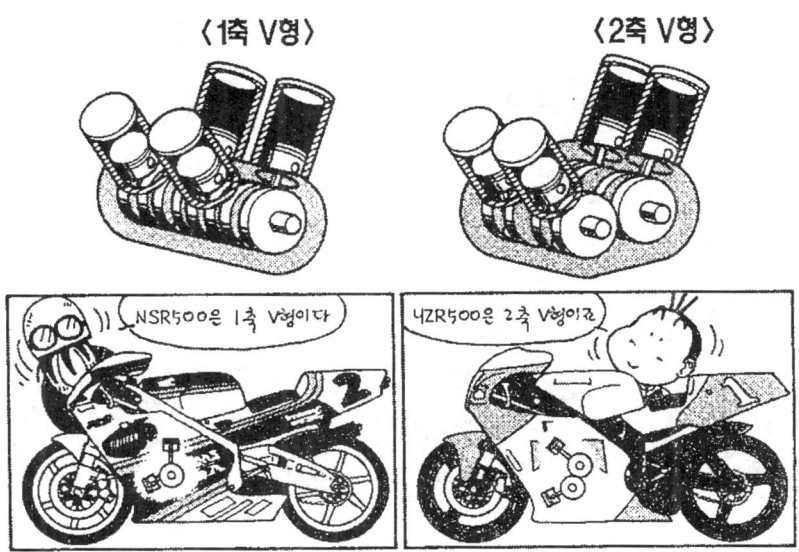

〈1축 V형〉　　　　　　〈2축 V형〉

NSR500은 1축 V형이다

YZR500은 2축 V형이죠

크랭크 샤프트 1개 위에 늘어선 실린더를 V자로 벌려 놓은 형태의 것을 1축 V형이라고 하는데, 이것 외에도 2축 V형이란 것도 있다. 현재 대부분의 2기통 엔진 및 혼다의 500cc GP머신은 1축 V형이며, 야마하나 스즈키의 500cc GP머신은 2축 V형이다.

2축 V형이란, 말 그대로 크랭크샤프트 2개가 평행으로 설치된 구조이다. 4기통을 예로 들자면 병렬 2기통 엔진 2대를 앞뒤로 맞대어 놓고 양쪽 실린더를 V자형으로 벌려 놓은 것이다. 이 방식은 1축 V형보다 구조가 복잡해지고 무거워지는 경향이 있지만, 전후 기통렬의 위치와 각도를 비교적 자유롭게 설정할 수 있는 융통성이 크다는 장점이 있다. 엔진의 폭도 4기통이라면 2기통과, 2기통이라면 단기통과 완벽하게 똑같다. 진동면에서도 유리하다. 또한 2개의 크랭크를 서로 반대 방향으로 회전시키는 구조를 취하면, 여기서 발생하는 자일로 효과나 크랭크

〈스퀘어 4기통〉　　　〈탠덤 트윈〉

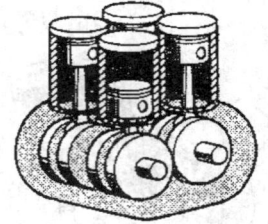

회전토크의 리액션(반작용) 등을 상쇄시킬 수도 있다. 무엇보다도, 오랜 기간 동안 배양해 온 기존의 직렬 2스트로크 기술을 그대로 활용할 수 있는 점이 크다.

　크랭크샤프트를 2개 가지고 있되, 실린더를 V형으로 벌리지 않고 평행으로 설치한 것도 있다. 이 형태의 4기통을 스퀘어 포, 2기통을 탠덤 트윈이라고 부른다. 이러한 형태는 비교적 옛

날부터 존재해 있었다. 여기서부터 2축 V형으로 변화해 왔다는 것이 역사적으로 올바른 경위이다. 즉, 2스트로크에서는 1축 V형이 새로운 형

태인 것이다. 1축 V형을 고안하고 발전시켜 온 것은 1982년에 WGP 참전을 개시한 혼다의 GP머신 NS500 (3기통)이 시초라고 할 수 있다.

실린더 전경 각도

실린더가 수직으로 솟아있는 모습의 엔진이란 나름대로의 존재감도 있고 독특한 아름다움도 있다. 그러나 가로형 크랭크 엔진에서는 정도의 차이는 있지만 실린더를 앞으로 기울여 놓은 것이 대부분이다. 그 이유는 흡배기계의 레이아웃과 밀접한 관계가 있기 때문이다. 특히 4스트로크의 경우에는 흡배기관을 완만한 각도로 설치하기 위해서 다소 앞으로 기울이는 편이 유리하다.

한편 프레임과의 관계도 중요하다. 높은 프레임 강성을 보다 적은 양의 자재로 달성하기 위해서는 스티어링 헤드와 리어암 피벗 부근을 가능한 한 직선으로, 굵은 프레임 파이프로 이어 주어야 한다. 그러기 위해서는 단기통이라면 몰라도, 병렬 2기통 이상의 엔진에서는 실린더와 실린더 헤드가 똑바로 위로 뻗어 있으면 방해가 되는 것이다.

실린더를 얼마만큼 앞으로 눕힐 것인가? 여기에는 다분히 디자인적인 요소가 개입하게 된다. 엔진이 훤히 들여다 보이는 바이크의 경우, 실린더가 적당히 기울어져 있는 편이 날렵한 인상을 주기 때문이다. 그렇지만 기술적인 면에서 본다면 종합적인 바이크 구성에 대한 메이커의 사고방식에 달려있다.

야마하의 4스트로크 차량 중에서 「제네시스 사상」 이라는 방향성을 지닌 모델들에게는 특히 이런 경향이 현저하다. 실린더를 45~35도까지 심하게 전경시켜 놓았으며 배기계통이 상당히 일직선에 가까운 레이아웃을 보인다. 한편 흡기계통도 거의 일직선으로 위로 뻗어서 스티어

● 전경 실린더의 이점

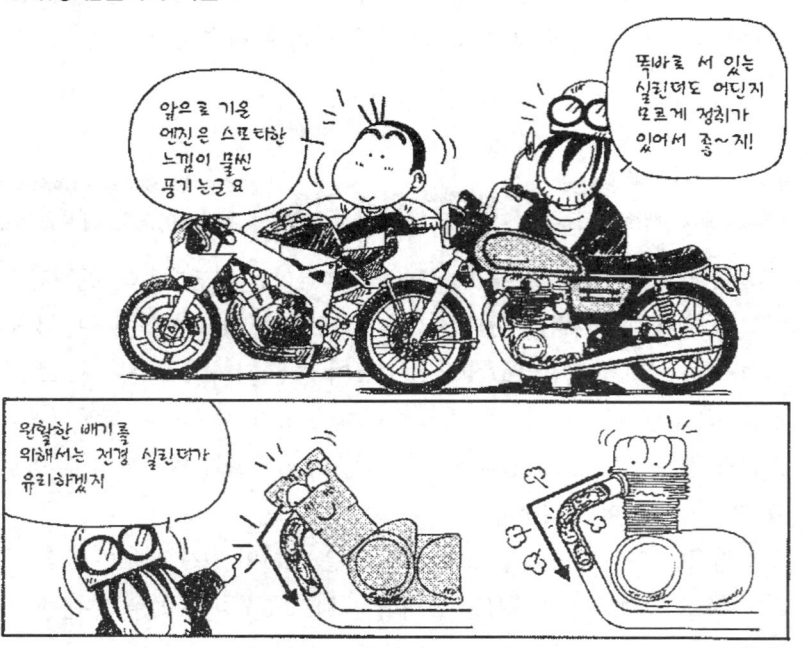

링 헤드 뒷부분의 에어클리너 박스에 연결되어 있다. 이 에어클리너 박스의 위치에도 중요한 의미가 담겨 있는데, 부피는 크되 무게가 가벼운 「빈 상자」 같은 이것을, 중심에서 멀리 떨어진 스티어링 헤드 부근에 배치한다는 것은 질량의 집중화에 커다란 효과가 있는 것이다. 이 에어클리너에 흡기관과 카뷰레이터가 일직선으로 달려 있는 엔진 형태라고도 볼 수 있다. 또한 실린더가 앞으로 심하게 기울어있기 때문에 엔진의 높이가 낮아지며, 상하 방향의 질량 집중화와 저중심화도 실현하고 있다.

물론 실린더의 전경 각도가 너무 크면 이번에는 엔진의 앞 뒤 길이가 길어진다. 이렇게 되면 휠베이스가 덩달아 길어진다거나, 전륜 하중이 부족해지는 등의 문제점도 발생한다. 야마하도 처음에는 45도의 전경 각도로 시작했지만 요즘에는 35도를 채용하고 있다.

　혼다를 비롯한 다른 메이커는 군이 특별한 명칭을 붙이고 있지는 않지만, 병렬 4스트로크 엔진을 탑재한 스포츠 모델은 마찬가지 구조를 띄고 있다. V형 엔진도 결과적으로 이것과 일맥상통하는 부분이 있다.

　다만 이른바 네이키드라고 불리우는 바이크들은 이러한 이론적 특성을 다소 희생시키고 있는 면이 적지 않다. 실린더가 비교적 똑바로 서 있고 거의 수평으로 달린 카뷰레이터가 뚜렷이 밖으로 드러나는 등의 고풍스러운 스타일을 우선시킨 레이아웃이 주류이다.

　아울러 실린더의 전경각도란, 지면에 대한 수직선을 기준삼아 기울어진 각도를 가리키는 경우가 많다. 그러나 엄밀하게 따지자면 엔진 하나만을 수평으로 놓았을 때(크랭크케이스의 분할면 등이 기준이 되지만, 정식적으로는 설계 당시의 수평상태)의 수직선에 대한 각도를 말한다.

프레임에 실을 때 엔진을 앞뒤로 기울이는 경우도 적지 않으며, 엔진 자체의 전경각에 탑재시의 전경각을 가감시킨 것이, 차량탑재 상태에서의 실린더 전경각도가 된다.

크랭크 둘레

● 크랭크샤프트와 트랜스미션 등이 들어 있는 크랭크케이스

〈좌우 분할식〉 　　　　　　　　　　　　　　　　〈상하 분할식〉

크랭크케이스

　이름 그대로 크랭크샤프트가 들어있는, 그리고 이것을 확실하게 지지하는 상자 모양의 케이스를 말한다. 엔진의 기본 토대라고도 말할 수 있다. 다만 바이크용 엔진에서는 크기를 줄이기 위해 변속기까지 일체화된 유니트 컨스트럭션 구조가 일반적이라서, 이 경우의 크랭크케이스에는 트랜스미션도 들어 있게 된다. 또한 윤활용 오일을 담아 두는 역할도 하고 있다.

　한편 2스트로크 엔진에서는 1차압축을 하기 때문에 외관상으로는 한 덩어리로 보이더라도, 내부는 크랭크실과 미션실이 완벽하게 독립되어 있는 구조를 취한다. 4스트로크 엔진에서는 이와는 반대로 피스톤의 상

발생된 파워를
저항하는 크랭크케이스…
튼튼하지 못하면 말이
안 되죠

강성도
높아야 하고
가벼워야
하고…

크랭크케이스?
요컨대 상자잖아요?

또 그래
섣지

근데 2스트로크에선
조금 복잡해지지

크랭크실과
미션실을
나눠야 한다

2기통 이상에선
크랭크실을
기통 마다 나눈다

이렇게 안 하면
엔진이 안 돌기
때문이지

어째서??

하운동에 따른 크랭크케이스 내
부의 압력변동을 억제하기 위해
미션실의 공간을 공유함으로써
내부 용적 증대를 이용하고 있다.
아울러 4스트로크에서는 다량의
윤활유를 담아두기 위한 오일팬
(oil pan)이 크랭크케이스 하부
에 달려있다. 가로형 크랭크 엔진
에서는 크랭크케이스 양쪽에 클
러치나 제너레이터, 점화계통 장
치가 장착되는 경우가 많으며, 이

것은 크랭크케이스 사이드커버(단순히 사이드커버라고도 부른다)로 덮혀 있다.

자동차의 경우에는 변속기가 별체식인 경우가 일반적이지만, 한편으론 크랭크케이스와 실린더가 일체식으로 되어 있는 경우가 대부분이며, 이것을 실린더 블럭이라고 부르고 있다. 바이크는 거의 대다수가 실린더와 별체식으로 되어 있는데, 혼다의 4스트로크 등에서는 일체식을 채용하고 있는 예도 있다. 일체식으로 하면 다기종 소량생산이 특징인 바이크에서는 가공성 및 제작비용, 정비성 등에서 불리해지지만, 엔진 전체의 강성이 향상되고 차체 구성상 유리한 점이 많다.

일체식 실린더 블럭형을 포함해서 바이크용 엔진의 크랭크케이스는 경량화를 위해 알루미늄 합금으로 제작되어 있는 경우가 대부분이다. 또한 단순한 상자 모양이 아니라 내부 구조에 맞추어 복잡한 형상을 하고 있으며, 다양한 늑재(肋材)로 보강되어 있어서 경량화와 고강성화를 추구하고 있다. 차체 강성의 일부분이라는 의미를 둘째 치더라도, 엔진의 토대 역할을 하는 크랭크케이스의 강성이 낮다면 제대로 힘을 낼 수조차 없다는 점은 두말 할 필요없다.

크랭크케이스는 크게 좌우분할식과 상하분할식으로 나뉜다. 좌우분할식은 축배치가 동일 평면상에 늘어서 있지 않더라도 조립에 지장이 없지만, 병렬 2기통 이상이 되면 크랭크샤프트 중앙부근의 지지구조가 어려워지므로, 주로 단기통이나 V형 2기통 엔진에 채용된다. 상하분할식은 그 반대로 병렬 2기통 이상인 엔진은 거의가 이 방식이다.

축 배치

크랭크샤프트와 미션샤프트 등 각종 축을 배열하는 것. 이것을 결정한다는 것은 그 엔진의 크기와 형상을 기본적인 부분에서 정해 버리는

● 엔진의 기본적인 크기를 결정해 버리는 축배치

일이 된다. 메이커의 대량생산 시스템에서는 이 축배치에 맞춰서 값비싼 가공기계를 도입하게 되는데, 새롭게 설계한 엔진이라도 예전의 엔진과 똑같은 축배차로 한다면 동일한 가공기계를 그대로 활용할 수 있으며, 가공비용도 한층 저렴해진다. 이와는 반대로 유용할 수 있는 가능성이 전혀 없는 축배치의 엔진을 설계한다는 것은, 어지간히 대량으로 판매하지 못하면 고비용 = 비싼 바이크가 되어 버린다.

바이크용 엔진에서 가장 단순한 형태는 크랭크샤프트 1개와 미션샤프트 2개로 이루어진 3축 구성이다. 크랭크 중앙에서 동력을 끌어낼 목적으로 미션 사이에 아이들러 샤프트(중간축)를 설치하면 4축 구성이된다. 이 이외에도 병렬 엔진의 샤프트 구동차량이라면 미션에서 감속한 후에 회전방향을 90도로 전환시키기 위한 샤프트를 별도로 설치하게 된다. 또한 진동 대책을 위해 밸런서 샤프트를 설치한 엔진도 있다.

기본적인 축배치 중의 하나로서 각 축 사이의 거리, 축간격(샤프트

핏치)이 있다. 이 치수가 작을수록 당연히 엔진은 작아진다. 그러나 축이나 베어링의 굵기, 축과 축 사이에서 이루어져야 할 감속수치, 그리고 이를 위해 사용되는 기어 톱니수의 관계, 기어 톱니의 형상과 요구 강도, 또는 소음 대책 등의 문제 때문에 그 간격을 좁히는 일은 쉽지 않다. 견실하고 꾸준한 기초 기술이 진가를 발휘하는 장면이다.

다만 가로형 크랭크 엔진을 예로 들자면, 같은 축간격이라도 각 축을 아래 위로 어긋나게 늘어 놓으면 앞 뒤 길이를 줄일 수 있다. 상하분할식 크랭크케이스일 경우, 이런 식으로 축을 배치하려면 케이스 분할면에 모든 축을 늘어 놓는 일이 불가능하고, 따라서 조립하는 데에 일손 = 시간 = 비용이 들지만 성능면에서의 이점은 상당히 많다.

이렇게 보면 엔진의 축배치란 엔진 하나에만 국한되는 문제가 아니라 바이크 전체에 영향을 미치는 요소이다. 실제로 축배치는 차체의 대략적인 레이아웃과 함께 초기 단계 때에 실시하는 작업인 것이다.

크랭크샤프트

피스톤의 상하운동을 회전운동으로 바꾸는 부품이다. 피스톤의 상하운동을 제어하고 있는 부품이라고도 볼 수 있으며, 피스톤 스트로크는 여기서 정해지게 된다. 줄여서 크랭크라고 부르는 경우도 많다. 회전운동의 중심과 작용점을 찾아보면 말 그대로 「크랭크 형상」이지만, 실물은 언뜻 보기에 그다지 크랭크 모양으로는 보이지 않는다.

크랭크샤프트는 각 부분마다 명칭이 있는데 우선 그 회전축을 크랭크 저널이라고 부른다. 이곳이 크랭크케이스에 지지되는 부분이다. 피스톤에서 뻗어나온 커넥팅로드가 연결되는 부분이 크랭크핀이며, 이곳도 일종의 회전축 부분이다.

저널부와 핀부를 이어주는 암에 해당하는 것이 크랭크웨브이다. 그러

● 크랭크샤프트의 구조는……

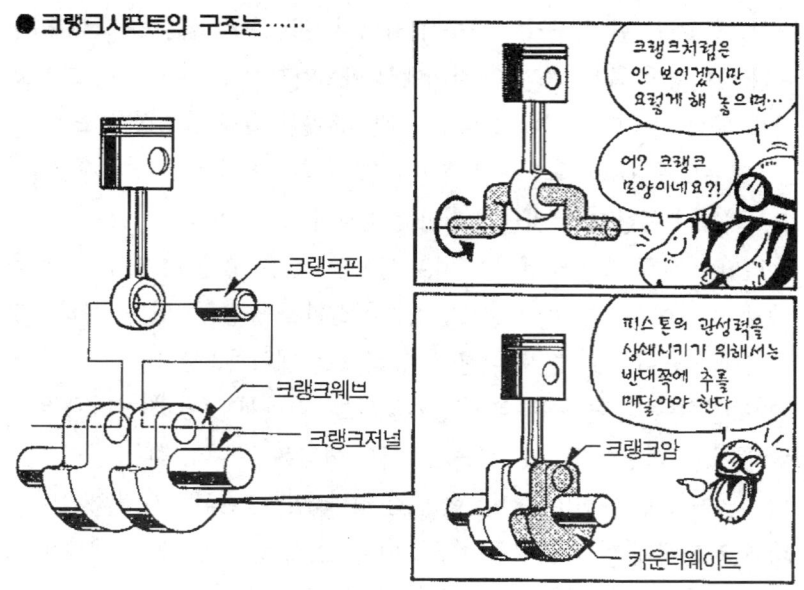

나 이 부분은 저널을 중심으로 핀과는 반대방향으로도 뻗어 있다. 뻗어 있다기 보다는 둥글게 도려낸 매우 두터운 철판 같은 모양을 하고 있다. 2스트로크와 4스트로크, 그리고 엔진에 따라 이 웨브가 진원 형상을 하고 있는 것도 있고, 삼각형 주먹밥 처럼 생긴 것도 있지만, 어쨌거나 이런 형상 때문에 크랭크샤프트는 그 겉모습이 「크랭크 모양」으로는 보이기 힘든 것이다.

크랭크웨브 중에서 저널부터 핀의 반대쪽 부분을 카운터웨이트라고 부른다. 피스톤의 왕복운동으로 발생하는 커다란 관성력을 상쇄시키기 위해 이 추가 필요한 것이다. 이곳에 추가 없다면 강렬한 진동에 의해, 쾌적성 따위를 따지기도 전에 먼저 엔진이 망가져 버린다. 이 추와 크랭크 암을 하나로 한 것이 크랭크웨브인 것이다.

아울러 4스트로크 다기통 엔진 중에는 여러 개의 크랭크웨브 중의 하나를 골라, 그 외주에 톱니를 깎아서 프라이머리 기어로 활용하고 있는 것도 많다. 프라이머리 기어를 별도로 마련하는 것보다 크랭크샤프트의 길이를 단축시킬 수 있기 때문이다. 다만 일체식 크랭크에 이러한 기어를 깎는 작업은 나름대로의 높은 대량생산 제조기술이 필요하게 된다.

또한 일체식 크랭크에서는 저널부에서 핀부에 걸쳐 오일 구멍이 통해 있다.

크랭크 질량

크랭크웨브의 주된 역할은 진동을 줄이는 일인데, 그 외에도 또 하나, 적절한 크랭크 질량을 발휘하는 일도 하고 있다.

4스트로크 단기통의 경우, 혼합기가 연소되어 고압으로 피스톤이 눌리는 것은 연소행정, 그 중에서도 초기의 한 순간 뿐이다. 그 이후부터

●엔진을 원활하게 돌리는 크랭크 질량

크랭크샤프트가 270도 회전할 때까지는 동력이 발생하기는 커녕, 흡기나 압축행정에서는 오히려 에너지를 소비해 버린다. 그럼에도 불구하고 크랭크샤프트는 다음 연소행정까지 돌아 주지 않으면 곤란하다. 조금은 불완전 연소하더라도, 또는 점화가 되지 않아 연소에 실패하더라도 계속 돌아 주어야 한다.

또한 크랭크샤프트의 회전력에 울컥울컥 하는 식의 파장이 있으면, 사람이 다루기 까다로울 뿐만 아니라 엔진과 구동계통을 파손시키는 원인이 된다. 연속적으로 부드럽게 돌아 주어야 하는 것이다. 그러기 위해서는 크랭크 회전에 적절한 타성의 힘이 있어야 한다. 즉 회전관성질량 = 플라이 휠 매스(fly wheel mass)가 필요한 것이다. 이것은 보다 큰 질량을 회전 중심에서 먼 곳에 위치시킬수록 커진다.

자동차의 경우에는 클러치 기구의 일부이기도 한, 말 그대로 플라이 휠 = 타성으로 도는 바퀴를 채용하고 있다. 그러나 민첩한 기동성이 특징인 바이크에게는 그 정도까지의 플라이 휠 매스는 필요치 않다. 너무 큰 플라이 휠 매스는 엔진 회전의 신속한 상승 또는 하강을 둔하게 만든다. 크랭크웨브에게 그 효과를 기대하는 것만으로 충분하다

이러한 크랭크샤프트의 회전관성 질량을 크랭크 질량이라는 단어로

표현하는 일도 많다. 다만 이것은 크랭크웨브를 포함한 크랭크샤프트만의 질량이 아니라, 여기에 연결되어 있는 제너레이터와 점화장치 등 보조기구류의 회전관성 질량도 포함한 것이 된다. 보조기구류가 크랭크 양쪽 끝에 직결되어 있지 않고 기어나 체인으로 접속되어 있는 경우도 결과적으로 마찬가지이다.

기통수가 많을수록 연소압력이 빈번하게 발생한다. 또 2스트로크는 360도 회전할 때마다 연소행정이 있다. 이렇게 되면 크랭크 질량은 그다지 클 필요가 없다. 그렇지만 완전히 연속적으로 동력이 발생하고 있지는 않으므로 역시 어느 정도의 크랭크 질량은 확보해야 한다.

단순하게 생각해서, 엔진이 그저 원활하게 도는 것만이 목적이라면 다기통 엔진이나 2스트로크에서는, 크랭크웨브에 왕복운동의 관성력을 상쇄시키는 데에 필요한 만큼의 질량을 걸어주면, 여기서 결과적으로 필요충분한 크랭크 질량도 얻을 수 있다. 크랭크 질량을 최소한으로 억제하는 편이 스로틀 응답성이 좋아지고 이론적인 가속성능도 향상된다.

이런 사고방식으로 본다면 2스트로크 엔진의 크랭크 질량은 필요 이상으로 큰 경우가 많다. 크랭크실에 충분한 흡입압력을 만들고, 또한 충분한 1차압축을 얻기 위해서는 가능한 한 크랭크실 내부를 꽉 채우도록 크랭크웨브의 부피를 늘려야 하기 때문이다. 따라서 결과적으로 두터운 원반 모양을 하고 있는 것이 많은데, 이것으로는 질량이 너무 커져 버린다. 이에 대한 대책으로 혼다차 중의 몇몇 기종은 크랭크웨브 일부분의 내부를 중공으로 만든 것도 있다.

어쨌거나 지금까지 일제 바이크는「필요 최소한의 크랭크 질량」이라는 방향으로 진화해 온 것이 아닌지? 그러나 실제 주행은 테스트 장비로 엔진을 돌리는 것과는 사정이 다르다.

예를 들어 코너를 빠져 나오면서 가속해 갈 때, 노면의 어느 한 곳이 미끄럽다거나, 또는 뒷바퀴(구동륜)가 순간적으로 튕겨 올랐을 경우를 보자. 그 순간에 엔진은 급격하게 회전이 상승하게 되며, 다음 순간 타이어가 그립했을 때에 차체의 거동이 흔들리게 된다. 이것을 스로틀 조작으로 컨트롤하기란 상당히 어려울 뿐만 아니라, 몸도 피곤하고 위험하기도 한다. 레이스의 경우라면 경기에 전념해야 할 집중력을 떨어뜨린다. 그리고 이런 경우에서의 완벽한 컨트롤 따위는 인간에게는 어려운 작업이다.

그렇지만 크랭크 질량이 적절히 크다면 쓸데없는 공전을 최소한으로 억제할 수 있다. 담담하게 크루징할 때의 승차감도 좋아지는 것은 물론, 실질적인 빠르기 성능도 크게 향상되는 것이다. 이런 면에서 바이크 선진국인 유럽 / 미국의 엔진에는 참으로 잘 만들어진 것이 적지 않았다. 일본 메이커는 최근에 들어서야 이 부분에 착안하기 시작했다는 느낌이다.

물론 너무 큰 크랭크 질량은 가속 성능을 악화시킬 뿐만 아니라 오히려 울컥거리는 성질이 강해진다. 「적절한 정도」라는 것이 있을 텐데, 그것이 어느 정도인지를 정의하기가 어렵다. 유럽제 바이크, 미국의 더트트랙 레이스나 일본의 갬블 레이스의 머신들은 경험의 축적에 의해 완성도를 높여 왔기 때문에 훌륭한 모델들이 많다. 근래에는 이들에 대한 철저한 이론분석도 실시되고 있는 듯 하다.

아울러 크랭크와 연결된 보조기구류의 회전질량의 크기는, 「기통배열」항에서 설명했던 크랭크 자일로 효과의 크기에도 직접적으로 영향을 미친다.

일체식 크랭크샤프트

탄소강 등을 사용해서 크랭크샤프트 전체를 단조해서 일체 성형하는 방식. 모든 것이 하나의 쇳덩어리로 이루어져 있으므로 튼튼하고 정밀

● 크랭크에는 일체식과 조립식이 있다

도도 높다. 4스트로크 다기통은 거의가 이 방식이다.

참고적으로 단조(鍛造)란 금속 재료에 열을 가해 부드럽게 해놓고, 틀에 대고 강한 힘으로 눌러서(또는 때려서) 정해진 모양으로 만드는 것을 말한다. 치밀하고 높은 강도를 얻을 수 있지만 미세한 형상으로 만들기가 어렵고 제작비도 비싸다. 이에 반해 주조(鑄造)는 금속을 녹여서 틀에 붓는 것으로서, 비용이 비교적 싸고 복잡한 형상도 쉽게 만들 수 있지만 일반적으로 무른 경향이 있다.

일체식 크랭크의 크랭크저널부와 크랭크핀부의 베어링에는 플레인 베어링이 사용된다. 메탈 베어링, 또는 단순히 메탈이라고도 불리우는 이것은, 베어링이라고는 하지만 단순한 금속판으로서 원통을 2조각으로 쪼갠 모양을 하고 있다.

● 4스트로크 다기통에서는 일체식 크랭크샤프트가 일반적

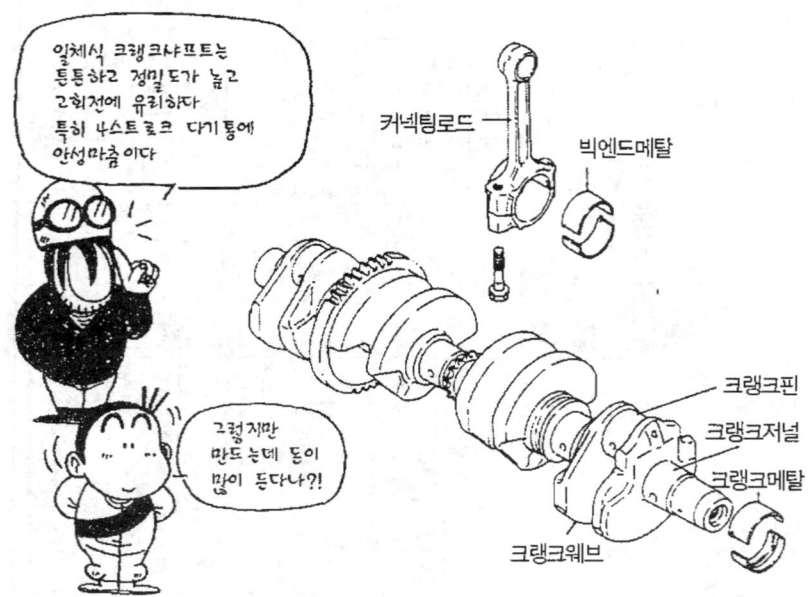

저널부를 예로 들자면, 크랭크케이스에 밀착된 메탈과 저널 사이에는 미세한 틈새(오일 클리어런스)가 있으며, 엔진 운전 중에는 여기에 언제나 유압이 걸려 있게 된다. 크랭크샤프트는 이론적으로는 오일 위에 떠 있는 상태로 회전하는 것이다.

그러나 물론 현실적으로 어느 정도는 메탈과 회전축이 접촉하는 일이 있다. 따라서 메탈은 회전축과는 강도 차이가 큰(부드러운) 재질로 만들어져 있으며, 동과 아연의 합금 또는 베어링용 알루미늄 합금이 쓰인다. 또한 정확한 오일 클리어런스를 확보하기 위해서도 메탈은 필요하며, 유압이 걸려 있다고해서 저널을 직접 크랭크케이스로 지지하지는 않는 것이다. 메탈은 베어링부에서 발생하는 열을 다른 부분으로 전달하는 역할도 한다.

아울러 단순히 크랭크 메탈, 또는 크랭크 베어링이라고 말할 경우에는 저널부의 메탈 베어링을 가리킨다. 따지고 보면 크랭크핀부(커넥팅로드 빅엔드부)도 똑같은 구조이긴 하지만, 이때에는 빅엔드 메탈 등이라 부른다.

윤활 기술이 미숙했던 옛날에는 메탈 베어링보다도 볼 베어링이나 롤러 베어링이 신뢰성이 있고 고회전에 유리한 부분이 많았다. 그러나 요즘의 기술 수준으로 본다면 오히려 메탈방식이 저항이 적고 고회전에서의 신뢰성도 높다. 또한 일반적인 베어링이 점 또는 선으로 접촉하는 것에 비해, 메탈 베어링은 면접촉보다 충격 흡수능력이 훨씬 큰 플로팅 방식이므로 커다란 하중에 대해 매우 강하다. 다만 라이더의 오일 관리가 부실하면 윤활 불량으로 인한 엔진 파손의 위험성이 크다.

조립식 크랭크샤프트

2스트로크 엔진에서는 4스트로크처럼 크랭크샤프트에 오일을 쏟아 부으면서 유압을 걸어 윤활할 수가 없다. 흡입된 혼합기에 섞여 있는 안개 상태의 오일이 전부이다. 따라서 플레인 베어링을 사용할 수 없다. 일반적인 롤러 베어링이나 또는 볼 베어링을 쓰게 된다.

그런데 이러한「구름 베어링」에 속하는 베어링은 일체 형성된 크랭크에 나중에 끼워 넣기가 불가능하다. 가능하다고 해 봐야 양 끄트머리가 고작이다. 단기통이라도 빅엔드 베어링이 문제가 된다. 플레인 베어링처럼 2조각으로 쪼개지는 형태의 구름 베어링이 없는 바는 아니지만, 대량생산성이나 신뢰성 등의 면에서 현실적이지 못하다.

그렇다면 아무래도 조립식 크랭크가 필요하게 된다. 이것은 저널부와 핀부, 웨브부 등이 각각 별개의 부품으로 이루어져 있다. 그렇다고 완전히 조각조각되어 있는 것은 아니고, 가령 저널부와 핀부의 일부분이 웨

● 2스트로크에 사용되는 조립식 크랭크샤프트

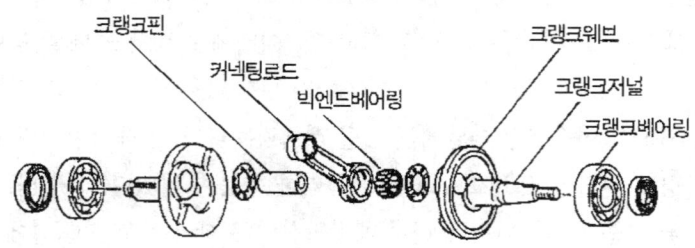

크랭크핀
커넥팅로드
빅엔드베어링
크랭크웨브
크랭크저널
크랭크베어링

어째서 2 스트로크엔 플레인 베어링을 쓸 수 없지요?

4 스트로크는 오일을 활활 들이 부을 수 있지만 2 스트로크는 혼합기에 섞여있는 오일뿐이거든

그렇지만 4 스트로크도 오일관리를 제대로 하지 않으면 엔진이 오래 못 가지!

브부와 이어져 있기는 하지만, 아무튼 이들을 서로 압입 조립하는 과정 중에 베어링도 끼워 넣을 수 있는 것이다.

　이렇게 조립할 때에 크랭크 1개당 2기통 이상으로 이루어진 2스트로크 엔진에서는, 각 기통 사이의 기밀을 유지하기 위해 기통의 경계면 저널마다 오일씰도 삽입하게 된다.

　옛날에는 4스트로크 다기통 엔진애도 조립식 크랭크가 사용되었다. 자동차의 경우에는 일체식을 사용할 수 있었지만, 고회전 고출력이 특징인 바이크용 엔진에서는, 당시의 플레인 베어링으로는 버텨내지를 못했기 때문이다. 지금은 상황이 다르다.

　다만 비틀림 또는 굽힘 응력이 크게 걸리지 않는 단기통이나 V형 2기통 4스트로크 엔진에서는 지금도 조립식 크랭크를 사용하는 경우가 있다. 제작 비용이 비싼 단조 기법을 사용하지 않는다는 점도 이점이다.

또한 오일이 열화되거나 양이 부족하더라도 베어링이 금새 눌러 붙는 등의 트러블이 비교적 적다는 장점도 있다.

진 동

피스톤은 엔진에 따라서는 스트로크 중간 부근에서 최고 100km/h 이상의 속도에 이른다. 그 다음에는 겨우 10~30mm라는 짧은 거리에서 급감속해서, 상사점과 하사점에서는 이론상으로 일시 정지한다. 그리고 다음 순간에는 또 다시 급가속하고……. 엔진 내부에서는 이러한 운동이 계속 되풀이되고 있다. 리시프러케이팅, 즉 왕복운동 엔진인 이상, 피스톤과 피스톤핀, 커넥팅로드 등의 왕복운동 부분에서 관성력이

●카운터 웨이트로는 지울 수 없는 진동

● 발생하는 진동은 다양하다

발생하는 것은 피할 수 없는 운명이다.

이 관성력을 없애기 위해 크랭크웨브에는 카운터웨이트가 달려 있다. 왕복운동의 관성력을 완전히 상쇄시키는 만큼의 질량을 부여하는 것을 「100% 밸런스율」이라고 한다.

그러나 실제로는 이 밸런스율을 100%로 하지 않는다. 이 웨이트가 상쇄시켜 주는 것은 상하방향의 관성력인데, 그러나 웨이트는 회전운동을 하고 있다. 한편 커넥팅로드는 그 일부분만이 회전질량에 해당될 뿐이며, 피스톤과 피스톤핀은 완전한 왕복운동만을 되풀이하고 있다. 따라서 밸런스율 100%라면 상사점과 하사점 이외에서는 크랭크의 카운터웨이트 질량이 전후방향(피스톤의 움직임을 상하방향이라고 한다면) 등의 힘, 즉 가진력(加振力)을 발생시키기 때문이다.

이 전후방향 가진력은 2기통 또는 4기통에서라면, 다른 기통의 가진력으로 서로 상쇄시킬 수도 있지만, 우력(偶力, 커플링) 진동은 반드시 파생한다. 또한 단기통에서는 전후가진력이 반드시 발생한다.

그렇다면 어느 정도의 밸런스율로 할 것인가? 이것은 기통수와 엔진 의 사용목적, 기술자의 판단에 따라 천차만별이지만, 하여간 100%가 아니라는 점에는 변함이 없으므로 어느 정도의 상하진동은 발생하게 된 다. 전후(또는 좌우) 진동도 일어난다. 엄밀하게는 상하, 좌우, 전후로 명백하게 나뉘어서 발생하고 있는 것이 아니라 사방팔방으로 진동하고 있다. 다만 이론 분석상 편리하므로 그렇게 구분하고 있는 것이지만, 아 무튼 「엔진이 있는 곳엔 진동이 있다」 라는 말이다.

진동은, 가령 경기용 차량이라도 「참으면 된다」 라는 성질의 것이 아 니다. 라이더에게 부담을 준다면 경기에 대한 집중력에 영향이 미치게 되고, 엔진과 프레임이 장시간에 걸쳐 진동하더라도 고장나지 않게 하 려면 튼튼하게 만들어야 하므로 결과적으로 무거워진다.

근본적으로 진동을 줄이기 위해서는 우선 그 발생근원인 왕복운동 부 분을 가볍게 하는 일이 가장 효과적이다. 크랭크케이스와 크랭크샤프트 의 강성을 높이는 일도 중요하다. 그런 다음에 생각해야 할 일이 밸런서 기구나 엔진 탑재방식이겠다.

참고적으로, 엔진이 혼합기를 빨아 들여서 쾅! 하고 폭발(정확하게는 연소)할 때에 진동이 발생하는 것이라고 생각하는 사람들이 많은데, 물 론 이 때에 진동 발생이 전혀 없는 것은 아니지만, 왕복운동 부분이 가 감속하면서 발생하는 진동에 비하면 훨씬 미약한 수준이다.

1차 진동·2차 진동

피스톤이 1왕복하면 상하방향으로 하나씩 진동의 파장이 일어난다. 방향에 관계없이 이처럼 진원과 진동의 관계가 1 : 1 인 것이 1차 진동이다. 그런데 1차 진동이 발생하는 곳에는 반드시 그 2배 주파수의 진동도 일어나게 되며, 이것을 2차 진동이라고 한다.

3차, 4차 진동도 이론적으로는 존재하지만, 가장 힘이 큰 것이 1차 진동이고 그 다음이 2차 진동이며, 그 후로는 급격하게 그 힘이 약해지므로 3차 이하는 거의 문제가 되지 않는다. 그러나 2차 진동은 짜릿짜릿한 고주파이기 때문에 상당히 신경쓰이기도 한다. 또한 엔진 본체나 프레임 등 금속에 오랜 기간에 걸쳐 균열 등을 일으킬(피로강도의 문제) 가능성도 있다.

커플링 진동

상하 또는 전후방향의 직선적인 진동이 아니라, 물체를 회전시키는 방향의 진동이다. 예를 들어 가로형 크랭크샤프트의 오른쪽이 앞으로, 왼쪽이 뒤로 움직이다가, 그 직후에 반대방향으로 움직이는 식을 되풀이 하는 것이다. 우력(偶力)진동이라고도 부른다.

2기통 이상에서는 반드시 커플링 진동이 발생한다고 봐도 좋다. V형 2기통에서도 엄밀하게 따지자면 약하지만 커플링 진동이 발생한다. 하나의 크랭크핀에 2개의 커넥팅로드가 달려있다는 것은, 그 2개의 커넥팅로드가 일직선상에 늘어서 있지 않다는 뜻이다. 즉 커넥팅로드 빅엔드의 폭만큼 어긋나 있는 것이다. 힘이 작용하는 포인트가 어긋나 있으므로 커플링이 발생한다.

다만, 할리의 V형 2기통은 예외다. 한쪽 커넥팅로드의 빅엔드가 둘로 쪼개져 있어서, 그 사이에 나머지 한쪽의 커넥팅로드가 삽입되는 구조이기 때문에 오프세트량(어긋나 있는 양)은 제로다. 물론 진원은 피스톤만이 아니므로 설령 단기통이라 할지라도 다소간의 커플링은 발생하고 있다.

밸런서 기구

발생하는 진동을 보다 적극적으로 없애기 위해, 원래의 진동과는 반대 위상의 가진력을 발생시키는 장치. 일반적으로는 웨이트를 편심시킨 샤프트를 회전시키는데, 이것을 밸런서샤프트라고 한다. 이 샤프트가 1개짜리인 1축식과 2개짜리인 2축식이 있다. 2차진동을 없애기 위해서는 크랭크샤프트의 2배의 회전속도로 밸런서를 돌려야할 필요가 있다.

밸런서를 장착하면 진동은 확실히 감소한다. 그러나 계측기로 측정할 수 있는 진동을 지울 수는 있어도, 때에 따라서는 오히려 인간의 감각에 맞지 않는 불쾌한 특성의 진동으로 변하는 경우도 있다.

● 진동을 없애는 밸런서

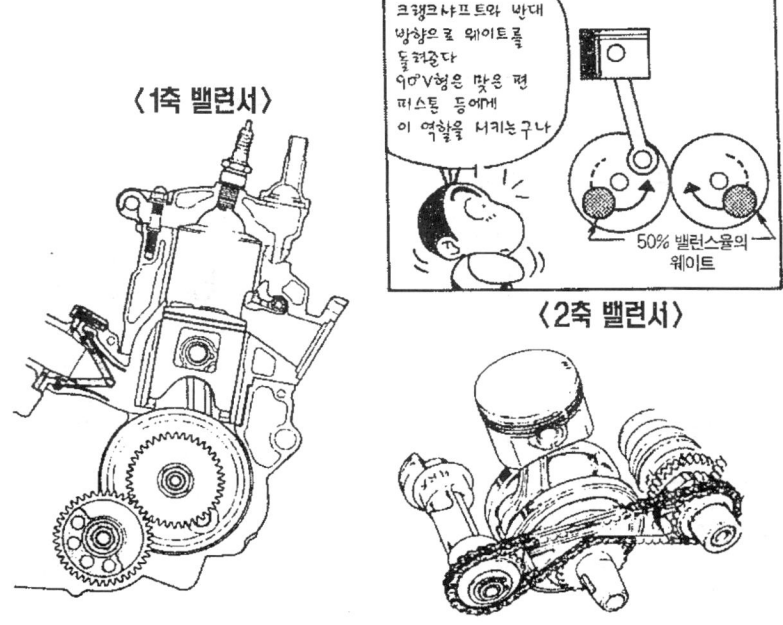

〈1축 밸런서〉

〈2축 밸런서〉

크랭크 위상

2기통 이상의 경우, 각 기통의 크랭크 편의 위치 관계를 크랭크 위상 (位相)이라고 한다. 이 위상을 어떻게 설정하느냐에 따라 각 기통의 연소간격(점화간격), 그리고 진동과 토크의 특성 등이 달라지게 된다.

예를 들어 병렬 2기통 4스트로크 엔진에서, 좌우 기통의 피스톤이 동시에 위아래로 움직이는 크랭크샤프트의 경우에는 크랭크핀이 동위상이다. 360도 위상이라고 해도 좋다. 이른바 360도 크랭크라고 불리우는 이 경우, 연소는 서로 교대로 등간격으로 일어나며 커플링 진동의 발생도 적지만, 다른 진동이 고회전이 될수록 많아지기 때문에 저속형이라는 것이 일반적이다. 한편 180도 위상에서는, 저회전에서는 연소간

● 다기통 엔진의 연소간격을 결정하는 크랭크 위상

격이 서로 벌어져 있어서 원활하게 돌지 못하는 점이 눈에 띄지만, 고회전에서는 진동이 적어서 유리하다는 것이 일반적인 평가이다.

이것은 어디까지나 일반적인 경향이며 360도 크랭크라고 해서 반드시 고회전이 불가능하다는 말은 아니지만, 어쨌든 크랭크 위상에 따라 특성이 바뀌는 것은 사실이다. 2스트로크 2기통의 경우에는 대부분이 180도 위상인데, 물론 예외도 있다.

직렬 3기통과 6기통의 경우에는 2스트로크, 4스트로크를 불문하고 120도 위상이다. 이로써 연소간격이 등간격이 되며 진동적으로도 균형을 이룬다.

직렬 4기통은 모두 180도 위상이다. 양쪽끝 기통이 동위상이고, 가운데 2기통이 그와는 180도 어긋나 있다. 이웃끼리 어긋나 있지 않은

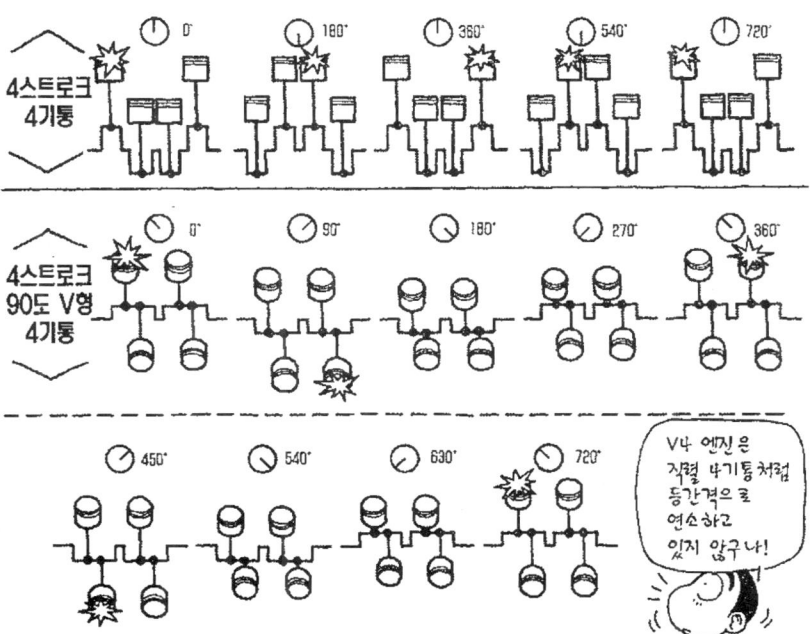

것은 커플링이 발생하기 어렵도록 하기 위해서다. 연소(점화)간격도 등간격이다.

V형 엔진에서는, 바이크용 엔진이라는 면에서 6기통 이상을 무시하자면, 4기통은 직렬 2기통의 크랭크와 똑같다. 두 위상 모두 연소간격은 부등간격이 되지만 180도 위상 쪽이 간격 차이가 적고, 파워 특성이나 배기음도 직렬 4기통과 비슷해진다. 이 점에 착안해서 혼다는 실제로 180도 위상 크랭크의 V4엔진을 탑재한 바이크를 판매한 적이 있었다. 그때까지 「V4 엔진의 배기음은 왠지 탁하고 흐려서 듣기 안 좋다」라는 세평에 대처하기 위해서였다.

그러나 다음 모델에서는 전과 같이 360도 위상으로 되돌려졌다. 「V4만의 독특한 토크특성, 또는 노면을 걷어차는 감각이 라이더에게 명백하게 전달되는 특성은 역시 360도 위상이 우수하기 때문」 이라는 것이 혼다측의 설명이다.

이 부분에 있어서 다른 메이커에서 이와 유사한 시도를 했다는 사실이, 적어도 공식적으로 발표되고 있지 않으므로 그 진상은 알 길이 없다. 그러나 1992년 WGP 500cc에서는 연소간격을 일부러 부등간격으로 설정해서 코너의 탈출 가속성능을 향상시킨 모델이 등장했다. 언뜻 보기에 스무드하게 돌아가는 등간격 연소는, 기계적으로는 효율성이 높다하더라도 인간의 감각과의 교감이라는 면에서는 반드시 최고는 아닌가 보다.

아울러 2스트로크 1축 V2기통은 실질적으로 직렬 2기통과 동일한 크랭크 구조인데, 현재 시판되고 있는 250cc 클래스를 예로 들자면 모두 90도V의 360도 위상이다. 다만 레이서의 경우에는 전후 기통을 동시에 연소시키는 등 적절한 위상각을 취하고 있는 경우도 있다. 앞서 말한 타이어의 그립감각을 위한 문제인 듯 싶다. 또한 레이서의 V뱅크각(실린더 배열각)은 90도 외에도 여러 가지가 시도되고 있다.

위상 크랭크

일부 4스트로크 V형 엔진에게 채용되어 있는 구조이다. 서로 마주보는 기통의 커넥팅로드를 1개의 크랭크핀에 연결하지 않고, 중간에 얇은 웨브를 만들어 두 기통의 크랭크핀을 따로 독립시켜서 일정량의 위상각을 부여한 것을, 일반적으로 이렇게 부르고 있다.

90도 V형 엔진은 마주 보는 기통끼리의 가진력으로 상대편 가진력을 상쇄시키므로, 이론상으로 1차 & 2차 진동이 제로이며 실제로도 진동이 적다. 이것과 똑같은 효과를 90도 이외의 V뱅크각 엔진으로 얻기 위한 구조이다. 본래의 V형보다 크랭크 길이가 약간 길어지지만 그다지 차이는 없다. 다만 발생하는 커플링 진동은 본래의 V형보다 크다.

현실적으로는 외관적인 요소 또는 연소간격을 부등간격으로 연출하

● 협각으로 진동을 줄이는 위상 크랭크

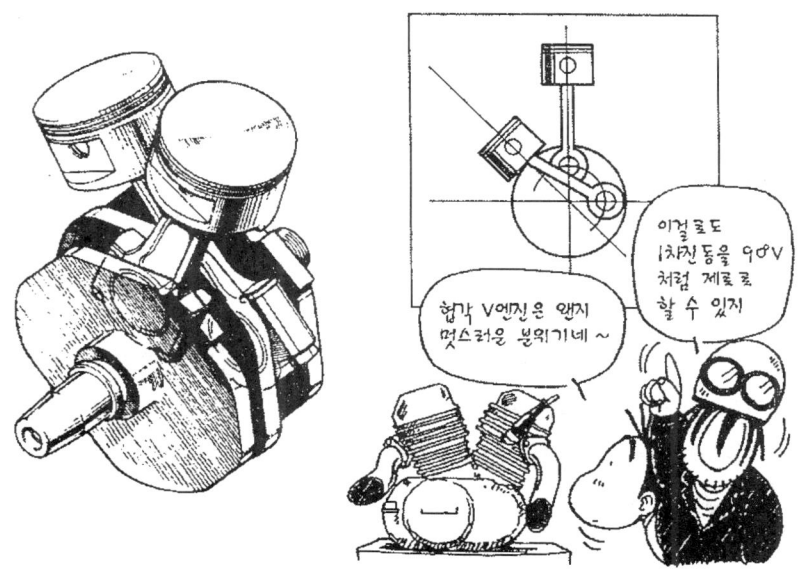

기 위한 요구 때문에 V뱅크각을 좁힌(협각, 狹角) 바이크에게 채용되
며, 고회전에서의 진동도 적다. 혼다와 스즈키의 대배기량 V트윈에 실
례가 있다.

참조적으로 엔진의 V 뱅크각을 θ라고 한다면, 그 엔진을 이론상으로
90도V와 동일한 진동특성으로 만들기 위해 구해야 하는 위상각도 $\triangle\theta$
는,

$$\triangle\theta = 180도 - 2\theta$$

라는 식으로 구할 수 있다. 그러나 반드시 이 공식대로 정확한 각도
를 설정할 필요는 없으며 적절하게 어긋나게 하는 경우도 있다.

아무튼 위상 크랭크를 채용한 엔진은 연소의 부등간격은 나름대로 있
긴 하지만 본래의 협각V 만큼은 아니고, 또한 진동도 적어지긴 하지만
90도V 정도도 아닌, 중간적인 특성이 된다.

커넥팅 로드

피스톤으로 받은 연소압력을 크랭크샤프트로 전달하는 막대를 말하
며, 편의상 줄여서 콘로드라고 부르기도 한다. 일반적으로 철이 주성분
인 강재를 사용해서 단조된다. 레이서의 경우에는 알루미늄이나 티타늄
을 사용하기도 하는데, 시판차량에서는 고성능 한정 생산차 등 극히 일
부에만 사용된다.

크랭크핀과 접속되는 부분을 빅엔드(big end)라고 한다. 피스톤핀과
접속되는 부분은 스몰엔드(small end)다. 일체식 크랭크에 조립되는
커넥팅로드에서는 빅엔드부가 절반으로 분리되는 구조로 되어 있으며,
커넥팅로드 캡을 커넥팅로드 본체에 커넥팅로드 볼트로 체결하는 구조
로 이루어져 있다.

피스톤과 피스톤핀, 그리고 커넥팅로드는 무지막지한 속도로 상하 운

● 가혹한 일을 수행하는 커넥팅로드

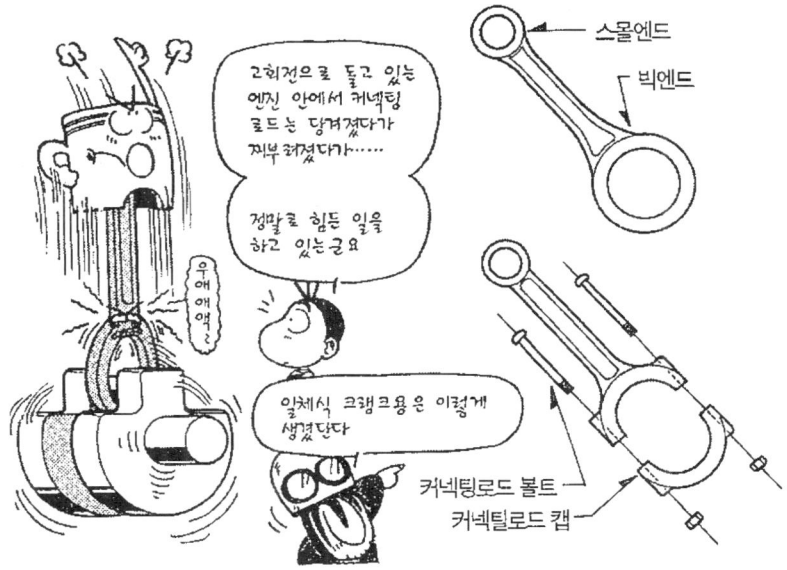

동을 되풀이한다. 급가감속을 반복하기 때문에 거대한 가감속G(관성력)가 발생하며, 상사점과 하사점 부근에서는 커넥팅로드에 강력한 압축/인장 작용력이 걸리게 된다. 여기서 발생하는 가속도는 바이크에서는 일반론으로 설명해도 2,000~6,000G 정도. 왕복운동 부분의 질량이 설령 몇 백g만 돼도, 그 수천배의 힘이 커넥팅로드에 작용하는 것이다. 19,000rpm까지 돌아가는 혼다의 CBR250RR을 예로 들자면, 최대 7,500G에 달하며, 커넥팅로드를 잡아 당기는 힘은 2톤이나 된다.

물론, 혼합기가 펑 하고 연소할 때에는 피스톤에 높은 압력이 걸리지만, 이로 인해 발생하는 커넥팅로드 압축력의 최대값보다도, 관성질량으로 발생하는 힘의 최대치가 훨씬 큰 것이 보통이다. 그리고 강도적으로 문제가 되는 것은 압축보다도 인장이다. 특히 커넥팅 로드와 빅엔드가 이어지는 부분에 응력이 집중되지 않도록 그 형상을 고려한다든가,

잡아 당기는 힘으로 빅엔드가 변형해서 베어링이 타 버리는 일이 없도록 하는 일이 중요하다.

　무엇보다도 커넥팅로드의 강도를 따지기 이전에, 여기서 발생하는 인장력을 줄이는 일, 즉 왕복운동 부분의 질량저감이 중요하다. 수천 G나 되는 힘이 작용하는 곳이므로 기술자들은 「단 0.1g이라도 줄이고 싶다」라고 말한다.

피스톤&실린더

● 실린더 안에서 열심히 일하고 있는 피스톤

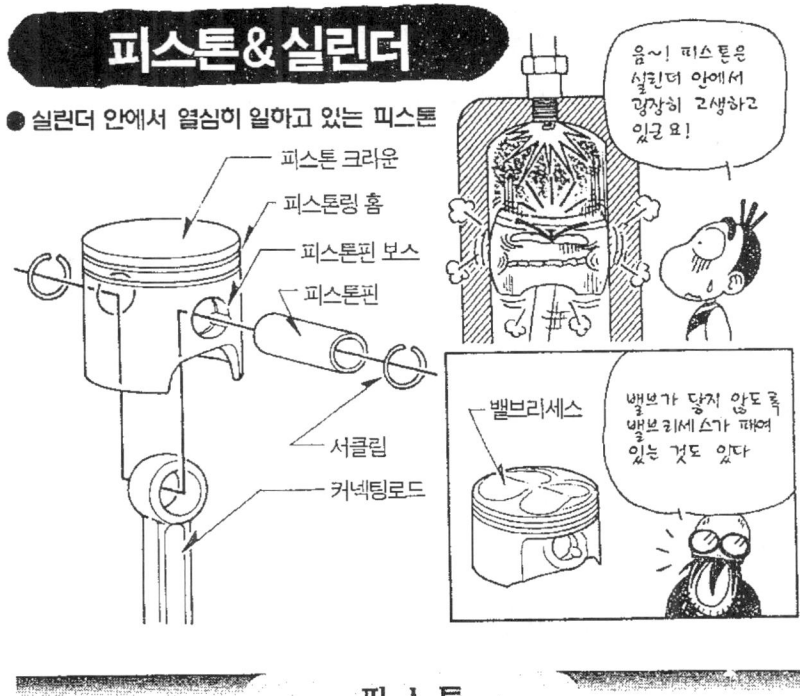

음~! 피스톤은 실린더 안에서 광장히 고생하고 있군요!

피스톤 크라운
피스톤링 홈
피스톤핀 보스
피스톤핀
서클립
커넥팅로드

밸브리세스

밸브가 닿지 않도록 밸브리세스가 패여 있는 것도 있다

피 스 톤

　일반적인 의미로는 통(실린더) 안에서 왕복운동을 하는 부품을 말한다. 피스톤의 움직임으로 통 속에 유체(기체나 액체 따위)를 넣었다가 뺐다가 하는 것이 펌프다. 동일한 구조로 유체의 압력을 피스톤으로 받아서 외부로 끌어 내는 기구도 많다.

　바이크에서는 브레이크 관계나 윤활계통 등에도 사용되고 있지만, 단순히 피스톤이라고 할 경우에는 이 항에서 설명할 엔진의 주요부품으로써의 피스톤을 가리키는 것이 일반적이다.

　즉, 엔진의 실린더 안에서 상하운동을 되풀이하면서 혼합기를 빨아들이고 압축했다가, 그 혼합기의 연소압력을 직접 받아내는 부품을 말한다. 연소가 끝난 가스를 배출시키는 일도 하고 있다.

● 4스트로크용 피스톤과 2스트로크용 피스톤

또한 2스트로크 엔진에서는 흡배기 & 소기포트를 여닫는 역할도 한다. 피스톤이 위아래로 움직일 때에 그 옆면으로 실린더 벽에 뚫려있는 포트 구멍을 막거나 열거나 해서 일종의 밸브 역할을 하는 것이다.

피스톤의 윗면을 「피스톤크라운」이라고 부른다. 이 면과 실린더헤드의 오목하게 패인 부분으로 형성되는 것이 「연소실」이다. 즉, 피스톤크라운의 형상은 엔진의 성능에 있어서 매우 중요한 부분인데, 자세한 것은 나중에 설명할 「연소실」항도 참조하기 바란다.

2스트로크의 경우에는 거의 대부분이 단순한 곡면 또는 평면이지만, 4스트로크에서는 압축비를 높이기 위해 위로 부풀어 올라 있는 형상의 것도 많다. 또한 흡배기 밸브와 서로 부딪히지 않도록 밸브가 파고들 공간을 마련해 놓은 것도 많은데, 이것을 「밸브리세스」라고 부른다.

피스톤크라운 아래의 측면부에는 「피스톤링」을 끼워 넣기 위한 홈이

●알고보면 진원 기둥이 아닌 피스톤의 형상

1～3가닥 파여 있으며, 이것이 「피스톤링 홈」, 혹은 단순히 「링 홈」이라고 불리우는 것이다.

그 아래에는 「피스톤핀」을 삽입하기 위한 구멍이 뚫려 있고 이 부분이 「피스톤핀 보스」이다. 이곳으로 피스톤핀을 지지하게 되는데 별도의 베어링 따위는 들어 있지 않다. 피스톤핀과의 사이에 미세한 간격을 벌려놓아서 윤활유로 피스톤핀이 회전하도록 되어 있는 단순한 구조다.

피스톤핀 보스 안쪽에는 홈이 패여 있으며 여기에 서클립(원형으로 생긴 클립)을 끼워 넣어서, 피스톤핀이 빠지지 않도록 되어 있다.

피스톤핀 중심부터 피스톤크라운 윗끝까지의 높이를 「컴프레션 하이트 (compression height)」라고 부른다. 피스톤링을 끼운 채로 혼합기를 압축하거나 연소압력을 받아 내는 일을 직접적으로 실행하는 부분이라

는 뜻이다.

피스톤 측면의 아랫부분, 일반적으로는 피스톤핀 보스를 기준으로 아래에 있는 부분을 「피스톤스커트」라고 부른다. 이 길이가 길수록 피스톤이 마치 고개를 끄덕이는 듯한 현상(피스톤핀의 직각방향으로 기울어지는 움직임)을 억제하기 수월하며, 피스톤의 내구성 향상과 피스톤 마찰음을 줄이는 데에 유리하다.

그러나 한편, 그만큼 피스톤이 무거워지므로 고회전에

는 불리해진다. 그리고 이곳이 길어질수록 커넥팅로드도 길어져야할 필요성이 생기며, 이것도 왕복운동 부분의 질량증가에 가세하게 된다. 또한 엔진의 높이도 키워야 한다. 실린더와의 접촉면적이 늘어나므로 습동저항으로 인한 마력손실도 커진다.

따라서 자동차에 비해 현저하게 고회전 고출력형인 바이크용 엔진에서는 피스톤스커트의 길이가 짧다. 피스톤의 끄덕임 현상이나 커넥팅로드의 기울기로 인해 피스톤을 실린더벽에 눌러 대는 힘(측면압력)을 받지 않는 핀보스 부위 등은, 핀보스에 닿을 정도로 길이를 줄일 뿐 아니라 실린더와 접촉하는 면이 전혀 없는, 마치 해골과도 같은 모양의 것이 적지 않다. 측면압력을 받는 면도 핀보스 가까이까지 스커트 길이를 줄인다. 자동차의 감각으로 본다면 마치 레이싱 엔진의 피스톤과 같은 형상인 것이다.

다만 2스트로크 엔진에서는 각 포트를 여닫는 역할도 하기 때문에 단순한 원통형에 가까운 모습이다. 그리고 피스톤스커트도 길다.

한편, 빨아들인 혼합기가 연소되면 대단히 높은 압력이 발생한다. 바이크용 엔진에서는 80기압 정도가 되는 것도 별로 신기하지 않다. 400cc 4기통 엔진을 예로 들자면, 보어 사이즈가 55~57mm 정도이므로 피스톤이 받는 압력은 2톤 가까이나 된다.

2스트로크 엔진에서는 연소가 훨씬 불완전하기 때문에 이 정도의 압력은 발생하지 않는다. 반면에 피스톤크라운의 중심부는 300~350℃ 정도의 상당한 고온 상태가 된다. 순수한 알루미늄의 녹는 온도가 600℃ 정도이고, 300℃를 넘어가면 강도가 크게 떨어진다고 하므로 이것은 매우 가혹한 조건이다. 4스트로크에서는 이보다 낮다고는 하지만 그래도 250℃ 정도이다.

따라서 피스톤은 고온고압을 견뎌낼 수 있도록 튼튼해야 한다. 그러나 동시에 가벼워야 한다. 이 왕복운동부품에 걸리는 가속도 = 관성력의 크기는 「커넥팅로드」항에서 설명한대로, 일반론적으로 봐도 2000~6000G, 즉 중력의 2000~6000배나 된다.

튼튼하고 가벼우면서 열전도율도 높아야 한다는 필요성 때문에, 피스톤의 재질은 알루미늄 합금을 사용하는 것이 상식이다. 일반적으로는 주조품이지만 일부 고성능 시판차나 레이서 등에서는 단조 피스톤을 채용한다.

단조법은 제품의 두께를 얇게(가볍게) 만들기 어렵지만, 소량생산이라면 하나씩 기계로 가공하는 일이 가능하다.

피스톤은 얼핏 보기에 원통형이지만, 엄밀하게 말하자면 상온에서는 크라운부보다 스커트부 쪽의 직경이 더 크게 만들어져 있다. 크라운부는 고온으로 가열되는 데다가 두께가 두껍기 때문에 스커트부보다 열로 인해 팽창하는 크기가 크기 때문이다.

크라운쪽에서 보았을 경우에는 피스톤핀 방향의 직경이 작은 타원형 상을 이루고 있는 것이 보통이다. 핀보스부의 두께가 두껍기 때문에 이곳의 열팽창이 크기 때문이다.

배기측과 흡기측에 따라 피스톤 온도가 다르기 때문에 배기측이 작게 만들어져 있는 것도 있다. 더구나 피스톤핀 보스도 피스톤의 정중앙에 뚫려 있지만은 않다. 측면외압을 조금이라도 줄이고자 핀보스의 위치를 한쪽으로 어긋나게 만드는 것이다.

이러한 형상에 관한 것을 「피스톤 프로파일」이라고 한다. 단순하게만 보이는 피스톤의 모습도 세밀하게 관찰해 보면 상당히 복잡하다. 메이커마다, 그리고 엔진마다 이 형상의 설정값은 전부 다르다. 피스톤 한 개에도 막대한 노하우가 채워져 있는 것이다.

피스톤 속도

「진동」과 「커넥팅로드」항에서도 설명하였지만 피스톤은 엄청난 속도로 상하운동을 되풀이하고 있다. 당연히 여기에는 기계적인 한계점이 존재한다. 즉 피스톤 속도가 문제가 된다. 다만 피스톤이 위아래로 움직이는 속도는 일정하지 않다.

빠른 것 중에는 스트로크 중간부근에서 최고 100km/h 이상의 속도에 도달하며, 다음 순간에는 10~30mm 라는 극히 짧은 거리에서 급감속하다가, 하사점과 상사점에서는 이론상으로 정지한다. 여기서 문제가 되는 것은 그 절대속도보다도 가감속의 정도, 즉 관성력(G)이며, 숫자로 표시될 경우에는 그 평균값, 즉 「평균 피스톤 속도」이다. 1초간에 몇 미터 이동했는가를 나타내는 m/sec 단위가 사용된다.

이것은 스트로크 치수(m) × 2 × 엔진회전수(초당)의 식으로 간단하게 구할 수 있다. 엔진회전수가 빠를수록, 스트로크가 길수록 평균 피스톤 속도는 빨라진다.

오래된 기술서적 등을 보면 평균 피스톤 속도는 20m/sec(시속 72km)가 한계라고 씌여있다. 그러나 기술이 발달한 요즘에는 더욱 높은 설정이 가능하며, 레이싱 엔진이라면 25m/sec 이상도 가능하다. 현실적인 정비상태나 사용·방법이 제멋대로인 일반 시판차의 경우, 그 정도의 설정값은 어렵더라도 혼다의 CBR250RR 등은 19,000rpm 때에 21.4m/sec이다. 15m/sec 정도를 평상시에 사용하는 모델 따위는 지천에 널려 있다.

평균 피스톤 속도를 향상시키기 위해서는 왕복운동부분을 가볍게 만들어야함과 동시에, 커넥팅로드를 튼튼하게 한다든지 베어링의 성능을 올려야 하는 등의 연구가 필요하다. 보다 높은 출력을 내기 위한 중요한 사항이지만, 그러나 바이크에게 요구되는 성능기능이란 그것 뿐만이 아니라는 점도 언제나 명심해 주기 바란다.

피스톤 핀

피스톤과 커넥팅로드를 연결하기 위한 부품. 피스톤의 핀보스와 커넥팅로드의 스몰엔드를 관통하는 식으로 장착된다. 바이크용에서는 피스톤과도 커넥팅로드 스몰엔드와도 고정되어 있지 않은(회전하도록 되어 있는) 플로팅 방식의 구조가 채용된다. 몇 천G나 되는 가속도가 걸린 피스톤을 지지하고, 동시에 맹렬한 연소압력에 노출되는 부품이다. 그 재질은 철을 기본소재로 니켈(nickel)이나 크롬 몰리브데넘(chrome molybdenum) 등이 소량 첨가된 특수강이다.

이것도 왕복운동 부품이므로 당연히 경량화를 위해 속이 빈 파이프 모양을 하고 있으며, 중심부에서 양끝을 향해 두께가 얇아지도록 만들

132

어져 있는 것도 있다.

피스톤 링

피스톤이 실린더에 꼭 끼이도록 삽입되어 있다면 가볍게 움직이지 못한다. 윤활도 제대로 이루어지지 않는다. 피스톤은 연소열 때문에 팽창하게 되는데 그러면 직경이 변화한다. 따라서 피스톤과 실린더 사이에는 적절한 간격이 필요하게 된다. 그렇지만 한편으론 혼합기를 빨아들이고 압축하지 않으면 안 된다. 또한 고압의 연소가스가 새어 나가지 않도록 밀봉해야 할 필요도 있다. 그래서 그 역할을 하고 있는 것이 피스톤링이다.

피스톤링은 이 압력유지 말고도 중요한 역할을 담당하고 있는데 바로

● 압력을 유지하고 열을 전달하는 피스톤링

열을 전달하는 일이다. 피스톤은 실린더 벽 사이에 있는 유막 위를 미끄러지고 있는 상태라서 이 곳을 통해서는 열 전달을 그다지 기대할 수 없다. 그러나 연소가스로부터 받는 고온을 실린더로 내보내지 않으면 피스톤이 파괴되어 버린다. 그래서 실린더 벽과 접촉하고 있는 피스톤링을 통해 열이 전달되도록 하고 있는 것이다.

또한 실린더 벽에 묻어 있는 오일이 연소실에 들어가지 못하도록, 피스톤이 내려갈 때에 긁어 내리는 일도 피스톤링의 역할이다. 4스트로크 엔진에서는 다량의 윤활유를 긁어 내리기(정확하게는 유막을 적정한 두께로 조정하기) 위해, 그 일만 전용으로 하는 「오일링」이 설치되어 있다.

오일링에 대해서는 나중에 알아보기로 하고, 우선은 압축유지 역할을 하는 「컴프레션링(compression ring)」에 대해서 설명한다. 시판차의

●4스트로크 엔진의 피스톤링

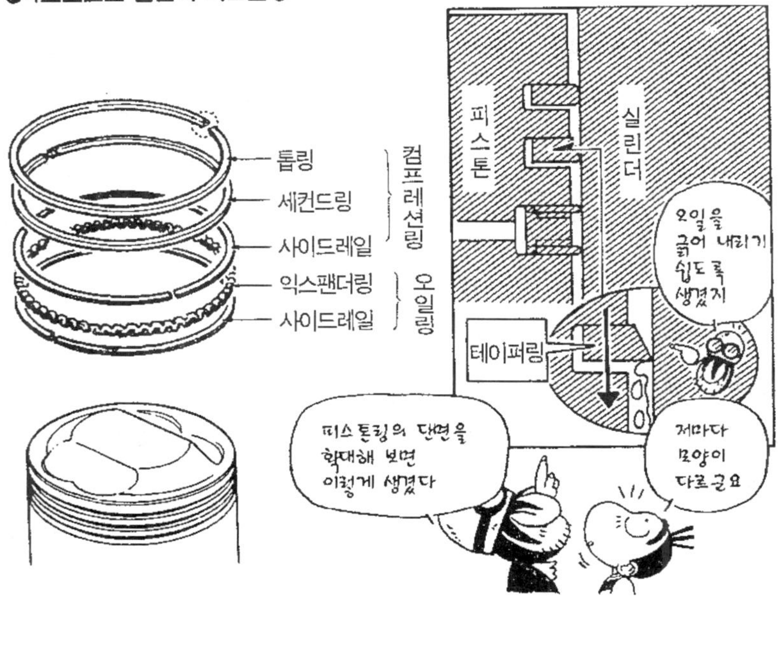

톱링 ─┐
세컨드링 ─┤ 컴프레션링
사이드레일 ─┐
익스팬더링 ─┤ 오일링
사이드레일 ─┘

피스톤

실린더

오일을 긁어 내리기 쉽도록 생겼지

테이퍼링

피스톤링의 단면을 확대해 보면 이렇게 생겼다

저마다 모양이 다르군요

● 2스트로크 엔진의 피스톤링

경우에는 통상적으로 피스톤마다 2개의 컴프레션링이 있다. 피스톤크
라운 쪽에 있는 것을 「톱링(top ring)」, 그 아래의 것을 「세컨드링
(second ring)」이라고 부른다. 다만 레이서 등에서는 저항손실 절감과
경량화를 위해 이 링을 하나만 달고 있는 것이 많다.

  컴프레션링이란 간단히 말하자면, 한 곳이 끊겨 있는 고리 모양의 얇
은 철판이다. 재질은 구리 또는 주철이며 용수철처럼 반발력을 가지고
있다. 피스톤에 끼우기 전의 바깥지름은 실린더 내경(보어)보다 훨씬
크다. 이것을 피스톤의 링 홈에 끼우고 지름을 꾸욱 하고 오무려서 실린
더에 집어 넣는다. 링은 언제나 바깥쪽으로 벌어지려고 하므로 실린더
벽에 밀착하게 된다. 그 중에는 본래의 링 안쪽에 용수철 역할을 하는
물결 모양의 링(익스팬더링, expander ring)을 끼워 넣는 것도 있으며,
2스트로크의 세컨드링 등에 사용된다.

컴프레션링의 단면은 단순한 직사각형이 아니다. 톱링에는 실린더 벽과 접촉하는 부분 가장자리를 둥글게 뭉개서 미끄러지기 수월하도록 되어 있고, 세컨드링에서는 그 면이 비스듬히 경사져 있어서(테이퍼링, taper ring) 오일을 긁어 내리기 쉽도록 되어 있다.

이들 링의 두께가 얇을수록 피스톤의 컴프레션하이트를 작게 할 수 있으며 피스톤의 경량화에도 유리하다. 또한 링 자체도 가벼워지고 이는 왕복운동 부분의 경량화는 물론, 링이 홈 안에서 위아래로 제멋대로 진동하지 못하게 하는 이점도 있다. 그리고 실린더 벽과의 습동저항도 작아진다. 그래서 충분한 강도와 내구성을 확보하고도 최근에는 그 두께가 0.8mm 정도로까지 얇아지고 있다.

4스트로크에 사용되는 오일링은 피스톤마다 1개씩이다. 단순한 고리모양의 사이드레일 2개와, 그 사이에 익스팬더링을 끼운 「조합링」이다.

엔진을 조립할 때, 4스트로크에서는 각 링의 이음새(끊어진 부분)를 모두 서로 어긋나도록 해주는 것이 상식이다. 연소가스가 새어 나가는 것을 조금이라도 줄이기 위해서다.

다만 엔진이 작동하는 중에 링은 조금씩 돌아간다. 이로 인해 링에 달라 붙는 카본이나 연소 찌꺼기를 떨어내서 고착상태를 방지하고 있기도 한데, 결과적으로 처음에 조립했을 때의 각 링의 이음새 위치 관계는 흐트러지게 된다.

그러나 2스트로크에서는 링이 회전하면 곤란하다. 이음새가 실린더 벽에 뚫려 있는 포트 구멍을 통과하게 되면 걸려 버리기 때문이다. 따라서 피스톤링의 홈에는 링이 회전하지 못하도록 핀이 박혀 있어서 이 핀에 맞추어 링을 끼운다.

링이 회전하지 않기 때문에 그만큼 카본에 의한 링의 고착이 발생하기 쉬워진다는 점이 2스트로크의 취약점이다.

링이 고착되어 버리면 실린더 벽에 밀착하지 않게 되기 때문에 가스가 그대로 새어 나와 버린다. 이를 방지하기 위해 톱링에는 안쪽으로 갈수록 두께가 얇아지는 쐐기 모양의 「키스톤링(keystone ring)」이 사용된다.

엔진 작동 중에 링으로 링 홈을 두드려서 링 상하면에 붙어 있는 카본을 제거하는 것이 목적이다.

실 린 더

내부에서 피스톤이 상하운동을 하기 위한 통이며, 피스톤과 마찬가지로 바이크의 여러 부분에 달려 있지만, 단순히 실린더라고 말할 경우에는 여기서 설명할 엔진의 주요 구성요소로서의 부품을 가리키는 일이

● 피스톤의 안내 역할을 하는 실린더

많다. 피스톤이 직선운동하기 위한 안내 역할임과 동시에, 피스톤과 실린더헤드와 실린더의 3자가 모여야, 비로소 혼합기가 출입하는 방 (공간)이 형성되게 된다.

2스트로크 엔진에서는 이 실린더에 「소기포트」와 「배기포트」, 그리고 흡입방식에 따라서는 「흡기포트」도 뚫리게 된다.

바이크용 엔진에서는 자동차와는 달리 실린더가 크랭크케이스로부터 독립되어 있는 것이 많다. 가볍고 열 전도율이 높기 때문에 거의가 알루미늄 합금으로 만들어져 있지만, 그 중에는 철재로 되어 있는 것도 있다.

공냉 엔진에서는 실린더 바깥쪽에 주름이 져 있어서 주행풍과의 접촉 면적을 늘이고 있다. 이 주름을 「냉각핀」이라고 한다. 수냉이라도 외관적인 디자인을 위해 장식품 핀을 달아 놓기도 한다. 수냉 엔진에서는 실린더 벽 속에 물이 흐르는 통로인 「워터재킷」이 나 있다.

실린더 라이너

피스톤과 피스톤링은 실린더 안쪽면에 접촉한 채로 움직인다. 실린더가 철제일 경우라면 실린더 내면을 규정 치수대로 기계가공 하기만 하면 된다. 그러나 실린더가 알루미늄일 경우에는 마모 문제는 둘째치고 고열로 눌어 붙어 버린다. 따라서 실린더 안쪽에 주철로 만든 통을 꼭 맞도록 끼워 넣는다. 이 통을 실린더 라이너(cylinder liner), 또는 「실린더 슬리브(cylinder sleeve)」라고 부른다.

수냉 엔진의 경우, 워터재킷을 완전한 형태로 갖추고 있는 실린더에 라이너를 삽입하는 방식에서는 라이너가 냉각수에 직접적으로 닿지 않는다. 이런 방식을 「드라이 라이너」라고 부른다.

한편, 라이너가 삽입되어야 비로소 워터재킷이 형성되는 것, 즉 라이

● 실린더에 삽입되어 있는 실린더라이너

너가 워터재킷의 벽면 일부가 되는 것을 「웨트 라이너」라고 부른다. 드라이방식에서는 라이너를 얇게 만들 수 있지만, 그래도 라이너와 냉각수 사이에 실린더 소재가 개입한다. 한편 웨트방식에서는 라이너가 냉각수와 직접 접촉하기 때문에 엔진의 소형경량화면에서 유리하다. 다만 냉각수가 새지 않도록 실린더와 라이너의 가공정밀도, 조립정밀도는 높은 수준이 요구된다.

참고적으로 시판차에서는 동일한 실린더를 가지고 라이너의 두께를 변경함으로써, 보어 크기(즉, 배기량)가 다른 엔진을 만들어내는 일이 자주 있다.

장거리 주행에 의해 실린더라이너 내면(철제 실린더일 경우에는 내면 그 자체)이 마모되었을 경우에는 기계로 다시 깎아서 재사용할 수 있다. 이것을 이른바 「보링한다」라고 한다. 깎아낸 만큼 내경이 커지므로 거기에 맞는, 표준품보다 큰 사이즈의 피스톤이 필요하게 된다. 실린더 내면이 손상받았을 경우에도 이런 식으로 대처할 수 있다.

도금 실린더

실린더를 알루미늄으로 만들고 라이너를 삽입하면 가볍고 냉각성이 좋은 제품이 된다. 슬리브는 가능한 한 얇은 편이 가볍고 냉각성도 향상되긴 하지만, 너무 얇으면 이번에는 일그러진다.

또한 라이너와 실린더의 밀착도에 따라서도 열 전도율 = 냉각성이 떨어진다. 더구나 애초부터 다른 금속으로 만들어진 사이이기 때문에, 온도변화가 큰 엔진에서는 밀착도가 변하거나 라이너가 변형되거나 할 가능성이 잠재적으로 존재한다.

● 내마모성과 내열성이 우수한 도금 실린더

2스트로크 엔진은 부분마다의 온도 변화가 커서 냉각 조건이 상당히 까다롭다. 더구나 실린더 벽에 각 포트를 뚫어 놓고 있다. 따라서 4스트로크처럼 라이너를 실린더에 끼워넣은 것이 아니라, 라이너 바깥쪽에 녹인 알루미늄을 부어서 주조하는 방법도 사용된다.

위와 같은 사항들을 고려하면, 가능하면 라이너를 생략할 수 있는 구조가 바람직하다는 결론이 나온다. 그래서 알루미늄제 실린더 내면을 도금 처리한 것이 탄생하게 되었다. 이것이 이른바 도금 실린더라고 불리우는 것이다.

도금에도 여러 가지 종류가 있다. 크롬도금한 표면을 무수히 많은 미세한 요철로 뒤덮어서 윤활오일 함유성능을 향상시킨 것이 포러스(다공성) 도금이다. 그리고 요즘의 주류를 이루는 것이 크롬을 베이스로 니켈과 실리콘, 카바이트 등을 혼합한 것을 도금한 타입으로서, 윤활성은 물론 내마모성에 있어서도 상당히 높은 수준의 제품이 나오고 있다.

이 도금 실린더는 현재 거의 대부분의 고성능 2스트로크 엔진이 채용하고 있으며 일부에서는 4스트로크도 채용하고 있다.

자동차의 세계에서는 레이스용 등 극히 특수한 용도의 것에 한정되어 있는 도금 실린더가 바이크의 세계에서는 일반적인 존재다. 「보링」은 불가능하지만 현재의 수준에서는 통상적으로 사용해서 수 만km 달려도 마모에는 전혀 문제가 없는 듯하다. 이물질을 빨아 들여서 실린더 내면이 손상되는 것도 오히려 철제 라이너보다 강하다고 한다.

실린더 헤드

실린더 위에 있는 뚜껑이다. 이 헤드 안쪽의 오목한 부분을 연소실이라고 부르는 일도 많은데, 자세한 설명은 「연소실」항을 참조하기 바란다. 실린더헤드 꼭대기의 연소실 중앙부근에는 점화플러그가 꽂히게 된

● 4스트로크와 2스트로크의 실린더 헤드

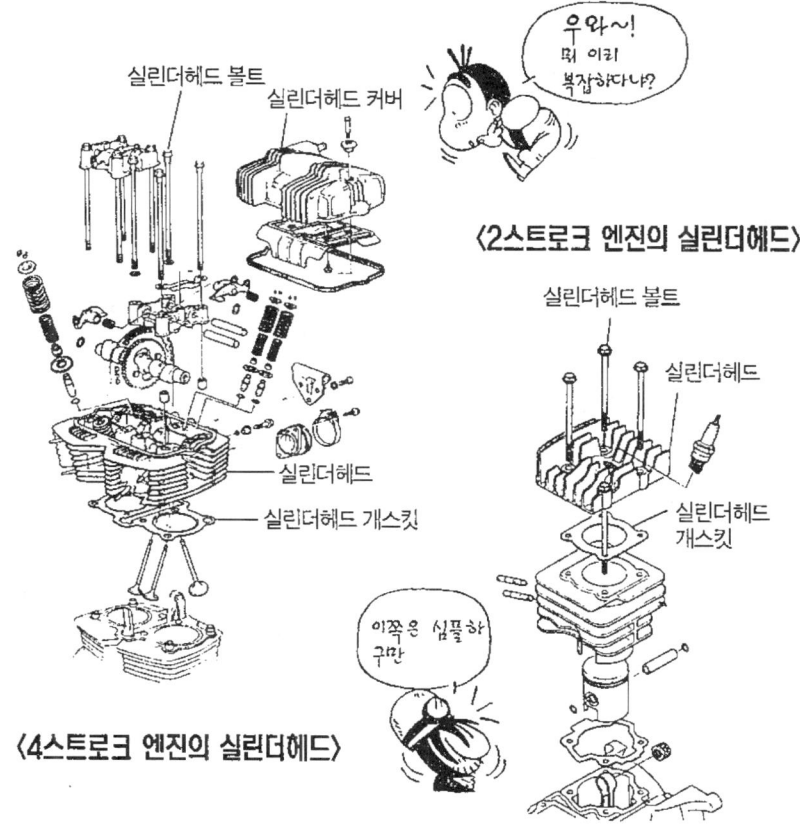

〈2스트로크 엔진의 실린더헤드〉

〈4스트로크 엔진의 실린더헤드〉

다. 방열성과 경량화를 위해 알루미늄제가 주류이며 주조식으로 제작된다. 엔진 중에서 열적 조건이 가장 까다로운 부품의 하나이므로 이곳의 냉각성능은 매우 중요하다. 헤드를 비롯해서 점화플러그 둘레를 냉각하는 일이 문제다. 공냉에서는 냉각편의 형상을, 수냉에서는 내부 워터재킷의 레이아웃을 심사숙고한다.

그래도 2스트로크 엔진의 경우, 실린더헤드는 극단적으로 표현하자면 단순한 뚜껑에 지나지 않는다. 그러나 4스트로크는 여기에 흡배기밸브와 캠샤프트 등이 설치되며, 더구나 흡배기 포트까지 뚫려 있어서 엔진 중에서 가장 복잡하다고 할 수 있는 부분이다.

2기통 이상의 엔진일 경우에는 일렬로 늘어선 기통렬의 실린더헤드가 일체식으로 되어 있는 것이 일반적이지만, 이 길이가 길수록 열로 인해 왜곡되기 쉬우므로, 2스트로크에서는 기통마다 따로 독립시키는 경우도 많다.

실린더헤드 커버

4스트로크의 실린더헤드 윗부분에는 흡배기밸브와 이것을 작동시키기 위한 캠샤프트 등이 들어 있는데, 이들을 덮어서 보호하고 또한 윤활용 오일이 튀지 않도록 하기 위한 덮개가 필요하다. 재질은 알루미늄이 일반적인데, 경량화를 위해 마그네슘제를 채용하고 있는 기종도 있다. 아울러 라이더들은 이 실린더헤드 커버도 포함해서 「엔진의 생김새」로 느끼기 때문에, 기능 이외에도 외관 디자인적인 요소도 큰 비중을 차지한다.

2스트로크 엔진에서는 그 구조적 특성 때문에 실린더헤드 커버가 필요없다.

실린더헤드 볼트

실린더와 실린더헤드를 연결하기 위한 볼트. 고열로 인한 헤드의 뒤틀림을 방지하고 연소가스가 새어 나가지 않도록 하기 위해서, 이것을 어떤 식으로 배치할 것인가 기술적인 주요 관건이다. 특히 4스트로크 엔진에서는 밸브 구동계통과 흡배기포트와의 위치관계를 고려하면서, 마치 퍼즐 맞추 듯이 볼트배치를 설계해야 한다.

실린더에 헤드를 씌우고 그 위에서 볼트로 조이는 방식, 실린더에 「스터드볼트(stud bolt, 양끝이 숫나사로 되어 있는 볼트)」를 박아 놓고, 헤드 위에서 너트로 조이는 방식, 크랭크케이스에 스터드볼트를 박아 놓고, 실린더와 함께 헤드를 조이는 방식, 이들 방법을 혼합한 방식 등 여러 종류가 있다.

실린더헤드 개스킷

「개스킷」이란 부품과 부품 사이에서 액체, 또는 기체가 새어나오는 것을 방지하기 위해, 그 사이를 메워 틀어막는 일종의 「패킹」과 같은 것이다. 그러나 특히 높은 압력이 작용하는 곳에 사용되는 것은 패킹이라 하지 않고 개스킷이라 부른다. 실린더와 실린더헤드 사이에 끼워넣는 것이 실린더헤드 개스킷이다.

이 부품은 연소가스가 새는 것을 막는 것 외에도, 수냉 엔진에서는 냉각수가 새는 것도 방지하고 있고, 4스트로크에서는 윤활유를 밀봉하는 역할도 하고 있다.

그리고 실린더와 실린더헤드 사이에서 열을 전달하는 역할도 한다. 실린더는 전체적으로는 그다지 냉각이 필요한 부분은 아니다.

중간부터 아랫부분은 오히려 너무 차가워지지 않도록 해서 빨아들인 혼합가스 중의 개솔린 입자가 빨리 기화하도록 서두르고 싶을 정도다. 그러나 실린더의 윗부분 만은 예외다. 언제나 고온고압의 연소가스에 노출된다.

한편으로 가령 수냉 엔진이라도 이곳에 냉각수를 직접 들이 붓는 일은 불가능하며, 공냉에서는 250℃ 이상이나 된다. 효과적인 냉각이 요구되는 부분인 것이다. 그래서 이 열을 개스킷을 통해 실린더헤드로 전달해서 냉각한다.

예전에는 석면으로 만든 판에 얇은 구리판으로 테를 두른 것이 많았다. 그러나 발암성의 문제가 사회적으로 제시되기 전부터, 고출력 지향적인 바이크의 세계에서는 성능적인 문제, 즉 연소가스 누출 방지와 열전도율 향상을 위해 「메탈개스킷」이 주류를 이루었다.

스테인리스 강판을 구리판으로 양쪽에서 샌드위치한 형상이 일반적이다. 스테인리스판에는 곳곳이 볼록하게(凸) 프레스 성형되어 있어서, 이것이 용수철 역할을 하도록 되어 있다. 양쪽의 구리판은 무르기 때문에 실린더와 실린더헤드 소재에 밀착된다. 스테인리스판을 3장 겹친 것도 있다.

강도가 높고 열 전도성이 우수한 메탈개스킷의 개발은 엔진의 고성능화에 기여한 바가 상당히 크다.

아울러 공냉 엔진에서는 단순히 구리판이나 알루미늄판을 프레스한 것도 사용된다. 2스트로크 엔진은 연소압력이 4스트로크보다 낮기 때문에 개스킷이 없는 것도 드물게 있고, 이 경우 수냉이라면 냉각수를 씰링하기 위해서 고무로 만든 「O링(고리 모양의 고무 패킹)」이 장착된다.

연소실

● 연소실은 동력을 만들어 내는 원천

연소실이란 빨아들인 혼합기를 연소시키는 방을 말한다

실린더헤드
실린더
피스톤

그치만 단순한 반구형이라 생각하면 아~안 되지!

엥?

혼합기를 효율적으로 태우기 위해서 연소실에는 여러 가지 모양이 있다

연 소 실

엔진 중에서, 빨아들인 혼합기를 연소시키는 방을 연소실이라고 부른다. 주의할 점은 이것이 어느 한 가지 부품으로 이루어져 있는 것이 아니라는 점.

우선 생각나는 것은 실린더헤드 안쪽의 오목한 부분이다. 실제로 단순히 이 부분을 가리켜 연소실이라고 부르는 경우도 많다. 물론 이곳도 연소실을 구성하는 요소 중의 하나지만, 그러나 이것만으로는 「방」이 만들어지지 않는다. 실린더헤드와 마주보는 면인 「피스톤크라운」의 존재를 잊어서는 안 되는 것이다.

● 혼합기를 꽉꽉 압축해서 연소시키기 위한 연소실 형상

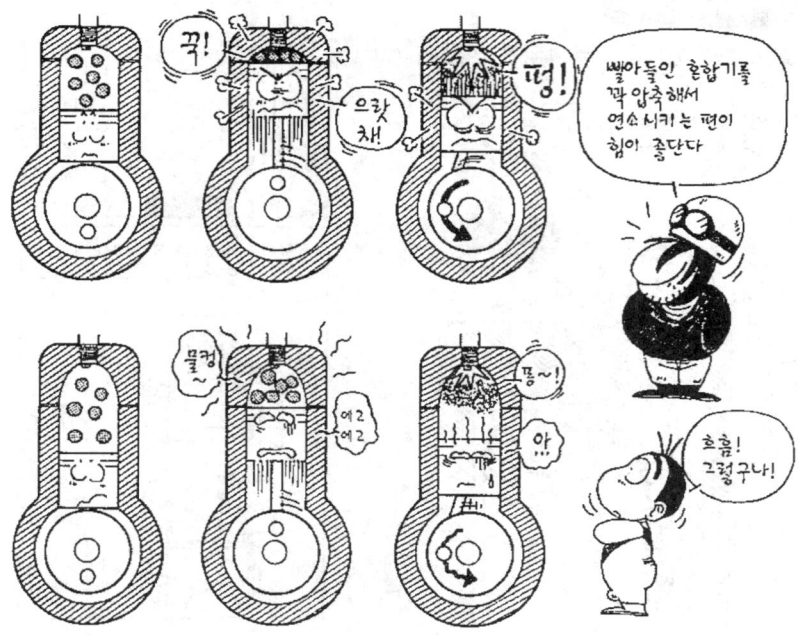

    따지고 보면 또 하나, 실린더의 존재도 있다. 실린더헤드/피스톤/실린더의 3요소가 있어야 비로소 연소실이 형성되는 것이다. 여기서 알 수 있는 사실은 연소실이란 언제나 그 형상이 변화하고 있다는 것. 피스톤은 어느 한 곳에 머무르지 않고 언제나 위아래로 움직이고 있기 때문이다. 그렇긴 하지만 피스톤이 어느 정도 아래로 내려간 상태는「연소」에 대해 생각하는 데에 있어서 제외시켜도 괜찮다. 피스톤이 상사점부터 불과 몇 mm 내려간 시점에서 연소라는 현상은 거의 끝나 버리기 때문이다.

    참고적으로 좀 더 상세하게 설명해 본다

    이론적으로는 피스톤이 상승해 가서 연소실이 가장 작아지는(부피가

●압축한 혼합기를 효율적으로 태우기 위해……

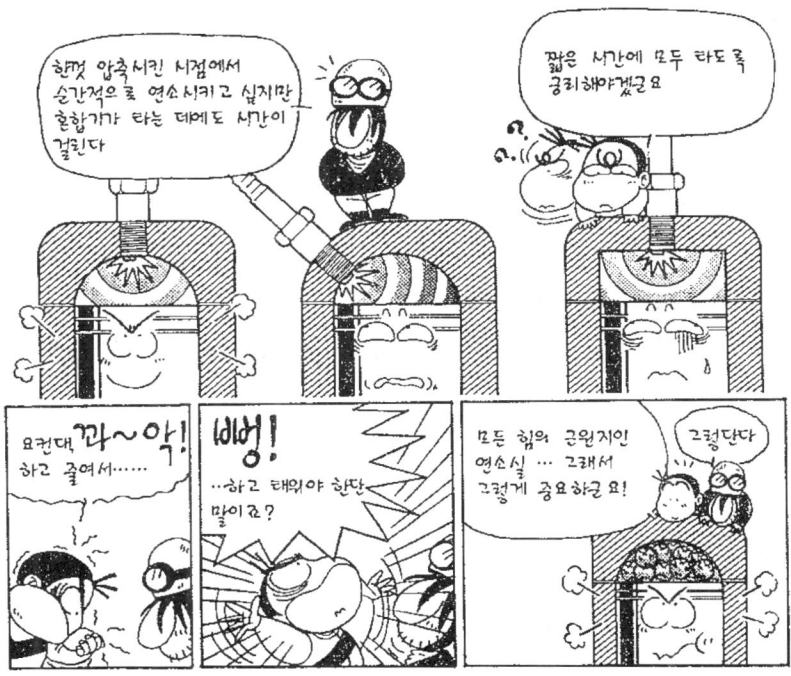

작아지는) 시점, 즉 압축상사점에서 순간적으로 혼합기를 연소시키는 것이 가장 이상적이다. 같은 양의 혼합기를 연소시킨다면 방이 작은 편이 높은 압력 = 커다란 크랭크 회전력을 발생하기 때문이다.

「상사점에서 순간연소하면 크랭크샤프트 가운데를 향해 똑바로 눌러 버리게 되니까 엔진이 돌지 않는다」라든지 「반대 방향으로 돌아 버리는 거 아냐?」라고 생각할 지도 모른다. 그러나 크랭크샤프트에는 정해진 방향으로 회전하려는 여세 = 관성력이 존재하므로, 설사 상사점에서 한순간에 혼합기가 연소하더라도 회전하는 힘이 된다. 「점화시기」항을 참조할 것.

또한 「피스톤이 상사점부터 내려오는 과정에서도 혼합기가 계속 연소한다면, 연속적으로 피스톤을 내리 누르는 힘이 생기니까 결과적으로 파워도 올라가지 않을까?」라는 것도 잘못된 생각이다. 연소실이 크게 넓어져 버린 후에 혼합기가 타더라도, 이것은 별다른 압력 = 회전력이 되지 않으며, 그저 연료만 쓸데없이 낭비하고 있을 뿐이다.

현실적으로는 혼합기가 타들어 가는 데에는 나름대로의 시간이 걸리기 때문에, 상사점에서 한 순간에 연소시키는 일 따위는 불가능하다. 그 래도 가능한 한 상사점 부근에서 단시간에 연소하도록 연소실 형상과 점화시기 등이 궁리되어 있다.

「4스트로크 엔진」항에서 설명했듯이 엔진내부에서 일어나고 있는 「연소속도」는 폭발이라 할 정도까지는 아니더라도 상당한 속도다. 이 속도로 화염이 보어 사이즈 40~80mm 정도의 거리를 달린다. 점화플러그가 연소실 가운데에 있다면 그곳부터 연소실 가장자리까지 화염이 도달해야할 거리는 보어 사이즈의 절반이다. 20~40mm 밖에 안 되는 거리를 초속 30~40m의 속도로 화염이 퍼져나가는 시간이란 거의 순간에 가까운 ms (밀리 세컨드, 1/1000초) 단위다.

엔진이 12,000rpm으로 돌고 있다면, 1ms에 크랭크샤프트는 72도 회전하고 5ms에 1회전한다는 계산이다. 크랭크의 회전각도로 따져 보면 짧은 시간 안에 상당한 상황변화가 일어나고 있다.

그렇지만 나중에 「점화시기」항에서도 설명하겠지만, 연소가 시작되는 것은 상사점에 도달하기 전이며, 또한 상사점후의 크랭크 회전각 30도, 40도 따위는, 상사점으로부터의 피스톤 하강거리로 따지면 불과 1mm, 2mm 정도에 불과하다. 여기서 이미 기본적인 연소는 끝나버리는 것이다.

그렇다면 연소실에 대해 생각하는 데에 있어서 실린더의 존재를 무시할 수는 없겠지만 현실적으로는 작은 문제다. 더구나 실린더는 원통 모양이며, 더 이상 그 형상을 개량할 여지가 없다. 중요한 것은 역시 실린더헤드와 피스톤크라운이다. 이 둘로 형성되는 연소실 형상은 엔진성능의 핵심이다. 엔진성능은 토크와 마력을 내기 위해서도, 연비를 향상시키기 위해서도 다음의 3대 요소로 집약할 수 있다.

① 대량의 공기(결국은 혼합기)를 잘 빨아 들인다.

② 빨아 들인 혼합기를 잘 태운다.

③ 저항 손실 등을 최소화한다.

이 중에 ②「잘 태운다」의 상당한 부분이 이 연소실 형상으로 좌우된다. 다만 이것은 화염을 연소실 전체에 효율적으로 전달시키는 것만으로 끝나지 않고, 「압축비」와 「S/V비」등도 함께 고려해야 할 필요가 있다. 또한 점화플러그의 위치는 물론이거니와, 4스트로크 엔진의 경우에는 흡배기밸브의 레이아웃도 동시에 복잡하게 얽히게 된다.

압 축 비

빨아 들인 혼합기를 어느 정도로 압축하는가를 나타내는 수치. 연소실용적과 연소실용적 + 기통용적(배기량)의 비율이다. 다만 2스트로크 엔진에서는, 이 경우의 기통용적은 본래의 배기량이 아닌, 피스톤이 각 포트를 닫은 후의 용적으로 계산한다.

연소실용적이란 피스톤이 상사점에 있을 때의, 피스톤크라운과 실린더헤드의 움푹한 부분으로 형성되는 방의 부피이다. 엄밀하게는 피스톤의 「톱링」부터 윗 공간의 용적이 된다. 피스톤크라운 가장자리부터 톱링 윗면까지에는 극히 작지만 거리가 있으며, 이 사이의 피스톤 옆면과 실린더 벽으로 둘러싸인 부분의 부피도, 철저하게 엔진성능을 추구하는 엔지니어에게 있어서는 무시할 수 없는 존재다. 그렇지만 우리들 라이더가 엔진에 대해 생각할 경우에는, 편의상 피스톤부터 위에 있는 부피라고 생각해도 무방하겠다.

● 혼합기는 꽉꽉 압축된다

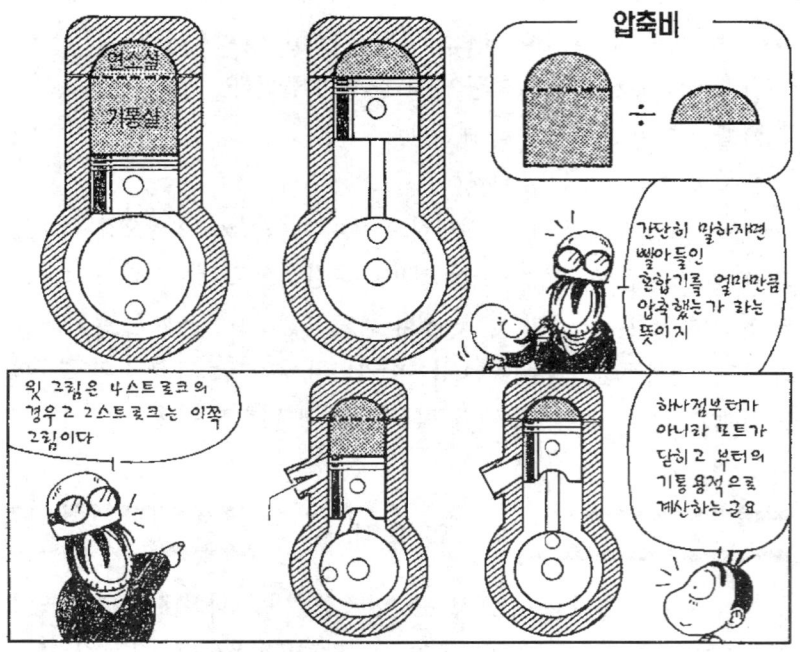

압축비는 크다, 작다라고 하지 않고, 숫자가 클수록 「높다」라는 표현을 쓴다. 반대어는「낮다」이다. 보통 우리들은 「압축비가 10이다」라는 식으로 말한다. 이것은

$$\frac{기통용적 + 연소실용적}{연소실용적} = 10$$

이라는 뜻이다. 카탈로그의 제원표 등에 이렇게 표시되어 있는 경우도 많다. 정식으로는 단순히 「10」이 아니라 「10 : 1」이라고 나타낸다. 빨아들인 혼합기를 10분의 1로 압축하고 있다는 뜻이다.

일반적으로 압축비가 높을수록 연소압력도 높아진다. 빨아들인 혼합

●압축비를 높이면 파워가 커진다

기의 양이 똑같다면 압축비가 높은 편이 토크와 마력이 올라간다는 말이다. 압축비가 높으면 압축행정에서 피스톤이 상승해 갈 때의 저항도 커지지만, 거기서 일을 한 만큼의 혜택, 이익은 반드시 돌아온다.

여기서 「열효율」이라는 개념을 이해하면 좋다. 이것은 엔진에게 공급한 연료가 갖고 있는 본래의 에너지(열에너지) 중에서 최종적으로 동력으로서 끄집어 낼 수 있는 에너지(회전력)가 몇 퍼센트인가 라는 숫자이다. 빨아 들인 공기에 섞여 있는 개솔린이 만약 완전연소했다고 해도, 그 열에너지 전부가 크랭크샤프트의 회전력이 되지는 않는다. 냉각장치로부터 방출되는 열, 배기가스로서 버려지는 열, 기계 마찰로 소비되는 것 등 여러 가지 손실이 있기 때문이다. 현실적으로는 전부는 커녕, 4스트로크 개솔린 엔진의 열효율은 겨우 30% 정도이다.

● 여러 군데에서 잃게 되는 열에너지

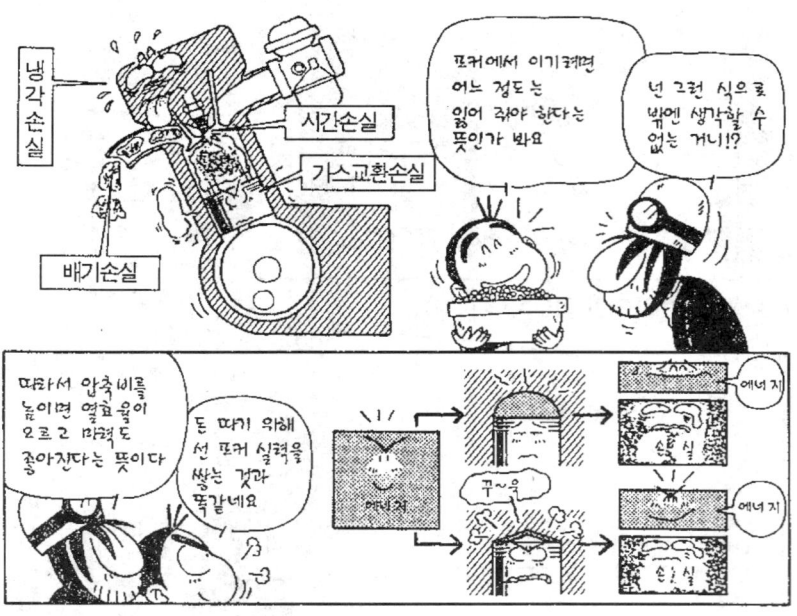

압축비를 올리면(높이면) 이 열효율이 향상된다. 어느 정도 향상되는 가를 나타낸 것이 위의 그래프이다. 이 그래프는 4스트로크 엔진의 극히 일례에 지나지 않지만, 일반적인 경향이 이렇다는 것은 충분히 이해할 수 있으리라 생각한다.

다만 압축비를 높일수록 「녹킹(Knocking)」 등 「이상연소」가 발생하기 쉬워진다. 이상연소를 억제하는 방법은 여러 가지가 있지만 반드시 한도가 있다. 더구나 일반 시판차는 아이들링(공회전)부터 최고출력 발생회전수까지의 모든 회전역에서 유연하게 달려주지 않으면 안 된다. 여기에 대량생산 공정밀도, 내구성, 일반 주유소에서 입수할 수 있는 휘발유의 질…… 등의 문제도 있기 때문에 더더욱 압축비의 한도는 낮을 수 밖에 없다.

　그래도 바이크용 엔진은 자동차에 비해 훨씬 고성능 지향이며, 일반적으로 압축비가 높게 설정되어　어서, 결과적으로 10 전후의 압축비는 보통이다. 11 이상의 것도 신기하지 않다. 다만 2스트로크의 경우는 앞서 설명했듯이 계산방법이 다르기 때문에 7~8 정도가 평균적이다.

　아울러 단순히 압축비를 높이기 위해 피스톤크라운을 복잡한 형상으로 만들면, 이번에는 S/V비가 저하되는 문제가 일어난다.

　압축비 숫자의 크기는 둘째 치고라도 피스톤이 혼합기를 압축하는 과정은, 바이크의 경우에는 피부로 직접 느끼기 쉽다.

　특히 킥으로 시동을 걸 경우, 천천히 킥페달을 밟아가다 보면 묵직한 저항을 느끼는 위치가 있는데, 그곳이 압축상사점 바로 직전이다. 4기통 엔진 등 기통수가 많으면 느끼기 어렵겠지만 단기통이라면 명확하게 느낄 수 있다. 셀프스타터 시동 바이크라도 기어를 넣고 바이크를 밀어보면 알 수 있다. 손에 와닿는 저항감은 일정하지 않다. 이러한 저항이 제대로 있는 상태, 즉 정상적으로 압축하고 있는 것을 「압축이 있다」 또는 「컴프레션이 있다」 라는 식으로 말하기도 한다. 피스톤링이 마모되거나 흡배기밸브와 밸브시트의 밀착성이 떨어지면 이 저항감이 적어지게 되고, 아이들링 불안정이나 출력 저하, 나아가 시동불량 등의 트러블을 일으키게 된다.

　상태가 좋은 엔진의 조건은 다음 3가지 요소임을 외워 두자. 애마의 상태가 좀 이상하다 싶으면 이것들을 확인해 본다.

　① 점화플러그에서의 양호한 불꽃
　② 확실한 연료 공급
　③ 충분한 압축

S/V비

영어 surface-volume ratio의 머릿글자를 따서 「에스브이비」라고 읽으며, 면적과 체적의 비율을 뜻한다. 연소실에 대해 이야기함에 있어서 빠뜨릴 수 없는 개념이다. 같은 체적의 물체라도 형상에 따라 그 표면적이 달라지는데, 가장 작은 것이 바로 구형이다.

앞서 「연소실」항에서 설명했듯이, 연소에 의해 발생한 열은 가능한 한 전부를 압력으로 변환시키고 싶지만, 그 일부는 엔진을 거쳐 외부로 도망가 버린다. 어디를 통해 외부로 전달되는가 하면, 연소가스가 직접 닿는 부분이다. 그렇다면 그 가스가 닿는 부분의 면적을 줄이면 열손실을 막을 수 있잖은가, 라는 결론이 나온다. 이 「부분」이란 엔진으로 차

● S/V비가 작을수록 열효율이 좋다

면 내벽에 해당되는데. 여기서는「연소실」을 주체로 고려하는 관계로
「연소실의 표면적」이라는 표현을 쓴다.

이 면적과 체적 = 연소실 용적비율이 여기서 문제가 되는 S/V비이
며, 이 수치가 작을수록 열효율이 좋다는 뜻이다.

그렇다면 조금 전의 이론대로 연소실을 동그랗게 구형으로 만들면 될
것 같기도 한데, 사실은 그리 단순한 문제가 아니다. 피스톤 크라운을
반구형으로 우그려뜨려서는 압축비를 올릴 수가 없다. 정상적인 압축비
를 얻기 위해서는 엄청난 롱스트로크가 되어 버린다. 그래서 피스톤크
라운쪽을 편평하게, 실린더헤드쪽을 반구형으로 만든다. 이게 기본이
다.

디젤 엔진 중에는 헤드쪽이 편평하게 되어 있는 것도 있지만, 휘발유
엔진은 요구되는 성능이 다르므로 바이크의 경우에는 이런 식으로 생각
해도 충분하다. 이것을「반구형 연소실」이라고 부른다.

연소실 형상

반구형 연소실이 기본이긴 하지만, 그러나 실제 엔진은 헤드쪽을 단
순한 반원형으로 만들기 어렵다. 특히 4스트로크일 경우에는 여기에 흡
배기밸브를 설치해야 하는 문제가 있다. 그리고 밸브 끄트머리는 반드
시 원형이며, 그 주위는 단일 평면상에 접해야만 한다. 이러한 전제 조
건하에서 흡배기밸브를 가능한 한 크게 늘이려고 하다보면, 옆에서 보
았을 때의 단면형상은 위로 솟아오른 삼각형처럼 생긴 모양이 될 수밖
에 없다. 이런 연소실은 그 생김새가 뾰족 지붕처럼 생겼다고 해서「펜
트루프형 연소실」이라고 부른다.

펜트루프형의 경우에는 일정한 압축비를 확보하기 위해 피스톤 크라
운부쪽도 지붕형으로 부풀어 올라있는 것도 많다. S/V비는 커지지만

● 여러 가지 형상의 연소실

전체적인 이해득실로 계산해 보면 압축비 향상에 따른 장점이 크다고
판단한 결과이다.

　이 방법을 더욱 추구해서 밸브를 더욱 키우면 흡배기 자체는 그만큼
순조롭게 이루어지지만, 그에 따라 헤드, 피스톤 두 곳의 표면적도 자꾸
증가하므로 S/V비가 커지게 된다. 옛날에는 이런 엔진도 많았지만 요
즘에는 「밸브 배치각」을 좁혀서 지붕의 높이를 낮추고 피스톤도 가능한
한 편평하게 만드는 사고방식이 주류를 이루고 있다. 그래도 4스트로크
에서는 어느 정도는 지붕형이 될 수밖에 없는 것이 현실이기도 하다. 나
중에 설명할 「4스트로크의 밸브 & 구동계」 항도 참조하길 바란다.

　아울러 4스트로크에서는 밸브 리세스(valve recess)라고 불리우는,
밸브가 피스톤과 부딪히지 않도록 하기 위해 오목한 공간을 피스톤 크
라운에 파 놓는 것도 많다. 흡배기밸브가 열린다는 것은 연소실을 향해

●점화플러그를 향해 혼합기를 뿜어내는 스퀴시 에어리어

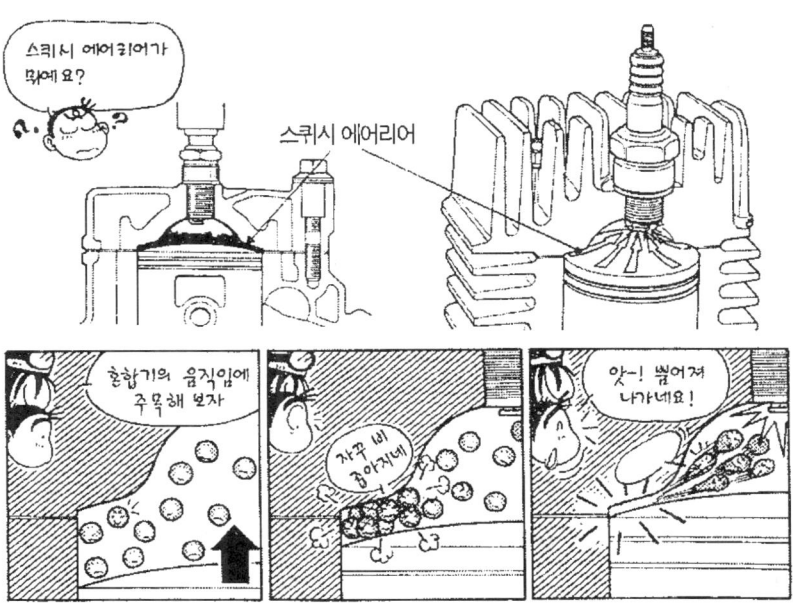

뛰어 나온다는 뜻이며, 이 리세스가 없다면 배기 상사점 부근에서는 피스톤과 충돌할 위험이 있기 때문이다. 특히 가뜩이나 사이즈가 큰 흡기 밸브쪽은 그 필요성이 절실하다. 그리고 고성능을 추구하는 바이크용 엔진에서는 「밸브 리프트량」과 「밸브의 오버랩」이 크고, 압축비가 높아서 헤드와 피스톤 사이의 거리도 가깝기 때문에, 밸브리세스를 비교적 크게 잡는 경향이 있다. 더구나 시판차는 소비자가 무심코 회전초과 (엔진이 회전 상한선 = 레드존을 넘어서는 것) 시켰다고 해서 쉽사리 고장나거나 하면 곤란하므로, 더더욱 피스톤과 밸브 사이의 간격이 넓어야 한다.

그러나 밸브리세스를 키울수록 S/V비가 커진다. 피스톤 크라운부의 형상도 복잡해져서 응력이 몰리기 쉬워지므로 강도면에서도 불리하다.

어느까지나 정도껏 설정해야 하는데 이 부분은 설계자의 사고방식에 좌우되는 비중이 크다. 그래도 리세스가 전혀 없도록 하는 것은 아무래도 어려운 듯하다.

이러한 물리적인 수치관계와는 별도로, 혼합기의 흐름을 고려해서, 혹은 혼합기의 흐름을 발생시키기 위해서 연소실 형상이 만들어지는 부분도 있다. 4스트로크 4밸브 방식을 예로 들자면, 한 쌍의 흡배기밸브로 하나의 반구형 연소실이 형성되도록 되어 있는 것이 있다. 실제로는 그렇게 극단적이지는 않지만, 어쨌든 가운데를 경계로 두 개로 나누어져 있는 것을 「2구형 연소실」이라고 부른다.

흡기쪽 포트로부터 흘러 들어온 혼합기는 그 여세로 연소실 안에 소용돌이를 만드는데, 이것을 적극적으로 이용해서 연소 중에 화염을 휘저어줌으로서 단시간에 연소시키는 방법이다. 이것을 두 개 만들어 주자는 이론이다. 2구식을 포함해서 이러한 형상의 것을 「다구형 연소실」이라고도 부른다.

2스트로크는 실린더헤드쪽에 점화플러그 밖에는 없으므로 비교적 단순한 반구형에 가까운 것이 많다. 그렇긴 해도 배기포트쪽을 향해서 확실하게 소기시키기 위해서 다소 기형적으로 생긴 반구형도 있다. 피스톤크라운은 강도적인 면과 각 포트를 통한 원활한 가스 흐름을 고려해서 미세하게 부풀어오른 곡면으로 되어 있는 것이 많다.

또 한 가지, 가스의 흐름에 관련된 형상으로서 「스퀴시 에어리어(squish area)」가 있다. 이것은 압축행정 마지막 단계에서 연소실 주위에 있는 혼합기를 중앙부근에 있는 점화플러그를 향해 찍 하고 뿜어내기 위한 것이다. 그 이유는 당연히, 혼합기를 확실하게 연소시키기 위함이다.

어떤 구조로 이루어지는가 하면, 연소실 변두리 부근의 혼합기를 피스톤과 실린더헤드로 샌드위치해 버리는 것이다. 따라서 헤드쪽 연소실

변두리 부분이 마치 모자의 챙처럼 얕은 각도(비교적 편평하게)로 되어 있으며, 이 부분, 또는 피스톤과 함께 형성되는 이 부근을 스쿼시 에어 리어라고 부른다. 이것은 2스트로크도 마찬가지이며 오히려 4스트로크보다 큰(에어리어의 폭이 넓은) 것이 보통이다.

녹 킹

엔진의 출력을 높여가다 보면 반드시 부딪히게 되는 문제가 녹킹이다. 40km/h 이하 정도의 느린 속도에서 톱기어 등 높은 기어로 넣고 스로틀을 활짝 열면, 엔진에서 「팅팅팅팅…」 거리는 소리가 날 때가 있다. 요즘의 제대로 만들어진 바이크에서는 그렇게 자주 일어나지는 않지만, 라이더가 몸으로 느낄 수 있는 수준의 녹킹발생 상태가 바로 이것

●엔진을 손상시키는 녹킹

160

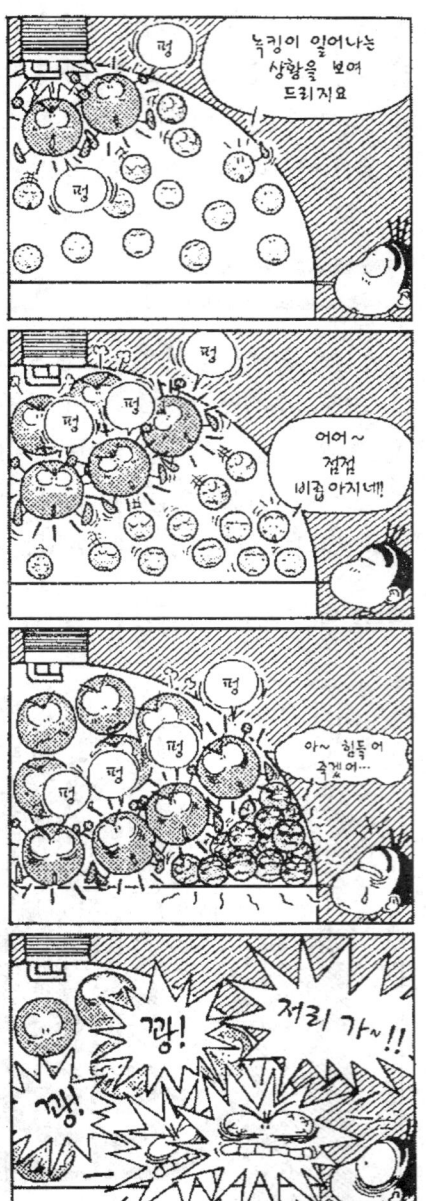

이다. 이 녹킹의 정도가 지나
치면 엔진이 부서지는 경우조
차 일어날 수 있다. 이것이 발
생하는 과정을 설명해 본다.

　위의 그림과 같은 상황을 상
상해 보자. 지금 피스톤이 상
사점 부근에 있고 점화플러그
에서 불꽃이 이제 막 튀었다.
플러그의 불꽃이 그 둘레의 압
축된 혼합기 한 곳에 화염을
일으키고 그것이 점차 주위를
향해 퍼지며 타들어 가기 시작
한다. 혼합기가 연소한 곳은
온도가 상승하면서 팽창하게

●녹킹 의외의 이상연소

되고, 그 주위에 있는 아직 연소하지 않은 혼합기를 연소실 구석으로 몰아가면서 압축한다. 미연소 혼합기는 구석으로 계속 몰리면서 압력이 상승한다. 극한 지점까지 압력(온도)이 상승하면 화염이 미처 도달하기도 전에 혼합기가 자연발화해 버린다. 이것이 녹킹이다. 녹킹은 정상연소에 비해 혼합기의 압축비율이 극단적으로 높다. 따라서 이것이 연소하게 되면 극단적으로 고속, 고온, 고압인 동시에 국부적인 연소가 된다. 엔진을 돌리는 힘이 아니라 충격일 뿐이다. 이 충격이 실린더헤드와 피스톤크라운을 마치 망치로 때리 듯이(그래서 노크라고 부른다) 공격하는 것이다. 녹킹은 압축비를 올리고 점화시기를 앞당겨서 혼합기를 급속히 연소시키려 할수록 발생하기 쉽다. 그러나 이들은 동시에 파워를 향상시키기 위해 필요한 조건이기도 하다. 기술자들이 골머리를 앓지 않을 수 없는 노릇이다.

　　중요한 점은 우선 근본적인 해결책으로서 연소실 형상을 들 수 있다.

미연소 혼합기를 억지로 구석으로 몰지 말고 신속하고도 확실하게 연소시키는 형상이 필요하다. 또 요즘에는 점화시기의 전자식 컨트롤이 발달해 있어서 녹킹이 발생하려는 징조가 보이거나, 혹은 녹킹이 발생하려는 시점에서 점화시기를 늦추는 방법도 있다.

　엔진 본체에 대한 대책은 아니지만 「앤타녹크성(anti-knock性)」이 높은(즉, 「옥탄가」가 높은) 휘발유를 사용하는 것도 효과적이다. 레이싱 엔진에서는 특수한 연료를 사용하는 레이스도 많다(규칙으로 정하기 나름이다). 그렇지만 주유소에서 팔고 있는 일반적인 휘발유는 우선 공해문제 때문에 첨가제가 한정되고, 가격문제도 있어서 한도가 있다. 그리고 일반 시판차량이란, 언제 어디서 어떤 휘발유를 넣을지 엄밀하게 규정지을 수 없는 노릇이라서, 역시 엔진 자체적으로 제대로된 대책이 필요하다. 참고적으로, 나라에 따라서도 시판 휘발유의 질은 천차만별이고, 그렇기 때문에 세계각국으로 수출되는 일제 바이크는 그 수출국 상황에 맞추어서 압축비를 변경하는 등의 대책을 취하고 있다. 녹킹은 정상적인 연소라고 할 수 없으므로 「이상연소」라고도 한다. 다만 이상연소란 광범위한 명칭이며 녹킹과는 다른 이상연소도 존재한다. 피스톤이 상승해가는 압축행정 단계에서 점화플러그나 연소실 내부에 쌓인 카본 등이 고온으로 달구어져, 이것이 열원이 되어 플러그에서 불꽃이 튀기도 전에 혼합기가 발화하는 현상이 있는데, 「조기점화」 또는 「프리이그니션(perignition)」이라고 불리우는 것이다. 플러그에서 불꽃이 튄 후에 이러한 열원으로부터 제멋대로 연소가 벌어지는 경우는 「지연점화」 또는 「포스트이그니션(postignition)」이라고 부른다.

　이들과는 별개로, 정상적인 연소의 화염부에서 충격파가 발생해서 일어나는 이상연소도 있다. 정상연소의 속도는 거의 일정하지만 이미 연소된 가스가 팽창하고 있으므로 그 곳부터 앞에 있는 화염은 가속이 붙게 된다. 그 화염부에서 압력파가 발생하는 경우가 있다. 이 압력파는 연소실 내벽에 부딪치며 반사해서 화염을 뛰어 넘을 때마다 그 온도 ＝ 압력이 상승하게 되어 새로운 압력파를 자꾸 발생시킨다. 새로운 압력 파는 온도와 압력이 높기 때문에 그 전의 압력파를 추월하면서 더욱 큰 압력파로 성장하게 된다. 이윽고 이것은 음속을 넘는 충격파가 되어 그 파면에 연소가 발생하고 더더욱 에너지가 커진다. 이 초음속 충격파가 미연소 혼합기를 폭발적으로 연소시킨다. 이런 이상연소를「디토네이션 (detonation)」이라고 한다. 다만 기술자들은 일반적으로 녹킹을 포함 해서 총체적으로 디토네이션이라고 부르는 경우도 많다.

흡배기계의 본체구조와 기본원리

●흡기계와 배기계

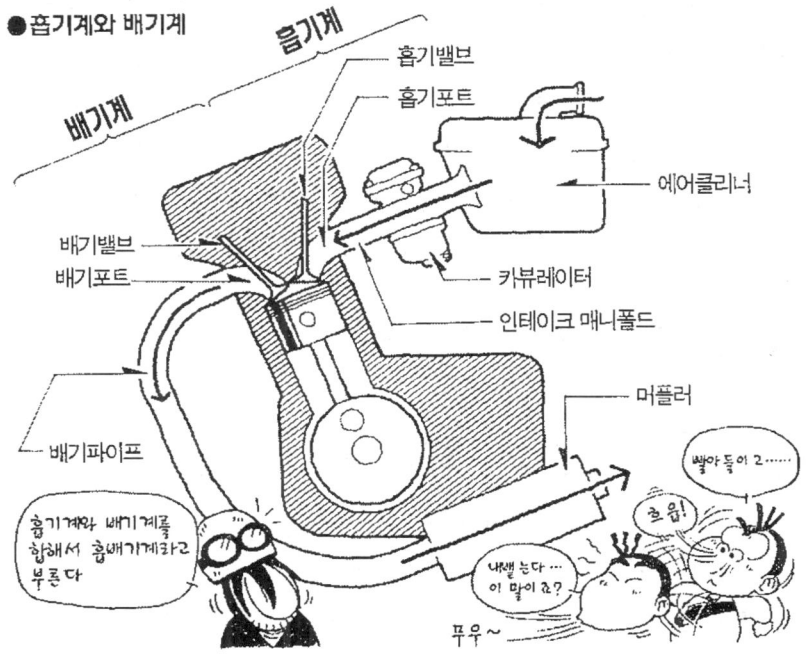

흡기계

배기계

흡기밸브
흡기포트
에어클리너

배기밸브
배기포트
카뷰레이터
인테이크 매니폴드

머플러
빨아들이고……

배기파이프
흡기계와 배기계를
합해서 흡배기계라고
부른다
초읍!
내뱉는다…
이 말이죠?
푸우~

흡배기계

엔진 관계에서 혼합기(공기＋휘발유)를 엔진 속으로 흡입하는 작업과 관련된 부분을 「흡기계」, 연소가 끝난 가스를 배출하는 일에 관련한 부분을 「배기계」라고 한다. 이 둘을 가리키는 말이 「흡배기계」이다.

흡기에 관한 부분에는 「인렛(inlet)」, 또는 「인테이크(intake)」라는 단어가 앞에 붙는 일이 많다. 가령 인렛 밸브, 인테이크 포트 등이다.

일반적으로 흡기계라고 하면 공기 흡입구인 「에어클리너」부터 「카뷰레이터」, 「인테이크 매니폴드」 등 엔진 본체가 아닌 엔진 외부에 장착되는 부분과 그에 관련된 여러 부품 등을 가리키는 경우가 많다. 그러나 엔진본체의 「포트」와 「밸브」류들도 포함시키는 경우도 있다.

이 책에서는 카뷰레이터 등 엔진 외부에 따로 장착되는 장치에 대해서는 「흡기계」항에서 자세히 설명하기로 한다.

배기에 관한 부분에는 「이그저스트(exhaust)」라는 단어가 앞에 붙는 일이 많다. 가령 이그저스트 밸브, 이그저스트 파이프 등이다.

흡기계와 마찬가지로, 배기계라고 하면 「배기 파이프」부터 「머플러」의 끄트머리까지를 가리키는 경우가 많지만, 엔진본체를 포함시키는 경우도 있다. 이 책에서는 엔진 외부에 따로 장착되는 장치에 대해서는 「배기계」항에서 자세히 설명하기로 한다.

흡기 효율

공기를 얼마나 많이 잘 빨아 들이고, 또 연소가 끝난 가스를 대기 중에 얼마나 잘 버리느냐, 라는 문제는 엔진 성능에 있어서 대단히 중요하다. 특히 빨아 들이는 일이 중요하다. 엔진 속에 공기를 불러 들이는 = 흘려 보내는 힘의 원천이란 대기압 밖에 없기 때문이다. 압력차로 공기를 흐르게 한다는 기본 원리는 배기쪽도 마찬가지지만, 연소가스는 상당한 고압이기 때문에 대기와의 압력차가 크다. 흡기쪽에 비하면 수월하다고 할 수 있다.

어쨌거나, 가장 시급한 문제는 공기를 한 가득 빨아들이는 일이다. 대량의 공기를 엔진 내부로 빨아 들여서 가두어 둘 수만 있다면, 나중에 거기에 걸맞는 연료를 공급해 주기란 어렵지 않다. 적절한 연료공급이나 공급 후에 제대로 연소시키는 일이 식은 죽 먹기라는 뜻은 아니지만, 우선은 공기를 빨아 들여야지 연료를 공급하든 말든, 연소를 시키든 말든 할 것 아니겠는가?

● 얼마나 공기를 잘 빨아들이느냐? 가 엔진의 생명

예를 들어 250cc 단기통 엔진의 피스톤이 상사점에서 하사점을 향해 정확하게 250cc분 만큼 내려갔다고 치자. 그렇지만 이 때 과연 대기 중의 공기를 정확하게 250cc 빨아 들일 수 있는가, 하면 현실적으로는 어렵다. 그야 10초 이상씩이나 걸려서 천천히 피스톤이 내려간다면 몰라도, 겨우 6,000rpm으로 돌고 있더라도 여기에 걸리는 시간은 불과 200분의 1초다.

아무리 공기지만 「질량」이 있기 때문에 피스톤의 움직임에 완벽하게 동조해서 움직여 = 흘러 주지 않는다. 또한 에어클리너와 매니폴드, 흡기포트 등의 통로를 지날 때에는 그 통로의 내벽에 부딪치는 마찰 = 저항이 있다. 더욱 골치 아픈 것은 공기란 물이나 기름과 같은 「비압축성

● 같은 체적이라도 밀도가 변하는 공기

유체」가 아니라는 점. 「같은 양」이라도 여기에 작용하는 압력에 의해 체적이 변화하는 「가압축성 유체」이다. 이것을 빨아 들인다는 것은, 예를 들자면, 매우 부드러운 고무 막대기를 잡아 당기는 것과 비슷하다. 힘차게 잡아 당겨 봤지만, 안으로 들어온 것은 길~게 늘어난 공기이지 「실제적인 양」은 별 볼일 없었다, 라는 현상이 일어난다. 따라서 피스톤이 하강하면서 정확하게 250cc분의 공간을 넓히긴 했지만, 여기에 흘러 들어온 공기의 양은 여간해서는 「대기 중의 공기량으로서의 250cc분」은 되지 않는다.

일반적으로 이렇게 실제로 빨아 들인 대기의 양을 본래 배기량 만큼의 대기의 양으로 나눈 수치를 흡기효율, 흡기비율 또는 「체적효율」이라고 한다. 아울러 단순히 얼마나 잘 빨아 들였는가 라는 정도를 흡기효율이라고 말하는 경우도 많다.

여기서 알 수 있는 것은 공기의 양의 단위가 cc나 l 등 용적을 나타내는 것으로는 의미가 없다는 사실이다. 따라서 질량(g)의 개념이 사용된다. 「무게」라고 해도 무방할 것 같지만, 중학교 과학시간에 배웠던 것처럼 정확하게는 역시 「질량」이다. 대기 중에 저울을 들이대 봐야 대기의 무게를 잴 수는 없기 때문이다. 우리들은 평소에 공기의 무게, 아니 질량을 느끼는 일은 없지만 공기에는 엄연히 질량이 있다. 이 점이 중요한 대목이다. 멈춰 있는 볼링공을 갑자기 100km/h의 속도로 움직이는

일이 어렵다는 것은 이해하기 쉽다. 정도의 차이는 있을지언정 공기를 움직이는 경우도 마찬가지이다.

같은 질량의 공기라면 그 체적이 어떻게 변하든 간에 그 속에 존재하는 산소분자의 수는 똑같다. 「연소」란 이 산소분자와 가솔린의 성분인 수소 & 탄소가 화합하는, 산화라고 불리우는 화학반응이다. 즉 산소분자의 양 = 공기의 질량이야말로 중요한 것이다. 바꿔 말하자면 같은 체적이라도 질량을 크게 = 압축한다면 공기의 「밀도」가 높아지고 공기의 양이 많아진다는 뜻이다. 가압축성 유체이기 때문에 골치 아픈 일도 있지만, 그 특성을 잘만 이용한다면 흡기효율을 향상시킬 수 있는 것이다.

이 부분의 이론은 엔진에 대한 고찰에 있어서 매우 중요한 요소이다. 나중에 설명할 「관성흡기」항을 참조하면서 읽어 주기 바란다.

흡기효율을 높이기 위해서는 「밸브타이밍」과 「포트타이밍」, 각 「포트」류의 형상 & 치수 등에 한정된 문제가 아니라, 에어클리너에서 배기 머플러에 이르기까의 모든 흡배기계의 역할이 복잡하게 연관되어 있다. 엔진 본체뿐만 아니라 차체를 포함한 전체적인 레이아웃의 문제이다.

관성 흡기

일정한 배기량 & 기통수의 엔진으로 일정 시간내에 보다 많은 공기를 빨아 들이는 기본적인 수법은 회전수를 올리는 것이다. 마력이란 시간이 연관되는 개념이기 때문에 이렇게 된다. 그리고 같은 회전수에서 보다 많은 공기를 빨아 들이기 위해서는 흡기포트를 굵게, 흡기밸브도 크게, 흡기밸브가 열려 있는 시간도 길게 하면 된다. 그렇지만 연소실 속에 자리잡는 밸브의 크기에는 한도가 있다. 밸브 크기보다 포트 굵기를 키워봐야 의미가 없다. 밸브가 열려 있는 시간이 너무 길면 한 번 빨

●관성흡기를 이용해서 흡기효율을 높인다

아들인 공기가 다시 역류해 나갈 가능성도 있다.

그래서 어떻게 하면 좋은가 하면, 공기가 갖고 있는 질량과 가압축성 유체라는 특성을 이용해서 흡기효율을 높이는 것이다. 그 수법의 필두가 관성흡기이다. 말 그대로 공기가 흘러가려는 여세(관성)을 이용해서 압축하면서, 단순히 흘러 들어가는 것 이상으로 실린더 안에 공기를 불러 들이는 것이다.

공기에도 질량이 있으므로 이것이 정지상태에서 움직이기 = 흐르기 시작하기 위해 가속하는 데에는 시간이 걸린다. 이것은 손실이지만 동시에 질량이 있음으로 해서 한 번 흐르기 시작하면 여세 = 관성력이 작용한다. 구르기 시작한 볼링공은 쉽사리 멈추지 않는 것과 동일한 원리다. 공기를 흐르게 하는 힘은 대기압과 실린더 안의 부압에서 발생하는 압력차이다.

흡입행정에서 흡기밸브가 열린다. 흡기포트 안의 공기는 그 즉시 신속하게 움직이지 않는다. 점점 속도가 올라가게 되는데, 초기에 빨려 들어가는 공기는 잡아 당기는 힘으로 길~게 늘어난, 낮은 밀도의 공기이다. 그러는 중에 흡기포트와 인테이크 매니폴드 내부의, 에어클리너 가까이에 있던 공기도 질질 끌려들어 가면서 전체적으로 속도가 빨라진다. 연소실로 돌진해 가는 공기의 밀도도 점점 높아진다.

이렇게 해서 자꾸만 흘러가게 되는데 그 최종 목적지는 막다른 골목인 실린더 내부이다. 그러나 한 번 관성이 붙어 버린 후에는 그렇게 쉽

사리 멈출 수 없다. 피스톤이 하사점을 지나도 멈추지 않는다. 그래도 계속해서 흘러 들어가므로 실린더 안의 공기(실제로는 혼합기이다)는 압축되어 밀도가 높아진다.

　밀도가 높아지는 것은 포트와 매니폴드 내부에서도 마찬가지다. 더구나 밀도가 높다는 것은 질량이 크다 = 관성력이 크다는 말도 된다. 따라서 마치 공기가 커다란 덩어리처럼 되어 실린더를 향해 돌진하면서, 통째로 실린더 안으로 뛰어 드는 것이다. 흡기효율은 당연히 올라간다. 이윽고 실린더 안이 공기로 꽉 차게 되어 빨려 들어온 공기가 거꾸로 역류하기 바로 직전에 흡기밸브를 닫는다. 이로서 공기가 꽁꽁 뭉치게 되었다. 더구나 흡기포트 내부의 공기도 잠시 동안은 밀도가 높은 상태를 유지하므로, 이 밀도가 내려가기 전에 다음 흡기행정이 돌아 오면 더욱 효율이 향상하게 된다.

이러한 효과를 「흡기관성」이라고 하며, 이런 효과를 이용하는 것을 관성흡기, 또는 「관성과급」이라고 한다. 「과급」이란 본래 「터보 차저」 등 흡기의 밀도를 높이는 것을 가리키는데, 이와 비슷한 효과가 있다고 해서 이런 식으로 말한다.

이 현상은 사람이 일렬로 늘어서 있다가 선두부터 움직이기 시작했을 때의 상황을 떠올리면 이해하기 쉽다. 처음에는 선두 부근의 간격이 띄엄띄엄 벌어지다가(밀도가 내려간다), 이윽고 전체적인 움직임이 되면서 드디어는 서로 앞 사람 등을 떠미는 상태(밀도가 올라간다)로 만원 지하철 속으로 밀려 들어가는 식이다.

관성흡기 효과를 최대한으로 이용하기 위해서는 지금까지의 설명으로도 알 수 있듯이, 우선 「밸브타이밍」과, 2스트로크에서는 「포트타이밍」이 적절해야 한다. 동시에 「흡기포트」와 「매니폴드」등 공기가 지나는 통로의 길이와 굵기가 크게 영향을 미친다. 길어 질수록, 혹은 가늘어 질수록 낮은 엔진회전에서 관성효과가 작용한다. 흡기밸브 앞에서 대기하고 있는, 흡기경로 안에 있는 「공기의 대열」을 하나의 덩어리로서 실린더로 돌진시키기 위해 「대열」을 조정한다는 뜻이다.

밸브타이밍도 그렇고 포트류 형상도 그렇지만 이것이 한 번 정해져 버리면, 안타깝게도 모든 회전역에서 골고루 최고의 관성효과를 발휘시킬 수는 없다. 공기가 가속한다거나 밀도를 변화시키기 위해서는 시간이 걸리기 때문이다. 회전수가 변하면 흡기 시간도 변하는 것이다.

흡기 맥동

전문지나 카탈로그의 메카니즘 해설기사에는 곧잘 흡기맥동이라는 단어가 등장하는데 이것은 흡기관성과는 의미가 다르다.

「관성흡기」항에 있는 것과 똑같은 상황을 머리속에 떠올려 보자. 흡기밸브가 열리고 공기가 흘러 들어간다. 이 흐름이 멈추기 전에 밸브가 닫힌다. 그러면 밸브 바로 앞의 공기는 계속해서 흘러가려는 관성이 남아 있기 때문에 밸브 직전까지 몰려 오게 되고 그 곳의 압력이 높아진다. 즉 밀도가 올라간다.

밸브 바로 앞에 있는 이 공기는 일부는 반사되어 돌아가지만 대부분

● 흡기맥동을 이용해서 흡기효율을 높인다

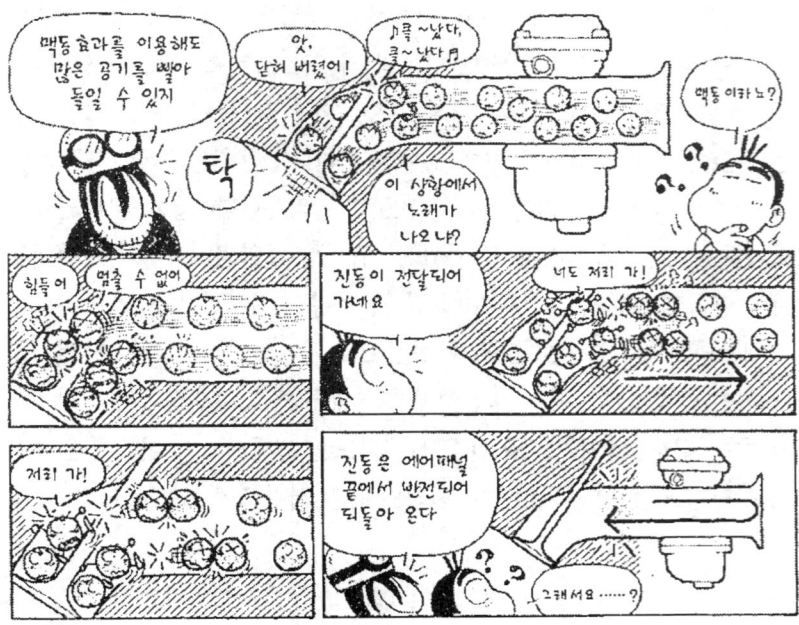

은 그 부근에 남아 있게 된다. 다만 그 압력은 공기를 구성하고 있는 각
분자의 진동 = 파장으로 바뀌어 흡기 경로를 따라 뒤로 전달되어 간다.
전달된 파장은 이 경로의 끄트머리인, 카뷰레이터 입구에 달려 있는 나
팔 모양의 「에어패널」끝까지 갔다가 반전되어 다시 밸브쪽으로 되돌아
온다. 그리고 이번에는 또다시 반대로 반사된다. 이것을 되풀이하면서
파장이 왔다갔다 한다. 「배기맥동」항도 참조할 것.

공기 그 자체의 이동이 아니라는 점에 주의해야 한다. 연못에 돌을
던지면 물은 이동하지 않지만 물결은 퍼져 나간다. 그리고 건너편에 부
딪혀 다시 되돌아 오는 것과 마찬가지 이치다. 이것이 흡기맥동이다. 이
것을 이용해서 흡기효율을 높이는 것을 「맥동효과」라고 부른다.

이렇게 발생한 고압 부분의
파장이 다음 흡입행정에서 밸
브가 열리기 바로 직전 타이밍
에 맞춰 흡기밸브 직전 부근에
오도록 할 수 있다면, 실린더
안과의 압력차가 크고 빨려 들
어가는 공기의 밀도도 높다.
즉 흡기효율이 향상된다.

이 파장이 전달되는 속도는
「음속」이다. 참고적으로 음속
V(m/sec)은 상온에서의 기온
을 t (℃)라고 한다면

$$V = 331 + 0.6t$$

라는 식으로 구할 수 있는
데, 아무튼 기온이 변하지 않

는다면 파장의 전달속도는 일정하다. 따라서 이것을 원하는 타이밍에 흡기밸브 직전으로 오게 하기 위해서는 흡기계 통로의 길이를 조절하면 된다. 굵기는 관계없다. 4스트로크 레이싱머신에서는 에어패널의 길이를 조절해서 엔진을 세팅하는 일이 자주 있다.

공기 그 자체를 하나의 덩어리처럼 왕창 움직여서 그 질량과 속도에서 비롯되는 에너지를 이용하는 관성과급하고는 의미가 다르다. 그 효과를 최대한으로 끌어내기 위한 밸브타이밍 등도 똑같지 않다.

관성흡기에 비하면 맥동효과의 장점은 그다지 크지 않다는 것이 현재의 정설인 듯하다. 공기가 통째로 움직이는 것에 비해 압력파의 힘도 약하고 높은 밀도의 공기 질량 자체도 작다는 것이 그 이유이기 때문이다. 그러나 맥동효과의 장점도 결코 작지 않다는 의견도 있다.

배기 효율

흡기효율과 마찬가지로 연소가 끝난 가스를 제대로 대기중에 방출하는 일도 중요하다. 배기는 대기압과의 압력차가 크기 때문에 흡기보다는 일이 수월하다고는 하지만, 짧은 시간에 일을 끝내야 하는 점은 마찬가지다. 그리고 이쪽도 역시 질량과 저항이 있으며 「가압축성 유체」이기도 하므로 , 우물쭈물 하다간 미처 배출되기도 전에 다음 흡기행정이 되어 버린다. 이것을 얼마나 잘 배출시키느냐가 배기효율이다.

이 효율을 높이기 위해서는 흡기와 마찬가지로 「관성배기」를 이용한다. 고온고압의 가스를 덩어리째로 불쑥 튀어 나가게 하는 것이다. 돌진하는 덩어리의 바로 직후는 압력이 낮아지므로, 아직 실린더에 남아있는 연소완료된 가스를 끌어 내는 작용도 하게 된다. 여기서도 역시 밸브타이밍, 또는 배기가스 통로(포트, 배기 파이프)의 길이와 굵기가 중요한 요소로 작용한다.

또한 흡기맥동과 마찬가지로「배기맥동」효과도 있다. 이것도 관성흡기와 맥동효과의 관계처럼 관성배기보다는 효과가 적다고 보는 견해가 주류이다. 그러나 맥동에 의한 효과도 적지는 않다고 보는 사고방식도 있으며, 적어도 2스트로크에서는 「익스팬션 챔버(expansion chamber)」를 사용해서 맥동효과를 최대한으로 이용하고 있다.

2스트로크는 그 기본 구조상 단순히 가스를 내뿜는 것에 그치지 않고, 배기가스에게 신기(다음 행정에서 빨려 들어온 새로운 혼합기)를 다시 실린더에 되밀어 넣는 작업도 시키고 있기 때문이다. 또한 4스트로크 다기통 엔진에서는 단순한 관성배기라기 보다는, 상대방 기통의 배기가스 관성을 서로 이용하려는 사고방식이 주류다. 자세한 것은「배기계」항을 참조할 것.

밸 브

구멍을 여닫는 판을 말한다. 바이크에는 여러 곳에 밸브가 달려 있는데 4스트로크 엔진 바이크에서 단순히 밸브라고 할 경우에는, 일반적으로 실린더헤드에 있는 흡기 & 배기밸브를 가리킨다. 흡배기 각 포트의 연소실 안쪽면을 여닫는 원판 모양의 부분이 판막이 역할을 한다.

한편 2스트로크 엔진의 실린더헤드에는 밸브가 없다. 흡배기 포트가 그곳에 없기 때문이다. 배기포트는 실린더 벽에 뚫려 있고, 그것을 여닫는 일은 피스톤의 옆면을 사용하므로 특별히 밸브를 따로 설치하지는 않는다. 포트 안에 「디바이스(device, 보조장치)」로서의 배기밸브가 설치되는 경우도 많지만, 이는 어디까지나 보조장치이며 기본적인 포트 개폐작업을 위한 것은 아니다. 흡기포트는 「2스트로크 흡기방식」항에서 설명하듯이 각 흡기방식에 따라 그 위치와 밸브방식이 다르다.

포 트

구멍을 말한다. 자주 쓰이는 것은 2스트로크, 4스트로크를 불문하고 엔진의 「흡기포트」와 「배기포트」이다. 「흡기공(孔)」 / 「배기공」이라는 명칭도 일반적이다. 2스트로크에서는 「소기포트」도 있다. 이들은 모두 엔진 본체에 있다. 아울러 카뷰레이터와 흡기포트를 연결하는 「흡기매니폴드」, 배기포트로 이어지는 배기관 등 엔진 본체에 부수적으로 장착되는 부분은 포트라고 부르지 않는다.

혼합기를 엔진으로 이끄는 통로가 흡기포트이다. 4스트로크 엔진에서는 실린더헤드에 위치해 있고, 연소실을 향해 뚫려 있으며 여기에 흡기밸브가 달린다. 2스트로크 엔진에서는 신기(새로운 혼합기)를 「크랭크실」로 이끄는 구멍을 가리킨다.

● 혼합기를 빨아 들이는 흡기포트, 연소된 가스를 배출하는 배기포트

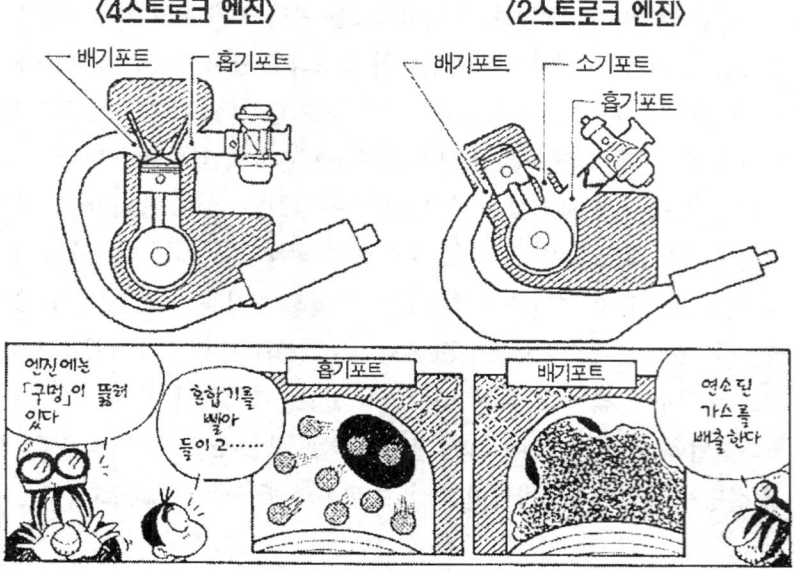

〈4스트로크 엔진〉　〈2스트로크 엔진〉

연소가 끝난 가스를 연소실로부터 배기관으로 이끄는 것이 배기포트이다. 4스트로크에서는 흡기쪽과 마찬가지로 실린더헤드에 있으며 연소실을 향해 뚫려 있다. 2스트로크에서는 실린더 벽에 뚫려 있다.

포트는 가능한 한 곧게 뻗어 있는 편이 가스가 흐르기 수월하다. 특히 좁은 포트 안에서 고속으로 가스가 흘러가는 4스트로크 엔진에서는 이 점이 상당히 큰 의미를 갖게 된다.

4스트로크에서는 실린더헤드의 연소실 부분에 달려 있는 흡배기밸브의 직경 =「밸브 사이즈」가 한정될 수박에 없다. 쉽게 말해서 그 직경과 같거나, 또는 그 이상의 큰 구멍을 뚫어봐야 의미가 없다는 말이다.

밸브 헤드가 자리잡게 되는 부분이 포트 단면적이 가장 작아지는 부분인데 이곳을 「밸브 스로트(valve throat)」라고 한다. 그런데 가령 이 부분을 지나자마자 내경이 급격하게 커진다면, 그 단차부분의 포트 내

● 흡기포트부터 카뷰레이터까지 일직선으로 배치하는 고성능 엔진

부를 흐르던 가스가 벽을 따라 흐르지 못하고 박리되어 소용돌이를 일으켜 버린다. 가스의 흐름을 방해하는 소용돌이는 저항이 된다. 스로트부에서 멀찌감치 떨어진 곳이라 할지라도, 터무니없이 포트 내경을 벌여봐야 내경이 변화하는 곳에서 마찬가지로 소용돌이가 발생하기 쉽다. 더구나 가스의 흐름속도가 느려지고 동시에 밀도도 떨어지므로「관성흡기」효과도 크게 감소한다.

물론 포트 내경이 너무 좁아도 저항이 되지만, 밸브사이즈에 알맞는만큼의, 그리고 내경 변화가 적은 포트가 좋다는 말이다. 이곳을 빠른속도로 단숨에 가스 덩어리를 통과시켜야 한다. 따라서 가능한 한 곧게뻗어 있지 않으면 곤란하다. 이것은 흡배기 모두에 해당된다. 특히 흡기쪽이 중요하다는 것은「흡기효율」항에서 이미 언급한 바 있다.

그렇지만 4스트로크 엔진에는 흡배기밸브와 캠샤프트가 있다. 실린

● 공기를 효율적으로 빨아들이기 위한 포트 형상

더와 실린더헤드를 단단히 연결하는 볼트류도 떡 하니 버티고 있다. 수냉 엔진에서는 냉각수가 흐르는 워터재킷도 있다. 마치 복잡한 미로를 헤쳐 나가듯이 포트를 배치하게 되는 것이다.

가뜩이나 바이크는 자동차보다 훨씬 더 흡배기 주변장치의 레이아웃 조건이 까다롭다. 일반적으로 연소실이 엔진 윗부분에 있으며 포트도 당연히 위를 향해 뻗어 있는 구조이다.

그러나 가령 배기관을 마치 굴뚝처럼 위를 향해 세울 수는 없는 노릇이다. 「프레임파이프」의 「다운튜브」와 간섭하지 않도록 해야 하는 문제도 있다. 한편 흡기쪽에서는, 카뷰레이터를 연소실 꼭대기 부분에 달아 놓는다면 그 위에 에어클리너를 설치하게 되는데, 그렇다면 연료탱크는 어떻게 해야 하는가? 라이딩 포지션과의 관계는? 차체의 중량배분은? 등등 산넘어 산처럼 문제점이 나타난다. 그야말로 퍼즐이다. 포트 하나만 가지고 이러쿵 저러쿵 따질 수 없는 문제인 것이다. 주변장치들과 원활하게 연결되는 조건하에서 전체적으로 얼마만큼 「똑바로」 뻗도록 만들 수 있는가가 문제다.

그래도 최근 10여년 전부터 상당한 급속도로 포트가 「똑바로」 뻗게 진전되었다. 바꿔 생각한다면 이것의 중요성이 인식되고부터 아직 그 정도 밖에 시간이 지나지 않았다는 뜻인지도 모른다. 특히 그 효과가 크게 나타나는 흡기쪽에서의 고성능을 과시해서, 메이커가 스스로 「스트레이트 인테이크」 또는 「다이렉트 에어 인테이크」 등으로 이름붙인 경우도 많다.

주변장치와의 관계로는 「실린더의 전경각도」를 크게 하는, 즉 실린더를 앞으로 많이 기울이는 방향으로 해결하고 있다. 또는 「밸브 배치각」을 좁힘으로서 효과를 보는 경우도 많다. 고성능 엔진은 위의 그림처럼 흡기포트부터 카뷰레이터 끄트머리의 에어 패널까지 정말로 곧게 뻗어 있다. 밸브스로트부 근처에서는 다소 굽어 있지만 「밸브스템」을 포트 한가운데로 설치할 수는 없는 노릇이므로 어쩔 수 없다.

이 엔진 그림을 자세히 보면 포트 중심선은 일직선으로 곧게 뻗어 있지만 내경이 일정하지 않다. 이처럼 연소실에 가까워질수록 점차적으로 조금씩 좁아지는 테이퍼 형상이 바람직하다.

내경이 일정한 편이 가스가 원활하게 흐를 것 같은 기분이 들지만, 실제로는 포트내벽에서 가스가 박리되어 소용돌이가 발생하기 쉽다. 이곳을 지나는 공기에게 소용돌이를 일으킬 여유를 주지 않은 채로 단숨에 통과시키는 편이 좋다. 그리고 이러한 형상이라면 연소실을 향해 갈수록 공기가 압축되어 밀도가 높아진다. 그와 동시에 여기서 발생하는 「흡기관성」 효과의 증대도 흡기효율을 향상시키는 데에 유리하다.

배기쪽은 가스의 흐름 방향이 반대이지만 형상으로서는 똑같은 논리가 적용된다. 이쪽은 압축해가는 것이 아니라 서서히 팽창시키는 것이다.

2스트로크 엔진에서도 대략적인 원리는 마찬가지이다. 4스트로크와는 달리 밸브사이즈에 구애받지 않으므로 포토 단면적은 상당히 큰 편이다. 다만 배기포트는 위를 향해 뻗어 있지 않다. 소기행정에서 신기 (새로운 혼합기)로 연소가스를 몰아 내기 쉽도록 하기 위해서, 그 가스 흐름에 맞추어서 약간 아래를 향하게 하는 것이 일반적이다. 이것은 동시에 배기챔버와의 연결 문제에서도 유리하다.

아울러 포트 내부에서 가스가 잘 흐르도록 포트 내벽을 반짝반짝하게 닦는 작업 =「포트 연마」를 실시하는 튜닝 방법도 있다. 내벽이 매끄러울수록 공기저항이 적기 때문이다. 특히 흡기쪽에서 효과가 크다. 2스트로크의 경우에는 흐름 속도가 빠른 소기포트에서의 효과가 크다. 실린더헤드와 실린더는 주물로 되어 있기 때문에 포트 내벽의 표면은 의외로 껄그럽다. 양산기술이 아무리 발달해도 손으로 꼼꼼히 가는 것 만큼 매끄럽지는 못하다. 마치 거울처럼 갈기 때문에 「경면 연마」라고도 한다.

소기 포트

2스트로크 엔진의 작동원리는 「엔진의 기본구조 : 2스트로크 엔진」 항에서도 설명했듯이, 혼합기는 크랭크실에서 1차 압축된 후 실린더로 보내진다. 이 때, 실린더 안에 남아있는 연소가스를 배기포트를 향해 「쓸어내듯이」 내보내는 일을 한다. 따로 독립된 배기행정이 없는 2스트로크에서 이 쓸어내기 작업은 상당히 중요하다. 쓸어냄과 동시에 새로운 혼합기가 실린더 안에 차게 된다. 4스트로크의 배기행정과 흡입행정을 한꺼번에 하고 있는 셈이다.

이러한 연소가스 쓸어내기 & 혼합기 채우기 작업을 소기(掃氣)라고 한다. 그리고 크랭크실부터 실린더로 혼합기를 인도하는 통로를 소기포

●연소 가스를 몰아 내면서 혼합기를 빨아들이는 소기

트라고 부른다. 4스트로크에는 없는 것들이다.

소기포트는 크랭크실에서 바깥쪽을 향해 튀어 나와서 실린더 내벽과 평행을 이루는 모양으로 뻗어 가다가 실린더 중간 부근에서 실린더 안을 향해 뚫려 있다. 별도의 부품으로서 실린더에 달려 있는 것이 아니라 실린더벽 내부에 통로가 뚫려 있는 형태다.

따라서 그 구조상, 소기포트는 일직선이 아니다. 실린더 내벽을 따라 가는 부분은 곧바로 뻗게 할 수도 있지만, 그러면 이번에는 실린더 안을 향해 굽어 있는 곳의 각도가 심하게 꺾이게 된다. 오히려 소기포트는 완만하게 굽어 있는 편이 가스가 원활하게 흐른다. 포트가 굽어 있으면 실린더가 옆으로 불룩 튀어 나와서 그 만큼 폭이 넓어지지만(다기통 엔진

● 포트의 수와 그 배치에 대해서

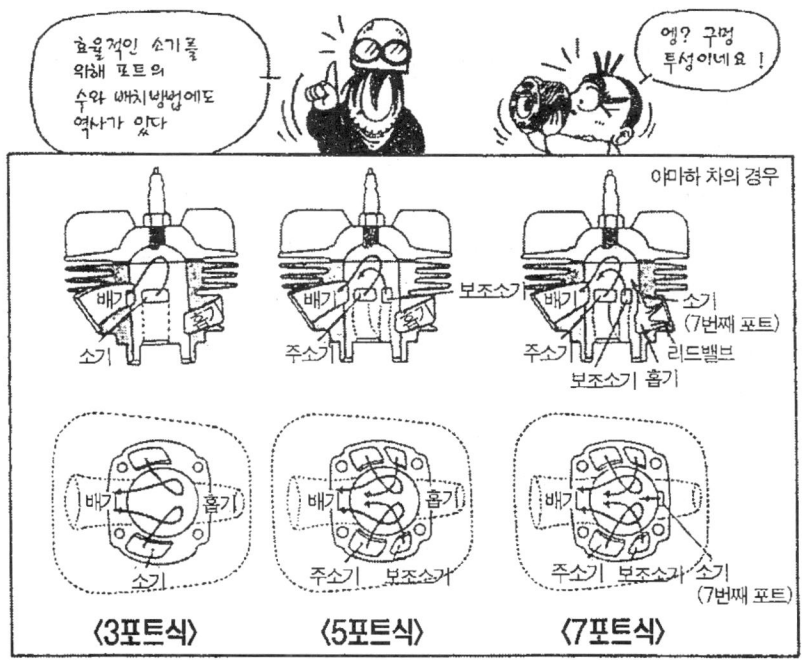

이라면 실린더 간격이 벌어져 버리지만), 성능을 위해서는 절대로 중요한 부분이다. 실제로 근래의 2스트로크 엔진은 포트의 형상이 밖에서 봐도 알 수 있을 정도로 불룩하게 튀어나와 있다.

소기 방식

소기포트로부터 뿜어 들어오는 혼합기는 단순히 곧바로 실린더 속으로 들어가지는 않는다. 처음에는 배기포트의 반대편 위쪽을 향해 뿜어 나온다. 그리고 실린더헤드의 연소실 내면을 훑듯이 빙그르 돌고 나서 아래쪽 배기포트를 향해 간다. 소기포트부터 배기포트로 곧바로 뿜어

가지고는 실린더 윗부분의 연소가스를 쓸어내지(소기하지) 못한다.

이런 식으로 혼합기가 흘러 들어오도록 소기포트의 모양새가 고려된다. 이런 방식을 반전 소기(反轉掃氣), 또는 슈닐레 소기라고 부른다. 현재 모든 2스트로크 엔진이 취하고 있는 방식이다. 그러나 현실적으로는 그리 단순하지만은 않고 좀 더 복잡하다.

처음에는 소기포트가 실린더 좌우에 하나씩 뚫려 있었고 그 당시로서는 이른바 단순한 반전 소기였다. 이것을 3포트 방식 이라고 부른다. 실린더에 뚫려 있는 구멍이 소기 2개, 배기 1개인 3개짜리라는 뜻이다. 흡기포트는 압축하는 부분에 뚫려 있지는 않으므로 여기에 포함시키지 않는다.

그 후, 좌우의 주소기(主掃氣)포트 옆에 보조(補助)소기포트를 하나씩 설치한 것이 출현하였는데 이것을 5포트 방식이라고 한다. 소기포트의 단면적을 늘이기 위해 실린더 벽에 뚫린 구멍을 옆으로 자꾸 늘여가다 보면, 피스톤링이 삐져 나와서 걸려 버리게 된다. 그러지 않기 위해서는 무턱대고 구멍을 크게 뚫을 수 만도 없는 노릇이다.

그러나 옆으로 길죽한 구멍 가운데에 기둥 하나를 달랑 세워 놓은 것은 아니다. 각각의 포트는 서로 독립된 통로를 가지고 있으며 주 포트와 보조 포트는 혼합기가 흐르는 상태가 다르다. 3포트 방식에서는 미처 소기하지(쓸어내지) 못했던 부분까지 처리할 수 있는 것이다. 이 방식이 채용되기 시작한지 아직 30년도 지나지 않았다. 그 정도로 2스트로크 엔진은 역사가 짧다.

소기포트가 3쌍씩 있는 것도 있다. 피스톤밸브 흡기 방식에서는 흡기포트의 위치관계상 실린더 뒷부분에 소기포트를 설치하기는 힘들지만, 그래도 어떻게든 궁리해서 여기에 설치한 것도 있다. 로터리밸브 흡기나 크랭크케이스 리드밸브 흡기 방식을 취하는 엔진에서는 이곳에 소기포트를 설치하기란 어렵지 않다.

결과적으로 실린더 안은 구멍 투성이가 되어 버렸다. 이렇게 되면 더 이상 포트가 몇 개냐를 가지고 형식을 따지는 일은 의미가 없어진다. 반전 소기가 어쩌구 슈닐레 소기가 저쩌구 라는 설명만으로는 부족하게 된다.

각 메이커 마다 독자적으로 개발한 다양한 소기방식이 있다. 그러나 4스트로크 엔진의 「4밸브」 나 「3밸브」 와 같은 명확한 부품 수의 차이 따위는 없고 이름을 붙이기가 매우 액매하다. 그리고 더욱 큰 이유는 4스트로크에 비해, 자동차 메이커가 개입하는 등의 대규모 개발 / 경쟁 / 토론 / 연구 등이 이루어지지 않고있다는 점이다. 역사가 짧은 것도 있을 것이다. 그래서인지 아무리 살펴도 명확한 방식구분 = 명칭이 없다. 적어도 일반적으로는 인식되어 있지 않다.

그렇지만 레이싱 엔진을 필두로 소기방식이 점점 진화하고 있는 것은 사실이다. 기회가 닿는다면 2스트로크 엔진의 실린더 내부를 직접 한 번 볼 것을 권한다.

포트 타이밍

흡기 / 배기 / 소기 각 포트를, 피스톤이 어느 위치에 있을 때에 열고, 또는 닫는가 라는 시기를 말한다. 이 타이밍에 따라 엔진의 파워 특성이 크게 좌우된다.

이 타이밍에 대해 생각할 때에는 크랭크샤프트의 회전위치를 기본으로 삼는다. 그것을 원 그래프로 표현한 것이 다음 페이지 그림에 있는 포트 타이밍 다이어그램이라는 것이다. 위의 TDC 라고 쓰인 것이 피스톤의 상사점이며 Top Dead Center의 약자이다. 아래의 BDC는 Bottom Dead Center의 약자이며 하사점이다. 각 포트의 개폐상태를 하나의 원 그래프로 나타내고 있어서 서로의 개폐시기가 어느 정도 겹쳐 있는지를

● 포트는 언제 열리고 언제 닫히는가?

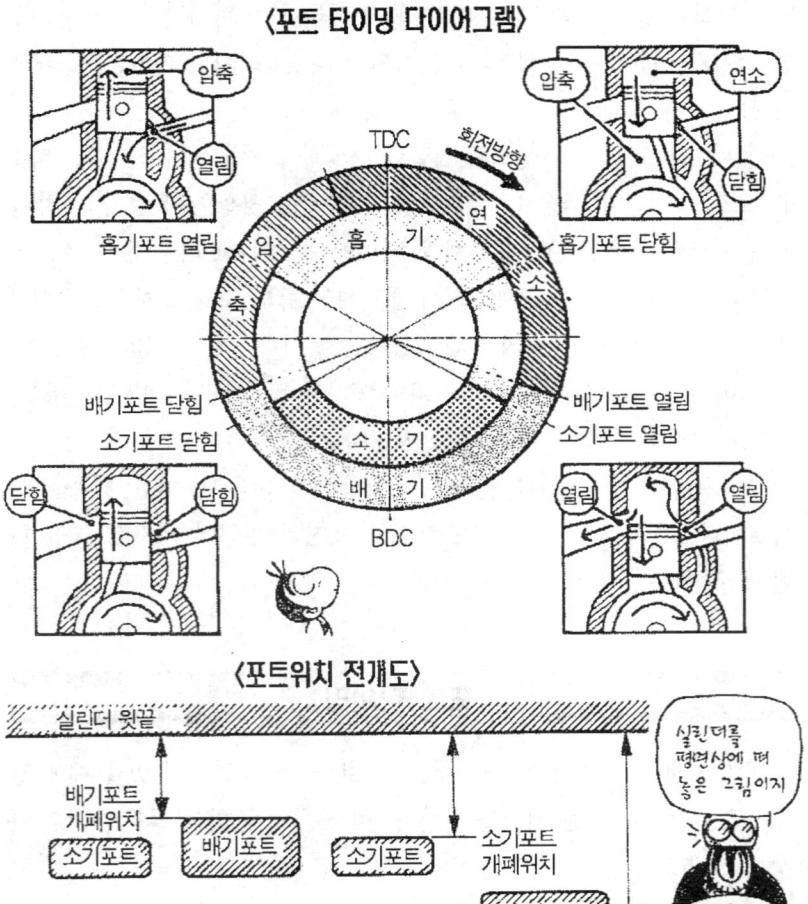

〈포트 타이밍 다이어그램〉

〈포트위치 전개도〉

파악하기가 쉽다.

　실제로 포트 타이밍을 설정할 때에는 위 그림처럼 실린더 윗끝에서
포트 끝까지의 치수로 결정해 간다. 이 그림은 실린더를 쪼개서 평면으
로 펴 놓은 것이라고 생각하면 좋다. 포트 전개도이다.

배기와 소기포트는 피스톤 윗끝으로 개폐하므로, 열리기 시작하는 시기와 완전히 닫히는 시기는 포트 윗끝 위치로 결정된다. 먼저 열리는 것은 배기포트다. 일반적으로 실린더 윗끝부터 여기까지의 거리가 짧을수록 고회전형이 된다. 가스의 관성 문제가 있기 때문이다.

저회전에서는 배기포트로 그대로 빠져 나가는 혼합기의 양이 많지만, 고회전에서는 빠져 나가기 전에 포트가 닫히고 배기 & 소기에 사용할 수 있는 시간이 길어진다는 장점이 두드러지게 된다. 이들 포트의 아랫끝은 피스톤이 하사점에 있을 때의 피스톤 윗끝과 일치하는 것이 일반적이다.

흡기포트는 피스톤 아래 부분으로 개폐하므로 타이밍을 결정하는 것은 포트 아랫끝이다. 또한 포트를 개폐하는 부분인 피스톤스커트 길이를 변경함으로서 그 시기를 조정할 수도 있다. 다만 피스톤 강도 문제와 흡기포트를 완전히 닫기 위해서는 그 길이를 짧게 하는 데에도 한계가 있다. 실린더 윗끝부터 포트 아랫끝까지의 거리가 길수록, 또는 피스톤스커트가 짧을수록 일반적으로 고회전형 엔진이 된다. 포트 윗끝은 피스톤이 상사점에 있을 때의 피스톤스커트 아랫끝과 일치하는 것이 일반적이다.

참고적으로 지금까지 설명한 것은 피스톤밸브 흡기방식의 경우다. 로터리밸브 & 크랭크케이스 리드밸브 흡기방식에서는 흡기에 관한 부분이 다르지만, 흡기 & 소기포트에 대해서는 어느 방식에서도 기본적인 사고방법은 동일하다.

2스트로크 엔진의 흡기방식

2스트로크 엔진의 흡기방식은 기본적으로

a : 피스톤밸브 흡기

● 피스톤이 흡기포트를 여닫는 피스톤밸브 흡기방식

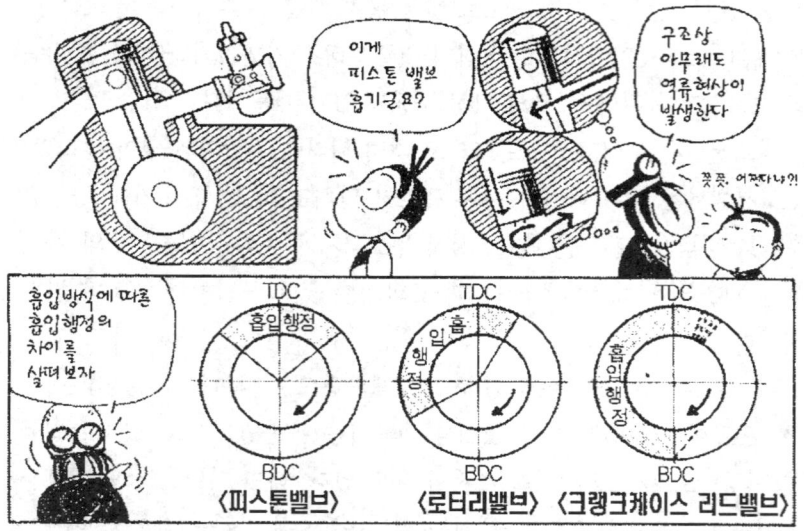

b : 로터리밸브 흡기

c : 크랭크케이스 리드밸브 흡기

의 3가지로 분류된다. 아래에 자세히 설명하고 있다.

a : 피스톤밸브 흡기

실린더 아래 부분에 흡기포트가 뚫려 있고 여기에 카뷰레이터가 달리는 형식이다. 포트 개폐는 피스톤 옆면으로 한다. 오랜 기간 바이크용 2 스트로크 엔진의 주류였다. 구조가 간단하며 피스톤 옆면으로 흡기포트를 확실하게 여닫을 수 있다.

그러나 실린더가 길어(높아)지기 쉽다. 그리고 흡기 타이밍의 설정에 있어서 선택의 여지가 없는 것이 결점이다. 위의 포트 타이밍 다이어그램을 참조하면서 읽어 달라.

피스톤밸브 방식에서는 흡기포트가 열리기 시작하는 시기와 완전히

●혼합기의 역류를 막는 피스톤 리드밸브 흡기방식

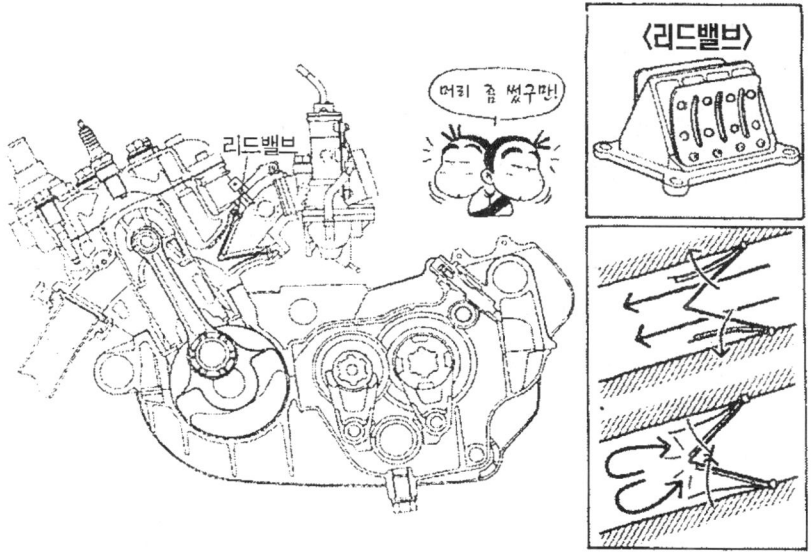

리드밸브

머리 좀 썼구만!

〈리드밸브〉

닫히는 시기가 피스톤 상사점에 대해 대칭인 형태밖에는 나오지 않는다. 피스톤이 상승해서 그 옆면 아래부분이 흡기포트에 이르렀을 때부터 흡기가 시작되는데, 포트가 완전히 닫히는 것도 같은 위치까지 피스톤이 내려갈 때까지 기다리지 않으면 안 된다. 피스톤이 내려가면서 크랭크실에서 1차압축이 진행되고 있는데도, 그때까지도 흡기포트는 계속 열린 채로 있다는 뜻이다. 고생해서 빨아들인 혼합기가 되돌아 나가 버린다.

실제로는 관성흡기의 이론대로 빨려 들어온 혼합기에는 관성이 붙어 있다. 피스톤이 내려가기 시작했다고 해서 그리 쉽사리 역류하지는 않는다. 그렇지만 이 만큼이나 포트가 계속 열려 있으면, 포트의 개폐와 혼합기의 관성이 균형을 이루는 엔진 회전역이 제한을 받게 되고, 그 회전역을 벗어나게 되면 상당한 양의 혼합기가 다시 되돌아 나가게 되는 것이 사실이다.

성능 향상을 위해서 포트 타이밍을 앞당기려고 포트의 크기를 실린더 아래쪽까지 넓혀 봐야, 그에 따라 포트가 완전히 닫히는 시기도 늦춰지게 되므로 고회전형의, 다루기가 매우 까다로운 모난 성격이 되기 쉽다.

이 문제를 해결하기 위해 흡기포트에 리드밸브를 추가한 방식을 피스톤 리드밸브 흡기라고 하며 근래에는 이 방식이 많다. 리드밸브의 기본은 난로에 등유를 넣을 때 사용하는 펌프(주물럭 주물럭하는 그것) 안에 들어 있는 그것이다. 틀 = 베이스에 얇은 판 = 밸브가 달려 있다. 물이나 공기 같은 유체의 어느 한쪽 방향으로의 흐름에 대해서는 밸브가 열리지만, 반대 방향의 흐름이 발생하면 밸브가 베이스에 접촉하면서 통로가 닫힌다.

실제로 사용되는 리드밸브는 등유펌프처럼 빈약하지 않다. 견고하게 만들어진 베이스 위에 금속판 또는 플라스틱제의 네모난 밸브 4~8장이 V자형으로 짝을 이루면서 겹쳐 있다. 또한 등유펌프에서는 베이스와 밸브의 이음새가 경첩모양이라서 움직이는 상태로 되어 있지만, 여기서는 그 밸브의 한쪽 변이 베이스에 단단하게 고정되어 있다. 밸브 자체의 변형, 즉「휘어서」열리고, 그 탄성으로 닫힌다. 밸브가 과도하게 변형하지 못하도록 눌러주는 금속판이 바깥쪽에 달려 있다.

그렇지만 아무리 리드밸브가 달려 있다고 해도 역류현상이 완전히 사라지는 것은 아니다. 자세한 설명은 크랭크케이스 리드밸브 흡기에 나와 있다. 그래도 상당한 감소를 기대할 수 있다. 기본적으로는 포트를 여는 시기를 피스톤으로 결정하고, 닫는 시기를 리드밸브에게 맡긴다는 사고방식으로 포트 위치를 결정할 수 있다.

b : 로터리밸브 흡기

정식으로는 로터리 디스크밸브 흡기방식이라고 한다. 크랭크샤프트 끄트머리에 틈새가 벌어져 있는 원판 = 디스크가 달려 있어서, 이 쪼개진

●원판이 흡기포트를 여닫는 로터리 디스크밸브 흡기방식

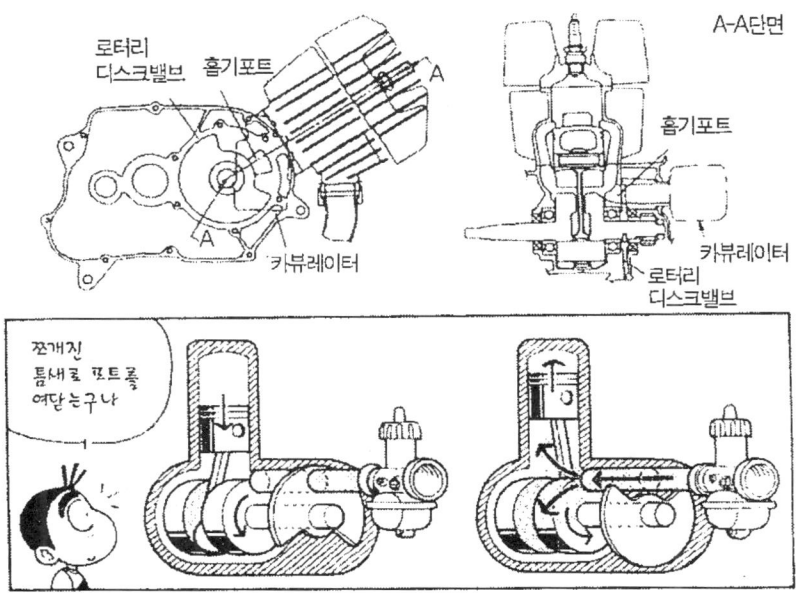

틈새부분으로 크랭크케이스에 직접 뚫려 있는 흡기포트를 개폐하는 구조다. 피스톤밸브 방식과는 달리 흡기개시와 종료 시기를 개별적으로 자유롭게 설정할 수 있는 점이 이점이다. 고회전형, 중저속형 등 원하는 성격으로 만들 수 있다. 그러나 구조가 복잡해져서 간소하고 작고 가벼운 2스트로크의 장점을 적잖이 손상시킨다. 제작 비용도 비싸다. 디스크는 그 구조상 어느 정도 이상의 큰 직경이 필요하고, 동시에 가벼워야 하므로 두께가 얇아야 하는데, 그에 따라 고속 회전에 견딜 수 있는 신뢰성도 확보해야 한다.

또한 가로형 크랭크엔진에서는 카뷰레터가 엔진 옆으로 튀어 나오게 된다. 엔진의 폭이 커진다는 점도 문제지만, 카뷰레터와 에어클리너를 연결하는 파이프를 어떻게 배치해야 하는가 라는 점도 골치거리다.

세로형 크랭크에서는 아무리 단기통이라도 앞바퀴와의 간섭 등이 있으므로 채용하기가 곤란하다. 그리고 가로형이라도 3기통 이상일 경우에는 양끝을 제외한 안쪽에 있는 기통에는 밸브를 설치할 수 없다.

디스크밸브를 실린더 뒤쪽(V형이라면 V뱅크 사이)에 크랭크와 직각으로 설치하고, 크랭크로부터 기어로 구동하는 방법도 야마하 500cc 로드레이서(1981~82년) 등에 채용됐던 적이 있었다. 그렇지만 구조는 더더욱 복잡해진다.

로터리밸브는 장점이 많지만 문제점도 많아서 최근에 설계되는 엔진에는 그다지 예가 없다. 가능성이 없다기 보다는 다른 방식으로도 파워를 얻을 수 있는데다, 파워 특성을 설정하는 데에도 훨씬 자유로워졌기 때문에, 굳이 골치 아픈 로터리밸브 방식을 개발하지 않는다고 봐도 좋다. 그래도 최근의 아프릴리아를 보면 알 수 있듯이 개발의 여지는 충분하다.

c : 크랭크케이스 리드밸브 흡기

리드밸브가 달린 흡기포트를 크랭크케이스에 직접 설치한 방식이다. 크랭크케이스 리드밸브 흡기, 또는 줄여서 케이스 리드식이라고도 부른다. 2스트로크 흡기방식의 원조가 바로 이것이며, 매우 단순한 구조가 특징이다. 옛날의 일부 경자동차용 엔진에 이 방식이 많았다. 그러나 바이크용 엔진으로서는 상당히 오래 전부터 사용되지 않게 되었다. 그도 그럴 것이, 통풍저항을 철저하게 배제하고 싶은 흡기포트에 리드밸브가 떠~억하니 버티고 있으면 저항이 크다. 또한 리드밸브는 로터리밸브나 4스트로크 엔진의 흡배기 밸브처럼 정확하게 개폐 작동하기가 어렵다. 엔진이 6,000rpm으로 돌고 있다면 흡기행정은 1초사이에 100번이나 있다. 얄팍한 판자 쪼가리를 그만큼의 횟수 = 속도로 제대로 개폐시키기란 어렵다. 회전이 더욱 올라가면 단순히 진동하고 있는 상태밖에 되지

●크랭크케이스에 리드밸브를 설치한 크랭크케이스 리드밸브 흡기방식

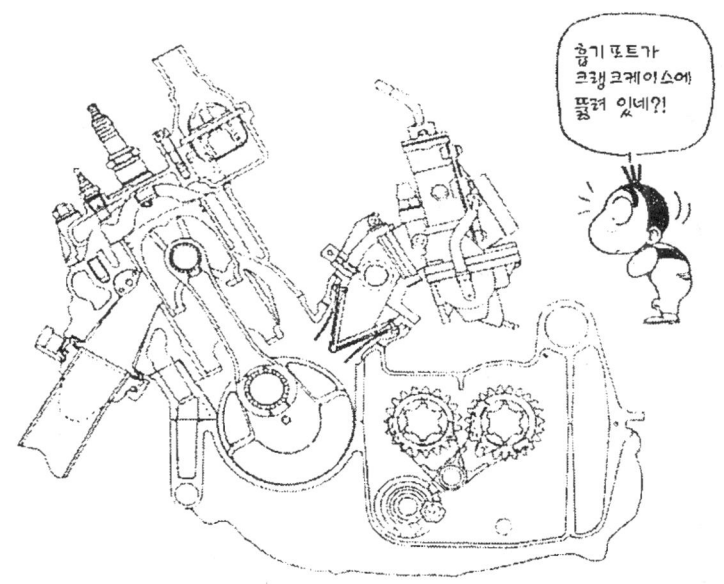

흡기 포트가
크랭크케이스에
뚫려 있네?!

않는다.

그런데 이 상황이 180° 돌변하게 된 것은 1984년에 WGP 500cc 클래스에서 혼다 NSR500(1축V형 4기통)이 등장하고 부터가 아닌가 싶다. 일반 시판차로서는 혼다 NSR250이 86년부터 판매가 개시되었다. 케이스 리드식은 이 때부터 고성능 2스트로크 엔진의 주역으로 떠오르기 시작한다.

왜 갑자기 고성능이 되었는가? 그 요인은 리드밸브의 재질에 있는 듯하다. 종래에는 스테인리스 철판으로 만든 얇은 강판이었는데, 이것이 가벼운 플라스틱제로 바뀌었다. 글래스 울이나 카본, 방향족(芳香族) 폴리아미드 섬유(듀퐁사의 상품명인 케블러) 등의 화학섬유를 수지로 경화시킨 섬유강화 플라스틱 = FRP이다.

● 케이스 리드 방식의 이점이란?

　가볍다는 것은 질량이 작은 만큼 관성력도 작다는 뜻이다. 열리기 시
작하는 움직임이 우수하고(흡기저항이 작아지고 엔진 반응성이 향상된
다), 고회전시에도 제멋대로 진동(결국은 공진)하지 않는다. 밸브는 그
자체로서 용수철의 역할도 하고 있는데, 섬유의 종류와 짜는 법 등으로
그 탄력 특성을 컨트롤할 수 있다.

　그 밖에도 여러 가지 요소가 있을 지도 모른다. 그렇지만 곰곰히 생
각해 보면 FRP기술은 훨씬 예전부터 상당한 수준의 것을 제조할 수 있
었다. 리드밸브 그 자체도 피스톤 리드밸브 방식에서 개량이 진행되고
있었다. 그리고 사실을 알고 보면 지금도 그리 특수한 재질을 사용하고
있지는 않다.

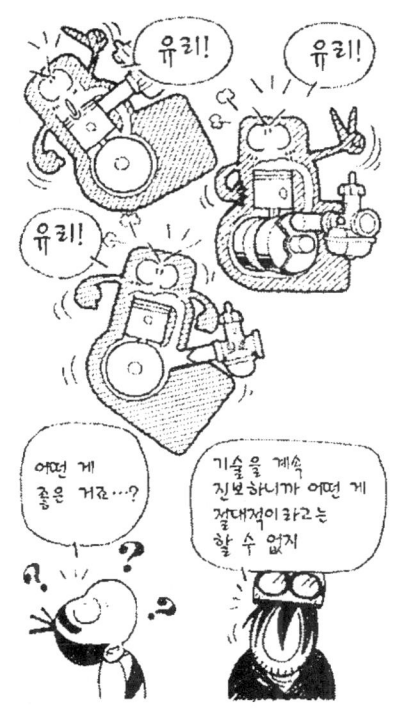

요는 기술적인 문제보다는 케이스 리드방식에 착안했는지 여부이다. 종래의 케이스 리드 방식이 시원찮았기 때문에, 그렇다면 다른 방법은 없을까? 하고 다른 방식을 개발하는 데에 몰두하느라, 케이스 리드의 개발을 충분히 하지 않았다는 뜻이다.

제대로된 밸브만 있다면 이 방식의 이점은 참으로 많다. 기본적으로 구조가 간단하고 신뢰성이 높으며, 가볍고 크기가 작다. 그리고 흡기 타이밍이 자유롭다. 피스톤이 어떤 위치에 있건 관계없이 크랭크실의 기압이 대기압보다 낮으면 언제나, 언제까지나 빨아들일 수 있다. 또한 관성흡기 이론대로, 압력차가 없거나 또는 역전되더라도 관성력이 있는 한 혼합기를 불러 들일 수 있다. 더구나 엔진 회전수 등 주행조건 변화에 따라서 흡기 개시와 종료가 자유롭게 바뀐다. 로터리밸브 방식은 포트 타이밍을 정확하게 결정할 수는 있지만, 그것을 회전수와 기타 상황에 맞춰서 바꾸는 일이란, 불가능하지는 않더라도 극히 힘들다. 이쪽은 프렉시블 타이밍(신축유연하게 타이밍이 변화하는 것)이다. 흡기저항에 있어서도, 실린더에 흡기포트를 뚫는 것이 아니므로 그 단면적을 넓게 확보할 수 있다. 리드밸브도 크게 만들 수 있다. 밸브자체의 저항은 밸브 재질로 상당한 수준까지 줄일 수 있다. 로터리밸브 방식도 크랭크케이스에 포트가 뚫려 있지만, 밸브 타이밍과 디스크밸브 크기 등 때문에 크게 하는 데에는 한도가 있다.

포트는 크랭크케이스의 실린더 뒤쪽에라도 앞쪽에라도, V형이라면 V뱅크 사이에라도 원하는 위치에 뚫을 수 있으며, 이것도 포트 크기를 키울 수 있는 요소이다. 동시에 실린더 각도를 설정하기도 자유롭다. 흡배기 계통의 레이아웃과의 관계를 조정하기에도 형편이 좋다. 하긴, 크랭크실로 흘러 들어가는 혼합기는 고속으로 회전하는 크랭크샤프트와 부딪히므로, 그 회전방향을 따라 소기포트로 흐르게 할 경우에는 각 실린더 앞 뒤 어느 한 쪽에 배치할 것인가가 결정되어 버린다. 그렇지만 이것을 제대로만 할 수 있다면, 새로운 혼합기 흡입 → 크랭크의 회전방향 → 소기포트로 움직이는 흐름이 다른 어떤 방식보다도 우수하다.

피스톤밸브 방식과는 달리, 실린더에서 흡기포트라는 큰 구멍을 제거할 수 있으므로, 소기포트의 면적을 키울 수 있고 그 레이아웃도 편해진다.

또한 2스트로크의 실린더는 구멍 투성이라서 강성을 확보하는 일이 큰 문제다. 케이스 리드식은 실린더에 흡기포트가 없기 때문에 실린더의 강성이 비약적으로 향상된다. 열에 의한 변형에 강해지는 것이다. 열로 인한 변형 정도가 클수록 피스톤과 실린더가 눌어 붙어 버릴 가능성이 커진다. 그렇다고 피스톤과 실린더의 간격을 크게 잡으면 이번에는 혼합기와 연소가스의 밀폐도가 떨어져서 파워를 올리지 못한다.

현재의 고성능 2스트로크 엔진에서는 이 크랭크케이스 리드밸브 방식이 주류를 이룬다. 그러나 피스톤 리드밸브 방식을 굳이 채용하는 경우도 있다. 250cc 모터크로서 등은 최고출력보다도 중저속 토크를 중시하는 경향이 있는데, 그러기 위해서는 피스톤 리드밸브 방식 쪽이 유리하다…… 라는 것이 기술자의 대답이다.

케이스 리드밸브 방식은 예전에는 고회전에 불리하다는 것이 통설이었지만, 관성흡기 이론이 규명된 현재에는 오히려 고회전형이라고 한다. 리드밸브의 작동성이 향상되었다고는 하지만, 그래도 실제로는 역시 진동 상태에서 크게 벗어나지 못한다. 고회전에서 벌컥벌컥 빨아 들일 때에는 흡기의 관성력으로 강한 흐름을 유지할 수 있지만, 저회전역에서는 어려운 것이 사실이다. 피스톤 리드밸브 방식이라면 포트를 완전히 막지 않는 경우에도 피스톤으로 어느 정도는 혼합기의 역류를 막을 수 있다.

아무래도 이 부분은 기술자에 따라 의견이 분분한가 보다. 2스트로크 기술은 아직 확립되어 있지 않다고도, 그 만큼 앞으로의 가능성이 있다고도 말할 수 있다.

4스트로크의 밸브와 그 구동계

● 기계장치와 덩어리-밸브 구동계

밸브 구동계

4스트로크 엔진에는 실린더헤드에 흡배기 가스가 지나 다니기 위한 포트가 있다. 그 포트의 연소실을 향해 뚫려 있는 부분에는 각각 흡배기 밸브가 있다. 이 밸브와 그 주변부품, 그리고 크랭크샤프트부터 밸브를 개폐하기 위한 일련의 구조를 밸브 구동계라고 부른다. 2스트로크에는 없는 것들이다.

밸브 구동계는 고회전시에도 정확하게 작동해야 할 필요가 있으며 4스트로크 엔진의 하이라이트 부분이라고도 할 수 있다.

엔진을 분해해 보면 그야말로 정밀기계라는 느낌이 강하고 매력적이다. 실제로 100년 이상에 걸쳐서 끊임없이 연마되어 온 기능의 집합체이다.

그렇지만 이것 때문에 2스트로크보다 크고 무거워진다.

흡배기 밸브

흡기포트쪽에 설치된 밸브가 흡기밸브, 마찬가지로 배기쪽에 있는 것이 배기밸브다. 둘을 통틀어 흡배기밸브라고 부르기도 한다. 생김새는 기본적으로 둘 다 똑같고 작동 기구도 동일하다. 다만 밸브 사이즈는 흡기쪽이 크다.

밸브는 버섯 모양처럼 생겼는데 이런 형상의 밸브를 포핏밸브 (poppet valve)라고 하며, 연소실에 뚫려 있는 포트 입구를 직접 여닫는 원판 모양의 부분을 밸브헤드라고 부른다.

밸브헤드부터 뻗어 나와있는 막대 모양의 부분이 밸브스템이다. 이것이 포트 내부를 비스듬하게 가로질러서 실린더헤드 윗면에 튀어 나와 있다. 밸브헤드 반대편 끄트머리에는 잘록하게 홈이 패여 있는데, 이 부분으로 밸브 스프링 위쪽을 지지하는 어퍼 리테이너를 밸브스템에 고정시킨다.

밸브스프링은 이 어퍼 리테이너와 반대편 로워 리테이너 사이에서 압축되어 있으며, 이 반발력이 언제나 밸브를 닫는 방향으로 작용하고 있다. 오른쪽 페이지 그림에서의 스프링은 감긴 구경이 큰 것과 작은 것 2가닥이 사용되고 있는데, 이것은 한정된 공간으로 강력한 반발력을 얻기 위함이다. 2개의 스프링은 서로 뒤엉키지 않도록 각각 반대 방향으로 감겨 있다. 최근에는 엔진을 보다 소형화시키기 위해서 스프링이 1개로 되어 있는 것도 흔해졌지만, 1가닥 방식은 아무래도 스프링에 걸리는 스트레스가 크기 마련이다.

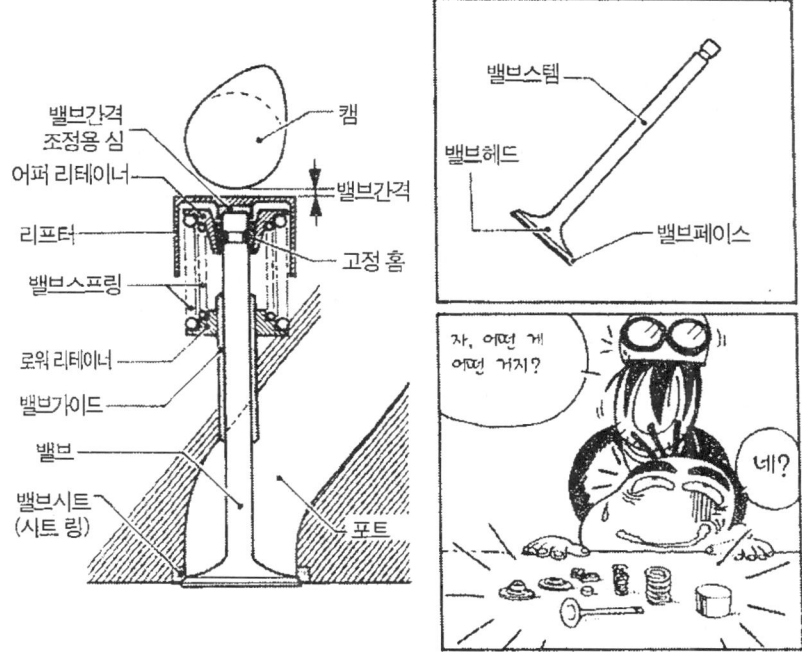

이들 구조는 어떠한 엔진도 기본적으로 동일하다. 밸브스템 끄트머리를 캠샤프트나 로커암으로 누르면, 밸브스프링의 반발력을 이겨내면서 밸브를 아래로 밀어 내리게 되어, 포트가 열린다.

위의 왼쪽 그림은 캠으로 밸브를 직접 누르는 직타식(직동식이라고도 한다)으로서, 어퍼 리테이너 위에 물통 뚜껑처럼 생긴 리프터가 씌워져 있다. 리프터는 버켓 또는 태핏이라고도 불리우며, 이 윗면에 접촉하고 있는 캠면이 미끄러지면서 누르게 되는 것이다. 리프터는 실린더헤드에 뚫려 있는 구멍에 끼워져 있어서, 그 구멍이 아래 위로 습동하는 길 안내 역할을 하고 있다. 다만 로커암 방식에서는 리프터가 없다.

밸브는 고온의 연소가스에 노출된다. 흡기밸브라도 300℃ 정도가 된다. 따라서 흡기밸브에는 SUH3 등의 내열강이 사용된다. SUH강이란 철에 니켈이나 크롬, 실리콘 등을 첨가한 것이다.

배기밸브는 800℃ 이상까지 올라가므로 헤드부분에는 흡기쪽보다 훨씬 고온에 강한 SUH35 등의 내열강이 쓰인다. 밸브스템은 흡기쪽과 동일한 재질이 사용되며, 이것과 헤드부분이 맞대기 전기용접으로 접합된다. 또한 밸브 페이스에는 고온에서의 연속 사용에도 마모되기 힘든 코발트계 합금(스텔라이트)이 용착되어 있다. 스텔라이트는 강도가 상당히 높은 금속이며, 용착이란 이것을 용접하는 요령으로 필요한 부분에 덧씌우는 공법이다.

게중에는 배기밸브 헤드부에 인커넬을 사용하는 예도 있다. 이것은 보통 SUH강보다 니켈 성분이 훨씬 많이 포함되어 있으며, 터보 차저의 터빈 날개 등에 사용되는 재질이다. 값이 비싸기 때문에 레이싱 엔진외에는 사용되지 않지만, 바이크에서는 고성능을 추구한 결과, 시판차에도 혼다 CBR600 / 250RR 등에 사용된 예가 있다.

밸브 시트

밸브헤드의 가장자리는 실린더헤드의 포트 입구 가장자리와 밀착된다. 밸브가 닿는 이 가장자리 부분을 밸브시트라고 부르며, 정확한 진원으로 절삭 가공되어 있다. 다만 주철 실린더헤드 외에는 밸브와 포트가 직접 접촉하지는 않는다. 포트 입구에는 밸브시트를 형성하는 고리 모양의 금속 = 시트 링이 있다. 밸브헤드의 가장자리는 비스듬하게 깎여 있어서 이 밸브시트와 접촉하는 부분을 밸브 페이스라고 부른다.

시트 링은 대부분이 철 등 각종 금속을 혼합한 소결합금(燒結合金)이다. 소결이란 금속 가루를 고온으로 구워서 굳히는 수법으로서, 합금이라고는 하지만 각 금속이 서로 녹아 섞인 것이 아니라 서로 혼합시킨 것같은 상태이다. 이 시트 링은 단순히 밸브의 접촉으로부터 실린더헤드의 마모를 방지하는 것만이 역할이 아니다. 밸브가 연소가스로부터 받은 열은 이곳을 통해서 실린더헤드로 빠져 나간다. 밸브의 냉각성면에서 중요한 존재다.

시트 링은 실린더헤드에 가열 압입 또는 냉각 압입되어 있다. 실린더헤드를 100℃ 이상으로 가열해서 팽창시키거나, 시트 링을 드라이아이스 등으로 냉각해서 응축시켜서, 또는 이 두가지 방법을 병용해서 끼워 넣는다. 시트 링이 마모되었거나 손상당했을 경우에는 헤드를 가열한 후 충격을 가해서 빼낼 수 있다.

 밸브 가이드

밸브스템이 습동운동 하는 안내 역할을 한다. 이것도 시트 링과 마찬가지로 실린더헤드에 냉각 압입으로 박아 넣는다. 밸브가이드는 내마모성은 물론 높은 윤활성능이 요구된다. 또한 이곳을 통해 밸브의 열을 실린더헤드로 전달하는 중요 부품으로서 열전도성도 좋아야 한다.

열전도성은 구리계통 금속이 우수하지만 마모되기 쉽다는 점이 약점이다. 옛날에는 사용되기도 했지만 요즘의 시판 바이크에는 내마모 주철이나, 시트 링과 마찬가지로 철계통 소결합금을 사용하는 경우가 많

다. 그 만큼 열전도성이 우수한 재질이 개발되었다는 뜻이다. 다만 시트 링과 밸브가이드의 재질은 이들을 제조하는 전문 메이커의 극비사항이며, 정확한 성분의 내용은 공개되어 있지 않다.

● 밸브와 밸브시트 사이에 이물질이 끼지 못하도록…

밸브는 회전한다

흡배기밸브는 예외없이 둥글다. 정확한 형상으로 제작 & 가공하기 쉽다…… 라는 것이 가장 큰 이유지만, 그 밖에도 그럴 필요성이 있기 때문에 이런 모양을 하고 있다.

사실은 밸브는 왕복운동을 하면서 동시에 회전운동도 하고 있는 것이다. 회전시키기 위한 기구는 특별히 없지만 코일 형상의 밸브스프링이 압축과 반발을 되풀이하므로, 그 코일의 변형 반력으로 회전하게 되어 있다.

이렇게 회전하고 있는 덕분에 밸브와 밸브시트의 접촉면에 이물질이 끼이는 것을 방지하는 것이다. 카본 등 이물질이 끼이면 가스가 새어나가 출력이 떨어질 뿐아니라, 밸브의 열이 외부로 전달되지 못해 녹아 버리는 경우도 발생한다. 아울러 리프터가 달려 있는 구조일 경우에는 리

●밸브는 가볍게, 밸브스템은 가늘게…

프터도 밸브와 함께 회전한다. 캠과의 접촉부분이 수시로 바뀌면서 작동하므로, 국부적으로 마모되기 힘들고 일정한 작동시간에 마모 정도를 줄일 수 있는 장점을 낳고 있다.

이런 일은 밸브가 동그랗지 않으면 불가능하다. 연소실에서 밸브 면적을 키우기 위해서는 진원이 아닌 편이 형편이 좋지만, 이런 이유 때문에 현재의 엔진은 모두 동그란 밸브다. 동글지 않은 밸브가 시도되었다는 소문은 들어 보았어도 본 적은 없다.

밸브스템도 회전하기 위해서는 당연히 동글 필요가 있다. 또한 밸브 가이드 윗끝에는 오일 씰이 있어서 엔진 오일이 연소실로 새어 들어오는 것을 막아주고 있는데, 동글지 않으면 이 부분을 밀폐하기도 어렵다.

밸브스템의 크기

자동차에 비해 훨씬 더 고회전 고출력형인 바이크용 엔진은 밸브스템의 소형화가 상당히 이루어져 있다. 혼다의 CBR250RR을 예로 들자면, 4밸브 방식이기 때문에 밸브사이즈 자체가 작아서 흡기측 ø 19mm, 배기측 ø6.5mm 밖에 되지 않지만, 그렇다고 해도 밸브스템은 겨우 ø3.5mm에 불과하다. 야마하 FZR250 등도 같은 굵기다.

이 목적은 우선 경량화다. 일정 시간내의 왕복운동 횟수는 피스톤의 절반이긴 하지만, 이러한 250cc 다기통 엔진에서는 18,000rpm이나 돌고 있으며 매초 150번이나 왕복한다는 계산이다. 즉 거대한 관성력 = G가 작용한다. 더구나 밸브가 정확하게 작동하도록 위에서 누르고 있는 것은 밸브스프링이라는 용수철 뿐이다. 「캠샤프트와 밸브타이밍」 항에서도 설명하고 있지만 이런 상황하에서 정확한 작동을 얻기 위해서는 1g은 물론 0.1g이라도 가벼울수록 좋다. 가벼워야 한다. 참고적으로 CBR의 경우 흡기밸브의 무게는 10.0g, 배기밸브는 9.6g이다.

또한 흡배기 가스가 통과하기 쉬워야 한다는 요소도 크다. 밸브스템은 흡배기포트 가운데를 관통하지 않을 수 없다.

그렇다면 가스 통로에 버티고 있는 「막대기」가 가늘면 가늘수록 흐름에 방해를 주지 않는다. 고성능 엔진에서는 중요한 요소다. 그래서 밸브스템 중에서 포트 내부로 노출되는 부분만을 가늘게 만든 웨이스트 밸브도 있다.

400cc 클래스 4밸브 4기통에서도 밸브스템은 ø4.0mm 정도이며, 게중에는 ø3.8mm 짜리도 있다. 물론 초고회전으로 돌려도 끄떡도 하지 않는 강도를 가지고 있으며 재질과 제조방법에도 다양한 아이디어가 활용되어 있다. 가느다란 밸브스템은 바이크용 엔진이 얼마나 고성능인지를 나타내 주는 부분이라고 생각한다.

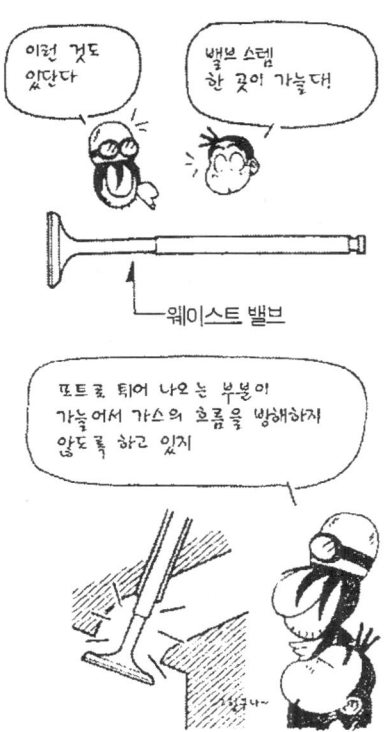

웨이스트 밸브

다만 배기밸브쪽의 스템은 가늘게 만들기 어렵다. 고온으로 뜨거워지는 헤드부분의 열을 실린더헤드로 전달하는 열전도 능력의 요구가 크기 때문이다. 결과적으로 밸브사이즈가 큰 = 무거운 흡기쪽과 동등한 스템을 사용하는 것이 일반적이다.

●보다 많이 흡배기하기 위한 빅 밸브, 그러나…

밸브 사이즈

밸브의 헤드부분 직경을 말하며 mm단위로 표시한다. 밸브사이즈가 크면 흡배기의 흐름 저항이 적어서 엔진 힘이 좋아질 것 같은 이미지를 떠올리기 쉽다. 그러나 실제로는 그렇게 단순하지만은 않다. 문제의 본질을 이해하기 위해서는 밸브 개방면적 이라는 것을 알아야 할 필요가 있다. 또한 밸브가 열려 있는 시간이란 한정되어 있어서 엔진 회전이 올라갈수록 그 시간은 짧아진다. 즉 일정량의 가스를 통과시키기 위해서는 개방부의 시간면적이라는 개념이 필요하게 된다. 바로 밸브 타이밍의 문제이다.

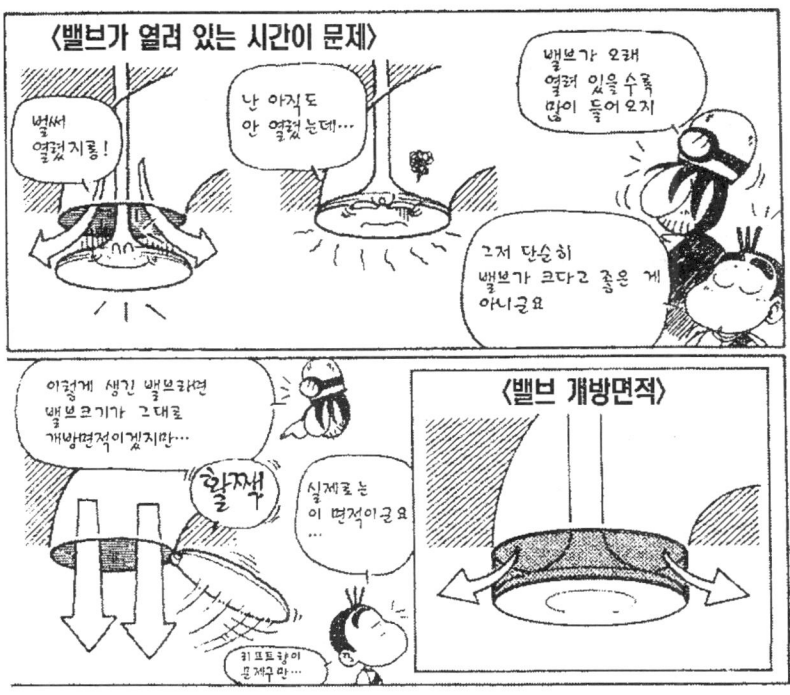

하긴 엔진의 성능을 단순히 고회전 고출력이라는 뜻으로 한정짓지만 않는다면, 크기가 큰 밸브가 반드시 좋은 것만은 아니다. 밸브 사이즈가 클수록 ＝ 흡기통로가 넓어질수록 중저속 회전역에서의 흡기 흐름속도가 떨어진다. 이렇게 낮은 회전역에서는 세차게 빨려 들어오는 흡기의 여세를 활용해서 연소실내의 소용돌이 ＝ 스월을 일으키고, 플러그로 점화한 후에 이 소용돌이로 화염을 뒤섞어서 혼합기를 연소시켜야할 필요가 있는 것이다. 우리들이 달리는 일반도로에서는, 가령 와인딩을 아무리 필사적으로 달린다고 해도 상당히 낮은 회전역부터 사용하는 것이 일반적이다.

또한 밸브 사이즈를 키울수록 당연히 무거워진다. 「밸브스템의 크기」

항에서도 설명했지만 밸브가 무거워지면 고회전에서 힘들어진다. 고회전에서도 정확하게 작동시키기 위해서는 단단한(강한) 밸브스프링이 필요해진다. 그러나 이것은 엔진의 회전저항 = 파워 손실을 증가시키는 것이기도 하다.

상황과 정도의 차이는 있겠지만 「고회전에서의 흡배기 효율향상」 = 「파워를 올린다」는 목적만을 위해서라면, 역시 철저하게 밸브를 크게 만들고, 그 다음에 리프트량을 키우고, 밸브가 열려 있는 시간을 길게…… 라는 사고방식이 필요하게 된다.

밸브의 형상은 흡기쪽이나 배기쪽이나 똑같지만 사이즈는 흡기쪽이 크다. 흡배기 모두, 가스의 흐름은 대기와 실린더 내부의 압력차에 의한 것이지만 흡기쪽의 압력차가 작기 때문이다. 하여튼 빨아들이는 작업이 내뱉는 일보다 훨씬 어려운 것이다.

밸브 개방면적

밸브 개방면적이란 단순한 밸브 크기가 아니다. 밸브가 열려도 밸브의 헤드부분은 없어지지 않기 때문이다. 그 보다는 리프트량이 문제다. 밸브는 캠샤프트에 의해 눌러서 아래로 내려가게 되는데, 밸브가 가장 많이 열렸을 때에 밸브시트로부터 몇 mm 이동했는지를 수치로 나타낸 것이 리프트량이다. 밸브 사이즈가 같더라도 이 리프트량이 클수록 윗 그림과 같은 띠 모양의 공간 = 흡배기 가스 통로 = 밸브 개방면적이 커진다.

밸브직경과 리프트량

밸브 리프트량은 크면 클수록 흡배기의 흐름이 좋아질 것 같다. 그러

● 적절한 밸브 리프트량이란?

나 흡배기 포트가 연소실을 향해 뚫려 있는 입구의 단면적은 밸브헤드의 직경으로 이미 결정되어 있다. 그 이상으로 개방면적 = 리프트량을 키워봐야 의미가 없다는 말이다. 참고적으로 좀 더 상세하게 계산해 보자. 밸브헤드의 직경을 D라고 한다면 그 평면의 면적 SV는,

$$SV = \frac{\pi D^2}{4}$$

이다. 한편 리프트량을 L, 윗 그림처럼 밸브가 이동해서 만들어내는 면적(개방면적)을 SL이라고 하면,

$$SL = \pi DL$$

이 된다. 밸브헤드의 면적이 곧, 가스가 지나는 면적이라는 논리로 본다면, SV = SL이면 충분하다. 위의 공식을 대입해서 계산하면,

$$L = \frac{D}{4}$$

가 된다. 밸브헤드 직경의 1/4의 리프트량만 있으면 충분하다. 그 이상으로 리프트량을 키워도 가스의 유량은 거의 증가하지 않는다. 더구나 밸브시트 부근에 있는 밸브스로트부의 단면적(단순한 포트 단면적에서 밸브 관통분을 뺀 것)은 밸브헤드의 평면면적보다 작다. 따라서 리

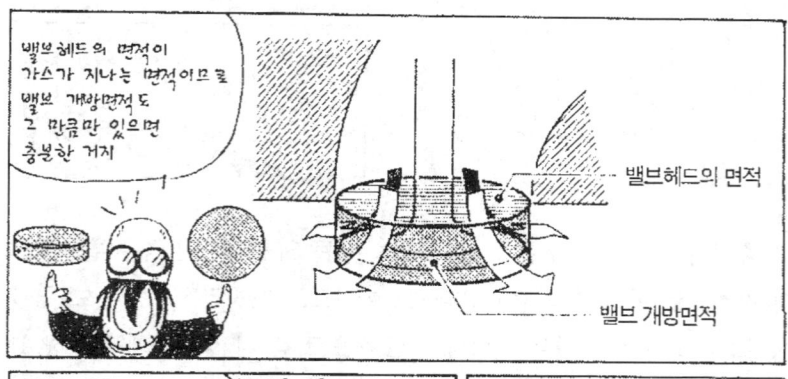

● 흡기밸브가 배기밸브보다 큰 이유

프트량이 더 작아도 충분하다는 계산이 나온다.

그러나 고회전 고출력형 엔진에서는 이 계산대로 되지 않는다. 계산으로 나온 수치는 어디까지나 정적인 상태의 것이다. 고회전시에는 질량 = 관성력을 가진 기체를 고속으로 이동시킨다. 특히 흡기측에서 보다 많은 공기를 빨아 들이기 위해 관성과급을 활용하려면 리프트량은 더욱 커져야 한다.

우선, 밸브는 그것 하나만이 존재하고 있는 것이 아니다. 밸브가 열렸을 때, 그 헤드 가장자리의 바로 옆에는 실린더 벽이 있다. 밸브가 열려 있어도 그 개방면적 중에서 실린더 벽과 바짝 붙어 있는 부분의 흐름 상태는 그다지 좋지 않다. 마스킹(masking), 또는 차폐(遮蔽) 효과라고 불리우는 현상이 일어나기 때문이다. 이 마스킹 효과는 밸브 직경을

키울수록, 그리고 밸브 설치각도를 좁힐수록 문제가 된다.

정적인 의미로서의 개방면적에서 이 마스킹요소를 뺀 것을 밸브유효 개방면적이라고 한다. 마스킹 부분이라도 가스의 흐름이 완전히 차단되는 것은 아니므로, 어디부터 어디까지가 유효면적이라는 식으로 확실하게 금을 그을 수 있는 것은 아니다. 그러나 이런 식으로 생각하지 않으면 현실적으로 앞뒤가 맞지 않는다.

앞의 계산식의 개방면적 중에서 마스킹 효과로 인한 효율성 저하를 보충하기 위해 리프트량을 키워야할 필요가 있다. 특히 문제가 되는 것은 흡기 밸브다. 결과적으로 고회전 고출력형 엔진에서는 밸브 리프트량을 가능한 한 크게 설정하는 것이 현실이다.

가스가 흐르는 속도의 한계

흡배기 가스의 통로는 그 단면적이 넓을수록 저항이 적다. 물론 사실이지만, 이 보다 더 절실한 절대적 한계라는 문제가 있다.

엔진은 혼합기를 빨아들이는 일도, 연소가 끝난 가스를 밖으로 배출하는 일도 실린더 내부와 외기와의 압력차로 실행하고 있다. 그런데 이렇게 기체가 압력차로 흐르는 속도의 한계는 음속인 것이다. 압력차는 기체의 분자가 진동함으로서 전달되어 가는데, 우리들이 귀로 듣는 「소리」도 이와 마찬가지로 압력차가 전달되는 것이라고 생각하면 이해하기가 쉽다.

음속은 15℃에서 초속 340m = 1200km/h를 약간 넘는 정도다. 굉장히 빠른 것처럼 여겨지지만 밸브의 개방입구는 좁기 때문에, 이 속을 흐르는 가스의 속도는 상당히 빠르며 의외로 쉽사리 음속에 접근한다. 그리고 음속의 70%를 넘으면 흐름 상태가 급격히 나빠진다. 압력변화의 전달이 제대로 이루어지지 않게 되는 것이다. 흡배기의 속도를 가능하면 억제해서 확실하게 흐르게 하기 위해서는 밸브 개방면적을 충분히 확보해야 할 필요가 있다. 이것은 특히 온도가 낮은(음속이 낮은) 흡기 쪽이 중요하다.

음속은 「흡기맥동」항에서도 설명했듯이 대기 중에서는, 음속 V (m/sec), 외기온을 t(℃) 라고 한다면 V = 331 + 0.6 t 다. 온도가 높을수록 음속도 빨라지므로 좁은 통로라도 가스가 흐르기 수월하다. 즉 배기쪽은 흡기쪽만큼의 밸브 사이즈는 필요 없다는 뜻이며, 한정된 연소실에서 공간을 서로 나누어 가지려면 흡기밸브가 커질 수밖에 없다.

참고적으로 정확하게 말하자면 위의 식은 상온 부근에서만 한정된 대략적인 계산치에 지나지 않는다. 사실은 온도가 상당히 높은 배기쪽 (1000℃ 가까이)에서는 오차가 커진다.

엄밀하게는 $V = \sqrt{G \cdot K \cdot R \cdot T}$라는 식이 된다. G는 중력가속도로서 9.8m/sec², K는 비열비(比熱比)로서 공기라면 1.4, R은 기체정수로서 30, T는 절대온도로서 ℃의 수치 + 273. 이것들로 계산하면 공기 중에서 전달되는 소리의 속도 V는 개산치로서 다음과 같이 된다.

$$V \ (m/sec) = \sqrt{20 \ T}$$

밸브 배열각

엔진을 옆에서 봤을 때, 흡기 & 배기 밸브스템으로 형성되는 각도를 밸브 배열각이라고 한다. 흡배기 밸브 각각의 경사각도는 똑같은 것도 있지만 다른 것도 있다. 흡배기 각각의 단독적인 각도는 실린더 중심선에 대한 밸브스템의 경사각으로 나타낸다.

디젤 엔진 등에서는 각 밸브의 경사각이 제로, 즉 수직으로 서 있는

● 고성능 엔진은 밸브 배열각이 좁다

엔진의 겉모 습만 보아도 대략적인 밸브 배열각을 알 수 있지

어? 정말~

것도 있긴 하지만, 고출력을 추구하는 바이크용 엔진은 예외 없이 어느 정도의 경사각 = 배열각을 가지고 있다. 그 이유는 한정된 연소실에서 밸브사이즈를 가능한 한 키우기 위해서이다.

고속으로 회전할수록 밸브 개방 시간도 짧아지는데, 그 사이에 대량의 공기를 빨아들이고, 또 연소가스를 배출하기 위해서는 밸브 개방면적이 커야 할 필요가 있다. 일정한 보어 사이즈 속에서 밸브헤드 직경을 키우려면 헤드를 기울여야 = 배열각을 크게 벌려야 한다. 그러면 자연히 실린더헤드의 연소실이 뾰족 지붕 같은 형상이 될 수밖에 없다. 이것이 「연소실」항에서도 설명했던 펜트루프 연소실이다.

바이크용 4스트로크 엔진의 연소실이란 따지고 보면 모두 펜트루프형이다. 그러나 그 뾰족한 정도가 얼마 만큼이냐가 문제이며 엔진에 따라 천차만별이다.

역사적으로 훑어보면 1950년대 중반 경부터 4스트로크 엔진은 밸브 배열각을 벌리는 방향으로 출력 향상이 추구되기 시작한다. 그 선구자는 자동차 레이스 전용 엔진을 만들던 영국의 컨벤트리 클라이맥스라는 메이커이다. 파워를 올리는 수단으로서 단순히 회전을 올리는 것이 아닌, 그렇다고 무턱대고 배기량을 키우는 것도 아닌, 흡배기 효율의 향상을 중시하는 사고방식의 선구자이다.

그런데 이처럼 밸브 배열각을 키우다 보니 이번에는 S/V비가 커져서, 어렵사리 발생시킨 열에너지가 외부로 도망치기 쉬워지는 현상이 발생한다. 그와 동시에, 이 상태에서 압축비를 올리기 위해서는 피스톤 크라운을 볼록하게(凸) 튀어나오게 해야 하는데, 이것도 S/V비를 증가시키는 요인으로 작용하는 동시에 피스톤도 덩달아 무거워진다. 또한 연소실 형상 자체도 복잡해져서 연소효율 면에서도 불리하다.

그래서 또 다른 형태의 엔진이 탄생하게 된다. 마찬가지로 이것도 자동차용 엔진으로서 F1 역사에 남는 1967년에 등장한 코스워즈 DFV이다. 가능한 한 밸브를 세워서 처음에는 배열각을 40도, 최종적으로는 32도(흡배기 모두 경사각 16도)로 하여, 컨벤트리 방식의 절반 정도로 작게 하였다. 동시에 흡배기 밸브가 2개씩인 4밸브 방식을 도입해서 밸브 개방면적을 확보하였다. 이 구조라면 피스톤크라운을 평면에 가깝도록 만들어서 중량을 줄일 수 있으며, 실린더헤드쪽 연소실도 작게 만들고 수 있고 또한 한가운데에 플러그를 달아서 점화시킬 수 있는 등 이점이 많다.

그렇긴 한데 밸브 배열각을 너무 극단적으로 좁히면, 아무리 4밸브 방식이라고 해도 밸브 개방면적이 상당히 줄어들어서 흡배기가 원활하게 이루어지지 못한다. 또한 연소실 형상이 그만큼 납작하게 찌부러드는 모양새가 되므로 점화플러그로 혼합기 전체를 제대로 연소시키기 힘들어진다. 각도를 줄이는 편이 좋다고는 하지만 한계가 있는 것이다.

레이싱 엔진에서 나온 이러한 발상은, 그러나 알고 보면 단순히 파워를 추구하는 것 이외에도 매우 효과적이라서 근래에 들어서는 일반 시판차량에도 깊숙이 침투해 있다. 첫째로 일반시판차의 경우는 나라마다 휘발유의 질이 다르다(옥탄가가 낮은 휘발유로는 압축비를 높일 수 없다)는 문제가 있다. 또 2밸브 방식에서는 밸브 배열각을 어느 정도 벌려놔야 밸브 개방면적을 확보할 수 있다. 그래도 총체적으로 보면 고성능

● 회전하는 캠샤프트가 밸브를 여닫는다

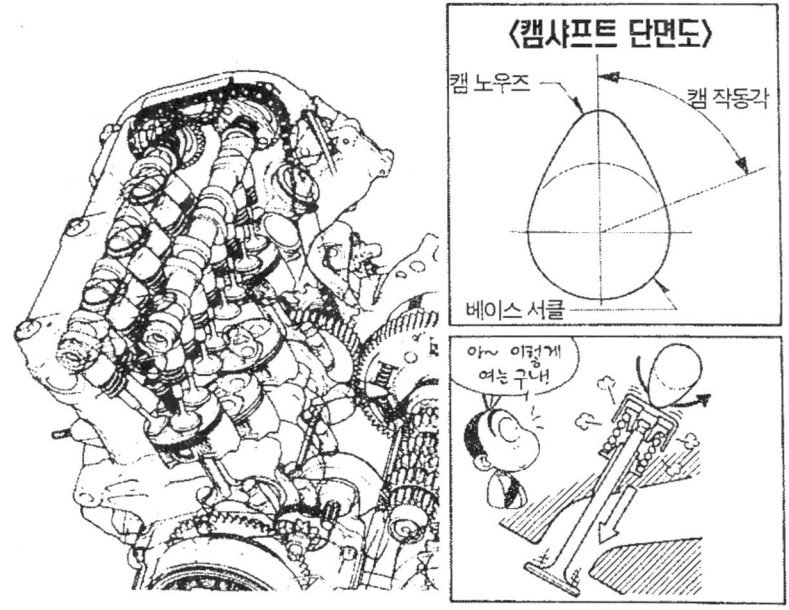

〈캠샤프트 단면도〉

캠 노우즈

캠 작동각

베이스 서클

아~ 이렇게 여는구나

엔진 = 협각(좁은 각)이 상식으로 되어 있다.

가령 DOHC 4밸브 방식 엔진을 예로 들자면, 야마하 FZR400RR이 34도, 혼다 CBR600F는 32도, 특수한 예로서 가와사키 ZXR750R이 20도, 혼다 RC45의 26도가 있다.

그렇지만 주위의 바이크 상황을 살펴보면 이런 방향성 하나만으로 치닫고 있지만도 않다.

밸브 배열각을 좁히면 실린더헤드가 아담해진다. 높이가 다소 높아지는 문제는 있지만, 어쨌거나 흡배기 방향으로 길이가 짧아진다. 이렇듯 크기가 작아지는 것은 차체의 성능 기능적인 면에서 유리한 요소지만, 겉으로 보이는 모습이 왠지 「볼품없어」 보인다. 더구나 이런 밸브 배치에 맞춰서 흡기포트가 일직선으로 뻗도록 효율적인 레이아웃을 시도하면 카뷰레이터도 연료 탱크 속으로 숨어 버리게 되고, 아무래도 「카뷰레이터가 엔진 뒤에 떡 하니 버티고 있는」이른바 위풍당당한 맛이 없어진다. 10~20년전 모델과 최신 고성능 바이크를 눈으로 비교해 보면 금새 알 수 있는 일이다. 그래서인지 요즘 유행하고 있는 네이키드 모델 등에서는 엔진의 겉모습을 「당당하게」만들기 위해, 가령 4밸브 방식임에도 불구하고 일부러 배열각을 64도 등으로 크게 벌려 놓은 것도 있다. 바이크는 취미성 도구이다. 이런 것도 하나의 가치일지는 모르겠지만, 정작 중요한「타고 달릴 때의 즐거움」이라는 면에서는 기술의 진보에 역행하는 처사라고 할 수 있다.

캠 샤프트

캠(cam)이란 회전하는 축 위에 마련된, 그러나 그 축과는 동심이 아닌 원, 또는 요철 모양을 하고 있는 것을 말한다. 축이 회전했을 때에 특징 포인트에서 캠 외주의 위치가 변화하므로, 축의 회전운동에 대해 일정한 규율을 동반한 왕복운동 등을 얻을 수 있다. 이런 캠이 붙어 있는 축을 캠샤프트라고 한다.

엔진 관계에 있어서 캠샤프트, 또는 단순히 캠이라고 하면 그것은 4스트로크 엔진의 흡배기 밸브를 구동하기 위한 캠샤프트를 가리키는 경우다. 4스트로크의 작동원리에 따라 각 밸브는 피스톤이 2왕복할 때마다 1번의 비율로 작동해야 할 필요가 있으므로, 캠샤프트는 정확하게 크랭크샤프트의 절반의 속도로 회전하도록 되어 있다. 「캠샤프트 구동기구」항을 참조할 것.

이 캠의 형상에 따라, 피스톤이 어느 위치에 왔을 때에 흡배기 밸브가 언제, 얼마나, 어떤 식으로 여닫히는가가 결정된다. 이것을 밸브 타이밍이라고 한다. 엔진의 성격을 결정적으로 좌우하는 매우 중요한 부품이다. 다시 말해 캠샤프트를 변경하면 엔진의 성격 자체가 완전히 바뀌

● 캠 프로파일이 밸브의 움직임을 결정한다

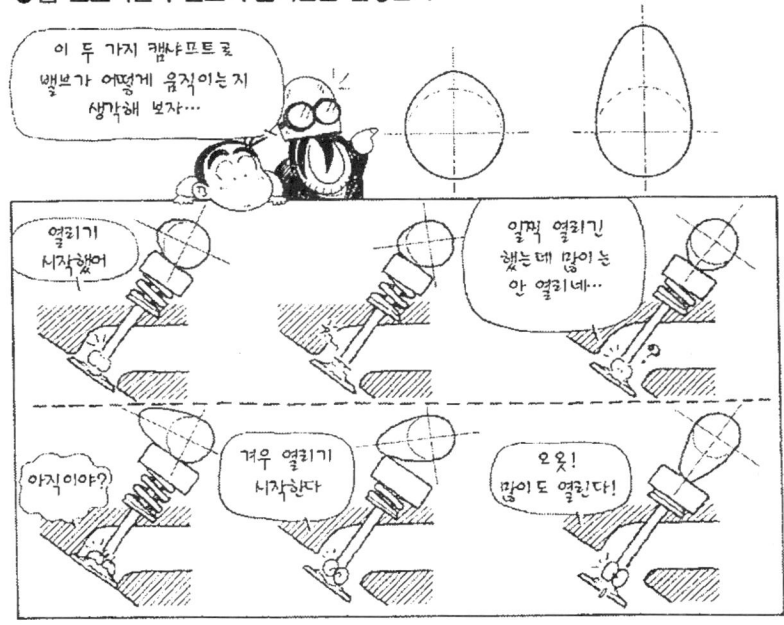

게 된다. 다만 흡배기계와의 밸런스를 무시한 채 밸브 타이밍을 변경해 봐야 충분한 효과를 얻기는커녕, 오히려 상태가 나빠지는 경우가 많다. 예를 들어 관성과급은 흡기포트 설정과 밸브 타이밍의 복합적인 결과이 기 때문이다.

캠샤프트의 움직임이 불안정하면 엔진의 상태가 나빠진다. 가령 크랭 크샤프트로부터의 구동기구가 정확하게 작동해 주지 못하면 캠샤프트 의 움직임도 일정하지 않게 되어 밸브 타이밍이 안 맞게 된다.

캠샤프트의 변형도 밸브 타이밍과 리프트량을 그르치는 요인이므로, 캠샤프트 자체는 물론 이것을 지지하고 있는 부품들에도 충분한 강성이 필요하다. 이 부분은 고회전이 될수록 문제가 커진다.

캠샤프트에는 통상적으로 특수주철이 사용되며 캠면은 칠 가공

(chill, 금속을 급속히 식혀서 굳히는 공법)처리된다.

캠면은 의도한대로의 움직임을 나타내도록 특수 가공기계로 정확하게 연마 가공된다. 일부 고성능 차에는 크롬 몰리브덴강으로 만든 단조품도 사용되고 있다.

캠 프로파일

프로파일(profile)이란 단면형상이라는 뜻. 흔히들 사용하는 프로필이란 말도 영문철자는 똑같지만 프로파일이라는 쪽이 원어에 가깝다. 기술적 전문용어로 단면형상이라는 의미로는 「프로파일」을 사용하는 것이 통례다. 타이어의 단면형상을 가리킬 때에도 쓰이는 단어이지만, 여기서는 캠샤프트 캠 부분의 달걀처럼 생긴 단면을 말한다.

● 직타식 밸브개폐 방식의 캠 프로파일

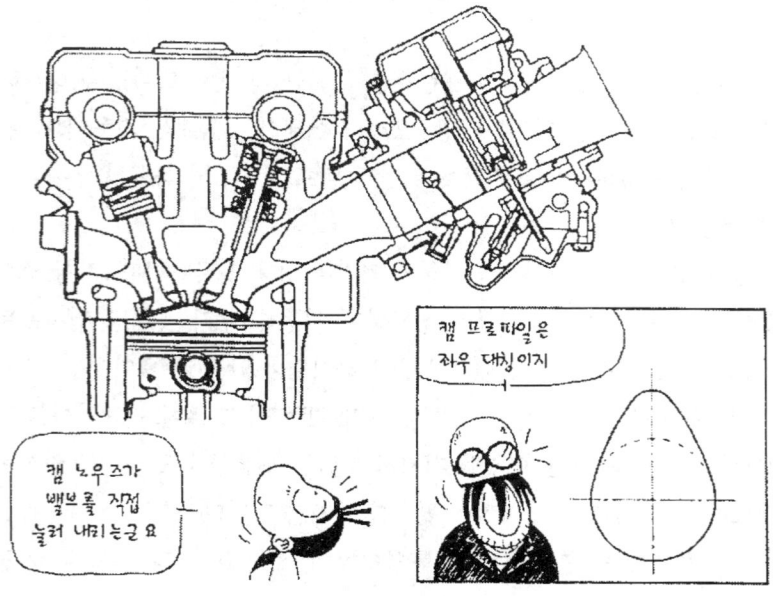

● 로커암식 밸브개폐 방식의 캠 프로파일

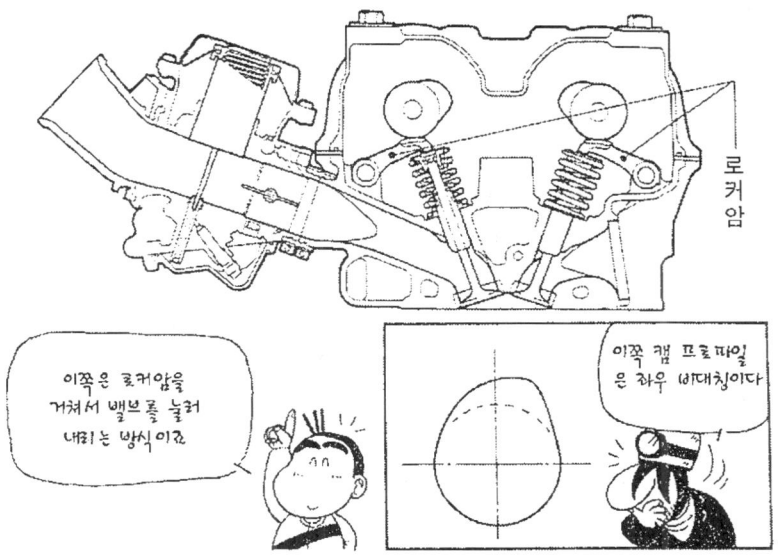

흡배기 밸브가 어떤 식으로 움직이는가는 전적으로 이 캠 프로파일 형상에 따라 결정된다. 이야기를 쉽게 풀어 가기 위해 우선은 다음 쪽 그림에 있는 직타식(직동식이라고도 한다)으로 설명한다.

직타식에서는 밸브스템 바로 위에 샤프트 중심이 있다. 캠의 베이스 서클에 대해, 캠면의 튀어나온 부분 = 캠 노우즈가 밸브스프링을 압축함으로서 밸브를 밑으로 눌러서 연다. 밸브의 최대 리프트량은 베이스 서클과 캠 노우즈의 낙차만큼이 된다.

캠샤프트가 회전해 가다가 캠면이 리프터와 닿는 부분이 베이스 서클에서 캠 노우즈로 옮아가는 그 순간부터 밸브는 열리기 시작한다. 마찬가지로 완전히 닫히는 것은 베이스 서클로 되돌아가는 순간이다. 이 두개의 「순간」을 표시하는 것이 밸브 타이밍이다.

직타식의 경우, 캠 프로파일이 그대로 밸브의 움직임이 되리라는 것은 이해하기 쉽다. 캠면의 변화량 만큼에만 충실하게 밸브가 따라 움직인다. 프로파일은 꼭 달걀처럼 생겼으며 일반적으로 좌우 대칭이다. 그 이유는 물리적으로 동일한 움직임이 되어 버리기 때문이며, 여기에는 밸브의 가속도(자세한 것은 그 항을 참조)라는 문제가 있다.

다만 이 직타식과 동일한 원리로 밸브를 개폐시킨다고 해도, 캠샤프트와 밸브 사이에 로커암이 있는 방식에서는 캠 프로파일이 달라진다. 로커암이라는 지렛대의 힘점(力點)이 이동하는 현상이 발생하기 때문이다.

로커암이 캠과 접촉하는 부분 = 힘점은 캠이 회전해 감에 따라 그 위치가 어긋나게 된다. 지렛대란 힘점이 받침점(支點)에 가까울수록, 힘점의 이동량이 같더라도 작용점의 이동량은 커지게 된다. 물론 그 반대도 적용된다. 로커암의 작용점은 밸브 스템을 누르는 부분이다. 로커암식 엔진에서는 이러한 「어긋남」을 계산해서 설계하므로 프로파일이 좌우 대칭이 되지 않는 것이다.

로커암식에서 이런 식으로 계산에 보정을 가하는 작업이란 초보적인 일이다. 요즘의 대부분의 엔진에서는 캠 프로파일을 이 보다 훨씬 복잡한 계산에 의해 구하고 있다.

무슨 말인가 하면, 우선 엔진이 고회전으로 돌게 되면 밸브계의 관성질량이 커다란 문제가 된다. 밸브개폐 움직임을 곧이곧대로 기하학적인 캠 프로파일로 치환해서만은 의도한대로의 작동을 얻어내기가 힘들다. 「밸브의 이상작동」항에 있는 점핑(jumping)이나 바운스(bounce) 같은 현상이 발생하기 때문이다.

따라서 캠샤프트가 회전하면서 형성하는 모든 작동각도마다 밸브계가 고유진동을 일으키지 않도록, 밸브와 그 구동계의 관성질량을 계산에 넣은 조건을 설정해서, 의도한대로 밸브를 작동시키기 위한 캠 형상을 산출할 수 있는 계산식을 만든다. 이것에 따라 제작되는 방식의 것을 폴리노미알 캠(polynomial camsh- aft)이라고 부른다.

여기서 그치지 않고, 크랭크샤프트에서 밸브구동계로 이어지는 부품들의 탄성변형까지 고려해서 캠프로파일을 결정하기 위한 계산식을 설정하고, 이에 따라 프로파일을 설정하는 폴리다인 캠(polydyne cam-shaft)이 이제는 당연한 상식이 되었다.

밸브스템을 누르면 눌린 부분이 미세하게 나마 변형된다. 미세한 수준이지만 고회전이 될수록 성능에 크게 영향을 미친다. 물론 캠샤프트와 로커암 등은 더 크게 변형된다. 눈으로 보기에 튼튼해 보이는 부품도, 사실은 고속으로 회전할 때에는 우굴쭈굴하게 휘고 뒤틀리는 것이다. 여기서도 강성이 문제가 된다. 이「우굴쭈굴」을 미리부터 정확하게 계산해서 만드는 것이 폴리다인 캠이며, 앞서 말한 polynomial(다항식)에 dynamic(동력학)의 요소를 가한 것이라는 의미다.

이런 계산들은 인간이 직접 하게 되면 엄청난 시간이 걸리므로 컴퓨터에게 맡기게 된다. 옛날에는 노련한 장인이 캠면을 손가락을 매만지면서 경험과 직감으로 프로파일을 깎았던 적도 있었고, 그것이 어설픈 계산보다도 우수한 성능을 발휘하는 경우도 적지 않았다. 그러나 지금은 컴퓨터에게 직감으로 맞서기에는 상당히 어려운 시대가 되었다.

밸브 타이밍

상하 운동하는 피스톤 위치에 대해 밸브가 언제 열리기 시작하고, 또 언제 완전히 닫히는가 라는 밸브 개폐시기(타이밍)를 말한다.

열리기 시작하는 시점과 완전히 닫히는 시점은 피스톤 위치에 따른 크랭크 회전각도로 표시된다. 예를 들면「상사점 후 15도」라는 식이다. 여기서의 숫자는 상식적으로는 그야말로 밸브가 열리기 시작하는, 또는 완전히 닫히는「순간」을 표시하는 것이다. 그러나 현실적인 정비작업에 있어서는, 이「순간」은 밸브간격 등 때문에 정확히 파악하기 어렵다. 따

● 효율적으로 흡기하고 효율적으로 배기하기 위한 밸브 타이밍

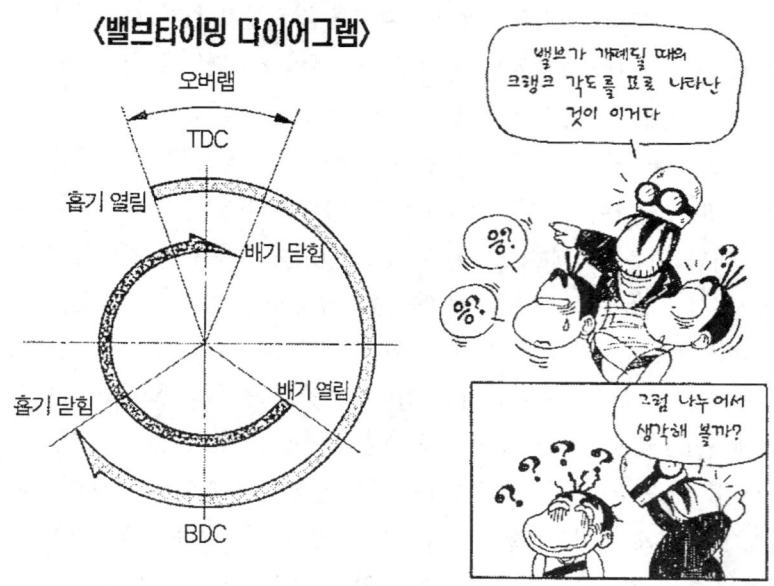

〈밸브타이밍 다이어그램〉

오버랩

TDC

흡기 열림

배기 닫힘

흡기 닫힘

배기 열림

BDC

밸브가 개폐될 때의 크랭크 각도를 표로 나타난 것이거다

그럼 나누어서 생각해 볼까?

라서 가령 혼다에서는 밸브가 1mm 리프트한 상태일 때의 수치로 표시하는 예도 있다.

밸브 타이밍은 단순히 흡배기 밸브 하나하나의 작동 시기를 크랭크 각도의 숫자로 표시하는 경우가 많다. 그러나 본래는 이것을 원그래프로 한다. 이것이 밸브타이밍 다이어그램인데, 위의 그림처럼 흡기밸브와 배기밸브의 상태를 하나의 원그래프로 표시하는 것이 일반적이다. 두 밸브의 움직임을 한눈에 파악할 수 있으며, 또한 나중에 설명할 밸브의 오버랩도 이해하기 편하다. 다만 2스트로크의 포트타이밍 다이어그램과는 달리, 이쪽은 크랭크샤프트가 2회전하는 사이에 일어나는 일을 360도 원그래프로 표시하고 있는 점에 주의해야 한다.

보면 알겠지만 밸브 개폐는 피스톤의 상사점이나 하사점에 정확하게 일치되어 이루어지고 있지는 않다. 그 이유는 「흡배기계」항에서도 있듯

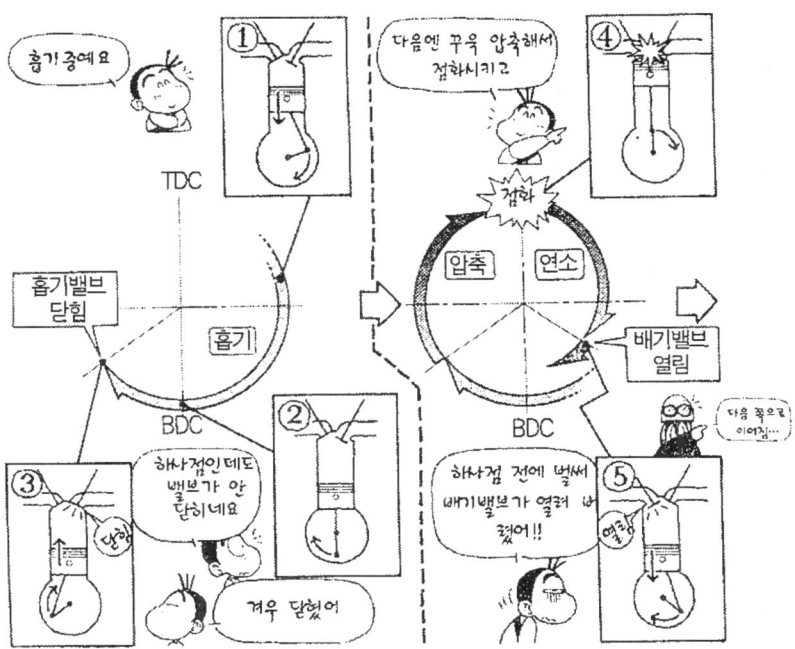

이, 흡배기 가스는 관성력에 의해 갑자기 움직일 수도, 또 갑자기 설 수
도 없기 때문이다. 가령 흡기를 예로 든다면, 피스톤이 배기행정을 끝낸
직후의 상사점(TDC)에서 흡기밸브가 열리더라도, 잠시동안은 혼합기의
흐름 상태가 상당히 나빠서, 흐름에 여세가 붙어 본격적으로 흐르기 시
작할 때까지의 시간을 허비하게 된다. 그리고 흡기행정이 끝난 하사점
(BDC)을 지나면 피스톤이 상승하기 시작하는데, 이 때에는 여세가 붙
은 혼합기가 자꾸만 흘러 들어오고 있는 상태다. 오히려 지금부터가 관
성과급 효과가 나타나는 시기다. 그런데 BDC에서 흡기밸브를 닫아 버
린다면 이만저만한 손해가 아닐 수 없다.

따라서 흡기밸브는 배기행정 TDC 전에 열리기 시작해서, 흡기행정
BDC 후에 완전히 닫히도록 되어 있다. 마찬가지로 배기밸브도 연소행
정 BDC 전에 열려서 배기행정 TDC 후에 닫힌다.

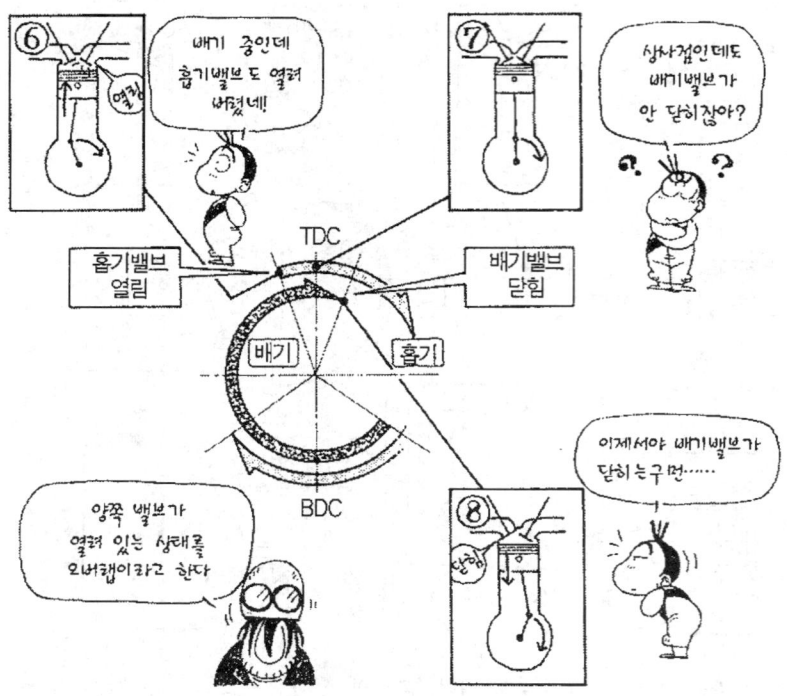

그렇다면 배기행정 TDC 전후에는 흡배기밸브가 둘 다 열려 있게 된
다. 그래도 배기가스에는 배기포트를 향해 흘러가는 관성력이 작용하고
있으므로 흡기포트를 향해 거꾸로 새어나가는 일이란 없다. 이처럼 흡
배기밸브 양쪽이 모두 열려 있는 상태, 또는 그런 상태가 되어 있는 크
랭크 각도의 폭을 밸브의 오버랩(over lap)이라고 부른다.

그렇긴 한데, 매우 천천히 엔진이 돌고 있는 상황을 떠올려 보면 오
버랩 부분에서는 배기가스가 흡기포트로 새어 나가거나, 한 번 배출했
던 배기가스를 다시 빨아들이거나 하는 일이 발생하리라는 상상도 할
수 있다. 실제로는 엔진이 공회전하는 1,000rpm 정도라도 피스톤이 1
스트로크하는 데에 걸리는 시간이란 1/8초 정도로 짧기 때문에 그렇게
쉽사리 역류현상 따위는 발생하지 않는다. 그러나 오버랩 각도가 클수록

= 시간이 길수록 저회전시의 효율이 떨어지는 것이 사실이다.

반대로 고속으로 회전하고 있을 때일수록 오버랩을 키우는 편이 효율이 올라간다. 피스톤의 1스트로크당 시간이 매우 짧아지게 되고, 그러나 한편으로 가스의 흐름속도에는 음속이라는 벽이 있어서 일정 속도 이상으로는 올라갈 수 없기 때문이다. 그리고 이런 고회전역이어야 흡배기 관성효과가 나타난다.

즉 오버랩이 큰 엔진일수록 고회전 고출력 지향이다.

이것은 밸브 작동각에 대해서도 마찬가지이다. 흡배기 각 밸브가 열리기 시작해서 완전히 닫힐 때까지의 크랭크샤프트의 회전각도가 밸브 작동각(또는 작용각)이다. 애초부터 상사점이나 하사점을 넘어서서 작동하는 밸브이기에, 그 작동각을 크게 할수록 저회전에서는 가스 역류 등이 발생해서 엔진의 효율이 떨어진다. 그러나 고회전에서의 효율을 높이기 위해서는 작동각을 크게 해야 할 필요가 있다.

밸브타이밍을 결정한다는 것은 효율을 극대화시키는 어느 특정 회전수를 결정해 버린다는 뜻이다. 이것은 포트타이밍과 마찬가지로 엔진이 짊어진 숙명이다.

아울러 밸브타이밍을 숫자로 표시할 경우에는 그 숫자에 BTDC, ATDC, BBDC, ABDC라는 문자를 붙여서 쓴다. TDC = 상사점, BDC = 하사점이고 그 앞에 붙어 있는 B는 before의 약자로서 「앞」이라는 뜻. A는 after의 약자로 「뒤」라는 뜻이다. BTDC = 상사점 전이라는 뜻이 된다.

참고적으로 93년형 야마하 400cc 4기통 모델 중에서, 고속 지향적인 FZR과 비교적 중저속 지향적인 XJR 2대의 밸브타이밍을 기재하였다. 비교해 보기 바란다. 숫자는 각도이다.

◆ FZR400RR-SP

흡기밸브 열림 / 닫힘	36BTDC / 60ABDC
배기밸브 열림 / 닫힘	59BBDC / 29ATDC
오버랩	65

◆ XJR400

흡기밸브 열림 / 닫힘	34BTDC / 54ABDC
배기밸브 열림 / 닫힘	55BBDC / 25ATDC
오버랩	59

● 밸브의 개방시간과 면적을 늘이기 위해서……

밸브는 단숨에 열어서 단숨에 닫는 편이 효율이 좋겠구나

왜냐면 최대 개방면적을 보다 긴 시간동안 유지할 수 있으니까…

밸브의 가속도

밸브 작동각이나 오버랩 각도를 키울수록 저중속 회전역에서의 토크가 감소한다. 그리고 각도를 키우는 자체에도 절대적인 한계가 있다. 그렇다면 일정한 작동감과 리프트량을 가지고도, 단숨에 팍 하고 열려서 최대 리프트량까지 간 다음에 또 팍하고 닫히면 흡배기밸브의 「개방 시간면적」을 증대시킬 수 있지 않을까…? 라고 생각하는 것이 인지상정이다.

그리고 사실, 이것은 틀린 생각이 아니다. 옛날에 비하면 작동각을 넓히고 리프트량을 키우는 방향에서 이렇게 밸브를 급격하게 여닫는 방향으로 변화하고 있다. 그러나 한도가 있다.

다음 쪽 그림에 있는 것 같은 캠프로파일을 상상해 보자. 달걀형이 아닌 직사각형처럼 생긴 형상이다. 신속하게 밸브가 열리고 또 닫힐 것 같다. 그렇지만 이걸로는 네모난 모서리로 리프트나 로커암을 「때리게」

된다. 마찰면에도 엄청난 부하가 걸리고 도저히 부드럽게 돌 리가 없다는 것을 금새 알 수 있다. 직사각형의 모서리를 조금 둥글게 다듬는다고 해도 「때리는」 요소는 역시 존재한다. 자꾸만 다듬어서 둥글게 만들면 그것은 현재의 고성능 바이크의 달걀형 캠이 된다. 결국 문제가 되는 것은 이 「때리는」 요소다. 과학적으로 표현하면 「가속도」 다.

실험을 해 본다. 손바닥 위에 공을 올려놓고 일정한 높이까지 수직으로 들었다 내렸다를 해 보자. 서툴게 들면 손을 멈췄을 때에 공이 손에서 벗어나 제멋대로 공중에 떠 버린다. 내릴 때에도 잘못하면 손에서 공이 뜬다. 어느 경우나 손에서 뜬 공은 다음 순간에는 손바닥에 떨어져 내려와 부딪쳐 튀게 된다.

이 손이 엔진에서는 캠이다. 그리고 공은 밸브다. 아래위로 움직이는 거리가 리프트량이다. 공이 손바닥에서 떨어지면 이것은 더 이상 손으로 제어할 수 없는 존재이며, 정확한 움직임을 유도하는 일이란 불가능하다.

●캠 프로파일은 밸브의 가속도를 고려해야 한다

밸브는 밸브시트에 밀착되어 있다. 이 정지해 있는 밸브가 움직이기 시작해서 이윽고 속도가 붙는다. 여기서는 밸브가 가속하고 있다. 이것을 플러스 가속도라고 가정하자.

이렇게 가속해 가는 도중부터는 속도가 줄어들다가 최대 리프트 위치에서 이론상으로는 한 순간 정지한다. 그리고 이번에는 밸브가 닫히기 시작하는데, 열리는 방향과는 반대쪽 방향으로 속도를 올려 가므로 여기서는 마이너스 가속도가 붙는다. 그러나 역시 도중에서 감속하다가 마지막에는 밸브시트와 접촉하면서 정지한다. 이 경우의 감속은 마이너스 방향의 속도를 감속하는 것이므로 작용하는 것은 플러스 가속도이다.

즉, 밸브는 열리기 시작하면서부터 완전히 닫힐 때까지 항상 어느 쪽 방향으로든 가속하고 있는 것이다. 일정한 속도로 움직인다거나, 일정한 위치에서 정지하고 있는 시간이란 존재하지 않는다. 아니 그럴 시간적인 여유가 없는 것이다. 매우 한정된 시간 속에서 어떻게든 최대 리프트량까지 갔다가 다시 제자리로 되돌아오는 것만으로 벅찬 것이다.

앞서 말한 직사각형 캠의 경우에는, 우선 플러스방향 가속도가 매우 크다. 밸브를 연다는 것은 캠으로 강제적으로 밀어 내린다는 뜻이다. 닫힐 경우의 감속을 포함해서 플러스방향 가속도는 캠면이 리프터 등을 누르는 힘으로 발생한다. 이 가속도는 얼마든지 크게 만들 수 있다. 캠면과 밸브스템 등의 부하가 커지므로 그에 따른 대처가 필요해지지만, 하여튼 이론적으로는 가능하다.

그러나 마이너스방향 가속도에는 한도가 있다. 이 가속도를 지배하는 것은 밸브와 그 부속품들의 질량, 그리고 밸브스프링의 반발력이다. 밸브스프링 반발력이 똑같다면 밸브계 질량이 작을수록 큰 가속도를 얻을 수 있다. 다만 가볍게 만드는 데에도 한계가 있다. 또한 스프링의 반발력이 클수록 커다란 가속도를 얻을 수 있지만, 그렇다고 서스펜션 등에 쓰이는 것 같은 거대한 용수철을 사용할 수 있을 리도 없다. 그리고 고속으로 작동하는 스프링은 그곳에 걸리는 부하 때문에 극단적으로 굵게 만들 수도 없고 역시 한도가 있다. 더구나 스프링을 강하게 할수록 저항손실도 불어난다.

이 한정된 마이너스 가속도에 맞춰서 플러스 가속도도 똑같은 절대값으로 하는 것이 무난하다. 실제로 십여년 전의 엔진은 그랬다. 그렇지만 그래서는 밸브가 최대 리프트 부근에 머물러 있는 시간이 상당히 짧다. 밸브가 열려 있는 시간면적이 작은 것이다. 밸브의 리프트량을 키우기 위해서는 밸브 작동각을 터무니없이 늘리지 않으면 안 된다.

그래서 최근의 엔진은 플러스방향의 가속도를 순간적으로 마이너스 방향 이상으로 크게 잡는 방법이 주류를 이루고 있다. 손으로 공을 들어 올리는 경우로 비유한다면 처음에는 싹 하고 재빨리 손을 들기 시작하는 것이다. 물론 그 여세는 매우 강하다.

그렇지만 이렇게 단시간에 큰 가속도를 붙이는 결과로 시간(일정한

밸브 작동각 중에서의 시간)을 벌 수가 있다. 이 시간을 사용해서 지그
시 플러스 가속도를 빼 나간다. 손을 내릴 때에도 지그시 내릴 수 있다.
마지막에 공이 낙하하는 것을 꾸욱 하고 강하게 억제해서 정지시킨다.
이렇게 하는 편이 밸브의 「시간 개방면적」을 늘릴 수 있는 것이다.

그러나 어느 경우든 마이너스 가속도가 모든 것을 지배해 버린다. 여
기에 맞춰서 최대한 급속도로 여닫으려고 하다 보면, 마치 손에서 공이
떠오르지 않도록 하는 움직임이 된다. 그렇기 때문에 열리는 방향과 닫
히는 방향이 서로 대칭적인 움직임이 된다. 직타식의 경우를 들면 좌우
대칭 캠 프로파일이 되는 것이다.

DOHC

더블 오버 헤드 캠샤프트의 약자다. 흡기쪽과 배기쪽에 각각 독립된 2

● 캠샤프트가 2개인 DOHC

개의 캠샤프트가 있는 형식을 말한다. 그렇지만 기계란 그 구조가 복잡
하다고 훌륭한 것은 아니다. 오히려 그 반대다.

또한 DOHC 4밸브라는 방식은 1912년의 푸조 엔진에도 채용되어

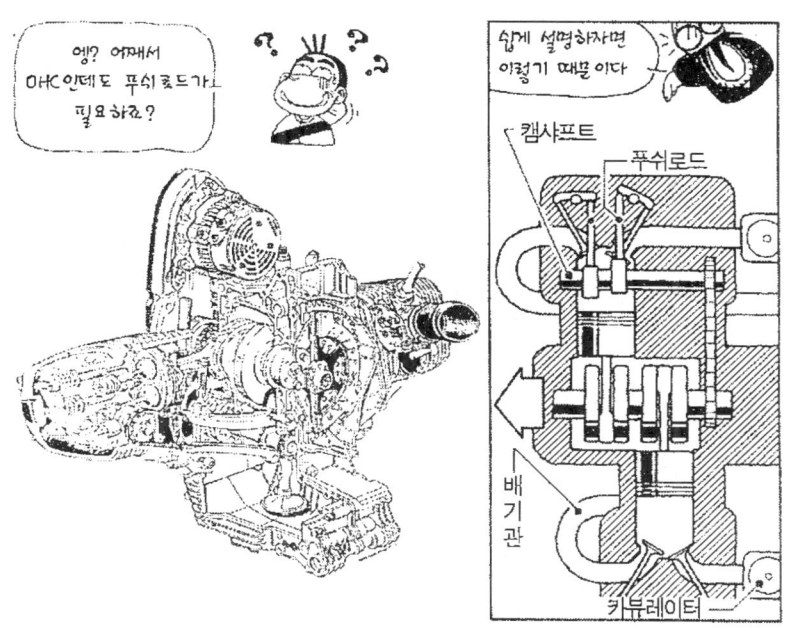

있는 등 시스템 자체로서는 새로운 것도 아니다. DOHC의 이점을 알기 위해서는 캠샤프트가 엔진의 어느 부분에 달려 있는가에 대해 체계적으로 살펴보는 편이 이해하기 쉽다.

초기의 4스트로크 엔진에서는 크랭크샤프트 바로 옆에 캠샤프트가 있어서, 여기에 직접 밸브가 위를 향해 달려 있었다. 이것을 SV(사이드 밸브)방식이라고 한다. 흡배기 밸브를 움직이는 구조로서는 가장 단순하다. 그러나 요즘 바이크에 사용하기에는 성능적으로 너무나 힘이 없다.

SV에서는 혼합기를 효율적으로 연소시키는 반구형이나 펜트루프형 연소실로 만들 수 없다. 밸브스템의 길이도 길어진다. 이 문제를 해결하고자 연소실 상부 = 실린더헤드에 밸브를 설치하고, 크랭크 옆에 있는 캠샤프트로부터 막대 = 푸쉬로드와 지렛대 = 로커암으로 작동시키는

● DOHC에 굳이 로커암을 다는 이유는……

방식이 나타나게 된다. 이것이 OHV(오버 헤드 밸브)방식이다.

그러나 OHV에서는 길~다란 푸쉬로드가, 가령 10,000rpm이라면 1초에 80번 이상이나 아래위로 움직인다. 아무리 크랭크 회전수의 절반이라고는 하지만 이런 상황에서는 푸쉬로드가 튀는 등 정확하게 밸브를 개폐시키기란 어려운 일이다. 밸브 자체도 그렇지만 이 운동질량 = 관성력이 문제가 된다. 밸브 구동계의 강성도 낮아진다. 그래서 캠샤프트까지도 밸브 위에 설치하고 푸쉬로드를 배제한 것이 OHC(오버 헤드 캠샤프트)방식이다.

OHC에서는 캠면에 로커암이 닿아 있고, 그 반대편 끝이 밸브를 눌러 내린다. 이 로커암조차도 배제해서 밸브둘레의 관성질량을 더욱 줄

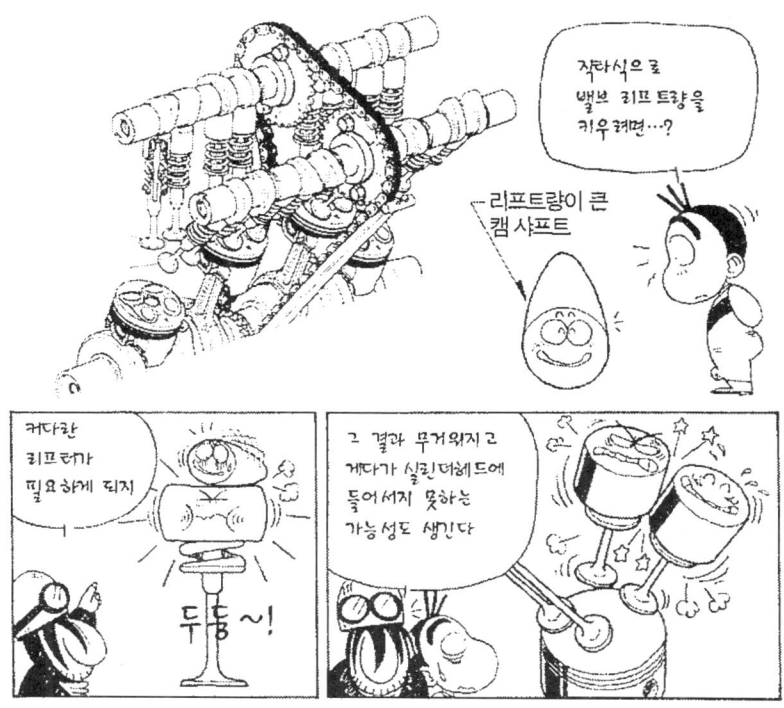

이고 강성을 높여서, 고회전에서도 정확하게 밸브를 작동시키려고 하는
것이 DOHC다. 2개의 캠샤프트가 밸브를 직접 여닫는다.

DOHC나 OHC나 오버 헤드 밸브임에는 틀림없지만, 근래에는 통상
적으로 OHV는 푸쉬로드를 사용하는 타입에 한정된다. 또한 DOHC도
오버 헤드 캠샤프트임에는 틀림없지만, 그저 단순히 OHC라고 할 경우
에는 캠샤프트가 1개짜리인 것을 가리킨다. DOHC와 구별하기 위해
SOHC(싱글 OHC)라고 표기하기도 한다.

OHC이면서도 짧은 푸쉬로드를 사용하고 있는 것도 있다. BMW의
R시리즈 엔진이나 모토굿지 1000 데이토나 등이 그 대표적인 예다. 이
유는 크랭크샤프트와 흡배기포트의 방향 관계 때문이다.

캠샤프트는 크랭크로부터 구동되는데 평범하게 체인이나 기어 등으로 구동하면 크랭크와 캠 축이 평행이 된다. 그러나 흡배기포트는 일반적으로 캠샤프트와 직각방향으로 뻗는다. 이 원칙을 유지하되 BMW와 모토굿지는 세로형 크랭크임에도 불구하고 흡배기포트를 통상적인 바이크와 마찬가지로 앞 뒤 방향으로 내고 싶었다.

그러기 위해서 세로방향으로 뻗어 있는 캠샤프트와, 앞 뒤 방향으로 흡배기포트가 뚫려 있는 실린더헤드의 밸브스템 사이를, 그저 단순하게 로커암으로 연결해서는 억지가 생긴다. 이 억지를 흡수하는 것이 짧은 푸쉬로드인 것이다.

아울러 DOHC 중에는 조그만 로커암이 달려 있는 것도 많다. 기껏 DOHC를 채용해 놓고도, 운동질량을 늘이고 밸브 구동계의 강성을 저하시키는 부품을 굳이 추가하는 데에는 몇 가지 이유가 있다.

우선 **밸브간격**(해당 항을 참조할 것)을 조정하기가 편하다. 밸브래쉬(valva lash) 어저스터를 설치하기도 쉽다. 로커암은 OHC의 경우보다 상당히 작게 만들 수 있으므로 성능면의 폐해도 막을 수 있다.

반대로 성능적으로 유리한 부분도 있다. 밸브 리프트량을 키울 수 있는 것이다. 앞서 설명한 기본적인 DOHC기구는 직타식이라고 불리는 것으로서 캠면이 밸브스템 위의 리프터를 직접 누르는 타입이다. 여기서는 캠면이 리프터 윗면을 미끄러지면서 훑게 되는데, 리프트량이 크도록 깎인 캠이 슬라이드 하려면 그만큼 직경이 큰 리프터가 필요하게 된다. 이것은 밸브 구동계의 질량을 늘인다. 또한 밸브를 배치하는 제한도 커진다. 4밸브 방식의 경우, 흡배기를 불문하고 2개씩의 밸브는 그 간격에 제한이 있어서, 어느 일정 이상의 리프트량이 되면 리프터가 물리적, 공간적으로 들어서지 못하게 되는 것이다.

로커암이 있으면 캠샤프트를 배치하기가 훨씬 수월하다는 점도 장점이다. 이에 따라 엔진으로서는 흡배기포트를 설치하기가 편해진다. 바이크 전체적으로서는 엔진형상의 자유도가 커지고 중량 배분이나 프레임 레이아웃에 제한을 덜 받게 된다.

이러한 로커암식과 직타식의 이점을 저울에 올려놓고 비교하는 것이다. 이 두 가지 엔진은 시판차량은 물론 레이스용에도 존재한다. 각 담당기술자의 사고방식 여하에 달려 있는 문제다.

다만 DOHC는 고회전에 유리하다는 것 말고도 또 한가지 커다란 장점이 있다. 점화플러그를 연소실 중앙에 설치하기 편한 것이다. 플러그의 전기불꽃으로 점화된 혼합기의 화염은 그 플러그를 중심으로 사방팔방으로 퍼져 나간다. 깨끗이 연소시켜서 효율성 있게 파워를 끌어내기 위해서는 플러그가 연소실 중앙에 있는 편이 바람직하다. OHC로 이것을 실현하려면 캠샤프트를 흡배기 둘 중 한쪽으로 크게 이동시켜야 하고 그에 따라 한쪽 로커암이 길어질 수밖에 없다. 단기통이라면 캠샤프트를 플러그까지 닿지 않도록 짧게 만드는 방법도 있긴 하지만⋯⋯.

DOHC는 캠이 2개씩이나 있기 때문에 엔진이 커지고 무거워진다는 단점이 있다. 이런 점에서는 SOHC, 혹은 OHV가 유리해진다. 특히 일반도로 주행에 있어서는 DOHC가 반드시 우수하다고는 할 수 없다. 더 나아가 얼마나 타기 편한가, 또는 달리면서 얼마나 즐거운가의 기준은 되지 못 한다. 제원표의 숫자에만 빠져 있으면 이 사실을 망각하게 되므로 주의할 필요가 있다. 참고적으로 현재의 기술이라면 OHV라도 10,000rpm 정도로 돌리는 일이란 식은 죽 먹기다. 물론 DOHC쪽이 제작비용도 비싸다.

● 크랭크샤프트의 1/2의 속도로 정확하게 도는 캠샤프트

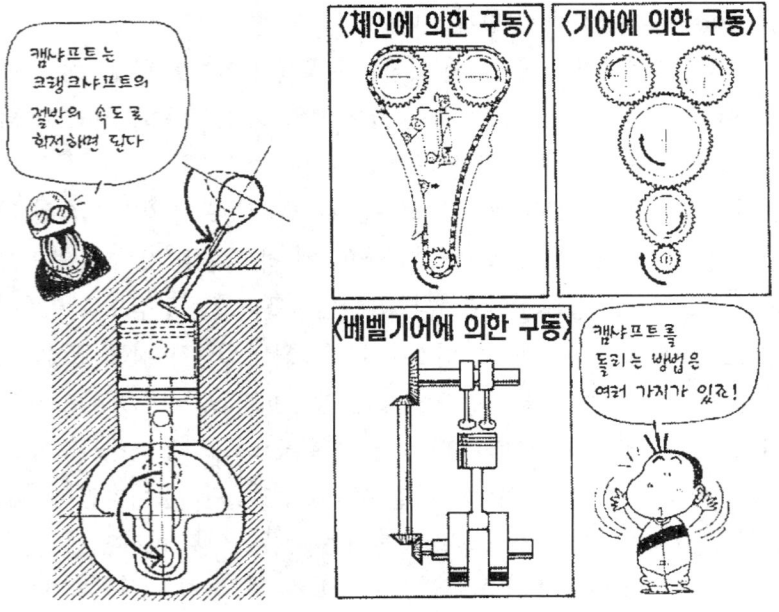

캠샤프트 구동기구

캠샤프트는 밸브를 작동시키기 위한 것이다. 즉 4스트로크 엔진의 작동원리에 따라, 피스톤의 위치에 맞춰 정확하게 돌아야 할 필요가 있다. 더구나 정확하게 크랭크샤프트의 2분의 1의 속도로 돌아야 한다. 따라서 캠샤프트는 크랭크로부터 어떤 형태로든 간에 감속되어 구동된다.

OHV라면 구동하는 방법은 간단하다. 크랭크와 그 옆에 있는 캠샤프트 두 군데에 기어(타이밍 기어라고 한다)를 깎아서 서로 맞물리면 된다. 캠샤프트쪽 기어가 크랭크의 2배의 이빨수라면 회전수는 절반으로 낮아진다.

그러나 OHC 및 DOHC에서는 좀 더 복잡한 구동기구가 필요하다.

〈캠기어 트레인〉

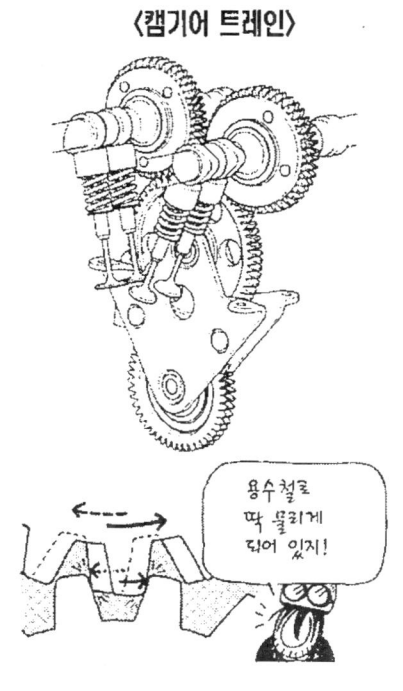

용수철로 딱 물리게 되어 있지!

다음의 구동방식이 대표적인 방법이다.

① 체인으로 구동
② 타이밍 벨트로 구동
③ 양끝에 베벨기어가 달린 샤프트로 구동
④ 여러 개의 기어를 이어서 구동

첫번째 체인구동 방식은 바이크에게는 극히 일반적인 방법이다. 크랭크와 캠샤프트 두 곳에 달려 있는 타이밍 기어 (캠체인 스프로킷이라고도 한다)에 캠체인을 걸어서 돌리는 구조다. 제작비용이 비교적 싸다. 또한 일반 시판차로서는 중요한 성능인 소음(승인기준이 엄격하다)도 줄이기 편하다. 기본설계가 같더라도 피스톤 스트로크를 늘이기 (배기량 증가나 보어·스트로크 비율 변경)도 쉽다.

다만 고회전시에는 캠체인이 한쪽으로 늘어지는 등 움직임이 불안정하다. 주행 중인 바이크의 사진을 보면 뒷바퀴를 구동하고 있는 체인이 원심력으로 크게 부풀어 있고, 더구나 마치 파도가 치듯이 출렁이는 것을 알 수 있다. 크랭크샤프트는 이보다 훨씬 고속으로 회전한다. 고회전시의 정확한 작동성에는 문제가 있는 것이다. 그렇지만 이 부분은 상당히 개량되어서 요즘에는 18,000rpm 이상으로 돌려도 끄떡없는 제품도 있다.

두번째 벨트구동 방식은 위의 체인 대신에 이빨 모양으로 요철이 달린

커그드 벨트 (cogged belt)를 사용하는 방법이다. 자동차에서는 이미 상식적인 방식이며 체인식보다 소음이 작다. 바이크에도 두카티 등이 채용하고 있다. 그러나 바이크에게는 사용하기 불편한 점이 많다. 오일로 범벅이 되는 곳에 벨트를 배치할 수는 없는 노릇이므로 병렬 4기통의 중앙부분에 이것을 레이아웃시키는 일이란 상당히 어렵다. 또 10,000rpm 이상을 빈번히 사용하는 경우에는 그 내구성이나 자항손실이 커지는 것 등에 대한 대책이 필요하다.

세번째 베벨기어 구동 방식은 예전의 두카티 등에 예가 있다. 밸브작동이 정확하게 이루어지는 것처럼 여겨지지만, 사실은 베벨기어는 이빨면에 구동력이 걸리면 회전축 방향으로 이동하려고 하는 힘이 발생한다. 이 힘이 샤프트를 움직이기 때문에 밸브 타이밍이 어긋날 가능성이 있다. 저항손실이 크고 구조적으로 공간을 많이 차지하며 무게가 무거워진다는 결점도 있다.

마지막 기어구동 방식은 크랭크부터 캠샤프트까지 여러 장의 기어로 연결해서 회전을 전달하는 방식이다. 고회전에서도 밸브타이밍이 정확하고 고회전으로 연속 운전해도 쉽사리 고장나지 않는 등 내구성이 우수하다. 저항 손실도 적다. 고회전 고출력을 추구한다면 이 방식이 최고다. 기어를 얇게 만들면 소형화시키기에도 문제가 없다. 시판차로서는 혼다가 캠기어 트래인이라고 부르는 방식을 자사 모델에 채용하고 있다.

다만 기어구동 방식은 제조단가가 비싸다. 중량도 체인방식에 비하면 비교적 무겁다.

더구나 단순히 기어를 나열한 구조에서는 기어 돌아가는 소리가 매우 커지게 된다. 그래서 혼다는 캠기어에 특수한 구조의 기어를 덧붙여 끼워 놓고 있다. 이 특수기어는 본래의 기어와 똑같은 이빨수를 가지고 있지만, 서로의 이빨이 조금씩 어긋나도록 용수철로 고정되어 있다. 이 때문에 단순한 기어 나열에서의 기어 이빨이 서로 맞물리는 부분에 있는

● 2종류의 캠 체인

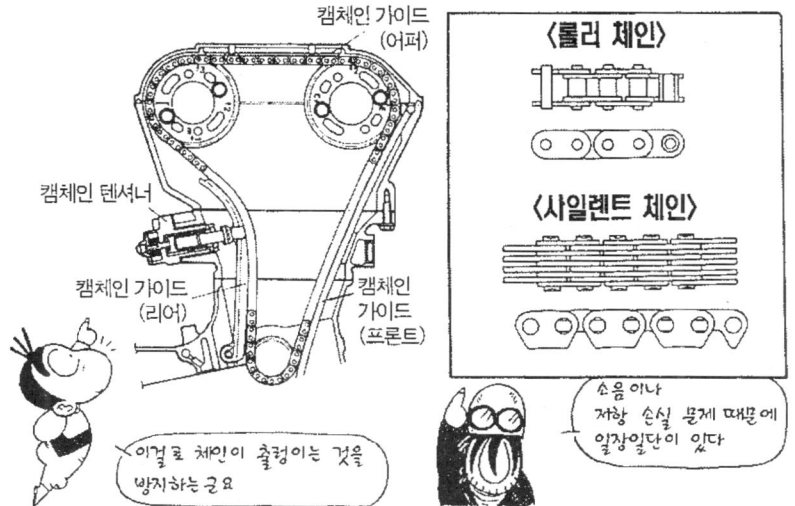

캠체인 가이드
(어퍼)

〈롤러 체인〉

〈사일렌트 체인〉

캠체인 텐셔너

캠체인 가이드
(리어)

캠체인
가이드
(프론트)

이걸로 체인이 출렁이는 것을 방지하는군요

소음이나
저항 손실 문제 때문에
일장일단이 있다

유격(백 래쉬라고 한다)이 없어지게 되어 소음이 줄어든다.

그래도 주행 중에는 카잉- 하는 소리가 들린다. 또한 그 특수기어가
저항으로 작용하므로 레이싱 머신에서 사용하는 본래의 기어구동 방식
에 비해 저항손실이 늘어난다.

절대성능에서는 단연 우수한 기어 방식이지만 시판차의 실제주행 조
건을 고려한다면, 고회전 지향적 바이크용 엔진이라도 체인 방식이 반
드시 뒤떨어진다고는 볼 수 없는 것이 현실인 듯하다.

캠 체인

크랭크샤프트로 캠샤프트를 돌리기 위한 체인. 롤러 체인과 사일렌트
체인 2종류가 있다.

롤러 체인은 뒷바퀴를 구동하기 위해 쓰이는 것과 똑같은 구조의 것
이다. 양쪽 측면에 플레이트가 있고 링크 하나 하나마다 핀으로 연결되

어 있다. 부쉬 체인이라고도 부른다. 저항 손실이 적은 점이 장점이지만 소음은 다소 크다.

사일렌트 체인은 롤러 체인의 플레이트를 몇 겹씩이나 촘촘하게 옆으로 늘어 세운 형태다. 일종의 벨트와도 같은 느낌이다. 이름에서도 알 수 있듯이 소음이 적지만 저항은 다소 크다.

모양은 달라도 어차피 둘 다 체인이라서 타이밍 기어에 그저 걸쳐 놓은 느슨한 상태로는 캠샤프트를 정확하게 돌릴 수가 없다. 또 사용하고 있으면 그에 따라 늘어나게 된다.

그렇기 때문에 반드시 캠체인 텐셔너(camchain tensioner)라는 장치가 달려 있다. 체인이 출렁거리지 않도록 용수철 등의 힘으로 눌러 대는 방식이 일반적인데, 예전에는 체인과 직접 닿는 이 부분에 톱니바퀴나 짤달막한 철판 등이 쓰였다. 그걸로는 체인의 일부분밖에는 눌러 대지 못한다.「캠샤프트 구동기구」항에서 설명했듯이 체인이 출렁거리기 쉽다.

그래서 요즘에는 넓은 면적에 걸쳐 체인과 접촉하도록 길다란 막대모양의 것으로 눌러 대고 있다. 또한 텐셔너의 반대쪽에도, DOHC라면 2개의 샤프트 사이에도 동일한 구조의 것(가이드 또는 슬리퍼 등이라 불린다)으로 눌러 대고 있다. 이 막대 모양 플레이트에는 튼튼한 고무가 용착되어 있어서 이 고무 표면 위를 체인이 미끄러지듯 흐른다.

체인을 눌러 대는 이 부품의 형상, 눌러 대는 힘의 강약, 고무의 재질과 용착 방법 등은 근래 10~20년 사이에 커다란 진보가 이루어졌다. 체인구동 캠샤프트 방식 엔진이라도 18,000rpm씩이나 돌릴 수 있게 된 것은 이 점에 힘입은 바가 크다고 할 수 있다.

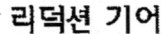

리덕션 기어

캠샤프트는 정확하게 크랭크샤프트의 절반의 회전수로 돌리지 않으

● 실린더헤드를 아담하게…… 리덕션 기어

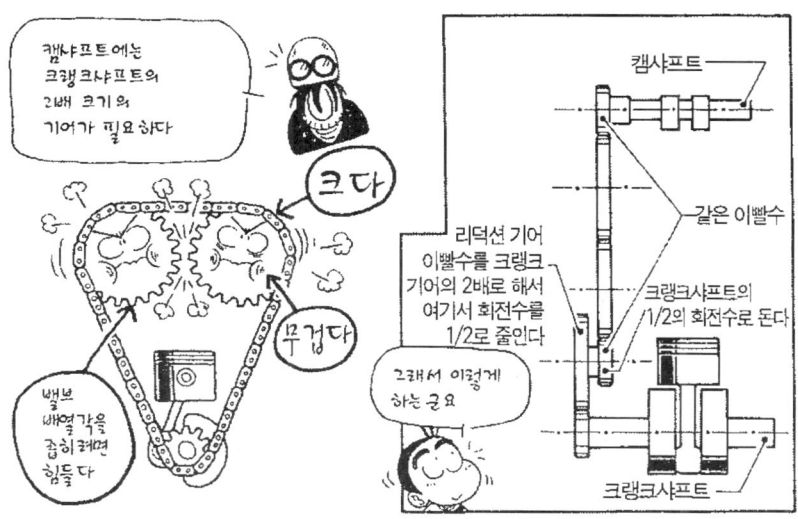

면 안 된다. 따라서 단순하게 크랭크와 캠을 체인으로 구동하는 구조라면 크랭크 쪽의 2배 직경의 타이밍 기어를 캠샤프트 쪽에 달아야 할 필요가 있다. 기어구동의 경우라도 그것이 평면적으로 맞물리는 한, 그 사이에 기어를 몇 개 연결하든 간에 최종적인 기어비는 처음과 마지막 기어로 결정되므로 마찬가지다.

캠샤프트 끄트머리에는 상당히 커다란 기어가 달리게 된다. 이것은 실린더헤드가 커지는 요소다. 무게가 무거워진다는 의미도 있지만, 중심 위치가 높아지고 프레임 레이아웃에 제한을 받는 등 성능적으로 마이너스 요인이 된다. 또한 DOHC의 경우, 2개의 캠샤프트의 간격을 좁히고 싶을 때에는 꽤나 방해가 된다. 밸브를 직타식으로 작동시키고 밸브 배열각을 줄이려면 이 간격이 좁아지기 때문이다.

이럴 경우, 첫번째 단계로 크랭크샤프트에서 흡배기 중 어느 한쪽 캠샤프트만 돌리는 방법이 있다. 그 후에 흡기와 배기 캠샤프트를 기어나

체인으로 연결한다. 이 방식이라면 크랭크로부터 구동되는 커다란 캠기어는 하나만 있으면 족하다는 계산이다. 다만 흡기 쪽과 배기 쪽을 연결해 주는 별도의 기구를 가뜩이나 혼잡한 헤드 둘레에 따로 마련해야 한다는 난점이 있다. 어렵사리 마련한다고 해도 엔진이 커지고 무거워진다.

또 하나, 크랭크샤프트에서 캠샤프트로 구동하는 도중에 회전수를 절반으로 감속시키는 방법이 있다. 이것을 기어구동 식으로 설명하자면, 연결되는 기어 중 하나를 앞 페이지 그림(p. 250)과 같이 한다. 하나의 축에 기어가 2개 겹치는 구조다. 이빨수가 많은 기어는 크랭크샤프트에, 적은 쪽은 캠샤프트에 연결해서 캠기어의 이빨수를 줄일 수 있다. 이런 기어를 리덕션 기어(reduction gear) 또는 감속 기어 라고 한다. 혼다 차에 채용하고 있는 사례가 있다. 캠체인 식에서도 마찬가지 구조의 기어(스프로킷)를 사용해서 체인을 2단으로 걸면 같은 효과를 얻을 수 있다.

사이드 캠체인 방식

병렬 2기통 이상의 엔진에서 OHC 또는 DOHC의 경우, 캠체인을 엔진의 좌우 어느 한쪽 끝에 설치하는 구조다. 가와사키 ZX-11이나 혼다 CBR900RR 등이 채용하고 있는 예가 있다. 세로형 크랭크 형식에서 엔진 앞 끝에 달려 있는 것도 마찬가지다.

자동차의 세계에서는 상식적인 구조로서 특별히 이런 식의 이름으로 부르거나 하지는 않는다. 그러나 바이크에서는 엔진 중앙에 캠체인이 있는 것이 많아서 굳이 이렇게 부른다. 기어구동 식에서도 마찬가지다.

중앙식으로 하는 이유는 고회전형 엔진의 경우, 한쪽 끄트머리에서 구동하면 캠샤프트의 회전이 고르지 못하고 진동이 문제가 되기 때문이

● 캠체인을 엔진 어느 부분에 설치할 것인가?

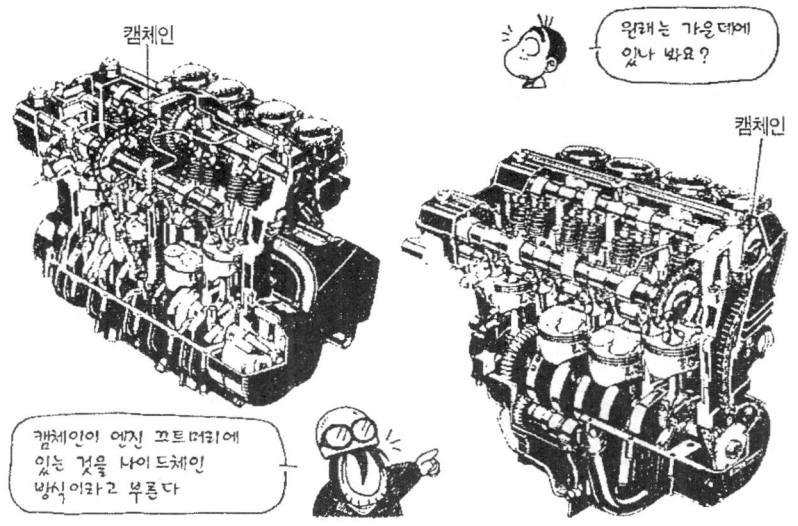

원래는 가운데에 있나 봐요?

캠체인이 엔진 꼬트 머리에 있는 것을 사이드체인 방식이라고 부른다

다…… 라고 옛날부터 곧잘 설명되곤 했다. 그렇지만 자동차 F1 엔진은 15,000rpm이나 돌리는데도 크랭크 끝에서 구동하고 있다. 요즘의 기술 수준으로 본다면 일반적인 시판 차라도 중앙구동 식으로 할 필요성은 없다고 봐도 좋다.

실제로는 바이크의 경우, 외관상의 문제가 큰 듯하다. 바이크에서는 엔진의 겉모습이 그대로 전체의 스타일과 직결된다. 엔진 좌우의 모양새가 다르면 멋이 없다. 특히 캠체인이 지나는 쪽은 밋밋하게 생길 수밖에 없으며 이건 더더욱 보기 흉하다. 굳이 성능적인 결점을 들라면, 캠체인이 있는 쪽은 크기가 커지므로 프레임을 레이아웃할 때에 제한을 받는다는 것 정도…….

이론적으로는 사이드 방식이 장점이 많다. 캠샤프트 구동을 중앙(혹은 양끝 이외의 어느 기통들 사이)에서 하는 것보다 엔진을 소형화시킬 수 있다.

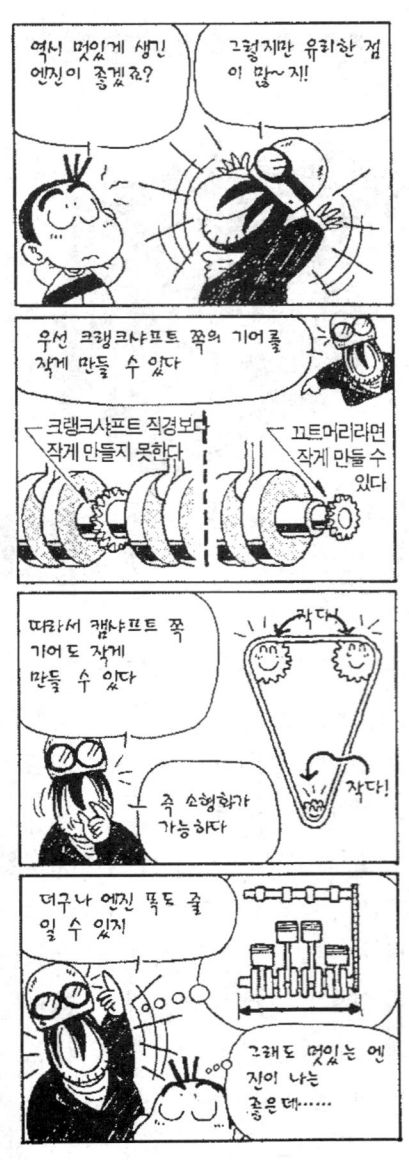

　우선 캠샤프트 쪽의 타이밍 기어를 작게 만들 수 있는 점을 들 수 있다. 크랭크샤프트는 자체적으로 요구되는 강도 때문에 어느 일정한 굵기가 필요하다. 이곳에 구동측 타이밍 기어를 달려면 아무래도 크랭크샤프트 직경보다 큰 기어가 될 수밖에 없다. 그러면 「캠샤프트 구동방식」항에서도 설명했듯이, 단순하게 이야기하자면 그 2배 직경의 기어를 캠샤프트에 달아야 할 필요가 있다.

　그러나 크랭크 끝이라면 강도는 그다지 필요하지 않으므로 직경이 작아도 된다. 여기에 달 기어도 작게 만들 수 있으며 그에 따라 캠샤프트 쪽도 이에 비례해서 작아진다. 이 효과는 「리덕션 기어」항에서 설명했던 대로다.

또한 사이드 방식 이외의 경우에서는, 병렬 엔진을 예로 들자면 엔진 폭이 넓어진다. 이유는 캠체인이 지나는 부분 = 캠체인 터널을 마련하기 위해. 그 양쪽에 실린더 블록을 겸하는 「튼튼한 벽」이 필요하기 때문이 다. 무게도 무거워진다. 또 필연적으로 크랭크샤프트의 길이도 길어진 다. 길어진 만큼 무거워질 뿐 아니라, 그에 따라 강성을 확보하기 위해 굵기까지 굵어지므로 더더욱 무거워진다. 사이드 방식이라면 이 「벽」 은 하나만 있으면 된다. 엔진의 바깥쪽 벽은 단순한 체인 덮개 역할만 하면 족하므로 상당히 얇게 = 가볍게 만들 수 있다.

밸브의 이상작동

밸브가 캠에 눌려 리프트해 갈 때, 밸브가 캠 형상을 벗어나 제멋대

●밸브를 망가뜨리는 점핑, 서징

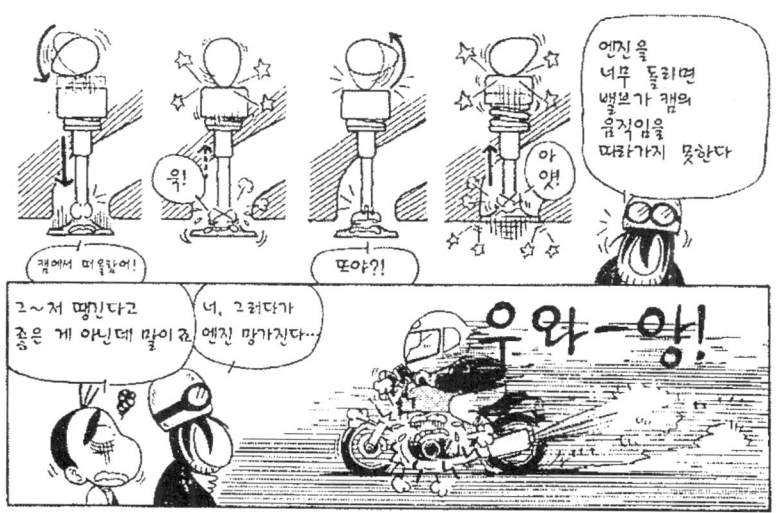

로 떠올라 버리는 현상이 나타날 수 있다. 「밸브의 가속도」항에서 인용한 예를 다시 들자면 공을 들어올릴 때, 들어올리는 속도를 급격하게 줄이면 공이 손바닥에서 떠올라 버리는 현상이다.

이렇게 되면 밸브의 움직임은 더 이상 캠으로 제어할 수 없으며 제멋대로 떠오르게 된다. 이윽고 밸브 스프링의 힘으로 되돌아오긴 하지만, 언제 되돌아올 지는 떠오를 때의 힘에 따라 결정되므로 이 또한 종잡을 수 없다. 되돌아왔다고 해도 이번에는 밸브스템 끄트머리가 캠 표면과 심하게 부딪힌다. 더구나 이 때문에 다시 튕겨 오르는 경우도 있다. 이러한 현상이 밸브 점프 또는 점핑(jumping) 이다.

이제 밸브가 닫힐 때를 보면, 최종적으로 밸브페이스가 밸브시트와 접촉하게 된다. 이때, 밸브가 그대로 밸브시트에 밀착되지 않고 밸브시트에 부딪힌 충격으로 다시 튕겨 오르는 일이 있다. 그리고 다시 되돌아와서 밸브시트에 닿게 되는데, 이것은 캠으로 제어되지 않은 움직임이기 때문에 그야말로 충돌이다. 더구나 점프 때보다 훨씬 심하게 부딪히게 된다. 대부분의 경우 다시 한 번 튕겨 올라서 이것을 수차례 되풀이한다. 이 현상을 바운스(bounce) 라고 한다.

이러한 밸브의 이상작동에 의해 캠이나 밸브시트에 부딪히는 충격으로 밸브가 파손되는 경우가 있다. 밸브와 피스톤이 서로 접촉하는 일도 적지 않다. 점핑이나 바운스가 어느 수준 이상에 도달하게 되는 엔진 회전수를 밸브구동계의 충돌속도(crash speed) 라고 부른다. 평균 피스톤속도와 함께 기계적으로 그 엔진의 회전 상한선을 결정하는 요소의 하나다.

이것은 무리하게 엔진을 고회전까지 돌렸을 때에 나타나기 쉽다. 엔진에서 쏴아— 하는 금속음이 들릴 경우는 이러한 현상이거나, 아니면 다음 항에 있는 서징(surging) 이 발생하고 있다는 뜻이다. 하긴, 일반 시판 차에서는 어느 정도 이런 현상이 발생하더라도 금세 엔진이 망가

지는 일이란 적다. 여유를 두고 설계되기 때문이다.

그렇지만 이런 현상이 일어날 때까지 회전수를 올려 봐야 이미 거기서는 파워가 크게 떨어지고 있기 때문에 전혀 의미가 없다. 통상적으로 이렇게 되기 전에 이미 체감적으로 알아차릴 수 있을 것이다. 그리고 거기까지 회전이 올라가지 않도록 하기 위한 장치 = 회전 제한기 (revolution limiter)를 장착하고 있는 모델도 많다. 그러나 터무니없는 공회전이나 무리한 쉬프트 다운에 의한 엔진회전 상승에는 회전 제한기도 무용지물이다. 회전하던 여세로 엔진이 돌아 버린다. 혹은 억지로 돌도록 강요당하는 상태이기 때문이다. 주의해야 한다.

점핑이나 바운스는 엔진 회전이 높을수록 발생하기 쉬워진다. 또한 밸브계의 운동질량이 클수록, 혹은 밸브계의 운동질량에 대해 밸브 스프링이 약할수록 발생하기 쉽다. 바꿔 말하면 밸브 둘레 운동 부품들이 가벼울수록, 밸브 스프링이 단단할수록 일어나기 어렵다.

한편 밸브구동계의 강성이 낮으면 점핑과 바운스가 발생하기 쉽다. 밸브를 작동시키기 위한 부품 중에서 강성면에서 문제가 되는 것은 이를테면 로커암 등이 해당된다. 원래 강체이어야 할 부품이 변형되어 버린다면, 캠면에 설정된 것과 다른 움직임을 나타내게 된다. 더구나 변형된 부품이 일종의 용수철 역할을 함으로써 이로 인해 밸브가 퉁기는 요소도 있다.

서 징

부드러운 용수철을 손가락으로 퉁기면 띵요요용– 하고 진동을 계속한다. 이런 상태가 되는 진동수를 고유 진동수 라고 한다. 용수철이 단단할수록 = 스프링 상수(常數)가 클수록 고유진동수는 높아진다. 밸브 스프링의 용수철이 단단해도, 그 고유 진동수와 주기가 일치하는 밸브작동 상태 (반드시 동일한 주기가 아닐지라도)가 되는 회전수가 있다. 이때, 이른바 공진을 일으킨다. 용수철 전체가 심하게 진동하는 경우도 있고, 용수철 속에서 파장이 왕복하는 듯한 진동을 일으키는 일도 있다. 이런 상태를 서징, 또는 서지(surge)라고 부른다. 엔진을 무리하게 고회전까지 돌리면 쏴– 하는 소리가 들리는 일이 있는데 그 대부분은 서지가 발생하고 있는 상태다.

서지가 발생하면 밸브 스프링에게 본래의 반발력을 기대하기 어렵다. 정확한 밸브 작동 따위는 불가능하다.

또한 서지가 발생하면 용수철에 무리한 부담이 걸리게 되므로 쉽사리 탄력을 잃게 된다. 용수철이나 리테이너가 부서지는 일도 있다. 그 이전에 부정확한 밸브 작동 때문에 밸브가 각 부분에 충돌해서 파괴되는 경우가 많다.

용수철이 부드러울수록, 혹은 엔진 회전이 높을수록 서징이 발생하기 쉬워진다. 그렇지만 이것은 용수철 상수를 설정하는 것만 가지고는 해결되지 않는다. 이론적으로는 용수철 상수가 높을수록 서징이 발생하기 어렵지만, 용수철 상수를 높임으로서 용수철이 무거워지면 이것이 또 서징을 유발시키는 요소로 작용한다. 여기서는 밸브의 무게는 관계가 없으며 용수철의 무게가 문제가 된다.

● 캠샤프트의 움직임을 밸브에게 전달하는 로커암

로 커 암

작동 원리는 지렛대와 같으며 놀이터에 있는 시소처럼 생긴 것을 떠올리면 좋다. 이 기구는 여러 곳에 사용되지만 엔진 관계에서 단순히 로커암이라고 할 경우에는 밸브를 작동시키기 위한 것을 가리킨다. OHC나 DOHC에서는 캠면의 변화를 이것으로 받아들여서 밸브스템을 눌러 내린다. OHV에서는 푸쉬로드의 움직임을 전달해서 밸브를 누른다.

OHC엔진의 로커암은 거의 대부분이 놀이터의 시소 모양이다. 중앙에 받침점이 있고, 한쪽 끝이 캠면과 닿아 있어서 이곳이 지렛대의 힘점이 되며, 반대쪽 끝이 작용점으로서 밸브를 눌러 내린다.

DOHC에서 로커암을 사용할 경우는 언더 플로어 로커암이 사용된다. 캠샤프트 아래에 로커암이 있고 받침점은 암의 끄트머리에 있다. 이

반침점이 캠샤프트보다 엔진 바깥쪽에 있는 형식과 반대로 안쪽에 있는 형식의 2가지가 있다.

4밸브 방식 엔진에서는 흡기 쪽 또는 배기 쪽 2개씩의 밸브가 동시에 움직이는 것이 일반적이다. 1기통당 1개의 흡배기 캠샤프트에 각각 1개씩의 로커암이 달려 있고, 이 로커암 끝이 2가닥으로 쪼개져 있어서 이것이 2개의 밸브를 작동시킨다.

그러나 밸브 1개마다 로커암을 독립시키는 편이 가벼워지고 강성도 높아진다. 즉 고회전에 유리한 것이다. 이것을 1밸브 1로커암 방식 이라고 부른다. 고회전 고출력을 추구하는 바이크용 DOHC 4밸브 방식에서는 채용하고 있는 예가 많다.

밸브 간격

밸브구동계는 정확한 타이밍으로 밸브를 작동시켜야 하는 것이 사명이다. 그런데 밸브구동계가 한 치의 빈틈도 없이 딱 맞도록 짜여 있으면 문제가 생긴다.

밸브는 연소실로부터 대량의 열을 받는다. 캠샤프트와 로커암 등도 엔진이 돌고 있으면 온도가 올라간다. 그러면 온도가 올라간 이들 금속 부품들은 팽창하게 된다. 즉, 엔진이 식어 있을 때에 만약 아무런 틈새도 없이 조립되어 있으면, 밸브를 완전히 닫아야 할 때에도 밸브를 눌러 버리게 된다. 이걸로는 충분히 압축할 수가 없으며 연소가스도 새어 나가 버린다.

따라서 밸브구동계에는 적정한 간격을 벌려 놓도록 되어 있다. 이 간격이 밸브간격(valve clearance)이다. 간격은 밸브 작동방향으로 0.1mm 정도이지만 엔진마다 지정된 값이 다르다. 지정 간격은 엔진이 식어 있는 상태의 것이다. 간격 점검은 밸브가 완전히 닫혀 있는 크랭크

● 열에 의한 팽창을 고려한 밸브 간격

각도일 때, 리프터 윗면(혹은 밸브스템 위 끝)과 캠면(혹은 로커암) 사이에 시크니스 게이지(thickness gauge)라고 불리는 간격 측정용 얇은 금속판을 삽입해서 실시한다.

설정해 놓은 간격에서 벗어나 있으면 본래의 밸브 타이밍과 리프트 양이 당연히 맞지 않게 된다. 또한 밸브 간격이 벌어지게 되면 엔진에서 찰찰 거리는 커다란 소음이 들리게 되며 시끄럽다.

그렇지만 엔진을 사용하다 보면 각 부분의 마모 등에 의해 이 간격은 변하게 된다. 메이커에서 엔진을 조립할 때에도 각 부분의 치수에는 극히 작긴 하지만 편차가 발생한다. 따라서 이 간격은 조정이 가능하도록 만들어져 있다. 이런 조정 작업이 밸브간격 조정이다. 태핏 조정이라는 말도 일반적이다. 다만 태핏이란 DOHC방식에서의 리프터 (버켓)와, OHV 방식에서 푸쉬로드 아래 끝을 지지하면서 캠면과 접촉하는 부품

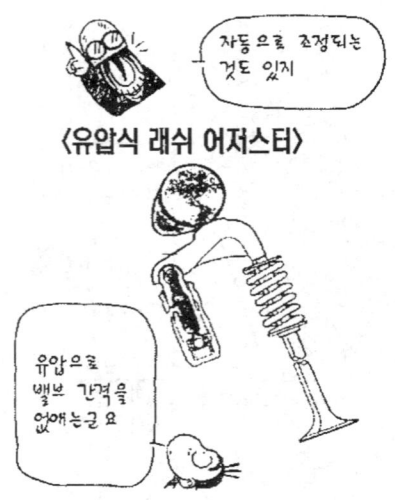

자동으로 조정되는 것도 있지

〈유압식 래쉬 어저스터〉

유압으로 밸브 간격을 없애는군요

을 가리키는 이름이다. 이것이 없는 로커암식 OHC나 DOHC에서는 엄밀하게 따지자면 이 호칭은 올바르지 않다.

밸브 간격 조정은 대부분의 로커암식의 경우에는 간단하다. 로커암 끝에 있는 나사를 돌리면 나사 끝의 튀어나온 간격을 조정할 수 있다. 이 나사 끝이 밸브스템을 누르고 있다.

로커암이 없는 직타식의 경우에는 다소 번거롭다. 리프터에 조립되어 있는 얇은 판 = 태핏 심(tappet shim)을 두께가 다른 것으로 교환해서 변경한다. 이 태핏 심에는 아우터 심 방식과 인너 심 방식이 있다.

아우터 심 방식의 경우, 리프터 윗면이 오목하게 들어가 있어서 이곳에 심이 올라가 있다. 캠면은 심 위를 타고 미끄러지는 것이다. 이 방식에서는 캠샤프트가 밸브를 누르고 있지 않은 상태에서 특수공구 등으로 밸브를 조금 눌러 내리면 심을 바꿔 끼울 수 있다. 작업이 비교적 간단하지만 심의 크기가 크고 밸브계가 무거워지는 것이 결점이다. 또한 심은 단순히 태핏 위에 올라타고 있을 뿐이라서 고회전에서는 심이 빠져 나오는 수도 있다.

인너 심 방식에서는 리프터 속에 오목한 부분이 있어서 여기에 심이 들어 있다. 심이 리프터와 밸브스템 사이에 끼여 있는 것이다. 직경은 밸브스템 정도로 작으며 즉, 가볍다. 또한 고회전에서도 빠지거나 하지 않는다. 요즘의 바이크용 엔진의 대부분이 이 방식이다. 다만 심을 교환하려면 캠샤프트와 밸브 스프링 등을 떼어 내야 할 필요가 있다.

그렇지만 아우터 방식이라도 우리 같은 아마추어들이 쉽사리 교환 작업을 할 수는 없는 노릇이다. 로커암식도 번거롭긴 마찬가지다. 요즘엔는 기술이 발달해서 여간해서는 마모되지 않으므로 옛날처럼 빈번하게 밸브 간격을 조정할 필요는 적어졌지만, 그래도 가능하다면 자동 조정식이 편리하다.

그래서 등장한 것이 유압식 래쉬 어저스터(hydraulic lash adjuster)다. 유압 태핏 이라고도 한다.

로커암식을 예로 들어 설명하자면, 언더 플로어 로커암의 받침점 부분이 막대 모양의 어저스터에 의해 지지되고 있다. 어저스터 내부에는 언제나 윤활유의 유압이 걸려 있어서 이 막대가 늘어나는 방향으로 힘이 작용한다. 이에 의해 밸브 간격은 언제나 제로를 유지할 수 있다. 어저스터는 밸브구동계의 질량에 포함되지 않는다. 그러나 구조가 복잡해지고 제작비용이 비싸며 엔진이 무거워지는 단점이 있다.

로커암을 사용하지 않는 직타식의 경우에도 자동차에서는 이 어저스터를 사용하는 예가 있다. 그러나 이 어저스터는 아우터 심을 거대하게키워 놓은 것과 같아서 밸브둘레가 상당히 무거워진다. 고성능을 지향하는 바이크용 엔진에는 맞지 않는 구조다.

데스모드로믹

「밸브의 가속도」항에도 있듯이, 밸브의 개폐속도나 리프트 양은 밸브 스프링의 세기와 밸브계 질량으로 결정되어 버린다. 따지고 보면 불편하기 이를 데 없다. 손바닥 위의 공이 떠오르지 않도록 위아래로 흔드는그런 감각이다. 그렇다면 손으로 공을 움켜쥐고 흔들면 되잖은가? 이원리로 밸브를 닫는 가속까지도 강제적으로 캠으로 실시하는 것이 데스모드로믹 기구다.

● 캠으로 밸브를 닫는 데스모드로믹

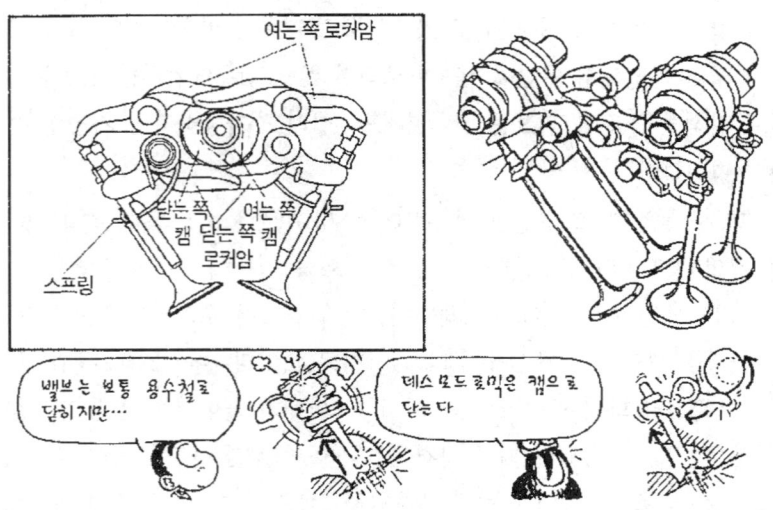

채용된 예로는 이태리제 두카티가 유명하다. 그림에서 보듯 캠샤프트에는 여는 쪽은 물론, 닫는 쪽 캠도 있다. 로커암도 양쪽에 있어서 이 2개의 로커암으로 밸브스템을 감싸고 있다.

이 방식이라면 상당히 급격하게 밸브를 여닫더라도 밸브는 정확하게 작동한다. 더구나 밸브 스프링이 필요 없다. 그 단단한 용수철을 눌러 내리는 힘이 필요 없으므로 저항 손실을 대폭적으로 줄일 수 있다. 밸브 스프링이 없으므로 밸브스템도 짧게 만들 수 있고, 따라서 엔진도 작고 가벼워진다.

그러나 문제점도 있다. 밸브를 여는 쪽은 상관없지만 제대로 꼭 닫는 일이 어렵다. 엔진이 식어 있을 때의 밸브간격을 제로로 하는 일은 불가능하다. 안전성도 염두에 두어야 하므로 온도가 어느 정도 올라가도 다소의 간격이 필요하다. 그러면 밸브가 닫혀야 할 시점에서 완벽하게 닫히지 않는다. 이것이 문제가 되는 것은 고회전일 때보다도 가스가 새어 나가는 시간적 여유가 많은 저회전(공회전 등)일 때이다. 그래서 두카티는 이 밸브 밀착용으로 약한 스프링을 채용하고 있다. 그래도 문제는 이것뿐이다.

그러나 이 데스모드로믹은 부분적인 구조는 반드시 두카티의 그것과 똑같지는 않지만, 1912년에 레이스 전용 엔진(푸조 L76)에도 채용된 예가 있다. 현재도 각 메이커들이 연구하고 있다. 그렇지만 실제 바이크용 엔진에 채용된 예가 적은 것은 어째서일까? 일반적인 방식으로도 우선은 충분하기 때문인가? 아니면 특허문제 때문인가?

밸브 타이밍 가변 장치

보다 넓은 회전역에서 보다 큰 파워를 끌어내는 것이 이상적인 엔진이다. 그러나 고회전 고출력을 중시한 밸브 타이밍을 설정하게 되면 중

●고회전과 저회전, 두 마리 토끼를 잡기 위해

저속에서의 파워가 희생되어 버린다. 이 문제를 해결하고자 등장한 것이 밸브 타이밍 가변 장치다. 우선 엔진의 회전수를 검출해서 이에 따라 설정된 회전수가 되면 밸브 타이밍을 바꾸거나, 또는 점차적으로 바꿔 간다.

이에 대한 접근 방법과 사고 방식에는 여러 가지가 있다. 타이밍 기어를 캠샤프트나 크랭크샤프트에 맞춰 회전시키는 법, 캠 표면이 테이퍼 형상으로 변하는 캠샤프트를 축 방향으로 슬라이드 시키는 법 등등…… 전세계의 자동차&바이크 메이커가 다양한 방식을 시도하고 있고 실용화 되어 있는 예도 많다.

혼다가 자동차 엔진에서 채용하고 있는 VTEC은 캠샤프트에 저회전용과 고회전용의 2가지가 있다. 로커암도 별도로 달려 있다. 저회전 시에는 저속용 로커암이 밸브를 누르고 있으며 고회전용은 쉬고 있는 상태다. 일정한 회전수에 도달하면 고회전용 로커암이 저회전용 로커암과 핀으로 연결되어 고회전용 캠에 따라 작동하는 구조다. 엔진 회전수를 전기적으로 검출해서 일정 회전수 등의 조건을 컴퓨터가 계산한다. 전기 신호가 흐르게 되면 솔레노이드 밸브가 작동해서 유압에 의해 핀이 움직이도록 되어 있다. 최근에는 로커암을 폐지한 HYPER VTEC 방식이 동사의 CB400SF에도 채용되었다.

바이크에서 밸브 타이밍 가변 장치를 채용하고 있는 또 하나의 예는 스즈키 밴디트400V다. VC엔진이라고 불리는 이 방식은 혼다처럼 핀을 끼웠다 뺐다 하는 구조와는 달리, 로커암의 받침점이 편심 캠으로 되어 있어서 이것을 회전시킴으로서 캠샤프트의 저속용 캠과 고속용 캠을 서로 바꾸게 된다.

어느 방식이든 효과는 확실히 얻을 수 있다. 다만 구조가 복잡해지므로 값이 비싸진다. 무거워지기도 한다. 그럴 바에는 군이 밸브 타이밍 가변 장치를 사용하지 않더라도, 흡배기 계통의 기본 적인 개량과 여기어? 로커암이 하나 더 달려 있네?

〈 VC엔진 〉

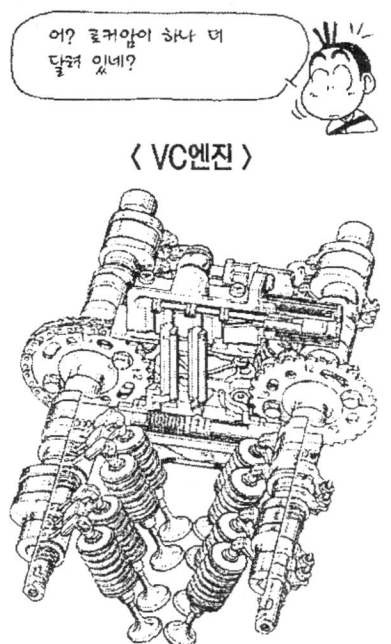

1개의 캠샤프트에 고속용 캠과 저속용 캠이 달려 있지

고속용 캠   저속용 캠

고속용 로커암

저속용 로커암

저회전에선 저속용 캠이 작동하고 고속용 캠은 쉬고 있다

저속용 캠   저속용 로커암

고속용 캠   고속용 로커암

밸브

고회전이 되면 고속용 로커암이 올라 와서 본래의 일을 시작한다

오잇!

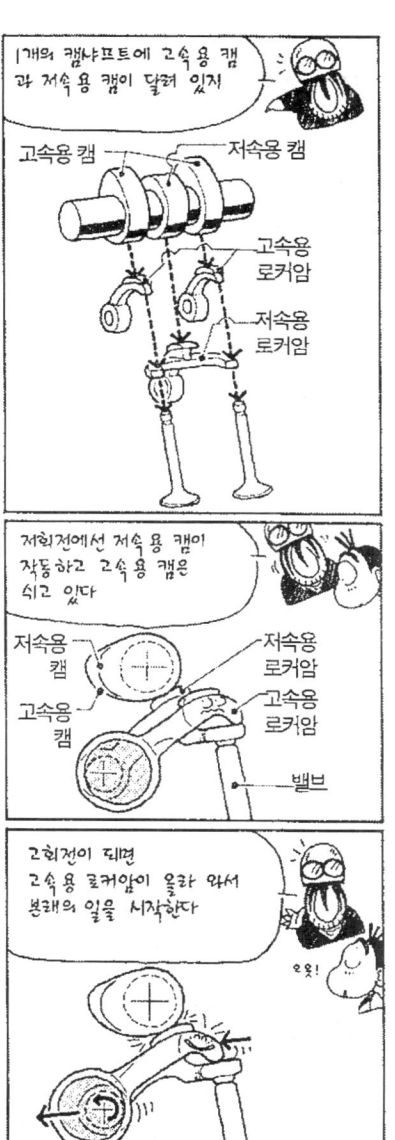

에 간단한 보조 장치를 추가함으로서, 어느 정도 폭넓은 회전역에서의 출력 향상도 가능하다…… 라는 사고 방식이 현재로서는 주류를 차지하는 것이 실정이다. 특히 바이크에게 있어서 「심플 이즈 베스트」의 의미는 크다. 그러나 밸브 타이밍 가변 장치의 앞으로의 가능성은 결코 작지 않다.

4밸브 방식

4스트로크 엔진은 기통당 흡배기 밸브가 각각 1개씩인 2밸브 방식으로 기본 구성이 성립되어 있다. 이것을 1기통당 흡기 2개, 배기 2개인 합계 4밸브로 만든 것을 4밸브 방식이라고 한다. 모든 기통의 밸브 수량을 합쳐서, 가령 4기통 엔진에서는 16밸브라는 식으로 부르기도 하지만, 이것은 본래 엔진 구조를 나타내는 표현은 아니다.

● 여러 가지 밸브 방식

4밸브 방식에서는 2밸브 방식보다 밸브 개방면적의 합계가 크다. 「밸브는 회전한다」항에서도 설명했듯이 밸브는 동글어야 할 필요가 있는데, 이 동근 밸브를 동근 연소실에 배열하려면 이렇게 된다. 더구나 가능한 한 밸브를 크게 키운 4밸브 엔진이라도, 같은 보어 사이즈의 2밸브 방식보다 밸브를 작게 = 가볍게 만들 수 있다.

즉 고회전 고출력을 추구하기에 좋다. 따라서 4밸브 방식과 DOHC 구조를 함께 채용한 것이 고성능 엔진의 주류를 이루고 있다.

4밸브에서는 또 한 가지, 점화 폴러그를 연소실 중앙에 배치할 수 있다는 장점이 있다. 회전역에 관계없이 혼합기를 효과적으로 연소시키기 위해 매우 중요한 사항이다.

OHC라도 4밸브 방식이 있다. DOHC 만큼은 아니더라도 이상과 같은 이점을 활용할 수 있기 때문이다.

4밸브의 결점은 구조가 복잡하기 때문에 엔진이 커지고 무거워진다는 점이다. 제작비용도 비싸진다. 그렇지만 기술이 진보된 요즘에는 이런 결점도 상당히 해결되고 있다.

밸브 개방면적이 커야 할 필요가 있는 흡기쪽 밸브만 2개로 한 3밸브 엔진도 많다. 보어 사이즈가 큰 대배기량 단기통이나 2기통에서는 매우 효과적이다.

5밸브

4밸브 방식의 이론을 더욱 진보시켜서 1기통당 흡기 밸브 3개, 배기 밸브 2개인 총 5개의 밸브가 있는 엔진이다. 기통당 밸브를 늘여 가는 다밸브화는 예로부터 시도되었지만, 이 5밸브를 현실적인 것으로 만든 것은 야마하가 처음이다. 현재에는 자동차에서도 사용하고 있는 예가 있다.

야마하의 발상은 단순히 밸브 개방면적의 합계를 키우기 위해서……, 라는 생각과는 조금 다르다. 우선 통상적인 4밸브에서는 밸브 사이즈에 비해, 그 개방면적 중에서 실제로 쓰이지 않는 무효 공간(데드 스페이스)이 많다. 이웃해 있는 밸브끼리의 거리가 짧기 때문이다. 또한 이 상태에서 밸브 크기를 최대한으로 키우면 연소실 형상이 마치 삼각 지붕처럼 되어 버린다. 혼합기를 효율적으로 연소시키기 위해서도, S/V비율적으로 봐도 불만스럽다. 스퀴시 에어리어 형상에도 제약이 많아진다. 이에 비해 밸브의 크기를 조금씩 줄이고 흡기 밸브를 하나 더 추가한 5밸브 방식이라면 유효 개방면적을 크게 잡을 수 있다. 연소실의 형상도 이상적인 것이 된다……. 이것이 야마하의 사고 방식이다.

구조적으로는, 일반적인 DOHC 4밸브 구조 엔진의 흡기쪽 밸브 2개 사이에 흡기 밸브를 하나 더 추가한 모양이다. 좌우의 흡기 밸브에 비해 중앙의 것이 밸브 경사각이 서 있다. 중앙의 흡기 밸브가 이렇게 되어 있는 이유는 연소실 형상을 제대로 만들기 위한 의미도 있지만, 또 한 가지는 캠샤프트로부터의 작동을 확실하게 전달하기 위해서다.

밸브 스템의 중심 연장선 위에 캠샤프트의 회전 중심이 있어야 하는 것은 엔진에서는 상식이다. 밸브에 삐딱한 방향으로 힘을 주지 않고 부드럽게 작동시키기 위해서는 이렇게 할 수밖에 없다. 그렇지 않으면 로커암을 사용해야 한다. 직타식 엔진에서는 기본적으로 이렇게 된다.

그렇다고 해서 흡기 밸브 3개를 1열로 늘어 놓아서는 연소실에 모두 집어 넣을 수가 없다. 아니면 밸브가 아주 작아진다. 그래서 중앙의 밸브 헤드를 캠샤프트 회전중심을 축으로 연소실 바깥쪽으로 내 몬 것이 야마하의 방식이다. 이 점이 또한 야마하의 특허 포인트이기도 하다.

야마하에서는 기통당 7밸브까지 실험한 사실이 공식적으로 발표되어 있지만, 실제적인 효율성으로 따져서 5밸브를 채택하게 되었다. 여기까지가 한계라는 말이겠다. 이 이상의 다밸브화에 대해서는 「타원 피스톤」항을 참조할 것.

RFVC(방사 밸브)

혼다의 단기통 엔진에 사용되고 있는 밸브 방식으로서 방사 밸브 방식의 한 종류다. 4밸브 방식이지만 통상 적인 것과는 달리 각 밸브가 연소실 중심을 향하고 있다. 연소실 중심으로로부터 방사 모양으로 밸브가 뻗어 나와 있다고도 할 수 있다. 연소실 형상을 반구형에 가깝게 만들 수 있어서 연소 효율이 좋고 S/V비가 작은 점이 이점이다.

다만 이 방식에서는 밸브 스템이 캠샤프트에 대해 비틀려 배치될 수밖에 없다. 통상적인 엔진처럼 단순한 로커암으로 작동시키면 무리한 힘이 발생해 버린다. 그래서 밸브 1개당 2개의 로커암을 사용하고 있다. 구조가 복잡해지고 극단적인 고회전이 어려운 등의 단점이 있다.

타원 피스톤

혼다에서 나오는 NR이라는 시판 바이크가 있다. 총배기량 750cc의 4스트로크 V형 4기통이지만 피스톤이 동그랗지 않다. 타원형으로 생겼으며 여기에 커넥팅로드가 2개 달려 있고, 밸브는 흡배기 각각 4개씩이다. 일반적인 4밸브 엔진의 2기통분이 1기통으로 합쳐진 모양이다.

그러나 이 V형 4기통 엔진은 V8의 2기통씩을 서로 연결한다는 발상으로 탄생한 것이 아니다. 성능의 목표로서, 또는 그 성능을 뒷받침하는 이론으로서 개발 초기에 V8의 이미지가 있었던 것은 사실이지만, NR 엔진의 기본 이론은 밸브 계통에 뿌리를 두고 있다.

타원 피스톤의 발상 자체는 과거에도 있었다. 1920년대에 이미 공랭 실린더의 통풍성능을 향상시키기 위한 아이디어로 등장한 적이 있다.

● 꿈의 엔진, NR의 타원 피스톤과 8밸브

그러나 아이디어로 그쳤을 뿐 지금까지 실용화된 것은 없었다. 피스톤과 실린더의 가공, 그리고 피스톤 링의 제작이 상당히 어렵기 때문이다. 이런 곤란을 각오하고 혼다가 시도한 것은 하나의 기통에 8개의 밸브를 집어넣기 위해서다.

시판 NR의 근원은 WGP 레이싱 머신인 NR500이다. NR500이 처음으로 등장한 것은 1979년 영국GP에서였다. 그 동안 레이스 활동을 쉬고 있다가 12년만에 WGP에 복귀한 혼다는 군이 4스트로크 엔진을 선택했다. 그렇지만 남들처럼 평범하게 했다간 2스트로크에게 도저히 이길 승산이 없다.

GP1 = 500cc 클래스에서 이기기 위해서는 어느 정도의 파워가 있어야 하는가? 당시의 2스트로크 수위 머신은 110~120마력 정도였다.

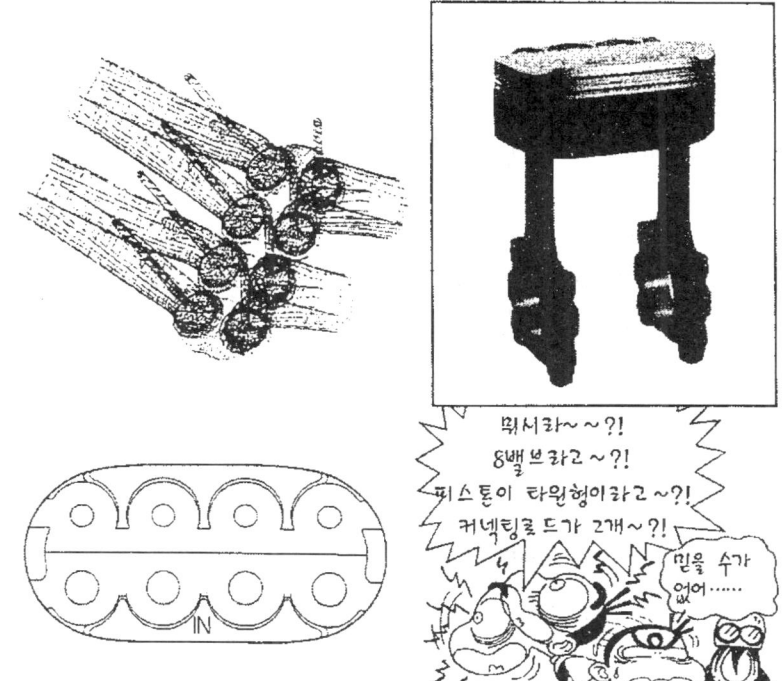

다만 4스트로크 머신은 2스트로크보다 무겁다. 그 핸디캡을 고려해서 당초 목표를 130마력으로 설정했다. 이것을 레이스 규정에 정해진 「4기통 이내」라는 틀 속에서 어떻게 발생시킬 것인가가 문제였다.

기통수의 제한이 없다면 과거의 데이터를 통해 V형 8기통이라면 130마력이 가능하다고 추산할 수 있었다. 이 추론의 중심 이론은 평균 피스톤 속도와 밸브 개방면적이다.

평균 피스톤 속도는 최고의 재질을 사용해서 세심한 관리가 이루어지는 레이싱 엔진이라도 초당 24m 정도가 무난하다. 동시에 500cc 라는 총배기량으로 130마력을 발생시키기 위해서는 20,000rpm까지 돌려야 할 필요가 있다. 두 개의 데이터로 계산해 보니 피스톤 스트로크는 36mm가 된다. 일반적으로 생각한다면 이 스트로크 치수에 알맞은 평범한 연소실 형상을 대입시키면 500cc = V8이다.

다음은 밸브 개방면적이다. 20,000rpm으로 돌린다고 가정했을 때, 통상적인 4밸브에서는 기통당 배기량이 60cc 정도까지라면 흡기의 흐름 속도를 문제없는 수준까지 억제할 수 있다. 즉 여기서도 500cc = V8인 것이다.

이 마력을 4기통으로 달성하지 못하면 레이스에 나갈 수가 없다. 피스톤 스트로크를 36mm로 짧게 만드는 일은 가능하다고 해도, 1기통당 125cc의 배기량으로 V8과 똑같은 흡배기 효율을 실현하기 위해서는, 여기에 흡기 4개, 배기 4개, 총 8개의 밸브가 필요해진다.

진원 피스톤일 경우, 기통당 용적 125cc에 스트로크 36mm라면 보어 직경은 ϕ 66.4mm가 된다. 그러나 보어 치수가 크더라도 여기에 동

● **진원 피스톤과 타원 피스톤 비교 (시판 NR 750 기준)**

	8밸브 타원 피스톤 1실린더	4밸브 진원 피스톤 2실린더
실린더 형상과 밸브 배치* (총배기량 : 186.9cc)	101.2 50.6	53.2 13 53.2 119.4
피스톤과 크랭크샤프트 배치		
실린더 보어×스트로크	75.3 상당×42 (S/B=0.56)	53.2×42 (S/B=0.79)
실린더 원주 길이	256.8mm	334.3mm (130.2%)
실린더 전폭	101.2mm	119.4mm (118.2%)
왕복부 등가중량	320.7g (피스톤 178g)	332.1g (103.6%) (피스톤 186g)
흡기밸브 평균유효 개방면적*	4.7cm²	4.2cm² (89.4%)
배기량당 출력	174PS/ℓ	160PS/ℓ

* 밸브 구경은 흡배기 모두 동일한 크기로 하였다

그란 밸브를 4개 마련해서만은 얻을 수 있는 밸브 개방면적, 더 엄밀하게는 유효 개방면적이 요구 성능에 대해 턱없이 부족하다.

역시 8개의 밸브가 필요하다. 8밸브 자체는 진원 피스톤이라도 이론적으로는 성립한다. 그렇지만 단순한 밸브 개방면적 중에서 데드 스페이스가 되어 버리는 부분이 많기 때문에 유효 개방면적이 줄어든다. 더구나 밸브 스템이 사방팔방으로 뻗게 되므로 캠샤프트를 비롯한 구동 장치가 복잡해진다. 밸브와 점화 플러그 둘레를 식히는 냉각수 통로를 확보하는 일도 힘들다.

그리고 또 한 가지 중요한 문제가 있다. 각각의 밸브에 이어지는 흡배기 포트의 길이가 전부 제각각이 되어 버리므로, 고성능 엔진에서 필수 불가결한 관성과급 효과를 활용할 수 없게 되는 것이다. 단기통(혹은 V2기통) 엔진이라면 포트 길이를 맞추는 일도 그리 어렵지는 않겠지만, 바로 이웃에 다른 기통이 존재하는 경우에는 불가능하다. 이러한 이유 때문에 진원 피스톤 8밸브 엔진은 구상 단계에서 그쳤고 실제 제작까지는 이르지 못했다.

진원 형상이 아닌 밸브라는 아이디어도 없었던 바는 아니다. 그러나 가공성과 밸브 시트와의 밀착성 등에 난점이 있어서 역시 성사되지 못했다.

그렇다면 흡기와 배기 4개씩의 밸브를 1열로 나란히 늘어놓으면 되잖은가? 이거라면 통상적인 DOHC 4밸브의 밸브 구동과 포트 배치 방식을 그대로 활용할 수 있다. 이 밸브 배치에 맞춰서 피스톤 쪽을 변형시켜 보자. 연소 이론적으로 본다면 화염이 타 들어가는 상태와는 어울리지 않는 형상이지만, 이것도 플러그를 2곳에 설치한다면 그토록 널찍한 빅 보어 연소실의 혼합기라도 신속하게 연소시킬 수 있다……. 이렇게 탄생한 것이 혼다의 타원 피스톤이다.

다만 연소실의 S/V비는 작을수록 좋다. 그런데 이 타원 피스톤의 연소실에서는 이 값이 커질 수밖에 없다. 시판 NR의 연비는 내 경험에 비춰 봐도 그리 좋은 편은 아닌데 그 요인은 이 점에 있을지도 모른다.

고회전 고출력을 추구해서 탄생한 타원 피스톤이다. 그러나 결과적으로 그 외의 이점도 많은데 알기 쉽게 정리해 놓은 것이 왼쪽 도표다. 타원 피스톤 쪽의 각 수치는 시판 NR750의 것이며 그 타원 1기통과, 동일한 배기량의 동일한 피스톤 스트로크인 진원 피스톤 2기통과의 비교한 것이다. 크랭크 둘레를 표현한 그림은 V형의 일부다.

타원 피스톤의 경우, 우선 흡기 밸브의 평균유효 개방면적은 진원 2기통보다 오히려 크다. 데드 스페이스가 적기 때문이다. 따라서 힘이 좋다. 더구나 최대토크의 65%를 3,000rpm에서 이미 발휘하고 있으며, 7,500rpm 이상에서

는 어느 회전수라도 80% 이상을 발휘하는 폭넓은 토크 특성이 실현되

었다.

실린더의 원주 길이는 진원 2기통분보다 짧으며 실린더와 피스톤의 습동 면적이 작다. 즉 저항 손실이 적다. 또한 피스톤이 진원 2개분보다 가볍다. 이는 커넥팅로드에 미치는 부담이 경감된다는 뜻이기도 하다. 이것도 저항 손실을 줄이는데 일조하고 있다.

왕복운동 부분이 가벼우면 크랭크샤프트도 경량 & 소형화시킬 수 있다. 또한 실린더의 폭도 타원 피스톤 쪽이 좁다. 바이크의 구성품에서 가장 무거운 부품 = 엔진을 작고 가볍게 만듦으로서 얻을 수 있는 이점은 상당히 많다.

다만 타원 피스톤은 대량 생산이 어렵다. 가장 큰 문제는 피스톤 & 실린더의 가공성과 피스톤 링의 밀폐 성능이다.

사실, 타원 피스톤이라고 부르기는 하지만 그 형상은 정규의 「타원」이 아니다. 타원이란 「1평면 위에 있는 2점부터의 거리의 합이 일정한 점의 궤도」를 말한다. 정규 타원에 밸브 8개를 집어넣으려면 일정한 실린더 단면적 (즉 배기량)에 비해 밸브의 개방면적이 작아진다. 실린더 단면적에 비해 실린더 원주 길이가 길어진다고도 말할 수 있다.

8개의 밸브를 효율적으로 배치할 수 있는 형상에, 실린더 단면적에 비해 실린더 원주 길이가 가장 짧은 것은, 2개의 반원을 2개의 직선으로 연결한 형태, 즉 육상경기 트랙처럼 생긴 모양이다.

실제로 레이서 NR500은 「트랙 형상」이었다. 그렇지만 트랙 형상에서는 원이라는 일정한 굴곡률의 곡선이 어느 1점을 경계로 직선으로 바뀐다. 그 1점을 경계로 피스톤 측면(혹은 실린더 내벽)은 분단되어 버리며 연속성이 없다는 말이 된다. 이것을 정확하게 가공하기란 어렵다.

또한 피스톤 링의 씰링 성능 면에서도 불연속선으로 구성된 트랙 형상은 좋지 못하다. 애당초 진원 피스톤처럼 동그란 고리가 밖으로 벌어지려는 힘으로 피스톤 둘레를 밀폐하기가 어려운데 이것을 가공하기란

● 여러 가지 문제점을 극복해서 드디어 시판화 되다

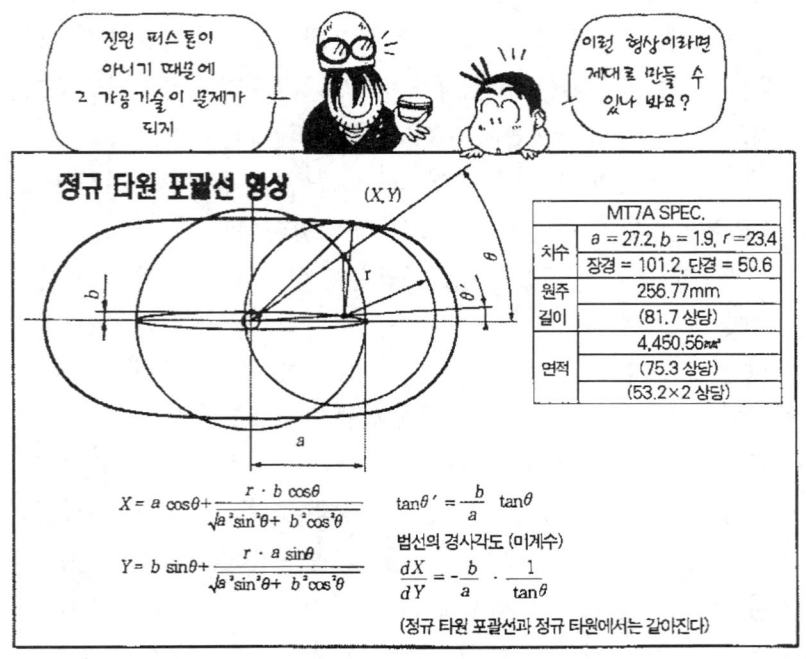

정규 타원 포괄선 형상 (X, Y)

MT7A SPEC.		
치수	$a = 27.2, b = 1.9, r = 23.4$	
	장경 = 101.2, 단경 = 50.6	
원주 길이	256.77mm	
	(81.7 상당)	
면적	4,450.56㎟	
	(75.3 상당)	
	(53.2×2 상당)	

$$X = a\cos\theta + \frac{r \cdot b \cos\theta}{\sqrt{a^2\sin^2\theta + b^2\cos^2\theta}}$$

$$Y = b\sin\theta + \frac{r \cdot a \sin\theta}{\sqrt{a^2\sin^2\theta + b^2\cos^2\theta}}$$

$$\tan\theta' = \frac{b}{a}\tan\theta$$

법선의 경사각도 (미계수)

$$\frac{dX}{dY} = -\frac{b}{a} \cdot \frac{1}{\tan\theta}$$

(정규 타원 포괄선과 정규 타원에서는 같아진다)

더더욱 힘들다. NR500에서는 상당히 복잡한, 그리고 비효율적인 피스톤 링이었음을 상상할 수 있다.

그래서 고안된 것이 위의 그림에 나타낸 「정규 타원 포괄선」이다. 정규 타원 상에 중심이 있는 일정한 반경의 원 r을 그 정규 타원 상에서 이동시켰을 때에 원 r을 에워싸는 형상이다.

이 정의를 채용함으로서 실린더 단면적에 대한 원주 길이가 한없이 트랙 형상에 가까운, 더구나 모든 것이 연속된 선(면)으로 이루어질 수 있다. 피스톤과 실린더의 가공 & 대량 생산이 가능해졌다. 또 피스톤 링도 긴 방향 쪽에 한 곳이 끊어져 있는 간소한 형태로 만들 수 있었다.

그건 그렇고, 이 이론은 「V8보다 타원 V4가 우수하다」라는 점에만 한정된 이야기가 아니다. 4기통보다 우수한 2기통, 2기통보다 우수한 단기통도 같은 이론으로 설명할 수 있다. 기통수에 제한이 없는 일반 시판 차의 경우라도 엔진의 무게나 크기 등을 따진다면 역시 기통수가 적은 편이 조종성에 있어서 유리하다. 적은 기통수라도 타원 방식이라면 고회전 고출력은 물론, 폭넓은 파워 밴드도 획득할 수 있을 것이다.

또한 쇼트 스트로크화가 가능하므로 엔진의 높이를 낮출 수 있다. 그리고 타원 피스톤으로 2기통을 단기통으로, 4기통을 2기통으로 만들면 엔진의 폭을 절반까지는 안 되더라도 상당히 좁힐 수 있다. 요컨대 엔진을 작게 만들 수 있다는 말이며 이것은 주행 성능 면에서 크나큰 장점이다.

단기통을 예로 들면, 일반적으로 400cc 이상의 단기통은 엔진의 높

● 타원 피스톤 엔진의 가능성이란…?

이가 높아서 차체 설계에 제한을 많이 받는다. 파워라고 해봐야 아무리 애를 써도 동급 다기통에 훨씬 못 미친다. 그런데 이것을 타원 피스톤으로 한다면……?

듀얼 퍼포우즈 모델도 그렇고 스포츠 모델도 그렇지만 가능성이 크다고 생각한다. 물론 통상적인 V형 4기통을 2기통화 시키는 것도 있을 수 있다. 하여튼 다기통화보다 소기통화의 방향으로 생각해 보면 현실적인 시판 차의 가능성을 다양하게 상상할 수 있다. 그런데도 현 시점에서 실제로 발전하지 못하는 것은 대량 생산성의 문제에서 기인하는 제작비용이 주된 요인이 아닐는지?

윤활계

● 금속끼리의 마찰을 줄이기 위한 윤활계

윤 활 계

엔진 속에서는 여러 가지 금속 부품들이 회전과 왕복 운동을 되풀이하고 있다. 그것도 상당한 고속으로 커다란 부하를 받으면서다. 각 부품이 직접 비벼지면 난리 난다. 그 즉시 마모되거나, 그 전에 마찰열 때문에 눌어붙는 등 망가져 버리게 된다. 마찰을 줄이기 위한 윤활용 오일이 필요한 것이다.

이런 가혹한 상황에서는 단순히 마찰 부분에 오일을 발라 두는 것만으로는 아무 소용없다. 격렬한 습동에 의해 눈 깜짝할 사이에 오일의 온도가 올라간다. 또는 오일의 질이 떨어진다. 아무튼 간에 이래가지고는

유막을 형성해서 마찰을 줄이는 오일 본래의 기능은 기대할 수 없다.

또한 플레인 베어링을 사용하는 일체식 크랭크샤프트 엔진에서는 이 베어링과 샤프트 사이에 단순히 오일이 있다고만 해서 해결될 문제가 아니다. 크랭크 저널부와 크랭크 메탈 틈새에 오일을 강하게 밀어 넣어서, 오일이 흐름과 동시에 이곳에 압력(유압)이 걸려서 크랭크샤프트가 크랭크 메탈 위에 떠올라서 회전하는 상태가 되어야 비로소 윤활이 성립한다. 크랭크 핀 / 커넥팅 로드 빅엔드부도 마찬가지다. 윤활함에 있어서 가장 어렵고 까다로운 부분이다.

대부분의 엔진은 일정 양의 오일을 엔진 하부(오일 팬)에 담아 놓고, 이것을 펌프로 윤활이 필요한 부분에 압송하는 구조다. 펌프에서 퍼 올린 오일은 각 부분을 윤활하고는 중력에 의해 낙하되어 원래의 오일 팬에 되돌아온다. 이것을 또 펌프가 퍼 올려서…… 라는 식의 순환을 되풀이한다.

이 윤활용 오일의 순환에 관련된 구조부분을 윤활계라고 한다. 오일필터와 오일 펌프 등도 물론 여기에 포함된다.

또한 크랭크케이스나 실린더 등에는 펌프가 내뿜은 오일이 윤활이 필요한 장소를 향해 흘러갈 통로 = 오일 갤러리가 나 있다. 일체식 크랭크에서는 샤프트 속에도 오일 갤러리가 있다. 크랭크케이스와 실린더, 크랭크샤프트 등은 그것 자체로는 윤활을 위해 존재하는 부품은 아니지만 윤활계의 일부로 되어 있는 부분도 있다.

바이크용 엔진은 거의 대부분이 미션과 클러치 등 구동계까지 일체식으로 된 유니트 컨스트럭션 구조다. 이 구동계도 물론 윤활이 필요한데, 이 일체식 구조의 장점을 살려서 일반적으로는 엔진과 똑같은 오일로 윤활한다. 오일 펌프도 하나만 있으면 된다.

다만, 2스트로크 엔진은 다르다. 크랭크케이스의 크랭크샤프트가 들어 있는 부분은 1차압축을 하기 위한 크랭크실로서 완전히 독립되어 있어야 할 필요가 있으므로 구동계 윤활은 엔진과는 전혀 별도로 이루어진다.

여기서 설명한 윤활계 구조는 4스트로크의 것이며, 2스트로크에서는 엔진의 윤활 방식이 다르다. 상세한 설명은 「2스트로크의 윤활계」항을 참조할 것.

● 엔진 오일은 여러 가지 일을 하고 있다

윤활계의 역할

윤활은 엔진의 마찰부분이 원활하게 작동하기 위한 것… 이라는 사실은 누구나 머리 속으로 이해하기 쉽다. 그렇지만 윤활계는 그 밖에도 많은 일을 하고 있는 것이다. 윤활계, 또는 엔진 오일이 담당하고 있는 역할에는 다음과 같은 것이 있다.

① 윤활
② 응력 분산
③ 냉각
④ 밀봉

⑤ 방청

⑥ 청정

①은 「윤활계」항에서도 설명했듯이 각 습동부 등의 마찰을 줄여서 기계의 기능을 유지하고, 동시에 저항손실을 경감시키는, 따져 보면 가장 당연한 기능이다. 당연히 이것이 첫 번째 역할이다.

②의 응력 분산 효과가 위력을 발휘하는 대표적인 예가, 샤프트가 오일 위에 떠서 도는 일체식 크랭크샤프트의 베어링 부분이다.

순간적으로 쾅 하고 커다란 충격 = 하중이 걸렸을 때, 샤프트와 베어링 사이에 있는 오일이 일차적으로 하중을 받음으로서 1점에 응력이 집중되는 일없이 넓은 면적에 균등하게 분산된다.

또한 오일은 압력을 받더라도 체적이 변하지 않는 비압축성 액체이지만, 베어링 끄트머리의 틈새를 통해 찍 하고 오일이 빠질 때의 저항을 이용해서 충격을 흡수하는 효과도 있다. 서스펜션의 댐퍼와 똑같은 이치다.

이러한 작용 덕분에 엔진의 수명을 크게 늘일 수 있다. 기계적인 소음을 줄이는 효과도 크다.

③의 냉각이란 수냉 엔진의 냉각수 같은 역할이다. 즉 열을 전달하는 것 = 냉매의 역할을 오일이 한다. 「냉각계」항에서도 설명하지만 엔진의 각 부분을 일정한 온도 이하로 유지하기 위해서는 순수한 냉각 시스템만 가지고는 역부족인 것이다. 아무리 수냉이라고 해도 크랭크샤프트나 피스톤, 밸브 구동계 등의 부품에 냉각수가 직접 닿지는 않는다. 물론 냉각풍도 마찬가지다.

그래서 제1단계로 오일이 이러한 부품으로부터 열을 빼앗아서, 순환하는 과정 중에 실린더나 실린더헤드를 통해 냉각수나 냉각핀으로 열을 전달한다. 또는 오일 팬이나 오일 탱크에 고여 있을 동안에 그 용기로부터 공기 중에 열을 내보내는 것이다.

이 냉각 역할은 상당히 중요하다. 4스트로크는 수냉이건 공랭이건 어떤 엔진이라도 일정한 유냉 효과를 전제로 만들어진다. 이 기능을 더 한층 적극적으로 이용하는 기구가 오일 쿨러나 피스톤 쿨러 등이다. 또한 기본적인 윤활기능에 필요한 양 이상의 오일을 순환시켜서 냉각 효과를 거두는 유냉 엔진도 있다.

④의 밀봉이란 주로 피스톤과 실린더 사이의 씰링을 말한다. 압축된 혼합기나 고압 연소 가스가 새어 나가지 않도록 하는 역할이다. 피스톤 링만 가지고 압축을 유지할 수는 없다. 오일은 오일 씰처럼 가스의 압력을 연속적으로 견디어 내는 고체는 아니지만, 순간적인 압력 변화에 대해서는 상당히 높은 수준의 밀봉 기능을 발휘한다.

⑤의 방청이란 녹을 방지하는 역할이다. 엔진의 주요 구성부품은 철이나 알루미늄 등 금속이다. 따라서 공기와 직접 닿아 있으면 녹이 슨다. 언제나 오일이 금속 표면에 부착되어 있는 덕분에 본래의 기능을 유지할 수 있는 것이다.

⑥의 청정이란 엔진 각 부분의 쓰레기를 청소하는 역할이다. 엔진이 작동하게 되면 아무리 윤활을 하더라도 부품들은 조금씩 마모되어 결과

적으로 금속 가루 등이 생긴다. 혼합기가 연소되는 과정에서는 카본 입자가 피스톤과 실린더 사이 등을 통해 빠져 나온다. 또한 오일 자체도 열 등의 요인에 의해 일부가 변질되어 끈적끈적한 물질 = 슬래지로 변한다.

이런 이물질이 습동 부분에 끼여 있어서 좋을 리 없다. 또 오일 통로에 쌓인다면 윤활 기능 그 자체를 저해한다. 그래서 엔진 내부를 순환하는 오일로 이들 일종의 노폐물을 운반해서 오일 필터로 가져 간다. 아니면 오일 자체에 녹여서 오일 교환에 의해 엔진 외부로 제거할 수 있는 상태로 만든다.

엔진 오일

오일은 엔진의 부품은 아니지만, 말하자면 인간의 혈액과도 같은 존재다. 이것 없이는 엔진을 돌릴 수 없다. 윤활계의 각 기구는 오일 성능을 제대로 발휘시키도록 되어 있다. 현실적으로는 오일 특성에 맞춰서 엔진이 만들어져 있다는 표현이 정확하다. 그리고 바이크용 엔진은 총체적으로 자동차보다 고성능 지향 적이며, 이에 따라 오일도 그 만큼 고성능이어야 할 것이 요구된다.

오일은 기본이 되는 유질 = 베이스 오일이 주성분이다. 여기에 윤활계의 역할에 요구되는 각 성능 조건에 따라 베이스 오일의 성능을 높이고, 혹은 성능을 부가시키는 소량의 물질 = 첨가제를 섞는다. 첨가제에는 여러 가지가 있어서 예를 들면 마찰 저감제, 유막 강화제 등이다. 추운 겨울철에도 딱딱하게 굳는 일없이 시동이 잘 걸려야 하고, 한여름의 고온에서의 고회전 고부하 운전에서도 줄줄 흐르는 일없이 유막 유지 성능을 발휘할 것… 이라는 성능을 올리는 것이 점도 안정제, 엔진 부부의 청소 기능을 높이는 청정 분산제, 기포 발생을 억제하는 소포제 등도

● 엔진 오일에도 여러 가지가 있다

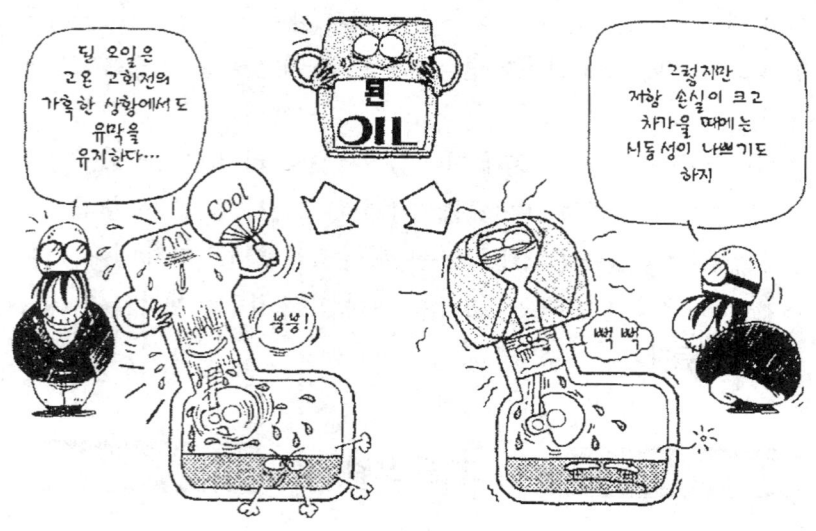

있다. 엔진 오일이란 상당히 화학적인 물질인 것이다.

베이스 오일의 대부분은 원유(석유)를 정제해서 만든 것이다. 이런 베이스 오일을 사용하는 것을 광물유라고 한다. 산화되기 어렵다는 등 본질 적으로 성능이 안정되어 있다. 또한 가장 오래 전부터 존재해 왔던 타입이라서 그 만큼 내용 적으로도 숙성되어 있다. 다만 유막 유지성을 높이기 위해 첨가제를 많이 섞을수록 저항 손실이 커지거나 청정 성능이 저하되는 등 고성능화에는 슬슬 한계가 보이기 시작한다.

광물유와는 달리 식물유라는 것도 있다. 이것은 식물의 씨앗에서 채취한 기름을 베이스 오일로 하는 것으로서 점도에 비해 유막 형성력 = 윤활 성능이 상당히 높다. 다만 쉽게 산화된다는 점이 큰 단점이다. 또한 고온에 노출되면 성분이 분해/변질되어 엔진 내부를 더럽히는 경향도 크다. 한 달 이상 연속으로 사용하는 일반 시판 차에는 어울리지 않는다.

그래도 그 높은 윤활성 때문에 레이싱 머신에는 곧잘 사용되었다. 그렇긴 해도 아무리 단시간에 엔진을 완전히 분해 정비하는 레이싱 머신이라 할지라도 오일의 변질은 바람직한 현상이 아니다. 더구나 애당초 자연계에 존재하는 기름을 사용하는 것이기 때문에 산화 안정성도 그렇고 윤활 성능 자체도 그렇지만, 성능 향상에는 한계가 있기 마련이다.

그래서 등장한 것이 화학 합성유다. 단순히 합성 오일이라고도 불린다. 자연계에 있는 것을 화학 적으로 분해해서 만든 다양한 물질을 선별해서, 이것을 재차 화학 적으로 반응시켜서 자연계에는 존재하지 않는 베이스 오일을 만들어 버린 것이다. 오일 메이커에 따라서, 혹은 사용 목적에 따라서 개개의 오일 성분은 실로 다양하다.

바꿔 말하면 화학 합성 오일이기 때문에 다양한 성분으로 만들 수 있다는 말이다. 사용 목적에 맞도록 성질을 바꿀 수 있다. 그 정도로 화학 기술이 진보한 것이다. 이런 화학 기술의 결과, 광물유 이상으로 윤활 성능이 높고 저항 손실이 적으며, 산화되기 어렵고 청정 성능도 높다. 더구나 저온 유동성, 내열성 등도 광물유를 훨씬 앞지른다.

역사적으로는 1930년경부터 항공기 등 사용 조건이 가혹한 곳의 요구에 따라 개발되기 시작했다. 발상 자체는 새롭지는 않지만 화학 기술의 급속한 진보로 근래 10~20년 사이에 비약 적으로 성능이 향상되어, 자동차나 바이크 관계에서는 우선 레이스 세계에서 사용되기 시작했다

가. 이제는 광물유를 대신해서 주류를 이루고 있다.

성능 적으로는 공도 주행에도 바람직하지만 큰 결점은 제조 단가가 많이 들어서 비싸다는 것. 그래도 이것도 대량 생산 기술이 진보해서 요즘에는 정비 센터나 주유소에서도 흔히 볼 수 있게 되었다. 아직도 비싸긴 하지만 성능 적으로는 월등하다.

합성유라고 표시되어 있어도 광물유와 혼합한 베이스 오일을 사용하는 것도 많다. 주된 이유는 역시 가격 때문이다. 순수한 타입은 「100% 화학 합성 오일」등이라 표시되어 있곤 한다.

오일의 성능은 통에 붙어 있는 딱지를 본다고 알 수 있는 것은 아니다. 그렇지만 오일 점도는 알 수 있다. 점도란 「얼마나 되고 묽은가」이다. 일반론 적으로는, 오일이 될수록 유막 형성력이 높은 반면에 저항 손실이 크고 저온시의 시동성이 나쁘다.

점도를 분류하는 방법에는 여러 가지가 있는데 가장 널리 사용되는 것이 SAE 점도 번호다. 오일 통에 씌여있는 10이나 40 따위의 숫자가 그것이다. 숫자가 클수록 되다.

다만 첨가제의 진보 등으로 저온에서도 부드럽고, 고온에서도 점도가 떨어지지 않는 융통 성능이 점점 커지고 있다. 「10W-50」등으로 표기되어 있는 것은 쉽게 말하자면, 겨울에도 10 정도로 부드러우면서, 한여름의 연속 고회전에서도 50 정도로 끈끈하다는 뜻이다. 이것을 「멀티 그레이드 오일」이라고 한다.

레이스에서는 사용 조건을 한정지을 수 있으므로 그 조건하에서의 성능만을 철저하게 추구해서, 결과 적으로 단순히 「40」 등이라고 만 쓰여진 싱글 그레이드 오일에 상당하는 것도 사용된다.

● 윤활 부분에 오일을 보내는 방법

압송 비산식 윤활

4스트로크 엔진의 윤활에서 오일을 윤활부분에 보내는 방식에는 압송식과 비산식이 있다.

비산식이란 말 그대로 오일을 휘저어 튀겨서 그 입자를 끼얹는 방법이다.

초창기의 엔진은 이 기능만으로 크랭크 둘레부터 실린더, 그리고 사이드 밸브식 밸브 계통까지 모든 것을 윤활하고 있었다.

오일을 튀기기 위해서 크랭크 웹은 오일 팬에 고인 오일 속에 어느 정도 잠겨 있었고, 또 그 웹에는 오일을 휘저어 퍼 올리는 갈퀴가 달려 있

● 플레인 베어링 윤활에는 유압이 필요하다

기도 했다.

비산식은 오일 펌프가 필요 없고 구조 적으로 실로 단순하다. 그러나 베어링 부의 바깥에서 오일을 끼얹을 뿐이므로 충분한 윤활이 이루어지고 있다고는 보기 힘들다.

더구나 OHC 등의 엔진에서는 실린더 헤드 둘레를 윤활할 수 없다. 일체식 크랭크의 베어링 부에 유압을 거는 일도 불가능하다.

또한 크랭크샤프트의 일부가 오일에 잠긴 채로 고속으로 회전하기 때문에, 여기에 걸리는 저항은 상당히 커서 동력 손실이 발생한다.

그리고 오일을 휘젓는다는 것은 오일을 일찍 변질시키도록 영향을 미칠 뿐 아니라 기포도 쉽사리 섞이게 된다.

이와는 반대로 압송식은 중요한 베어링 부에 펌프로 오일을 강제적으로 보내는 방식이다. 다만 이 방식으로도 오일을 직접 보내서 유압이 걸리는 곳은 크랭크샤프트 둘레에서는 저널과 빅엔드 뿐이다.

스몰엔드 부와 실린더 / 피스톤 사이는 저널이나 빅엔드의 윤활을 마치고 흘러 나온 오일이 튀어서 윤활되고 있다.

실린더 헤드 쪽에도 캠샤프트 베어링에는 압송되지만 로커암 등은 비산식이다.

실제 엔진에서는 이처럼 모든 것이 압송 윤활되고는 있지 않다. 따라서 이런 것을 압송 비산식이라고 부르는 경우도 많다.

현재의 엔진, 적어도 자동차와 바이크용 4스트로크 엔진은 거의 대부분이 이 방식이다.

유 압

압송 비산식 윤활에서는 펌프에서 각 부분으로 오일을 압송하는 통로에 일정한 압력이 걸려 있지 않으면 당장 엔진에 치명적이다. 유압을 좌우하는 것은 오일 펌프의 용량과 엔진 회전수이며, 일반적으로 메인 갤러리부에서 최고출력 회전수일 때에 $3kg/cm^2$ 이상의 유압이 확보되도록 설계되어 있다. 그 정도로 중요한 사항이기 때문에 대부분의 4스트로크 모델에는 유압이 일정 수준 이하로 떨어지면 불이 들어오는 유압 경고등이 달려 있다. 그 중에는 어느 정도의 유압이 발생하고 있는가를 상시 표시하는 유압계가 장착되어 있는 모델도 있다.

윤활 경로

오일이 어떤 경로를 통해 순환하고 있는지에 대해 웨트 섬프(wet

● 엔진 구석구석까지 순환하는 오일 통로

엔진 속에서
오일은 이런 식으로
돌고 있다

sump) 방식을 예로 들어 설명하겠다.

우선 엔진 아래에 있는 오일 그릇 = 오일 팬의 오일을 오일 펌프로 빨아 올린다. 만일 오일 팬에 커다란 이물질이 있어도 이것을 빨아 들여 펌프 등이 고장나지 않도록 흡입구에는 스트레이너(철망)가 달려 있다. 흡입구의 위치 설정은 엔진을 설계함에 있어서 의외로 중요한 사항이다. 바이크는 자동차와는 달리 큰 원심력이 걸리지는 않지만, 원심력과 균형을 이루지 않은 채로 차체가 기울어질 수가 있고 가속 / 감속도도 크다. 따라서 오일 팬의 유면이 기울어지는(오일이 한 곳으로 몰리는) 현상이 일어난다. 그럴 경우에도 확실하게 오일을 빨아 올릴 수 있도록 흡입구의 위치와 오일 팬 형상이 고려된다.

오일 펌프로부터 토출된 오일은 오일 필터를 거쳐서 크랭크 케이스에 뚫려 있는 커다란 오일 통로로 들어간다. 오일 통로는 일반적으로 오일

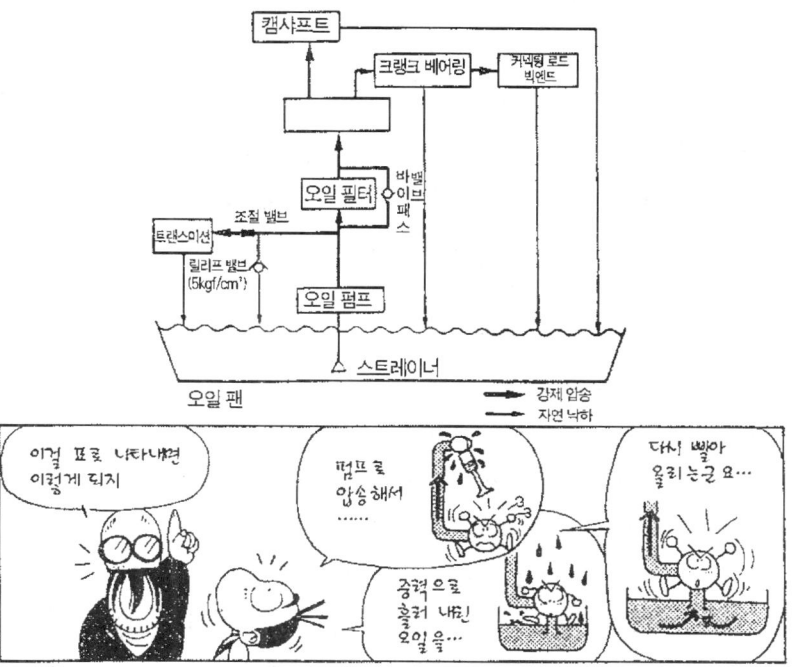

갤러리라고 부르는데, 특히 이 부분은 메인 갤러리라고 구분해서 부른다. 이곳에서 크랭크샤프트의 각 저널부로 오일이 흐른다.

　일체식 크랭크샤프트에서는 특정 저널부로 압송한 오일이 그 밖의 저널부와 크랭크 핀으로 흘러가도록 크랭크샤프트를 관통하는 통로가 뚫려 있다. 이들을 윤활한 오일은 사방으로 튀어 흐르면서 그 일부는 커넥팅로드 스몰엔드와 실린더 내벽을 윤활하면서 낙하해서 오일 팬으로 되돌아오게 되어 있다.

　메인 갤러리를 흐르는 오일의 일부는 실린더 헤드로 압송되는데, 그곳으로 통하는 오일 갤러리는 실린더 본체를 이루는 벽 속을 뚫고 지나는 것도 있다. 다만 바이크용 엔진의 대부분은 실린더와 크랭크 케이스가 별체로 되어 있고, 자동차에 비해 상당히 혹사당하므로 고열로 인한 왜곡 현상도 발생하기 쉬워서, 크랭크 케이스 / 실린더 / 실린더 헤드의 각 접합부에서 오일이 새는(유압이 걸려 있기 때문에) 수가 있는데, 이것을 방지하지 위해서 엔진 외부에 가느다란 철 파이프 등을 배관하는 경우도 있다. 실린더 헤드에 도착한 오일은 캠샤프트 베어링을 윤활한 후, 사방으로 튀어 흐르면서 캠 표면과 로커암 등을 윤활한다.

실린더 헤드 둘레의 윤활을 마친 오일은 중력에 의해 오일 팬으로 흘러 내린다. 그 낙하 통로는 캠 체인이 통과하는 공간 = 캠 체인 터널일 경우가 많다. 이 때에 캠 체인도 윤활된다. 그러나 캠 체인은 고속으로 회전하기 때문에 제대로 설계하지 않으면 오일이 튕겨 나와서 오일 팬으로 되돌아가는 움직임이 원활하지 못할 수도 있다. 적절한 낙하 통로를 배치하는 일은 의외로 중요하고 또 힘들다는 뜻이다.

아울러 펌프로부터 토출된 오일의 일부는 미션의 샤프트 베어링부를 윤활하고, 거기서 사방으로 튀어 흐르면서 미션 기어의 이빨 표면을 윤활한 다음, 중력에 의해 오일 팬으로 되돌아온다. 다만 엔진에 따라서는 단순히 비산식 윤활만 하고 있는 경우도 있다.

펌프는 이러한 장소로 충분한 오일을 보낼 수 있고, 또 필요한 유압을 확보할 수 있는 성능 = 토출량이 확보되어 있다. 자세한 구조는 「오일 펌프」항을 참조 할 것.

웨트 섬프

웨트 섬프(wet sump)는 엔진 하부에 오일을 담아 놓는 그릇 = 오일 팬이 달려 있는 윤활 방식이며 가장 널리 채용되어 있다. 드라이 섬프(dry sump)와는 달리, 오일 펌프가 하나만 있으면 되고, 엔진 외부에 별도의 오일 탱크 등을 설치할 필요가 없다. 즉 구조가 간단하고 제조

● 웨트 섬프 / 드라이 섬프에 의한 윤활 방식

〈웨트 섬프〉

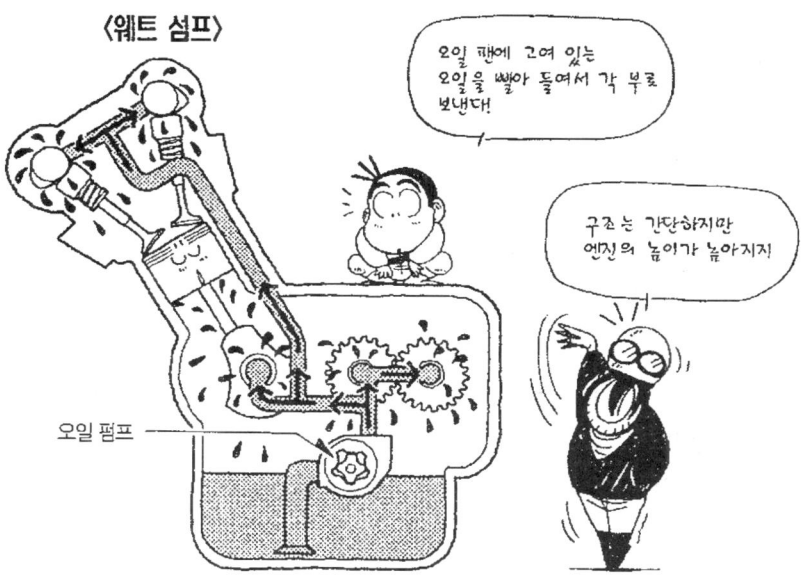

오일 펌프

단가도 싸다. 엔진의 워밍업이 신속하게 이루어지는 장점도 있다.

다만 엔진 밑부분에 일정량의 오일을 담을 그릇이 필요하기 때문에 엔진의 높이가 높아진다. 이것은 온로드 바이크의 경우, 오일 팬을 차체 중앙 부근에 설치하면 엔진 위치가 낮더라도 뱅크각을 확보할 수 있으므로 현실적으로는 그다지 큰 문제는 아니다. 그러나 오프로드 모델은 엔진의 탑재 위치를 높여야 할 경우도 발생한다.

또한 열이 발생하는 엔진 내부에 오일을 계속 담아 두고 있기 때문에 오일의 냉각성은 그다지 좋지 않다. 오일 팬에는 냉각 핀이 설치되어 있는 경우가 많고 나름대로의 통풍성도 확보되어 있지만 그래도 오일 온도가 쉽사리 상승하는 경향이 강하다.

드라이 섬프

웨트 섬프와는 대조적으로 엔진 하부에 오일 그릇이 없는 윤활 방식이다. 엔진 내부를 윤활한 오일이 중력에 의해 밑으로 흘러내리는 부분까지는 똑같다.

다만 여기에 있는 오일 팬은 「오일을 담아 두는 그릇」이 아니라 단순히 「받침 접시」다. 흘러내린 오일은 곧바로 스캐빈징 펌프(scavenging pump)라고 불리는 흡입 전용 펌프로 빨아 올려서 엔진과는 별도로 있는 오일 탱크로 보낸다. 그리고 탱크에 모인 오일은 별도의 펌프 = 피드 펌프(feed pump)를 사용해서 각 부분으로 압송한다.

스캐빈징 펌프는 흘러 내려오는 오일을 공기와 함께 벌컥벌컥 하고 강렬하게 빨아올리는 성능이 필요하기 때문에 펌프 용량(성능)은 피드

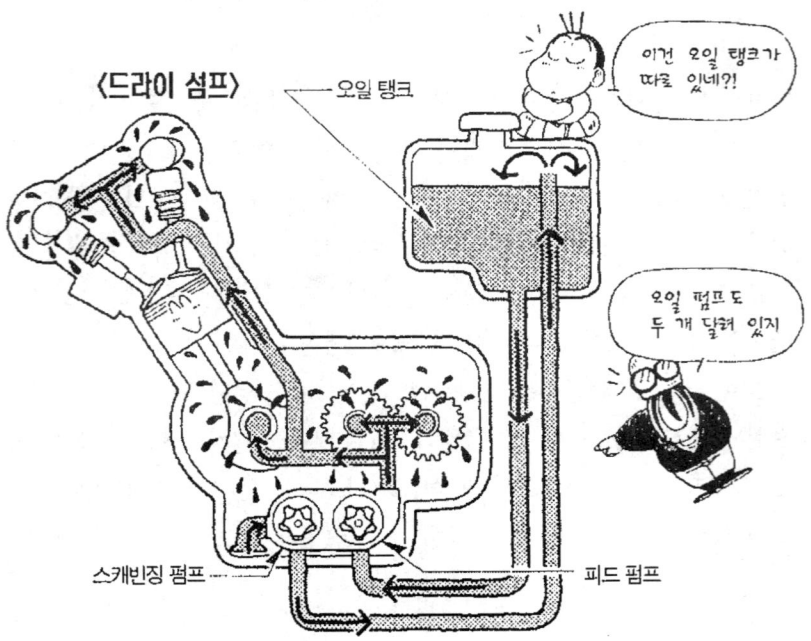

〈드라이 섬프〉 ─── 오일 탱크

이건 오일 탱크가 따로 있네?!

오일 펌프도 두 개 달려 있지

스캐빈징 펌프 ─── 피드 펌프

펌프의 2~3배가 확보되어 있다. 펌프 형식은 바이크의 경우, 거의 대부분이 피드 펌프와 마찬가지인 트로코이드 펌프(troc-hoid pump)다.

피드 펌프 이후의 과정은 웨트 섬프와 똑같은 구조다. 다만 이 방식에서는 오일을 수집하기 위해 스캐빈징 펌프라는 펌프가 하나 더 필요하게 된다. 오일 탱크도 필요하다. 즉 그 만큼 제조 단가가 비싸다. 구조적으로 복잡하기 때문에 그 만큼 무거워진다.

그렇지만 엔진과는 별도의 장소에 오일을 담아 두고 있으므로 적정 유온을 유지하기 편하다. 또한 웨트 섬프에서는 아무리 압송 비산식이라고는 해도 오일 팬에 고여 있는 오일을 크랭크샤프트로 휘젓게 되는데, 이것이 유온 상승을 유발하는 요소이기도 하고, 또 오일을 휘젓는일 자체가 오일의 열화를 촉진시킨다. 당연히 크랭크의 회전하는 데에저항으로 작용한다. 이런 면에서는 드라이 섬프가 유리하다. 강렬한 가감속으로 유면이 기울어지는 바람에 펌프가 공기를 빨아들이는 등의 윤활 불량도 일어나지 않는다.

또 하나, 큰 장점이 있다. 아래에 오일 그릇이 없기 때문에 엔진의 높이를 줄일 수 있다. 밑바닥에 불룩하게 튀어나온 것이 없다고 생각해도좋다. 4륜 레이싱 카에서는 이것이 「차체의 중심을 낮출 수 있다」는 장점으로 작용하지만, 바이크에게는 「노면과의 간격을 크게 잡을 수 있다」는 의미가 더 크다. 이 장점이 크게 작용하는 것은 오프로드 바이크다. 실제로 대부분의 4스트로크 오프로드 차량은 드라이 섬프를 채용하고 있다. 오일 탱크의 부피 & 무게를 줄이기 위해 프레임의 일부를 오일 탱크로 사용하고 있는 예도 있다.

오일 펌프

엔진(혹은 미션)을 윤활하기 위해 오일을 빨아들이거나 내 보내는 펌

● 여러 가지 오일 펌프

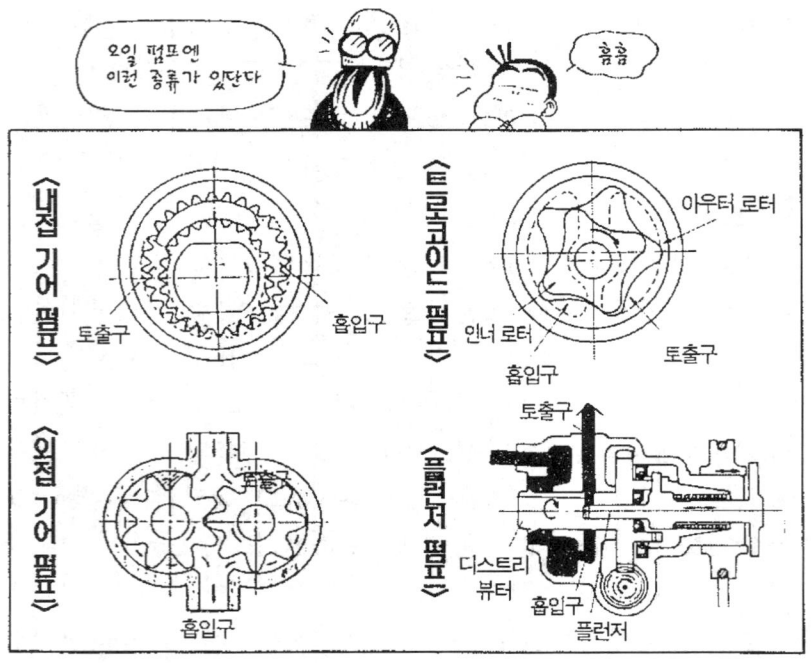

프를 가리킨다. 그 구조는 위의 그림처럼 기어 펌프(내접식 & 외접식),
트로코이드 펌프, 폴런저 펌프(plunger pump) 등의 종류가 있다.

이 중에서 바이크의 4스트로크 엔진 윤활용으로 쓰이는 것은 거의 대
부분이 트로코이드 펌프다.

이것은 일종의 내접식 기어 펌프로서 이빨 면이 「트로코이드 곡선」으
로 구성되어 있는 두 개의 기어로 이루어져 있다. 안쪽의 기어를 인너 로
터, 바깥쪽의 것을 아우터 로터라고 부른다. 크랭크샤프트가 인너 로터를
구동하면 그에 따라 아우터 로터도 회전한다. 인너 로터는 아우터 로터보
다 이빨 수가 하나 적고, 보통 4장 짜리가 일반적이며, 아우터 로터의 그
것과는 회전축의 중심이 어긋나 있다. 두 로터는 밀폐된 용기 속에 갇혀

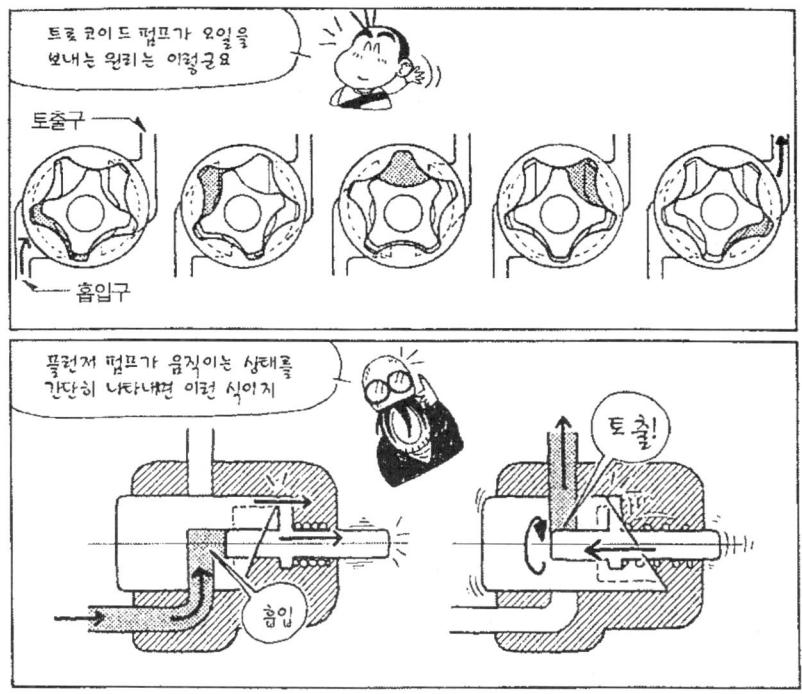

있으며 로터 사이의 용적 변화에 따라 펌프 작용을 하게 된다. 펌프의 토출 용량 & 유압은 로터의 직경과 로터 두께, 그리고 회전수로 결정된다.

이 트로코이드식은 캐비테이션(cavitation)에 취약하기 때문에, 크랭크로부터 기어로 감속 구동되어 펌프 회전수를 적절하게 억제하고 있다. 캐비테이션이란 가령 물 속에서 손을 재빨리 저으면 그 뒤에 기포가 발생하는 일이 있는데, 바로 그런 현상을 가리키는 말이다. 회전하는 기어 이빨 면의 뒷부분의 압력이 낮아져서 오일에 기포가 발생하면 윤활에 지장을 일으키게 된다.

그렇긴 해도, 이 펌프는 다른 방식보다 소형이고 이것을 작동시키기 위한 마력 손실도 적으며, 소음도 적다는 이점이 있어서 바이크에게 적합하다.

2스트로크 엔진 윤활용에는 거의 대부분이 플런저 펌프가 사용된다. 이것은 기어식 펌프에 비하면 구조가 복잡하고 값이 비싸다. 오일에 섞인 이물질에도 민감하다. 그러나 기어식 펌프는 펌프 용량을 한 번 정해 버리면 오일 토출량이 단순히 엔진 회전수에 비례할 뿐이지만, 플런저 펌프는 또 하나의 다른 요소로 토출량을 바꿀 수 있다. 이것이 2스트로크 엔진에게는 필요하다. 즉 엔진 회전수가 같더라도 스로틀을 많이 비틀수록 = 스로틀 개도가 클수록(부하가 클수록) 오일이 많이 뿜어 나와야 하는 것이다.

그 구조는 디스트리뷰터라고 불리는 실린더 안을, 플런저라고 불리는 피스톤이 왕복하면서 펌프 작용을 한다.

실제 펌프의 투시도 따위를 보면 흡입구 & 토출구가 달려 있는 실린더가 회전하는 등 복잡하게 보이지만, 작동 원리는 단순하다. 크랭크샤프트로 구동되는 캠샤프트에 의해 피스톤이 왕복하는 것이라고 생각하면 된다. 즉, 엔진 회전수가 높을수록 왕복 회수가 늘어서 오일 토출량이 증가한다.

동시에, 이 피스톤의 왕복 거리를 스로틀 개도에 따라 바꿀 수 있는 구조로 되어 있다. 스로틀을 많이 열수록 왕복 거리가 늘어서 오일 토출량이 증가한다.

오일 필터

엔진 오일은 엔진 내부를 순환하면서 금속 가루나 카본 등 찌꺼기를 모아 오는데, 이것을 그대로 방치하게 되면 이물질이 윤활 부분을 손상시키거나 오일 통로를 막아 버리는 등의 트러블이 생긴다. 또 오일 자체도 사용하고 있다 보면 변질되는데 이것도 윤활에는 방해가 된다.

이런 이물질을 주워 모으는 장치가 오일 필터다. 그 안에 들어 있는 여과재를 필터 엘러먼트(filter element), 또는 단순히 엘러먼트라고 부르는데, 이것을 오일 필터라고 부르는 경우도 많다.

엔진 오일을 순환 사용하지 않는 2스트로크에게는 필요 없는 장치지만, 4스트로크에서는 엔진 성능을 유지하는 데에 있어서 상당히 중요하다. 특히 일체식 크랭크를 사용하는 엔진은 세심한 관리가 필요하다. 베어링부의 좁은 틈새에 이물질이 끼거나, 오일 통로가 막혀서 유압이 떨어지면 중대한 트러블을 일으키게 된다.

예전에는 철망식 엘러먼트를 사용하는 모델이 대부분이었다. 그러나 일체식 크랭크 엔진에서는 보다 높은 여과 성능이 요구되므로 여과지식 엘러먼트를 사용하게 되었다. 요즘에는 간편하게 교환할 수 있고 효과도 우수한 카드리지식 필터를 채용하는 예가 늘고 있다. 이것은 여과지와 필터 케이스, 그리고 바이패스 밸브가 하나로 되어 있는 필터다. 바이패스 밸브란 만약 필터가 이물질로 막혔을 경우에 오일이 우회할 수 있는 통로를 열어서 최소한의 윤활 기능을 확보하기 위한 것이다. 카드리지식의 경우는 냉각성을 고려해서 엔진 앞쪽에 달려 있는 경우가 많다.

그러나 어떤 방식의 필터도 이물질을 수집하는 기능은 있지만, 이것을 외부로 버리는 기능은 없다. 언젠가는 이물질로 꽉차게 된다. 바이패스 밸브가 열리더라도 이것은 여과되지 않은 오일이 다. 필터는 소모품이다. 막히기 전에 오일 교환 2~3회마다 최소한 한 번의 비율로 필터를 교환해야 한다.

이러한 필터 외에도 원심식 필터를 채용하고 있는 기종도 있다. 크랭크샤프트에 의해 고속으로 회전하는 드럼 속을 오일이 통과하도록 해서, 원심력으로 이물질을 드럼 내벽에 달라붙게 만드는 것이다. 여과지식처럼 정밀한 여과는 불가능하지만 구조가 간단하고 나름대로 이물질을 제거할 수는 있다. 이것은 교환하는 것이 아니라 안쪽에 달라붙어 있는 이물질을 청소한 후에 재사용한다.

오일 쿨러

윤활계의 역할에서도 설명했듯이 엔진 오일은 기본적으로 냉각 작업도 맡고 있다. 그 기능을 더욱 적극적으로 이용하기 위해 오일 순환 경로 도중에 설치하는 냉각 장치가 오일 쿨러다. 4스트로크나 로터리 엔진에 장착되는 경우가 있지만, 윤활유를 순환 사용하지 않는 2스트로크 엔진에는 필요 없는 장치다.

엔진 냉각 외에도 오일 자체의 성능 유지라는 면에서도 오일 쿨러가 필요할 경우가 있다. 기본적으로 오일은 온도가 올라가면 부드러워지고 유막 형성 기능이 떨어진다. 또 고온일수록 슬러지(sludge)가 발생하기 쉬워진다. 또 산화되면 온도가 내려갔을 때에 유막 형성 기능이 저하되는 등의 오일 열화도 일찍 온다. 특히 바이크용 엔진은 고성능 지향이므로 유온이 올라가기 쉽다. 자동차의 경우는 90℃ 정도가 보통이지만 바이크는 전체적으로 보다 고온이며, 공랭 엔진 중에는 때로는 160℃까지 오르는 경우도 있다고 한다. 오일의 성능을 유지하고 오일의 수명을 늘리기 위해서는 유온이 너무 오르는 것은 바람직하지 않다.

다만 오일 쿨러가 있으면 고성능일 것이라고 속단하는 것은 잘못이다. 예를 들어 일정한 배기량 & 기통수로 일정한 파워를 발생시키기 위해서는, 냉각 성능이 낮은 공랭 엔진이라면 오일 쿨러가 필요하더라도 수냉이라면 굳이 필요 없는 경우도 있다. 더구나 최고 출력을 연속적으로 사용한다면 「있는 편이 좋을」지도 모르겠지만, 일반 도로 주행에서 그럴 상황이란 거의 없을 것이고, 가끔 가다 풀 스로틀로 가속할 뿐이라면 「없어도 괜찮을」 경우도 있다. 불필요한 부품을 자꾸 갖다 붙이는 것은 바이크 전체의 성능으로는 마이너스다.

메이커에서 생산하는 바이크에는 성능 기능적으로 판단해서 오일 쿨러의 장착 여부가 결정된다. 때로는 제조 단가 측면에서 생략되는 경우도 있지만, 적어도 소비자 쪽에서 장착하지 않으면 고장나는 경우란 있을 수 없다. 장착했다고 해서 최고 속도가 더 올라가는 것도 아니다. 장착 유무를 가지고 고성능이네 어쩌네를 따지는 일은 넌센스다.

오일 쿨러의 냉각 방식에는 공랭식과 수냉식의 두 가지가 있다.

공랭식은 수냉 엔진의 라디에이터와 같은 것이다. 기본적으로 냉각 효율이 높고 엔진이 공랭이라도 사용할 수 있다. 다만 전동 팬을 설치하지 않는 한, 정지 중이나 저속 주행 시에는 냉각 효과가 떨어진다. 또 바이크는 공간의 제약이 크기 때문에 커다란 쿨러를 배치하려면 힘들 경우가 적지 않다.「라디에이터」항도 참조하기 바란다.

수냉식은 오일 쿨러 주변에 엔진의 냉각수를 흐르게 해서 오일을 냉각하는 방식이다. 수냉 엔진밖에는 사용할 수 없지만, 크기가 작고 쿨러에 주행풍이 직접 닿아야 할 필요도 없다. 배치 장소에 제약이 적으므로 이 방식을 채용하는 모델이 늘고 있다. 아래 그림처럼 크랭크케이스 앞

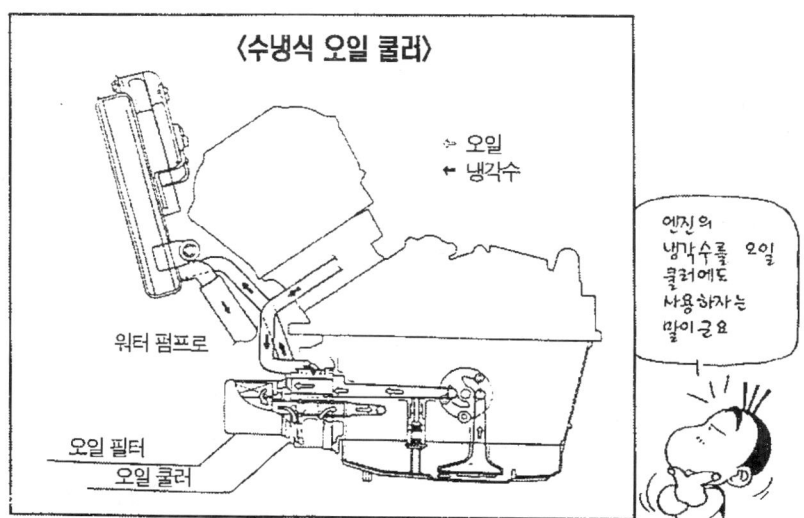

〈수냉식 오일 쿨러〉

⇀ 오일
← 냉각수

워터 펌프로

오일 필터
오일 쿨러

엔진의 냉각수를 오일 쿨러에도 사용하자는 말이군요

쪽에 있는 카드리지식 오일 필터 장착부에 내장되어 있다.

수냉식은 연속 고속 주행 시의 냉각 효과는 공랭식보다 떨어질 수도 있지만, 일반 도로 주행에서는 오히려 언제나 안정적인 냉각 효과를 기대할 수 있다는 장점이 더 크다. 또 공랭식은 겨울철 워밍업에 시간이 걸리지만 수냉식은 그런 불편이 없다. 엔진 본체도 그렇지만 오일도 적정 온도가 되기까지의 시간이 짧다는 뜻이다. 오일 온도는 낮을수록 좋은 것도 아닌 것이다.

피스톤 쿨러

엔진 오일이 기본적으로 수행하고 있는 냉각 기능을 더욱 적극적으로 이용하려는 방법 중의 하나다.

피스톤은 뜨거운 연소 가스에 직접 노출되어 열적으로 가혹한 조건에

● 피스톤 안쪽에 오일을 뿜어 주는 피스톤 쿨러

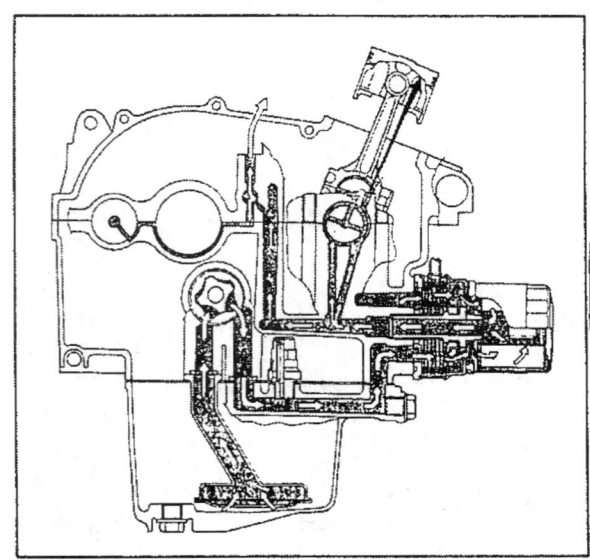

피스톤 안쪽에 오일을 끼얹어서 적극적으로 냉각시키려는 것이다!

있음에도 불구하고, 여기에는 냉각풍이나 냉각수가 직접 닿지 않는다. 열은 주로 피스톤 링, 실린더 내벽에 묻어 있는 오일 등을 통해서 실린더로 전달된다. 그 밖에는 여기저기서 튀어 날아오는 오일 입자에게 열을 전달하는 수밖에 없다. 그래서 고출력 = 발생 열량이 큰 엔진, 또는 열적 조건이 열악한 공랭 엔진에서는 피스톤 크라운 안쪽에 윤활용 오일을 뿜어서 피스톤을 냉각하는 피스톤 쿨러를 채용하고 있는 예가 있다.

그 구조는 왼쪽 페이지 그림처럼 크랭크케이스에 나 있는 오일 통로 = 메인 갤러리의, 피스톤 아래 부분에 위치한 곳에 구멍을 뚫어서, 여기로부터 오일을 뿜어내는 것이다. 커넥팅로드 빅엔드부에 구멍을 뚫어 놓은 예도 있다.

오일 소비량

2스트로크 엔진은 오일을 연료와 섞어서 소비하기 때문에 달리면 당연히 오일이 줄어들게 된다. 탱크에 오일이 바닥난 채로 달리면 엔진이 타 버린다. 언제나 오일량을 확인하고 보충해 주어야 할 필요가 있다. 소비율은 플런저 펌프의 작동 원리로도 알 수 있듯이 주행 패턴에 따라 크게 달라진다.

4스트로크 엔진은 오일을 순환시켜서 사용한다. 어디가 터져서 줄줄 새지 않는 한, 오일은 줄지 않을 것 같은 생각이 든다. 그러나 실제로는 각 작동 부분이 완벽하게 씰링되어 있는 것이 아니기 때문에 달리면 반드시 오일을 소비하게 된다. 기술이 진보한 요즘은 예전처럼 많이 소비하지는 않지만 그래도 오일 오름이나 오일 내림 등을 완전히 없애는 불가능하다.

오일 오름은 실린더와 피스톤 사이로 윤활용 오일이 연소실로 침투해서 연료와 함께 연소, 배출되는 현상이다. 정상적인 엔진에서는 오일 소

● 4스트로크 엔진에서 소비되는 오일

〈오일 오름〉 〈오일 내림〉

비 총량의 60% 정도가 이것에 의한 것이라고 알려져 있다.

오일 내림은 밸브 스템과 밸브 가이드 틈새로 오일이 연소실에 들어가서 소비되는 현상으로서, 일반적으로 전 소비량의 30% 정도가 이것에 의한 것이라고 알려져 있다.

4스트로크 엔진의 오일 소비량도 사용 조건에 따라 제각각 이라 한마디로 잘라 말할 수 없다. 엔진 형식별로 보면 일반적으로 수냉 → 오일 쿨러 장착형 공랭 → 공랭의 순서로 많아진다. 냉각 효율이 높을수록 엔진 각 부분의 열 변형이 적고, 또 유온을 낮게 유지할 수 있기 때문이다. 수냉 엔진은 공랭식의 1/2에서 1/4 수준으로 줄일 수 있다고 한다. 물론, 엔진 각 부분이 마모되어 있다면 그 만큼 오일 오름이나 오일 내림이 많아진다.

어쨌거나 4스트로크라도 달리면 오일은 줄게 되어 있다. 따라서 오일 펌프의 흡입구까지 유면이 필요한 것은 물론이거니와, 유온 등 오일의 품질을 적정 수준으로 유지하기 위해서는 일정량의 오일이 필요하다. 애마의 오일량은 언제나 확인해 줘야 하며, 한도 이상으로 감소되어 있다면 보충해 주지 않으면 안 된다.

엔진 내부에(드라이 섬프 방식일 경우는 오일 탱크에) 확보되어 있는 오일의 양을 알아보기 위해서는 급유구에 달려 있는 막대 = 오일 레벨 게이지를 이용한다. 급유구를 돌려 닫지 않은 상태에서 게이지 끝에 새겨져 있는 두 개의 선 사이에 유면 자국이 있으면 정상이다. 웨트 섬프 방식에서는 엔진 옆에 투명한 점검창이 달려 있어서 바이크를 똑바로 세운 상태에서 유면의 높이를 눈으로 확인하도록 되어 있는 것이 많다.

2스트로크의 윤활

2스트로크 엔진은 크랭크실에서 혼합기를 흡입 / 압축해서 실린더로

● 혼합기와 함께 타 버리는 2스트로크 엔진 오일

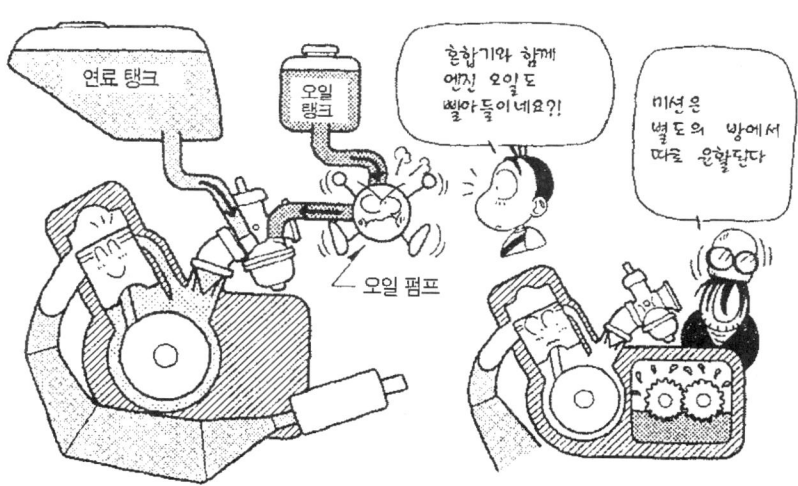

보내고 있다. 이 때문에 크랭크샤프트 둘레와 실린더 / 피스톤을 윤활
하는 데에 4스트로크와 같은 시스템을 사용할 수 없다. 따라서 흡입되
는 혼합기에 엔진 윤활용 오일을 섞는 방법이 사용되고 있다.

연료인 가솔린에 오일을 섞어서 녹여 놓는다. 오일이 섞인 가솔린이
카뷰레이터에 의해 안개 상태가 되어 공기와 함께 크랭크실로 들어간
다. 오일이 섞인 가솔린 입자는 크랭크실을 떠돌아 다니다가 크랭크 베
어링이나 실린더 내벽에 달아붙게 되는데, 가솔린 성분은 금세 기화되
어 날아가 버리고 오일 성분만이 그곳에 남아서 윤활을 하게 된다. 그러
다가 조금 후에 그 오일은 혼합기의 흐름에 휩쓸려 연소실로 들어가서
연소 → 배출된다 …….

이것만으로 엔진을 윤활하고 있다. 실린더 헤드를 윤활할 필요도 없
고 매우 단순하다. 그러나 바꿔 생각하면 4스트로크보다 조건이 가혹하
다. 가솔린 성분이 금방 휘발된다고는 하지만, 그래도 가솔린으로 희석
된 낮은 점도의 오일로 고회전하는 크랭크와 고속으로 습동하는 실린더
를 윤활하지 않으면 안 된다. 또 대량의 오일이 연속적으로 공급되는 것
이 아니라, 입자 형태로 달라붙은 소량의 오일이 잠시 동안 그곳에 남아
서 윤활해야 한다.

또한 윤활을 마친 오일은 연소 배출되기 때문에, 이 때에 제대로 연
소되어 주지 못하면 연소 축적물이나 카본 등이 발생해서 여러 가지 나
쁜 영향을 미치게 된다. 가령 피스톤 링이 절어 붙는 링 스틱(ring
stick) 현상을 일으키거나 플러그를 더럽힌다. 배기 포트에 퇴적물이 쌓
이는 포트 블록(port block) 현상이 일어나면 이것도 엔진 성능을 떨어
뜨린다. 실린더 헤드나 피스톤 크라운에 퇴적물이 쌓이면 조기점화의 원
인이 된다.

즉, 2스트로크 엔진 오일은 순환 사용하지 않기 때문에 장시간 사용
에 따른 성능 저하에 대한 걱정은 없는 대신에, 4스트로크와는 다른 성

능이 요구되는 것이다. 4스트로크용 오일로도 단시간은 달릴 수는 있지만 물론 바람직하지는 않다. 머플러 등이 막힐 수도 있다.

윤활 방법에는 혼합 윤활과 분리공급 윤활이 있다.

혼합 윤활은 가솔린과 윤활용 오일을 일정 비율로 미리 혼합해 놓은 혼합 가솔린을 사용하는 방식이다. 여기서는 오일 펌프 등 윤활계 기구가 필요 없다. 그 만큼 만들기가 간단하고 값이 싸고 가볍다. 옛날에는 거의가 이 방식이었다. 지금도 레이서 등 경기용 차량은 거의가 이 방식이며, 범용 엔진 등에도 채용되어 있다.

다만 혼합 방식에서는 엔진에 흡입되는 가솔린의 오일 혼합율은 언제나 똑같다. 즉, 윤활 조건이 가장 혹독할 경우에 맞출 수밖에 없다. 일정 속도로 담담하게 달릴 경우나 정지 상태에서의 공회전 등에서는 오일이 너무 많다. 그 만큼 엔진 내부와 머플러가 더러워지기 쉬우며 배기 연기가 많고 오일 소비도 헤프다. 더구나 연료를 공급받을 때마다 언제나 일정 비율로 오일을 섞어야 하기 때문에 번거롭다. 그래서 요즘은 거의 사용하지 않는다.

분리급유 방식은 혼합식의 이런 불편과 번거로움을 해소하기 위해 1960년대부터 보급되기 시작했다. 연료 탱크에는 가솔린만 주입하고, 별도의 오일 탱크에 윤활용 오일이 들어 있다. 오일은 플런저 펌프에 의해 주행 상황에 알맞은 양만큼이 카뷰레이터로 공급되어 그곳에서 가솔린과 섞이게 된다. 현재의 일반 시판 바이크는 거의 대부분이 이 방식이다.

다만 이 경우, 여기에 쓰이는 오일에는 카뷰레이터에서 순간적으로 가솔린에 녹아 들어가는 혼합성, 오일 탱크에서 카뷰레이터까지의 좁은 통로를 쉽게 흘러가는 유동성 등이, 앞서 말한 기본 성능에 추가적으로 요구된다.

분리급유 엔진 중에는 이러한 기본 윤활과 함께, 엔진 주요 부분에 강제적으로 오일을 압송해서 윤활하는 방식도 있다. 흔한 예는 아니지만, 가령 스즈키의 RGV250*Γ*는 크랭크 베어링과 실린더부에 펌프로 오일을 직접 압송한다.

아울러 2스트로크 엔진은 크랭크실에 밀폐 기능이 필요하기 때문에 구동계와는 벽으로 분리되어 있다. 즉, 미션과 클러치는 엔진과는 전혀 별도로 윤활하는 것이다. 미션부에는 4스트로크와 동일 계통의 오일을 사용한다.

그 윤활 방식은 대부분이 단순한 비산식이다. 미션부 등은 윤활 기능으로서는 이 정도로도 충분히 윤활이 된다. 미션 기어의 일부가 오일에 잠겨 있어서 기어가 오일을 퍼 올림으로서 윤활하는 것이다.

다만 비산식에서는 오일을 휘젓는 저항이 마력 손실로 이어진다. 이것을 피하기 위해서 굳이 오일 펌프를 설치해서 압송 비산식을 채용하는 예도 있다. 사용하는 펌프는 토로코이드 펌프다. 일종의 드라이 섬프라고도 할 수 있지만, 스캐빙징 펌프나 별도의 오일 탱크까지 갖추고 있는 예는 드물다. 레이싱 머신 외에도 2스트로크 250cc 레플리카 모델이 이 방식을 채용하고 있다.

오일 교환

아무리 고성능 오일이라도 사용하고 있다 보면 윤활 성능이 떨어진다. 또 청정 기능에 의해 불순물이 녹아들어 온다. 이런 상태를 오일의 열화 라고 한다. 따라서 정기적인 오일 교환이 필요하며, 그것도 자동차보다는 훨씬 짧은 주기로 교환해야 한다. 주행 거리가 짧더라도 시간이 경과하면 산화되는 등 성능이 저하된다. 구체적으로는 각 모델의 정비 지침서를 따르는 것이 무난하다.

오일 교환을 다소 게을리 해도, 또는 싸구려 오일을 사용해도 곧바로 엔진이 고장나는 일이란 없다. 그러나 10,000km 정도 달리고 난 후에는 엔진 성능에 큰 차이가 나타나게 된다.

엔진 오일을 빼기 위해서 엔진 밑에는(드라이 섬프라면 오일 탱크에도) 큼지막한 볼트 = 오일 드레인 볼트(단순히 드레인 볼트 라고도 한다)가 있다. 2스트로크는 엔진 오일을 교환할 필요는 없지만, 미션 오일은 정기적으로 교환해야 할 필요가 있다.

냉 각 계

엔진은 가솔린을 연소시켜서 그 열 에너지를 크랭크샤프트의 회전력으로 변환한다. 그러나 현실 속의 엔진은 연료가 가지고 있는 에너지 중에서 크랭크 회전력으로 이용할 수 있는 것은 전체 중의 30% 정도다. 나머지 70%는 여러 가지 손실로 버려지고 있다. 각종 손실에 대해서는 「연소실의 압축비」항에서도 설명했지만, 여기서 설명할 냉각 손실도 그 중 하나다.

혼합기가 연소하면서 발생하는 열의 일부는 엔진을 데운다. 엔진의 온도가 너무 올라가면 우선 이른바 오버 히트(over heat) 현상이 나타나며, 더욱 심해지면 각 부품(금속이나 고무)과 윤활 오일이 제 기능을 하지 못하게 되어, 눌어붙거나 부품이 파괴되는 등의 치명적인 트러블을 일으킨다.

엔진을 식힌다는 것은 연소 가스로부터 열 에너지를 빼앗는 비율이 증가한다는 뜻이다. 너무 식히는 것은 낭비다. 그렇지만 어느 정도는 열을 대기 중에 버려서 식히지 않으면 엔진이 망가진다. 이렇게 버려지는 열 에너지가 냉각 손실이며, 버리는 시스템이 냉각계다.

흡인된 흡합기가 가지고 있는 열 에너지량에 대한 냉각 손실 비율은, 기종이나 사용 상황에 따라 다르지만 일반적으로 22~25% 정도라고 알려져 있다. 2스트로크 엔진은 부위에 따른 온도 차이가 크기 때문에 손실이 더 크며 30% 정도라고 한다. 엔진이 도는 한, 이 정도의 열을 계속 버리지 않으면 제대로 달릴 수 없다. 다만 너무 많이 버리면 오버쿨(over cool)이 된다.

부위에 따라 냉각 요구성이 다르다

연소가스로 인해 뜨거워진 엔진 본체의 열을 외부로 버리는 일이 냉각계의 역할인데, 엔진 부위에 따라 발생하는 열량이 다르다. 전체를 똑같이 식힌다고 될 문제가 아니다.

열은 피스톤이 상사점 부근에 왔을 때에 흡입 혼합기가 연소하면서 발생한다. 엔진 본체에 열이 이동하는 것도 이 때다. 가장 많은 열을 받아서 온도가 올라가는 곳은 연소실, 즉 실린더 헤드와 피스톤 크라운 부분이다. 다만 피스톤은 주행풍이나 냉각수로 직접 냉각시키지 못한다. 이른바 냉각계로 식힐 수 있는 것은 실린더 헤드 쪽이다.

실린더 헤드의 연소실 형성 부분 중에서도 흡기쪽보다는 배기 쪽이 뜨거워지기 쉽다. 특히 4스트로크 엔진에서는 배기 밸브 둘레가 열적으로 가혹한 조건에 놓여 있다. 언제나 뜨거운 배기 가스에 노출되는 데다가 새로이 공급되는 차가운 혼합기를 쏘일 일이 극히 적기 때문에 밸브

● 뜨거워지는 곳을 중심으로 냉각한다

는 800℃나 되는 일도 흔하다. 그렇다고 냉각계로 밸브를 직접 냉각시킬 수도 없는 노릇이므로, 이것이 접촉하는 밸브 시트가 마련되어 있는 연소실 주변을 냉각할 수밖에 없다.

물론 그 밖의 배기 포트 둘레를 냉각하는 일도 중요하다. 흡기 포트쪽은 차가운 혼합기로 언제나 냉각되고 있으므로 배기쪽 만큼이나 신경 쓸 필요는 없다. 가솔린을 쉽게 기화시키기 위해서는 너무 식혀도 오히려 손해다.

점화 플러그 둘레의 냉각 중요성도 잊어서는 안 된다. 혼합기의 연소란 바로 이곳을 시점으로 이루어지기 때문이다. 더구나 플러그 끄트머리의 온도는 평상시에도 800℃ 정도가 되는데, 이곳이 과열하게 되면 이것이 열원이 되어, 플러그의 불꽃이 발생하기 전에 혼합기가 연소해 버리는 프리이그니션 = 조기점화가 일어난다. 이것은 연소실에 달라붙은 퇴적물이나 배기 밸브를 열원으로 일어나는 프리이그니션보다 악질이라서 엔진을 망가뜨릴 확률이 높다. 플러그는 물론, 이것을 꼽아 놓기 위해 실린더 헤드에 뚫려 있는 플러그 구멍, 그리고 와셔 둘레를 충분히 냉각해야 할 필요가 있다.

여기서 생각해 보면 4스트로크 엔진에서는 배기 밸브와 점화 플러그 부위의 냉각이 상당히 중요하다는 사실을 알 수 있다. 특히 4밸브 방식에서는 두 개의 배기 밸브와 플러그 사이의 부분을 냉각하는 일이 중요한데, 이게 또 그리 쉬운 문제가 아니다.

그리고 실린더도 연소실의 일부를 구성하는 부품이다. 다만 「연소」는 그 대부분이 피스톤 상사점 부근에서 일어난다. 자세한 설명은 「연소실」항을 참조할 것. 연소가 끝난 후, 피스톤이 내려가게 되면 아래쪽 실린더 내벽도 고온 가스에 노출되긴 한다. 그러나 여기서는 이미 가스가 팽창해 있다. 기체는 팽창하면 온도가 내려간다. 더구나 실린더 내벽이 연소 가스에 노출되는 시간도 상대적으로 짧다.

  실린더의 냉각은 필요하다. 그러나 높은 냉각 성능이 요구되는 것은 연소가 이루어지는 윗부분이다. 오히려 아래쪽은 너무 식히지 않도록 주의해야 할 정도다.

  그다지 뜨거워지지 않는 아래쪽까지 윗부분과 마찬가지 정도로 냉각해 버리면, 흡입 혼합기 속에 섞여 있는 가솔린의 기화 (「연료로 냉각하다」항을 참조)를 방해한다. 열 에너지 손실이 커지는 것도 문제다. 실린더 내벽과 피스톤에 묻어 있는 오일의 점도가 올라가서 저항 손실도 커진다. 결과적으로 출력이 떨어지고 연비가 나빠진다.

  온도가 너무 올라가도 문제지만 일반적으로는 110~170℃ 정도를 유지함이 바람직하다고 한다. 이상적인 온도로서는 120~130℃ 정도이겠다. 그렇다면 실린더의 가운데부터 아래쪽에는 적극적인 냉각 기구가 거의 필요 없다는 말이다.

  다만, 2스트로크 엔진의 경우는 실린더에 배기 포트가 뚫려 있다. 또 흡입 혼합기는 먼저 크랭크실에 들어갔다가, 거기에서 실리더 벽에 뚫려 있는 소기 포트를 통해서 실린더로 흘러가는 등 복잡한 경로를 따르기 때문에 가솔린이 기화될 시간(장소)이 많다. 따라서 실린더 전체를 식힐 필요는 없고, 배기 포트를 중점적으로 각 포트의 개방부 부근을 적극적으로 냉각한다.

  이러한 이론에 따라, 공랭 엔진은 냉각 핀과 공기의 통로를, 수냉에서는 워터 재킷과 냉각수 경로가 설계된다.

연료로 냉각하다

  본래의 냉각 기구는 아니지만, 여기서 가솔린이 엔진을 냉각하는 현상에 대해 설명해 둔다. 가솔린은 연료지만 결과적으로 그 냉각 기능에 의지하고 있는 부분은 상당히 크다.

● **가솔린이 엔진을 식힌다**

가솔린은 기체가 되어야 비로소 불에 타는데, 카뷰레이터로부터 빨려 나온 가솔린은 안개 상태일 뿐이지 처음부터 기체 상태는 아니다. 흡기 포트를 지나는 동안 조금은 기화되지만, 안개 상태의 작은 입자라도 엄밀하게는 액체이며, 이 액체 상태로 연소실(2스트로크에서는 크랭크실)로 들어가 버리는 것이 70% 정도다.

그 가솔린 입자가 뜨거운 피스톤 크라운에 닿으면서 기화된다. 그 기화열로 피스톤이 식는다. 2스트로크의 경우는 흡기 / 1차압축 단계에서도 피스톤 크라운 안쪽에서 기화한다.

실린더 헤드의 연소실 벽면과 실린더 내벽, 4스트로크에서는 배기 밸브, 2스트로크에서는 크랭크 둘레와 크랭크케이스 등에도 마찬가지로 가솔린 입자가 닿으면서 기화되고 있다.

이처럼 기화될 때에 가솔린은 열을 흡수한다. 액체가 기체로 변할 때

에는 기화열이라는 대량의 열 에너지가 필요하며, 이에 의한 냉각 효과
는 크다. 피스톤 등은 냉각의 상당한 부분을 이것으로 실시하고 있는 것
이 현실이다.

따라서 열적으로 가혹한 조건하에 있는 공랭 엔진은 연소에 필요한
양보다 많은 가솔린을 엔진에 흡입시키는 일이 적지 않다. 가솔린이 기
화열을 빼앗는 성질을 이용해서 피스톤과 배기 밸브의 냉각을 실시하고
있기 때문이다. 공랭 엔진의 연비는 일반적으로 수냉보다 나쁜데 그 원
인은 바로 여기에 있다. 또 수냉도 고성능 지향적인 것은 정도의 차이는
있어도 이런 경향이 있고, 2스트로크 엔진 전반에 대해서도 이 이론이
통한다.

오버 히트

엔진 각 부분의 온도가 일정 이상으로 올라가서 엔진의 기능이 저하
되는 현상이다.

구체적으로는 우선 충전 효율의 저하를 들 수 있다. 연소실을 비롯한
엔진 전체가 뜨겁기 때문에, 흡입할 혼합기의 온도가 올라가서 밀도가
떨어지므로, 똑같은 부피와 압력이라도 그 혼합기(공기)의 질량이 작아
지는 것이다.

증상이 심해지면 라이더가 몸으로 느낄 수 있는 현상을 나타내는데,
엔진에서 까르르르 하는 소리가 들린다. 녹킹, 또는 프리이그니션이 발생
하기 때문이다.

이렇게 되면 출력이 떨어지고 연비도 나빠진다. 엔진에 좋을 리 없다.
이 상태가 계속 이어지면 엔진 내부가 눌어 붙는 등 엔진이 파괴된다.

그러나 요즘의 바이크는, 적어도 그것이 제대로 정비되어 있고 어설
픈 엔진 개조를 하지 않는 한, 엔진이 망가질 정도의 오버 히트를 일으

● 너무 뜨거워도, 너무 차가워도 본래의 힘이 나오지 않는다

키는 일은 흔치 않다. 수냉 엔진에서 냉각 팬이 돌거나 수온계 바늘이 올라가면 「오버 히트 해 버렸다!」라고 당황하는 라이더도 있지만, 잘못 알고 있는 것이다. 「냉각 팬」과 「수온계」항을 참조할 것.

그래도 주행 상황에 따라서는 오버 히트 증상을 일으킬 경우가 있다. 엔진을 고회전 고부하로 연속 사용할수록, 그리고 그 때의 주행 속도가 낮을수록 오버 히트하기 쉽다. 오버 히트임을 느꼈을 때에는 곧바로 차를 세우기보다는, 엔진 회전을 낮추고 부하를 적게 해서(스로틀을 조금만 열어서) 계속 달리는 편이 좋다. 정지하면 주행풍이 닿지 않게 된다. 엔진을 꺼 버리면 오일과 냉각수도 순환하지 않는다.

오버 쿨

　엔진은 일정한 온도 범위 내에서 제대로 작동하도록 만들어져 있기 때문에, 오버 히트도 좋지 않지만 너무 차가워지는 오버 쿨도 좋지 않다.

　우선 엔진 전체의 온도가 낮으면 가솔린이 기화되기 힘들어진다 (「연료로 냉각한다」항을 참조). 또 연소실의 온도가 낮으면 연소 속도가 떨어진다.

　그리고 각 부품들의 간격은 일정한 온도 범위 내에서 꼭 맞도록 만들어져 있어서, 그 범위에서 벗어난 저온 상태에서는 간격이 너무 벌어져 있게 된다. 실린더 / 피스톤 사이의 간격을 예로 들면, 간격이 크기 때문에 혼합기나 연소가스가 새어 나가기 쉽다. 다른 부분도 마찬가지라서 간격이 너무 크면 회전부 / 습동부 등에서 서로 부딪히는 현상이 일어나기 쉽다. 한편 엔진 오일의 온도가 낮기 때문에 그 점도가 높고 저항 손실도 크다.

　이것으로는 본래의 파워와 스로틀 반응성을 기대할 수 없다. 또 이 상태에서 갑자기 큰 부하를 걸면 엔진이 상한다. 시동 직후는 틀림없는 오버 쿨 상태이며, 그에 맞는 워밍업이 필요하다는 뜻이다. 주행중에 오버 쿨이 되는 경우는 흔치 않지만, 만약 그럴 경우에는 수냉 엔진이라면 라디에이터의 일부를 테이프 등으로 막는 대책법이 있다. 공랭의 경우는 대처하기가 곤란하다.

워밍업

　시동 후, 본격적으로 달리기 전에 오버 쿨 상태의 엔진을 데워서 적정 온도로 만드는 행위를 말한다.

　일반적으로는, 초크나 스타터 등 카뷰레이터에 달려 있는 장치를 작동시켜서 시동을 건 후에, 바이크를 실제로 타고 달리지 않고 엔진을 돌려 놓는 행위를 가리키는 경우가 많다. 다만, 이 상태에서는 엔진에 걸리는 부하가 매우 작기(즉 발열량이 적기) 때문에, 특히 2스트로크 엔진은 상당히 시간이 걸린다. 주택가에서는 소음도 문제가 된다.

또 초크 등을 당겨 놓은 채로 오랜 시간 동안 엔진을 돌리면 진한 혼합기에 의해 플러그가 젖어 버리는 일이 곧잘 있다. 워밍업 상태에 맞춰 초크 등을 적절하게 되돌려 줘야 한다. 특히 2스트로크는 신경 써야 한다. 이 점에 있어서 바이크는, 오토 초크와 연료 분사 장치 덕분에 전혀 신경 쓸 필요가 없는 요즘의 자동차와는 달리 어느 정도 요령과 익숙함이 필요하다. 그래도 엔진의 기본을 알고자 하는 마음이 있다면 어려운 일이 아니다.

워밍업을 일찍 끝내려고 급격하게 회전을 올리는 짓은 현명하지 못하다. 이 때에는 피스톤 / 실린더 사이, 크랭크 샤프트 / 크랭크 케이스 사이 등이 간격이 아직 벌어져 있고, 엔진 오일도 아직 각 부분까지 도달해 있지 않다. 그 즉시 고장나지는 않지만 엔진을 상하게 하고 있음은 틀림없다. 물론 주위의 소음 문제도 있다.

현실적으로는 워밍업 부족보다도 「어설픈 워밍업」이 더 문제다. 오히려 시동을 걸었으면 곧바로 달려도 괜찮다. 물론 처음에는 엔진에게 큰 부하가 걸리지 않도록 스로틀을 조금씩 열면서, 엔진 회전도 낮추어서 달려야 한다.

구동계의 오일도 아직 차가워서 클러치를 쥐어도 구동력이 완전히 차단되지 않기 때문에, 처음에 1단 기어로 쉬프트할 때에는 충격도 크다. 그러나 이런 사소한 점에만 신경써 주면 엔진을 상하게 할 일도 없고, 아이들링 상태에서 방치하는 것보다 일찍 끝난다. 특히 2스트로크는 크랭크실에 혼합기가 배는 일을 방지할 수 있는 이 방법을 권장하고 싶다.

그리고 달리면서 스로틀 반응성을 확인하면서 조금씩 초크를 되돌려간다. 2스트로크는 시동을 걸었으면 곧바로 스타터 레버를 완전히 되돌려 버리는 편이 좋을 경우가 많다.

아울러 타이어 표면이나 서스펜션의 습동부 등 엔진 이외의 것도 워밍업이 필요하다.

공 랭

엔진에서 발생하는 열 중에서 여분의 것은 대기중에 버리게 되는데, 주된 냉각 방법으로서 엔진 본체로부터 공기로 직접 열을 전달하는 방식을 공랭이라고 부른다. 공랭 엔진을 'air cooled engine' 라고 부르기도 한다.

공랭 엔진은 수냉과는 달리 냉매와 그 순환 기구가 필요 없으므로 구조가 간단하다. 외관적으로도 엔진이 카울 등으로 가려져 있지 않은 바

●엔진 본체로부터 열을 방출하는 공랭 엔진

이크에서는 큰 매력이지만, 그러나 성능 기능적으로는 수냉식에 비해 단점이 많다.

첫째로 주행풍이 각 부분에 골고루 닿지 않는다. 엔진 뒷부분에는 바람이 닿기 어렵고, 병렬 2기통 이상에서는 중앙 부분의 실린더를 식히기가 어렵다. 세로형 크랭크 V형 엔진에서는 뒤쪽 실린더를 냉각하기가 곤란하다. 그리고 실린더가 몇 기통이든, 그것을 어떤 식으로 배열하든 실린더 헤드 속을 식히기 어렵다. 「부위에 따라 냉각 요구성이 다르다」항에서 설명한 냉각 능력을 기대하기도 어렵다.

또한 스포츠 바이크의 대부분은 주행풍에 의존하고 있기 때문에 정지해 있을 때나 속도가 느릴 때에는 충분히 냉각할 수 없다. 엔진에 아주 가까운 곳에 있는 공기에게 열을 전달해서 그 곳의 온도가 상승해 버리면, 그 이상은 여간해서 열이 전달되지 않는다. 열의 이동은 두 곳의 온도 차이가 작을수록 적어지기 때문이다. 새로운 공기로 끊임없이 교체되면서 엔진 주위에는 언제나 차가운 공기가 있지 않으면 곤란하다.

더구나 공기는 어떤 물건에 엉겨 붙으려는 점착성이 있기 때문에 실바람이 살랑살랑 부는 정도로는 엔진 가까이에 있는 뜨거운 공기가 쉽사리 움직이지 않는다. 엔진에 엉겨 붙어 있는 부분 = 경계층을 파괴해서 불어 날리기 위해서는 강한 주행풍을 부딪혀 줘야 한다. 즉 어느 정도 이상의 속도로 달리지 않고서는 제대로된 냉각을 기대하기 힘들다.

이렇듯 주행풍에만 의존한 방식을 자연 공랭이라고 하는데, 이 결점을 조금이라도 보완하기 위해 엔진에 주행풍이 닿기 어려운 스쿠터 등에서는 크랭크샤프트 끄트머리에 팬을 설치한 강제 공랭도 있다. 그러나 역시 근본적인 해결책은 될 수 없다. 또한 식히는 것 말고도 공랭 방식은 오버 쿨 대책도 어렵다.

한 마디로 말해서 공랭 방식은 어설프다. 그렇다면 어째서 바이크는 오랜 기간 공랭이 주류를 이루어 왔는가? 우선 구조가 간단하고 가볍고, 작게 만들 수 있다. 단 1kg의 중량 증가도 바이크에게는 마이너스 요인으로 작용한다. 제작비용이 저렴해서 싸게 만들 수 있는 부분도 큰 장점이다. 그리고 자동차와 달리 껍데기로 둘러 싸여 있지 않으므로 엔진에 주행풍이 닿기 쉽기 때문에 「공랭이라도 충분하다」 라는 인식도 있다.

그렇지만 파워를 추구할수록 냉각 성능의 요구는 커진다. 연비나 오일 소비량으로도 수냉이 유리하다. 어떤 성능을 어느 수준까지 추구하는가에 따라 공랭이냐 수냉이냐가 결정된다.

공랭 엔진은 구조가 간단하긴 하지만 제대로 열을 버리기 위해서는 나름대로의 대책이 필요하다. 우선 공기에 열을 전달할 면적을 가능한 한 늘리기 위해서 실린더 헤드와 실린더에 냉각 핀(cooling fin)을 설치한다. 다만 무조건 많이 단다고 좋은 건 아니다. 핀 간격이 너무 좁으면 공기가 제대로 흐르기 힘들어진다. 그렇다고 핀 간격을 벌리기 위해서 핀을 너무 가늘게 만들면 열이 끝부분까지 전달되기 힘들다. 핀을 너무 길게(실린더로부터 거리를 너무 멀리) 하면, 정말로 냉각이 필요한 실린더 근처에 공기가 제대로 흐르지 못하고, 열도 핀 끝부분까지 전달되지 못한다. 그리고 쓸데없는 핀은 엔진의 중량을 늘린다.

실제의 냉각 핀은 적절한 간격과 길이, 그리고 두께를 가지고 있으며 끄트머리를 향해 얇아지도록 만들어져 있다. 이것은 효율적인 열 전달과 동시에 경량화, 그리고 핀의 진동에 의한 소음 저감도 고려되어 있다. 공랭 엔진은 워터 재킷에 둘러 싸여 있지 않고, 각 부품끼리의 간격도 비교적 크기 때문에, 그렇지 않아도 기계적 소음이 시끄러운 경향이 강한데, 이 핀의 진동에 의한 소음은 상당한 골칫거리다. 진동을 억제하기 위해서 핀과 핀 사이에 보강재가 들어 있거나 고무 부싱이 삽입되어 있는 것도 이 때문이다.

물론 냉각 핀은 주행풍이 흐르기 수월한 방향으로 늘어서 있다. 다만 핀에 부분적인 틈새를 만들어서 이것으로 공기의 흐름을 일부러 흐트러 뜨리는 경우도 적지 않다. 단순히 공기가 흐르기만 하는 층류 상태에서는 경계층이 형성되기 쉽기 때문이다. 이러한 층류 열전달이 아닌, 흐름을 흐트러뜨려서 공기를 휘젓는 난류 열전달이 열을 방출하기 수월한 것이다.

실린더 헤드에서는, 냉각이 가장 시급한 점화 플러그 부근에 냉기가 가능한 한 직접 부딪히도록 핀의 형상 등이 고려되어 있다. 주행 풍압 = 램압을 이용해서 이곳에 주행풍을 이끌기 위해 핀의 일부가 덕트 모양으로 되어 있는 것도 있다. 병렬 2기통 이상에서는 실린더 사이로 공기가 흐르도록 작은 터널을 설치하는 경우도 많다.

유 냉

4스트로크 엔진 냉각 방식 중의 하나. 「윤활계」항에서 자세히 설명했듯이 4스트로크의 엔진 오일은 기본적으로 냉각 기능을 분담하고 있는데, 이것을 더욱 적극적으로 활용하는 것이다. 수냉 엔진의 물처럼 별도의 냉매를 필요로 하지 않으므로, 그 만큼 작고 가볍게 만들 수 있는 장점이 있다. 다만 다량의 오일과 대형 오일 쿨러 등이 필요하다. 냉각 기능으로서는 수냉에 미치지 못한다.

통상적인 공랭 엔진과 거의 흡사한 구조임에도 불구하고 유냉이라고 표기하는 경우도 있지만 이것은 실질적으로 공랭이라고 봐야 한다.

유냉 엔진의 대표적인 예로는 예전에 스즈키가 GSX-R750 등에서 채용했었던 것을 들 수 있다. 통상적인 윤활용과는 별도의 대용량 오일 펌프를 장착하고, 이것으로 연소실 부근에 오일을 고압으로 뿜어 대는 구조다. 대량의 오일을 순환시킨다는 점도 포인트지만, 실린더 헤드 둘레에 묻어 있는 오일층, 즉 경계층을 파괴해서 냉각 효율을 높이는 효과도 크다.

● 오일의 냉각 기능을 적극적으로 이용하는 유냉

1993년에 등장한 BMW의 R1100 계열 엔진도 유냉 효과를 추구한

예다. 2개의 오일 펌프가 장착되어 있어서 하나는 통상적인 윤활용이고, 또 하나는 실린더 헤드의 배기 밸브 둘레와 오일 쿨러 사이의 오일 순환 전용이다.

어떤 방식이든 간에 실질적으로는 공랭 효과에 크게 의존하고 있으며 실린더와 실린더 헤드에는 냉각 핀이 설치되어 있다. 메이커 측에서도 「공/유냉」 등으로 표시하곤 한다.

수 냉

엔진의 여분의 열을 대기 중에 버리는 주된 수단으로 물을 이용하는 방식. 'water cooled engine' 이라고도 한다. 엔진의 열을 직접 대기 중에 버리지 않고 일단은 물에 전달한다. 물은 이 열을 운반해서 라디에이터를 통해 대기로 방출한다.

이 방식에서는 엔진과 대기 사이에 물이라는 「운반자」를 거치게 된다. 왠지 복잡하고 번거롭게 여겨질 지도 모르지만, 알고 보면 이 운반자 = 냉매가 있는 덕분에 효율이 매우 좋다.

우선 물은 엔진의 여러 부위로부터 열을 전달받는다. 그곳에 주행풍이 닿는지 여부는 관계없다. 또한 중점적으로 냉각할 것이냐, 조금만 식힐 것이냐 등 냉각 정도를 조정하기 편하다. 상황에 따라서는 보온할 수도 있고, 즉 온도를 관리하기 수월하다.

다음에 엔진에서 전달받은 열을 원하는 장소에서 효율적으로 방출할 수 있다. 엔진 본체가 주행풍에 노출되기 힘든 곳에 있더라도 라디에이터만 주행풍에 잘 닿기만 하면 된다. 또한 저속 주행이나 정차 중에도 냉각 팬을 돌리면 상당한 냉각 효과를 기대할 수 있다.

이 방식의 엔진은 수냉이라고는 해도 반드시 물을 냉매로 사용하지는 않는다. 실제로 시판차의 거의 대부분은 물에 LLC를 섞어서 사용한다.

● 엔진의 열을 물로 식히는 수냉

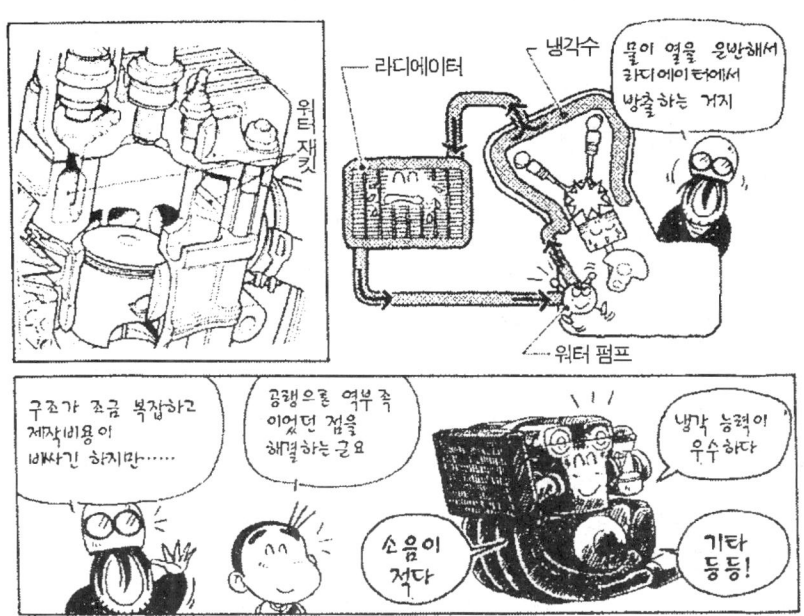

넓은 의미로서는 액랭, liquid cooled engine이라고도 불린다. 그러나 대부분의 엔진에서는 냉매의 기본 성분이 물이며, 따라서 수냉이라는 표현으로 통일해도 문제될 바 없다.

알고 보면 100여년 전의 가솔린 엔진도 수냉이었다. 바이크 & 자동차의 창시자라고 불리는 고트리브 다임러가 1883년에 처음으로 만든 엔진도 수냉이었다. 냉각 효율이 가장 뛰어난 것은 수냉이며 이것이 기본이다.

그래도 바이크는 「공랭이면 충분하다」 라는 부분이 있다. 수냉은 다량의 물과 그 순환 장치, 라디에이터 등도 필요하므로 중량과 제작비용 면에서 불리한 점이 있다. 일부 레이싱 머신을 제외하고는 오랜 기간 바이크용 엔진은 공랭이 주류였다.

　그러나 고출력화를 추구할수록 엔진의 발열량은 증가한다. 그 열이 구동력으로 바뀌는 양이 불어나는 것과 동시에, 버려야 하는 열도 많아진다. 그렇지만 배기량이나 기통수가 똑같다면 공랭 방식에서는 열을 발산할 수 있는 면적에 변함이 없다.

　특히 열 분포가 균일하지 못한 2스트로크는 공랭으로는 한계가 있다. 그래서 1980년, 야마하의 RZ250 / 350이 수냉으로 등장했다. 그 후에 등장한 2스트로크 레플리카도 그렇고, 요즘의 오프로드도 그렇지만 모두 수냉이다. 더구나 수냉은 워터 재킷이 기계음을 차단하기 때문에 소음이 적다. 냉각 핀이 공진 현상을 일으키는 일도 없다. 특히 2스트로크 엔진은 피스톤 링이 실린더 벽에 뚫려 있는 포트를 통과할 때마다 소리를 내는 링 슬랩(ring slap) 현상이 큰데, 요즘의 엄격한 소음 규제를 통과하기 위해서는 일정 배기량 이상에서는 수냉이 아니면 힘들다.

　4스트로크도 역시 고출력화에는 발열량의 증가가 뒤따른다. 특히 4밸브 방식에서는 그 시스템의 이점을 살려서 고출력화를 진정으로 추구하면 공랭으로는 한계가 있다. 「부위에 따라 냉각 요구성이 다르다」항에도 있듯이 배기 밸브와 점화 플러그 둘레의 냉각이 어렵기 때문이다. 수냉이라면 기통당 두 개의 배기 밸브 사이에 냉각수 통로를 만들 수도 있다.

　또한 2스트로크, 4스트로크를 불문하고 3기통 이상의 엔진이나 가로형 크랭크 V형 엔진에서는 「공랭」항에서 설명했듯이, 적어도 기술적으로는 수냉 방식이 이치에 맞고 당연한 선택이다.

　요즘에는 기술이 진보해서 중량도 공랭과 비슷하거나 경우에 따라서는 오히려 가벼운 것도 있다. 공랭 엔진의 냉각 핀이란 상당히 무거운 것이다. 엔진의 크기는 누가 봐도 수냉이 작다. 냉각 핀이 없는 데다가 병렬 2기통 이상의 경우, 실린더 간격을 좁힐 수 있어서, 이것은 크랭크샤프트를 비롯한 엔진 전체의 중량 경감에 영향을 미친다.

　다만 엔진 말고도 라디에이터를 설치해야 할 필요가 있다. 제조 단가도 양산 기술의 진보로 상당한 부분까지 해결되었다고는 해도 역시 공랭에 비하면 비싸다. 파워 이외의 넓은 의미로서 바이크의 종합적인 성능 면에서는 4스트로크 단기통 모델이라면 공랭이 우수한 경우도 있다.

냉각수 경로

　냉각수를 담아 두고 그것을 순환시키는 시스템이 수냉 엔진에는 필요하다. 그 순환 사이클의 기본이 워터 펌프로서, 이것이 라디에이터에서 냉각된 물을 빨아 들여서 다시 배출한다. 배출된 물은 파이프 등을 따라서 실린더 & 실린더 헤드로 향한다.

　파이프를 통해 압송된 물은 실린더 & 실린더 헤드에 마련되어 있는, 냉각수를 담아 두는 방으로 들어간다. 이 방은 마치 벽처럼 엔진을 둘러싸고 있으며 워터 재킷이라고 불린다. 방에서 방으로 통하는 이동 경로를 특히 워터 갤러리라고 부르기도 한다.

　「부위에 따라 냉각 요구성이 다르다」항에도 있듯이 냉각 요구성이 가장 높은 부분은 실린더 헤드, 그 중에서도 배기 밸브 쪽이다. 펌프로부터 압송된 차가운 물을 우선 이곳으로 보내는 것이 바람직하다. 펌프로부터 배출되는 물 전량을 이곳으로 보내는 방법과, 도중에서 가지치기해서 일부를 실린더로 보내는 방법이 있다. 그러나 워터 펌프는 대개 그것을 구동하는 구조 관계상, 엔진 아래쪽에 달려

냉각 성능을 생각하면 수냉이 우수하지만 공랭의 겉모습은 꽤나 매력적이다

● 워터 재킷에서 라디에이터로 순환하는 냉각수

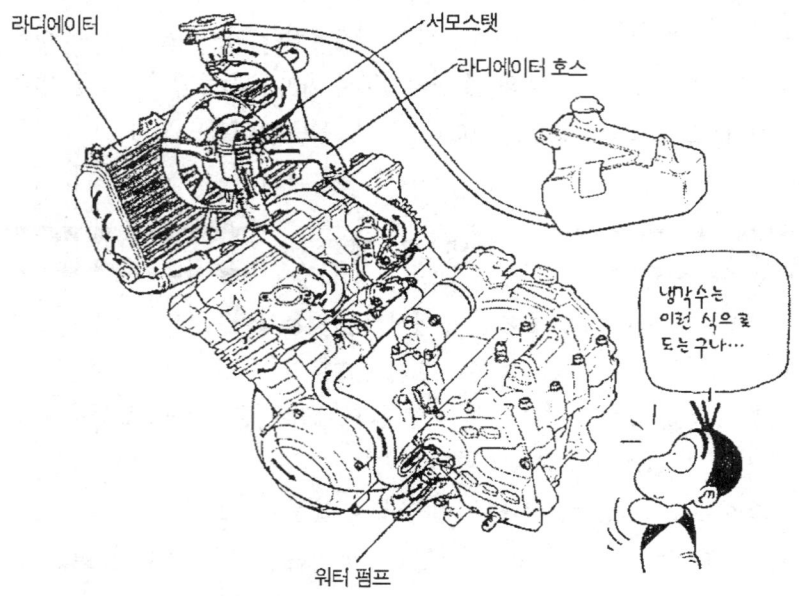

있다. 그래서 배관을 간소화시키기 위해 실린더 부분부터 물이 순환하는 구조가 현실적으로는 많다.

엔진에게서 열을 전달받은 물은 라디에이터까지 파이프 등을 통해 흐르는데, 그 도중에 서모스탯(thermostat)이 설치되는 것이 일반적이다. 온도에 따라 물의 유량을 자동으로 조절하는 서모스탯은 실린더 헤드에 있는 냉각수 출구, 또는 단순히 파이프 경로 도중에 설치되는 경우도 있다. 라디에이터에서 열을 방출해서 온도가 내려간 물은 다시 펌프로 빨려 들어간다.

이 순환계에는 각 부위로 물을 이동시키기 위한 파이프가 있다. 워터 펌프에서 실린더 & 실린더 헤드로 이어지는 파이프는 고무제나 금속제, 혹은 두 가지를 병용한 것 등이 있다. 고무제의 경우 물의 압력으로

●냉각수가 잘 흐르도록 고려된 워터 재킷

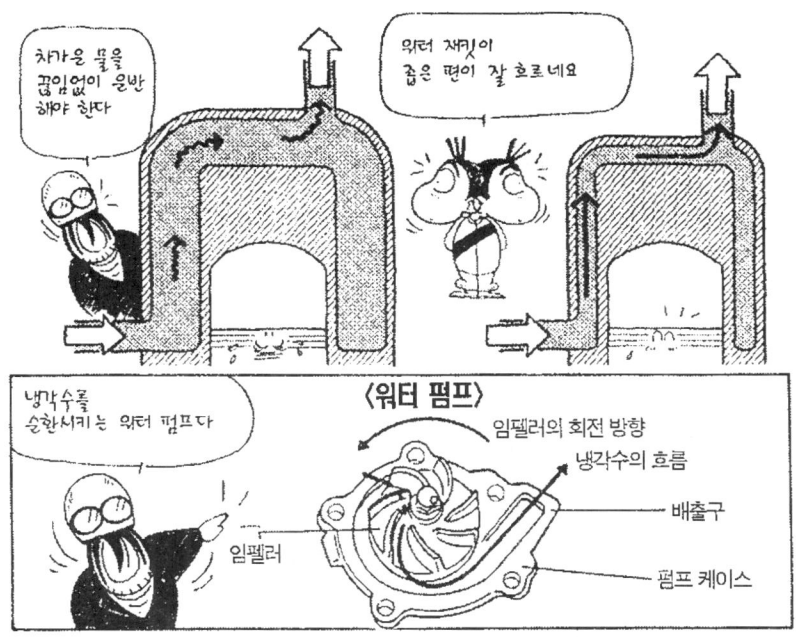

펭창하지 않도록 직물 형상의 섬유가 들어 있다.

라디에이터와 실린더 헤드, 워터 펌프를 연결하는 파이프는 고무제가 일반적이다. 엔진은 진동하기 때문에 이 부분은 유연성이 있어야 한다. 이것을 라디에이터 호스라고 부른다. 다만 라디에이터와 엔진을 연결하는 파이프라 할지라도 부분적으로 금속제 파이프를 사용하는 경우도 있다. 또 배관을 간소화하기 위해 프레임 파이프의 일부를 냉각수 통로로 활용하는 예도 있다.

냉각계는 냉각수가 쉽사리 끓지 않도록 설계되어 있기는 하지만, 고온 부분에 접촉하면 물이 끓어 기화되어 수증기 = 기포가 되는 수가 있다. 이 기포가 워터 재킷 내부에 걸리게 되면 이 부분은 물이 직접 닿지 않기 때문에 냉각성이 극단적으로 나빠진다. 또는 물의 흐름이 나빠진다.

그래서 위로 떠오르려는 기포의 특성에 맞춰 워터 재킷의 형상과 배관이 결정된다. 이러한 구조는 엔진을 분해 정비했을 때 등에 재킷 내부에 공기가 남게 되는 트러블도 방지해 준다. 「라디에이터」항을 참조할 것.

또 워터 재킷은 용량이 크다고 좋은 것이 아니다. 엔진과의 온도차가 큰, 즉 차갑게 식은 물이 끊임없이 신속하게 흐르는 일이 중요하다. 펌프 용량이 같다면 재킷의 폭이 좁을수록 냉각수의 흐름은 빨라진다.

그렇긴 하지만 통로가 너무 좁으면 기포가 도중에 걸리기 쉬워진다. 또 그곳을 흐르는 물이 층류가 되기 쉽다. 뒤섞이면서 흐르는 난류 열전달이 아니면 냉각 효율이 오르지 못한다. 「공랭」항에서 해설했던 공기의 흐름과 동일한 원리다. 극단적으로 좁은 통로를 만들기보다는 아예 그 통로를 매워 버리는 편이 좋을 경우도 있다. 공기보다는 알루미늄이 열 전도율이 높기 때문이다.

이러한 여러 가지 문제를 해결하도록 워터 재킷은 설계되어 있다. 4스트로크 엔진의 실린더 헤드 등은 꽤나 복잡한 워터 재킷 구조임을 상상하기 어렵지 않다.

실린더 부분의 재킷 형성 방법에는 드라이 라이너와 웨트 라이너가 있는데, 자세한 설명은 「실린더」항을 참조할 것. 두 방식의 중간적인 세미 드라이 라이너도 있다. 2스트로크의 실린더는 여기 저기에 포트가 뚫려 있는 관계로 워터 재킷을 확보하기가 4스트로크보다 어렵다. 배기 포트를 특히 중점적으로 냉각하도록 설계된다.

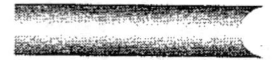

냉 각 수

수냉 엔진에 사용되는 냉매, 즉 냉각수는 대부분의 일반 시판차의 경우, 순수한 물이 아니다. 그 이유는 물은 엔진의 알루미늄 부분을 비롯해서 고무 호스 등을 부식시키기 쉽기 때문이다. 펌프 등의 윤활 작용도 물만으로는 불충분하다. 그리고 겨울철 등 기온이 내려가면 엔진 정지 시에 냉각수가 얼어 팽창해서 라디에이터나 엔진 본체를 파열시킨다.

이 때문에 옛날에는 여름철에는 각종 화학 약품을 섞어 넣었고, 겨울이 다가오면 물의 빙점을 낮추는 부동액을 섞어 넣었다. 부동액이 들어간 채로 놔두면 비등점이 내려가서 여름철에는 오버 히트하기 때문에, 봄이 되면 부동액을 빼곤 했다.

그러나 지금은 부동액의 기능을 갖추었으면서도 일넌 내내 사용할 수 있고, 녹 방지와 윤활 기능도 있는 LLC를 사용하는 것이 일반적이라서 옛날 같은 번거로움은 사라진지 오래다.

LLC란 long life coolant의 줄임 말로서 에틸렌글리콜이 주성분이다. 단순히 쿨런트라고도 불린다. 다만 이것도 너무 많이 넣으면 여름철에 오버 히트하기 쉬워지므로, 사용 지역의 상황에 맞춰 지정된 비율로 물과 혼합해서 사용한다.

단순하게 냉각 기능만으로 따진다면 순수한 물이 가장 우수하다. 이 세상에서 비열이 가장 큰 물질은 H_2O, 즉 물이다. LLC를 섞으면 비열이 내려가서 똑같은 순환량과 온도차라면 순수한 물보다 방열량이 떨어진다. 비등점도 내려간다. 빈번하게 분해 정비하는 레이싱 엔진에서는 그냥 물을 사용하는 것이 일반적이다.

워터 펌프

수냉 엔진에서 냉각수를 순환시키기 위한 펌프. 펌프 본체 안에서 원판에 방사 형상으로 날개가 붙은 임펠러가 회전하는 구조다. 물이 가운데 입구로 들어가면 임펠러의 회전에 의해 원심력으로 바깥으로 밀려서 거기에 나 있는 배출구를 통해 밖으로 나간다.

펌프는 캐비테이션 (cavitation, 기포 발생)이 일어나지 않도록 크랭크샤프트로부터 적당히 감속되어 돌게 된다. 엔진의 최고 회전시라도 6,000rpm 정도로 억제하는 것이 보통이다. 그 배출 용량은 임펠러의 형상 / 크기 / 회전 속도로 결정된다. 펌프의 용량을 키워서 시간당 순환량을 늘릴수록 냉각 효율은 향상되지만, 그 만큼 엔진의 파워를 잡아먹게도 되므로 적절한 용량이 설정된다.

워터 펌프 없이도 냉각은 가능하다. 물이 담긴 냄비를 가열해서 끓이는 것을 상상해 보라. 온도가 오른 물은 비중이 내려가서 위로 올라가며, 차가운 물은 아래로 내려온다. 이 현상으로도 냉각수는 순환한다. 이런 자연 순환식을 채용하고 있는 예도 없진 않지만, 펌프를 사용한 강제 순환식 정도의 냉각 능력은, 당연히 기대할 수 없다. 현재의 고성능 바이크에는 맞지 않는다.

라디에이터

냉각수의 열을 대기중에 방출하기 위한 열 교환기. 엔진 본체와는 별도로 설치하는 것이지만 수냉 엔진에 있어서는 필수 불가결한 부품이다.

방열 효율은 냉각수의 시간당 순환량 / 방열 면적 / 외기온과의 차이 / 통풍량 등으로 결정되는데, 방열 면적과 통풍량은 라디에이터의 직접적인 성능이다. 즉 가능한 한 대기와 접촉하는 면적이 넓고, 바람이 잘 통해야 할 것이 요구된다. 그러나 동시에 이와는 모순되지만 크기는 가능한 한 작아야 한다. 라디에이터가 클수록 차체도 덩달아 커져서 다루기가 버겁고 공기 저항도 증가한다. 더구나 바이크의 경우는 이것이 핸들링에도 큰 영향을 미친다. 공간의 제약은 자동차보다 훨씬 심각한 문제다.

라디에이터는 두 개의 탱크 사이를 여러 개의 납작한 파이프 = 워터 튜브로 연결하고 있다. 한 쪽 탱크에서 다른 쪽 탱크로 물이 흐르는데,

● 뜨거워진 냉각수는 라디에이터에서 냉각된다

이 때에 워터 튜브에서 열을 대기로 방출하는 것이다. 각 튜브 사이는 물결 모양의 얇은 금속판 = 방열 핀으로 연결되어 있어서 방열 면적을 늘리고 있다. 워터 튜브와 핀으로 구성되어 있는 부분을 통틀어서 라디에이터 코어라고 부른다.

두 개의 탱크가 아래위로 있는 타입을 버티컬 타입. 또는 다운 플로우 타입이라고 부른다. 여기서 물은 위에서 아래로 흐른다. 순환 저항이 작고 마력 손실도 적다. 그러나 세로 길이가 커지는 점이 난점이다.

탱크가 좌우로 있는 것이 크로스 플로우 타입 또는 사이드 플로우 타입이며, 좌우 어느 쪽이든 원하는 방향으로 흐름 방향을 결정할 수 있다. 이것은 본체 높이를 낮게 만들 수 있으므로, 앞바퀴와의 간섭 등 공간 제약이 많은 바이크에게 있어서는 안성맞춤이다. 다만 순환 저항이 다

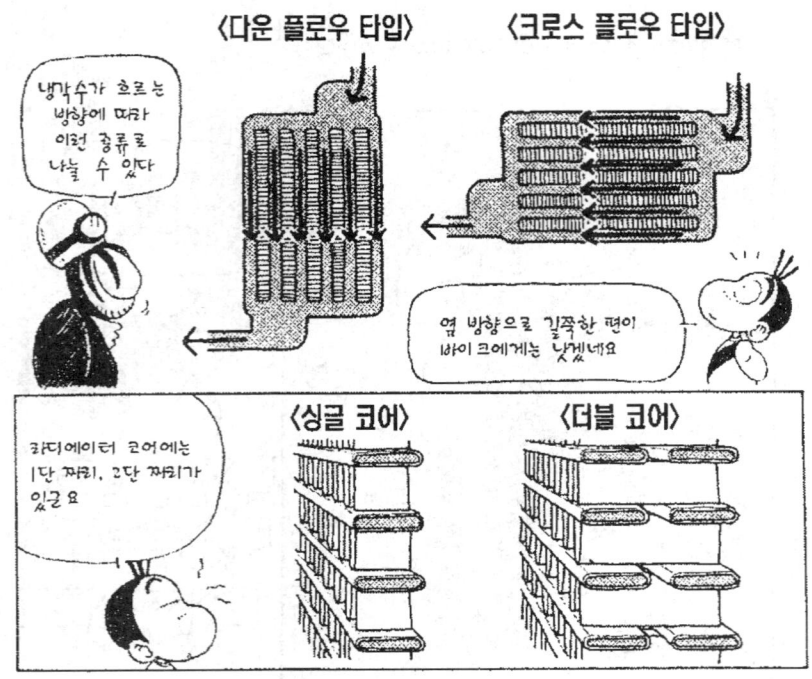

소 크다.

라디에이터 코어는 워터 튜브가 1단 짜리인 싱글 코어와 2단 짜리인 더블 코어가 있다. 가로 세로 길이가 똑같더라도 2단 짜리 더블 코어는 방열 면적이 2배다. 그렇지만 실제로는 2단으로 겹친 만큼 주행풍이 통과하기 힘들어지므로 단순히 방열량이 2배로 되지는 않는다.

라디에이터 재질은 그 기능을 생각하면 열 전도율이 우수한 것이 요구된다. 다만 동이나 놋쇠 등은 무겁기 때문에 바이크에서는 알루미늄이 주류를 이룬다.

겉모양은 편평한 널빤지 형태가 기본이다. 그러나 바이크에서는 공기 저항이나 핸들링 면에서 폭이 너무 넓으면 좋지 않다. 또 일반적으로 라디에이터 바로 뒤에 엔진이 있으며, 이것이 바람이 통과하는 것을 가로

막는 장애물이 된다. 이런 제약 속에서 가능한 한 방열 면적을 키우고, 또 주행풍이 바로 뒤가 아닌 좌우로 나뉘어 빠지도록 만들지 않으면 안 된다. 이런 노력으로 태어난 것이 래디얼 플로우 타입이라고 불리는, 활 모양으로 굽어 있는 라디에이터다. 제작이 까다롭고 비용이 많이 들지만 그 우수한 기능 때문에, 주로 통풍성이 나쁜 4스트로크 4기통 엔진을 탑재한 고성능 바이크에게 채용되고 있다.

또 이것 외에도 방열 효율, 프레임 레이아웃과 좌우 중량 배분 등의 이유로 라디에이터를 2개로 쪼개서 좌우에 하나씩 장착하는 모델도 있다.

라디에이터 캡

요즘의 라디에이터(냉각계)는 밀폐식으로서 냉각수가 대기와 직접 닿지 않는 구조다. 쉽사리 증발해서 물이 줄지 않도록 되어 있다. 또한 수온이 올라가서 물이 팽창하려고 해도 쉽사리 외부로 내보내지 않고

● 라디에이터는 밀폐되어 있다

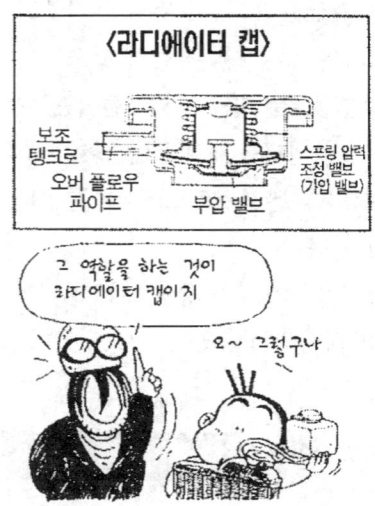

가두어서 압력이 걸린 상태로 사용하도록 되어 있다. 이런 방식을 가압식 냉각. 또는 밀폐 가압식 냉각이라고 한다.

물의 비등점은 1기압에서는 100℃지만 압력을 높여 주면 비등점을 올릴 수 있다. 끓어서 기포가 발생하면 여러 가지 문제가 일어나기 쉽다. 또 수온이 높을수록 대기와의 온도차가 커서 냉각 효율이 향상된다는 면도 있다. 물론 수온이 너무 높으면 엔진으로부터 열을 전달받는 효율이 떨어진다. 고압에 견딜 수 있는 강도를 확보하려면 라디에이터의 중량도 늘어난다. 실제로는 1kg/cm² 정도의 가압량으로 설정되어 있으며, 비등점은 130℃ 정도다.

이 압력을 제어하는 것이 라디에이터 캡이다. 이것은 단순한 뚜껑이 아니라 라디에이터 주둥이를 막는 부분을 스프링의 힘으로 누르는(가압 밸브) 구조로 되어 있다. 내부 압력이 일정 이상이 되면 스프링이 밀리면서 냉각수가 흘러나온다. 라디에이터에서 넘쳐 나온 물은 보조 탱크로 들어 간다. 그냥 흘려 버리는 것이 아니다.

처음의 상온 상태에서는 라디에이터(& 냉각수 경로)에는 물이 한가득 들어 있다. 냉각계에 기포가 섞여 있으면 「냉각수 경로」항에 있는 문제들이 발생한다. 그리고 온도가 올라가서 일정 수준의 압력이 되면 라디에이터 캡의 가압 밸브가 열리면서 물을 밖으로 내보낸다. 배출되는 것은 온도 상승에 의해 팽창된 부분의 체적이지만, 물의 절대량은 줄어들게 된다.

여기서 단순히 흘려 버리는 방식이라면, 다음에 온도가 내려가서 경로의 물이 수축했을 때, 만약 완전 밀폐라면 부압으로 라디에이터가 찌그러든다. 그래서 라디에이터 캡에는 냉각수 경로가 대기압보다 낮아지면 열리는 밸브(부압 밸브)도 달려 있다. 그러나 그냥 흘려 버리는 방식일 경우에는 물 배출구가 대기를 향해 열려 있으므로 이곳으로 공기를 빨아들이게 된다. 그러다 보면 주행을 거듭할수록 냉각수는 점점 줄어들게 된다.

그래서 요즘의 수냉 엔진은 거의 대부분이 보조 탱크를 갖추고 있어서 라디에이터 캡에서 넘쳐 흐른 물을 일시적으로 저장하게 되어 있다. 라디에이터의 물이 식어서 수축하면 그 부압으로 보조 탱크의 물을 빨아들여서 라디에이터로 되돌려 보낸다. 보조 탱크는 어느 정도의 예비량을 확보하는 역할도 하고 있어서, 냉간 시에도 일정량의 물이 들어 있다.

이런 구조이기 때문에 섣불리 라디에이터 캡을 열면 위험하다. 내부 압력이 내려가자마자 냉각수가 끓어올라 뿜어 나오게 되면 화상을 입을 수도 있다. 평소에는 보조 탱크에서 점검 & 보충한다. 보조 탱크가 완전히 비었을 때에는 엔진이 충분히 식은 후에 라디에이터 캡을 열고, 주둥이 끝까지 꽉 차도록 물을 보충한다. 물이 상당히 줄어 있거나, 분해 정비했을 때 등에는 냉각수 경로에서 기포를 제거하는 작업이 필요하다.

냉각 팬

정지 시나 저속 운전 시에도 라디에이터의 통풍을 확보하기 위한 선풍기 같은 장치. 쿨링 팬(cooling fan)이라고도 한다. 통상적으로 라디에이터 뒤쪽에 설치하는데, 그 이유는 공기를 흐르게 하기 위해서는 입구보다 출구가 중요하다는 원칙 때문이다. 물이나 흙으로부터의 보호와 공간적인 문제도 있다.

자동차에서는 크랭크샤프트 끄트머리에서 벨트로 구동하는 방식과, 전동 모터로 돌리는 방식이 있다. 바이크의 경우는 크랭크의 방향에 관

● 냉각수의 온도를 조절하는 냉각 팬과 서모스탯

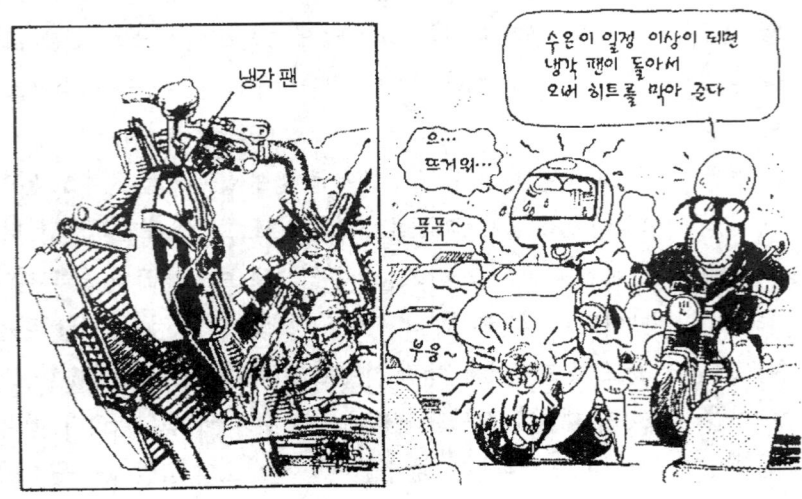

계없이 설치할 수 있고, 마력 손실이 적고, 필요한 때에만 돌릴 수 있는 후자가 사용된다.

모터 형식은 대부분의 스포츠 모델이 모터 본체를 얇게 만들 수 있는 프린트 모터를 주로 채용하고 있다. 모터는 언제나 돌고 있는 것이 아니라, 수온이 일정 이상으로 올라가면 작동하도록 되어 있다. 팬의 작동 개시 온도는 105℃ 부근으로 설정하는 것이 보통이다.

다만 2스트로크는 저회전 저부하일 때, 즉 천천히 달릴 때의 발열량이 적기 때문에 대부분의 경우에는 냉각 팬을 달지 않는다. 또한 4스트로크라도 로드 레이서 등은 언제나 고속으로 주행하므로 팬이 있으면 오히려 통풍 저항이 생기고, 모터와 전원 장치 때문에 무거워지는 등 쓸모가 없기 때문에 달지 않는다.

이 외에도 스쿠터 등 주행풍이 닿기 힘든 형식의 공랭 엔진도 냉각 팬을 갖추고 있는데, 이 팬은 전동식이 아니다. 크랭크샤프트 끝에 팬이 직접 달려 있다.

서모스탯

온도 변화에 반응해서 냉각수 통로를 여닫는 밸브 장치. 엔진 시동 시에는 냉각수가 라디에이터를 경유해서 순환하면 여간해서 엔진이 데워지지 않는다. 또 주행 중에도 외기 온도가 낮을 경우에는 수온이 너무 내려가게 된다. 이럴 때, 서모스탯(thermostat)이 라디에이터로 통하는 냉각수 경로를 닫는다. 물은 바이패스 통로를 통해 라디에이터를 거치지 않고 순환하게 된다.

바꿔 말하면 서모스탯을 어떻게 설정하느냐에 따라 엔진의 온도를 컨트롤할 수 있는 것이다. 서모스탯 개방은 4스트로크에서는 80℃ 부근에 설정되어 있다. 2스트로크에서는 크랭크실에서의 1차압축 효율을

높이기 위해서 등의 이유로 수
온은 좀 더 낮은 편이 좋기 때
문에 일반적으로 65℃ 부근에
서 서모스탯이 열린다.

서모스탯에는 왁스 펠렛형
(wax pellet type)과 벨로우즈
형(bellows type)이 있다. 왁
스형은 왁스의, 그리고 배로우
즈형은 액체의 온도에 의한 체
적 변화를 이용해서 밸브를 여
닫는다. 그래도 밀봉된 물체의
체적 변화를 이용한다는 기본
원리는 똑같다.

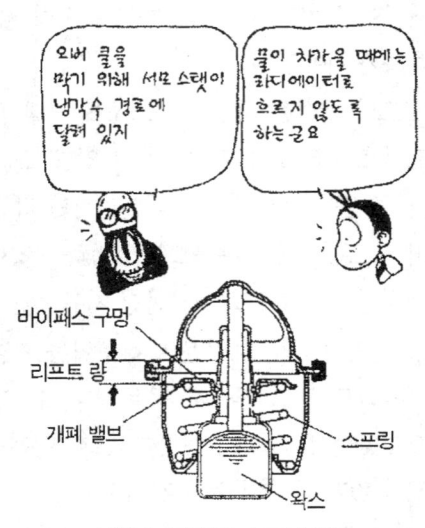

〈왁스 펠렛형 서모스탯〉

요즘에는 대부분의 수냉 모델에 서모스탯이 설치되어 있다. 다만 이
것은 냉각수의 순환 경로를 가로 막는 형태로 존재하기 때문에 순환 저
항이 증가하는 것이 사실이다. 서모스탯의 크기를 크게 하면 저항이 줄
것 같기도 한데, 밀봉 물질의 체적 변화를 이용하기 때문에 너무 크게
하면 응답성이 느려진다.

레이서에서는 서모스탯을 사용하지 않는 일이 보통이다. 시판차로 일
반 주행할 때에 오버 히트를 일으킬 경우도 이것을 제거하면 효과가 있
다. 저항이 줄어든 만큼 적지만 파워 손실도 막을 수 있다. 그렇지만 이
상태에서는 오버 쿨 대책을 따로 마련해야 한다. 날씨가 추울 때에는 라
디에이터를 테이프 등으로 막는 등의 조치가 필요하다.

수 온 계

　수냉 엔진의 냉각수 온도 상태를 표시하는 계기. 라디에이터가 아니라 엔진 워터 재킷 속의 수온을 나타낸다.

　온도 수치가 표시되는 것과 그렇지 않는 것이 있지만, 둘 다 상용 범위는 표시되어 있다. 엔진 시동 후에 상용 범위 하한선에 이르면 워밍 업이 완료해서 주행할 수 있는 상태라는 뜻이다. 주행중에 상한선을 넘어서면 오버 히트라는 뜻으로, 그 원인은 주행 방법이 바이크의 냉각 성능을 초과했을 경우와 냉각계에 어떠한 트러블이 발생했을 경우가 있다.

　엔진이 정상적으로 작동하고 있는 주행 상태에서도 수온은 끊임없이 변한다. 계속 달리고 있으면 조금씩 수온이 올라가다가, 서모스탯이 열리거나 냉각 팬이 돌면 수온이 내려간다. 이것을 되풀이한다. 수온계의 바늘은 온도를 나타내는 것이므로 그에 따라 움직인다. 그런데 수온계 바늘이 조금만 위로 움직여도「오버 히트한 거 아냐?」라면서 메이커에게 항의하는 라이더들이 꽤 있다. 그래서 특히 일제 바이크의 대부분은 정상적인 수온 범위 내라면 수온계의 바늘이 가운데를 가리킨 채로 거의 움직이지 않도록 설정되어 있다. 엔진의 상태를 정확하게 파악하려는 감각으로 본다면 내심 답답하지만, 이것은 메이커가 소비자들의 불만에 대처한 결과다.

　이런 방식의 수온계 말고도 오버 히트 상태가 되었을 때에만 경고등이 켜져서 알려 주는 방식도 있다. 이것은 계기반 둘레의 공간을 차지하지도 않고, 중량이 가볍고, 제작비도 싸다. 그리고 현실적으로는 이것만으로도 충분하다.

● 냉각 효율을 올리기 위해서는 바람이 잘 빠져야 한다

통풍 성능

　공랭 엔진은 당연히 주행풍이 엔진 둘레를 원활하게 흘러 주지 않으면 안 되는데, 사정은 수냉도 마찬가지다. 아무리 수냉이라도 물이 엔진의 불필요한 열을 모두 제거해 주지는 않는다. 엔진에서 직접 공기로 전달되는 부분도 있고, 또 전달이 아닌 방사 냉각으로서 열이 이동해서 주위의 부품을 데우는 부분도 있다.

　그런데 카뷰레이터나 에어클리너 등의 온도가 올라가면 휘발유와 공기의 밀도가 내려가서 엔진의 효율이 저하되고, 심할 경우에는 가솔린이 끓어서 엔진이 말을 듣지 않는다.

또한 바람이 원활하게 엔진 둘레를 흐르는 것은 라디에이터의 냉각 효율을 높이는 일이기도 하다. 아무리 넓은 면적의 라디에이터를 장착해도 여기에 바람이 세차게 지나지 않으면 의미가 없다. 라디에이터는 엔진 바로 앞에 배치되는데 특히 병렬 4기통 엔진에서는 여기에 문제가 있다. 바람이 제대로 빠져 주지 않으면 라디에이터가 커다란 공기 저항 = 주행 저항을 발생하게 된다.

이런 점은 「바이크는 자동차와 달리 바람이 잘 닿으니까…」라는 식으로 간단하게 넘어갈 문제가 아니다. 카울이 없는 네이키드 모델이라도 엔진 뒤에서는 주행풍이 소용돌이를 일으키기 쉽다. 또 엔진 바로 앞에 앞바퀴가 있다는 것도 문제다. 앞바퀴는 단순한 부품이 아니라 빙글빙글 회전하기 때문이다.

따라서 가령 프론트 팬더의 형상은 이러한 점을 고려해서 설계되어 있다. 또 사이드 커버의 모양이나 배터리 배치 등에 신경을 써서 엔진 둘레의 공기가 밖으로 빠져 나가기 쉽도록 되어 있다. 공기를 잘 흐르게 하기 위해서는 그 입구보다도 출구 쪽이 중요한 것이다. 이처럼 차체 내부의 공력 = 내부 공력을 개선하는 일은 차체 외부의 크기나 형상이 같더라도, 종합적인 공기 저항을 감소시키는 것에도 이어진다. 리어 팬더를 차체에 붙이지 않고 스윙암 쪽에 다는 방식도 이 효과를 노린 것이다.

카울이 달린 모델은 언뜻 보기에 바람이 닿기 힘들어 보이지만 그렇지만도 않다. 오히려 최근에는 카울을 바람의 안내판으로 이용해서 내부 공력을 향상시키고 있을 정도다. 래디얼 플로우형 라디에이터도 카울과 함께 사용함으로서 바람을 보다 적극적으로 옆면으로 배출시킬 수 있다. 이것은 또한 카뷰레이터와 에어클리너, 그리고 라이더를 열풍으로부터 보호하는 일이기도 하다.

아울러 오프로드 바이크가 곧잘 채용하고 있는 어퍼형 프론트 팬더는 이러한 공력면에서 문제가 많다. 특히 점화 플러그 둘레에 주행풍이 닿기 힘들다. 주행 안정성에서도 바람직하지 못하다. 오프로드 주행에서 타이어와 팬더 사이에 진흙 따위가 끼지 않는 이점은 있지만, 현실적으로는 다운형 팬더라도 지장이 일어나는 일은 드물다. 주로 스타일 적인 이유로 채용하고 있다고 보는 편이 좋다.

흡기계 & 연료계

• 엔진이 움직이기 위해서는 공기가 필요하다

흡 기 계

엔진이 움직이려면 공기와 가솔린을 빨아들이는 것에서 모든 것이 시작된다. 이 「빨아들이는」 것에 관련된 부분이 흡기계다. 공기가 흐르는 경로는 흡기 덕트에서 에어클리너, 카뷰레이터, 흡기 매니폴드로 이어진다. 여기에 흡기 포트가 이어지는데, 여기부터는 엔진 본체의 「흡배기계의 본체 구조와 기본 이론」장에서 설명하고 있다.

이 항에서는 이러한 흡기계 외에도 연료 탱크에서 카뷰레이터로 이르는 연료계에 대해서도 알아본다.

흡기 덕트

흡기계의 흐름에 있어서 가장 처음에 오는 것이 흡기 덕트다. 이것은 가능한 한 차가운 공기를 빨아들일 수 있는 위치에 흡입구가 있어야 한다. 공기는 체적이 일정하더라도 온도가 낮은 편이 밀도가 높고 산소 분자도 많이 들어 있다. 엔진은 가솔린의 연소, 즉 산화라고 하는 화학 반응으로 동력을 발생하는데, 차가운 공기에는 산소가 많이 있으니까 이에 맞춰 가솔린도 많이 공급해서 연소시키면 그 만큼 힘이 나온다. 가솔린이 쉽게 기화하려면 공기가 따뜻한 편이 좋은 면도 있긴 하지만, 바이크에서는 냉기의 밀도를 높이는 사고 방식이 우선이다.

그런데 통상적으로 바이크는, 뜨거운 배기관에 주행풍을 부딪혀 줘야하는 관계 때문에 흡기계는 어쩔 수 없이 엔진 뒤쪽에 오게 된다. 그대로 놔두면 엔진이나 라디에이터 등에 의해 데워져서 밀도가 낮아진 공

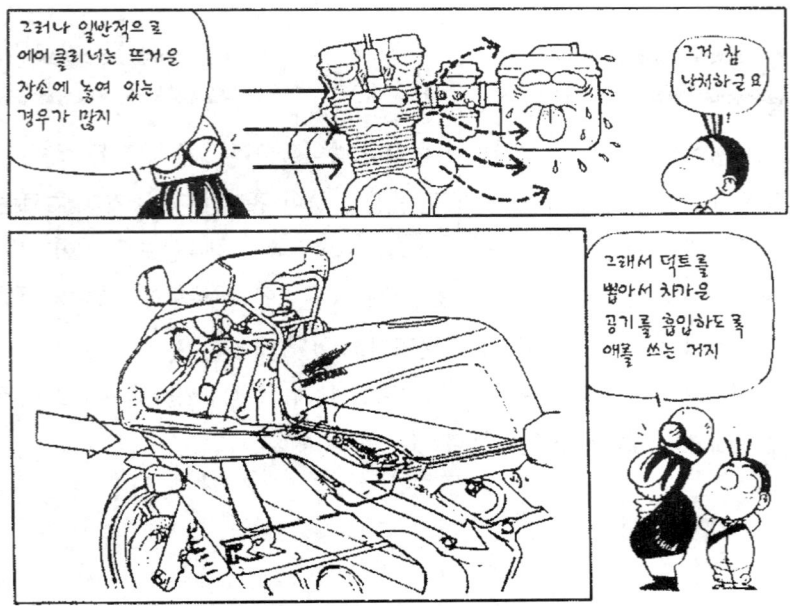

기를 빨아들이게 된다. 그래서 시트 아래쪽이나 사이드 커버 둘레 등 가능한 한 차가운 공기를 빨아들일 수 있는 위치를 찾아서 덕트의 공기 흡입구를 설치한다.

카울이 달린 바이크는 엔진 뒤쪽이 가장 뜨거워진다. 그러나 반면, 카울에 공기 흡입구를 마련해서 이곳에서 파이프 등으로 공기를 끌어오면, 오히려 네이키드 바이크보다 효과적으로 차가운 공기를 빨아들일 수 있다. FAI(야마하)나 다이렉트 에어 인테이크(혼다) 등 여러 가지 이름으로 불리고 있는데, 이러한 시스템을 채용하고 있는 모델이 근래에 늘고 있다.

에어 클리너

대기 중의 이물질을 제거하는 장치다. 에어 필터라고도 한다. 대기 중의 먼지나 모래 따위를 빨아 들였다간 엔진이 상하고 수명이 짧아진다. 타이어에서 튀어 오른 작은 돌멩이라도 들어간다면 단번에 엔진이 망가질 수도 있다.

에어클리너는 이물질 등을 거르는 필터 엘리먼트와 이것이 들어 있는 에어클리너 박스로 구성되어 있다. 엘리먼트에는 건식과 습식이 있다.

건식은 여과지나 부직포로 만들어져 있는데 표면적을 늘리기 위해 많은 주름이 잡혀 있는 모습을 하고 있다. 일반적으로 4스트로크 모델에 많이 사용된다. 더러워지면 압축 공기로 불어서 청소하면 다시 사용할 수 있지만, 심하게 더러워지거나 특히 기름기가 많이 묻었을 경우에는 교환한다.

습식은 스펀지 형태의 폴리우레탄폼으로 만들어졌으며, 여기에 약간의 오일 성분을 함유시켜서 먼지를 달라붙게 한다. 오프로드 바이크나 2스트로크 모델에 주로 채용된다. 더러워지면 세척유 등으로 빨아서 잘

짠 다음에, 다시 오일을 버무려 놓으면 재 사용할 수 있다. 다만 영구적으로 사용할 수 있는 것은 아니다.

엘러먼트가 막히게 되면 공기 흐름 저항이 커져서 그 만큼 파워가 떨어진다. 더구나 공기가 잘 들어가지 못하는 만큼 가솔린이 여분으로 빨려 나와서 엔진 상태가 더욱 나빠질 뿐 아니라 연비도 악화된다. 다만 급격한 변화가 아니기 때문에 라이더가 알아 차라지 못하는 경우가 많다.

로드레이서 등은 에어클리너를 장착하지 않는다. 엔진의 내구성보다는 조금이라도 통기 저항을 줄일 것을 우선시키기 때문이다. 또 단시간에 주행을 마치고 엔진을 분해 정비하기 때문에 문제될 바 없다. 비포장 도로를 달리지도 않는다. 그러나 이걸 흉내낸답시고 일반차의 에어클리너를 제거하면, 공연비가 틀려지고 흡기계 균형이 무너져서 오히려 상태가 나빠진다.

에어클리너 박스

에어필터 엘러먼트가 담겨 있는 상자인데, 그것 말고도 의미가 있다.

이 상자는 클수록 좋다. 「대용량 에어클리너」라는 표현이 잡지 기사 등에 간혹 등장하는데, 이것은 클리너 엘러먼트 면적이 넓다기 보다는 에어클리너 박스의 부피가 크다는 뜻이다. 가령 스로틀을 급격하게 연 초기 순간에 공기가 신속하게 움직여 주기 위해서는 이 용적이 커야 한다.

또 엔진이 단속적으로 공기를 빨아들이는 움직임에 맞춰 박스 내부의 공기가 진동을 하게 되면, 때로는 이것이 흡기를 방해하는 수가 있다. 동시에 여기서 흡기음이 발생한다. 바이크가 내는 소음의 상당한 부분을 흡기음이 차지하고 있는데, 현재의 엄격한 소음 규제 하에서는 이것이

●에어클리너는 "단순한상사"가 아니다

프레임 속에
에어 클리너 박스가
있네요

단순한 상자 같은
에어 클리너 박스 도
엔진 성능 이나
소음 문제에
연관이 있지

에어클리너

이건 에어 클리너 박스
이외에도 별도 의
상자가 달려 있네?

?

프레임 일체식
레조네이터

큰 문제가 된다. 이러한 공기 진동을 억제하기 위해서는 클리너 박스 용량이 클수록 좋은 것이다.

그 결과, 배기량 250cc 4기통 모델은 7000cc, 즉 7ℓ나 되는 클리너 박스를 장착하고 있는 것도 있다. 5ℓ 이상 되는 것쯤은 수두룩하다. 그러나 이런 커다란 상자를 바이크에 집어넣기 위해 엔지니어들은 고생을 한다. 프레임의 일부를 클리너 박스로 활용하는 경우도 있다.

단순히 용적을 키우는 데서 그치지 않고 박스 내부에 격막을 설치해서 소음 문제에 대처하는 예도 있다. 본체와는 별도의 상자=레조네이터=레조넌스 챔버를 설치해서 공명에 의해 공기 진동을 억제하는 구조도 있다.

연 료 계

연료 탱크부터 카뷰레이터에 이르기까지의 부분이 연료계다. 카뷰레이터는 흡기계인 동시에 연료계이기도 하다.

연료 탱크＝가솔린 탱크는 바이크에 있어서 라이딩 포지션이나 스타일을 결정짓는 중요한 차체 구성 부품이다. 한편, 차체 레이아웃 관계상 이것이 배치되는 장소는 크게 한정을 받는데, 기본적으로는 엔진 위에 오는 수가 많다. 그러나 이 위치에 탱크가 있는 덕분에 카뷰레이터까지 연료를 보내는 데에 특별한 장치가 필요 없다. 중력으로 흘러 나와 주기 때문이다. 그러나 이런 중력식＝낙하식은 장시간 주차시켜 놓을 경우 등에는 가솔린이 불필요하게 카뷰레이터를 통해 엔진으로 흘러 들어가게 된다. 카뷰레이터에도 플로트 밸브가 있긴 하지만 이것만으로는 완전하지 못하다.

● 엔진에 가솔린을 공급하는 연료계

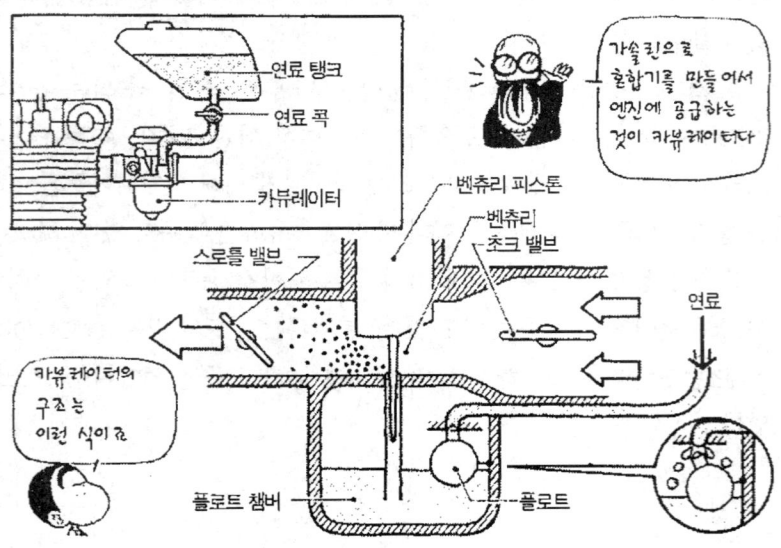

연료 탱크
연료 콕
카뷰레이터

가솔린으로 혼합기를 만들어서 엔진에 공급하는 것이 카뷰레이터다

벤츄리 피스톤
벤츄리
초크 밸브
스로틀 밸브
연료

카뷰레이터의 구조는 이런 식이죠

플로트 챔버
플로트

그래서 탱크와 카뷰레이터 사이에 연료 콕을 달아 놓는다. 정지 중에는 이것을 OFF로 해 두는 것이 원칙이다. 다만 요즘에는 **흡기관의 부압**을 이용해서, 엔진이 걸려 있을 때에만 자동적으로 ON이 되는 부압식 콕을 채용하는 것도 많다.

연료 콕에는 「ON」과 「OFF」, 그리고 「RES」라는 위치가 있다. 부압식 콕에는 OFF 대신에 「PRI」가 있는데, 이 위치에 놓으면 엔진이 멈춰 있어도 가솔린이 흐르게 된다. 장기간 세워 두었다가 오랜만에 엔진을 걸 때 등에는 엔진 시동에 앞서 가솔린을 카뷰레이터로 보내 주어야 하기 때문이다. RES는 리저브＝예비 탱크라는 뜻으로서, ON 위치에서 주행 중에 연료가 바닥났을 때에 이 위치에 놓으면, 연료 탱크의 밑바닥에 달려 있는 출구를 통해 남아 있는 가솔린이 흐르게 되어 당분간은 달릴 수 있다. 예비 탱크가 별도로 마련되어 있는 것은 아니다.

엔진 형상이나 연료 탱크 레이아웃 여하에 따라서는 탱크 밑바닥보다 높은 곳에 카뷰레이터가 있는 바이크도 있다. 개중에는 시트 밑에 탱크를 배치한 것도 있다. 이러면 중력으로 가솔린을 보낼 수가 없다. 이럴 경우에는 자동차처럼 연료 펌프가 필요하게 된다.

흡기 매니폴드

엔진과 카뷰레이터를 연결하는 관이며 흡기관이라고도 한다. 알루미늄 또는 철로 만들어져 있다. 이것과 카뷰레이터를 직접 연결해 주는 고무로 된 조인트를 인슐레이터라고 하는데, 바이크의 경우에는 매니폴드가 없이 인슐레이터만 달려 있어서, 이것이 매니폴드 역할도 겸하는 것이 적지 않다.

카뷰레이터

엔진이 빨아들이는 공기가 이곳을 지날 때에 분무기의 원리로 가솔린을 빨아 혼합기를 만든다. 혼합기 제조 장치이며, 동시에 엔진으로 가솔린을 보내는 연료 공급 장치다. 우리말로는 기화기라고 한다. 다만 여기서 빨려 나온 가솔린 중에서 그 즉시 기화되는 것은 극히 일부이고, 대부분은 액체 상태의 미세한 입자일 뿐이다. 실제로는 안개 상태로 만드는 「무화기」라고 하는 편이 정확하다. 연료계의 「연료로 냉각하다」항을 참조할 것.

분무기의 원리를 좀 더 자세하게 설명하자면, 통 속을 공기가 지날 때에 공기의 흐르는 속도가 빠를수록 통 내면에 부압이 강하게 작용하게 된다. 이 부압에 의해 플로트 챔버에 담겨 있던 가솔린을 빨아올린다.

동시에 카뷰레이터는 엔진 출력 조정 장치이기도 하다. 스로틀 그립과 연결된 스로틀 밸브로 공기가 흐르는 양을 조절한다. 그 공기량에 맞춰서 가솔린의 양이 자동적으로 조절되어 빨려 나오도록 되어 있다. 라이더는 스로틀 조작으로 엔진을, 더 나아가 바이크를 뜻대로 다루게 된다.

공기 유량에 맞춰 가솔린 토출량을 조절하는 것은 분무기 원리를 효과적으로 이용한 각종 구멍들이다. 그 구멍의 배치와 형상, 수량으로 공연비를 조절하고 있다. 따지고 보면 원시적이지만 자연의 섭리를 충실히 따르는, 참으로 잘 만들어진 장치다. 지금도 훌륭히 제 몫을 다하고 있다.

그러나 이런 구멍만 가지고는 한계가 있는 것도 사실이다. 전자 제어 카뷰레이터, 퓨얼인젝션(연료 분사 장치)을 채용하는 예가 늘고 있다.

카뷰레이터의 기본적인 구조는 4스트로크 엔진이나 2스트로크나 똑같다. 다만 2스트로크는 혼합기를 빨아들이는 압력 = 흡입 부압이 상당히 작기 때문에 그에 따른 미세한 차이는 있다. 2스트로크용과 4스트로크용을 단순히 교환할 수는 없는 것이다. 또 일반적인 분리 급유 윤활식 2스트로크 엔진에서는 엔진 오일이 이곳에서 가솔린과 섞이기 때문에 오일을 공급하는 전용 구멍도 있다.

바이크의 경우에는 실린더 하나에 카뷰레이터도 하나씩 달려 있는 것이 보통이다. 4기통이라면 4개의 카뷰레이터가 장착된다. 흡기 관성이나 흡기 맥동을 최대한 이용할 것을 생각하면 당연하다. 자동차에서는 다기통이라도 1~2개의 카뷰레이터로 대처하고 있는 예가 많다. 일부 바이크는 단기통에 2개의 카뷰레이터를 장착한 예도 있는데, 이것을 듀얼 카뷰레이터 방식이라고 부른다. 저회전역에서는 한 쪽의 저속용 카뷰레이터를 작동시켜서 응답성 향상을 꾀하고, 고회전역에서는 둘 다 작동시켜서 최대한의 파워를 내려는 발상이다. 「벤츄리」항을 참조할 것.

에어 패널

카뷰레이터의 공기 입구쪽 끄트머리에 달려 있는 나팔 모양의 부품. 카뷰레이터 끝이 단순히 끊겨 있는 상태에서는 공기가 원활하게 유입되기 어렵기 때문에, 그 흐름을 정류해서 카뷰레이터로 안내하는 가이드 역할을 한다. 또 그 길이를 적절하게 변경함으로서 흡기 관성이나 흡기 맥동이 발휘되는 회전역을 조절할 수 있다.

4스트로크 로드레이서 등은 에어클리너를 장착하지 않기 때문에 그 모습이 겉으로 드러나 보인다. 그러나 일반차도 에어클리너 박스 안으로 에어 패널이 튀어 나와 있는 것이 많다.

다만, 2스트로크 바이크의 경우는 흡기 부압이 약하기 때문에 그 효과가 거의 없으므로 레이서라도 장착하지 않는다. 카뷰레이터 끝이 나팔 모양으로 벌어져 있을 뿐이다.

벤츄리

공기의 통로를 가늘게 좁혀 놓은 부분을 가리킨다. 카뷰레이터는 분무기의 원리로 작동하는 것이긴 하지만, 단순히 곧게 뻗은 통 속에 공기를 흘려서만은 가솔린을 빨아 올릴 정도의 충분한 부압을 발생시키기 어렵다. 그래서 통로의 일부를 가늘게 좁힌다. 그러면 그 부분의 공기 흐름 속도가 빨라지고 그 만큼 부압도 증가한다. 이것을 벤츄리 효과라고 하는데 가솔린을 빨아올리는 구멍이 이 벤츄리부에 있다.

카뷰레이터의 주된 공기 통로＝메인 보어는 이 벤츄리 구조를 갖추고 있다. 이 좁혀진 부분의 내경 치수를 메인 보어 사이즈라고 하며 카뷰레이터의 크기를 이것으로 나타낸다. 메인 보어 사이즈가 클수록 통기 저항이 작아지므로 고회전에서 파워를 내기 좋다. 반면에 저회전역이나 스로틀 밸브가 조금 열렸을 때 등 요구되는 공기량이 적은 상태에서는 공기 유속이 낮아서 미묘한 공연비 제어(즉 회전의 안정성이나 응답성)가 힘들다. 작은 사이즈는 반대의 특성이다. 일반적으로 하나의 카뷰레이터가 담당하는 기통의 배기량이 클수록, 또는 고회전형 엔진일수록 큰 사이즈가 사용된다.

● 공기의 유속이 올라가는 벤츄리부

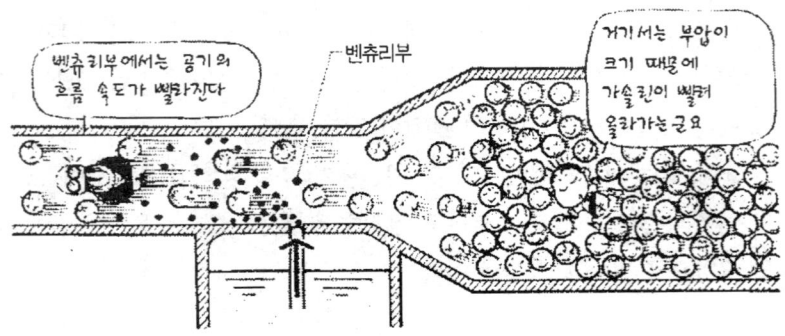

벤츄리부의 단면 형상은 진원이 보통인데, 개중에는 스로틀이 중간 개도일 때의 특성을 향상시키기 위해 타원 등 변칙적인 단면 형상을 하고 있는 것도 있다.

이 벤츄리 구조에 대해서 카뷰레이터는 다음 두 가지 방식으로 분류할 수 있다.

하나는 고정 벤츄리형이다. 이것은 단순히 벤츄리 형상을 갖추고 있을 뿐인 간단한 통이다. 벤츄리부 하류에 있는 스로틀 밸브로 엔진 출력을 조정한다. 이 방식은 넓은 회전역에서 적정 공연비를 만들기가 힘들다. 자동차나 발전기용 엔진이라면 몰라도 바이크에서는 거의 쓰이지 않는다.

또 하나는 가변 벤츄리형으로서 바이크는 거의 대부분이 이 방식이다. 메인 보어는 기본적인 벤츄리 형상을 갖추고 있으며, 이 벤츄리부의 「좁혀지는 정도」를 조절하는 벤츄리 피스톤이 달려 있다. 스로틀 개도가 작을 때=공기 유량이 적을 때에는 그에 걸맞은 만큼 벤츄리 피스톤이 메인 보어의 벤츄리부를 조여서 공기 유속을 확보한다. 즉 가솔린을 빨아올리는 부압이 확보되기 때문에 넓은 회전역에 걸쳐서 적정한 공연비를 확보하기 편하다.

이 가변 벤츄리 방식의 경우, 벤츄리 피스톤이 스로틀 밸브도 겸하는 VM형과, 별도로 마련한 스로틀 밸브와 연동해서 벤츄리 피스톤이 작동하는 부압 작동형이 있다.

스로틀 밸브

카뷰레이터에 메인 보어밖에 없다면 엔진이 제멋대로 돌아 버린다. 상황에 따라 메인 보어를 적절하게 가로막아 통기 저항을 만듦으로서 엔진 출력이나 회전수를 조절하고, 때로는 엔진 브레이크를 걸기도 한다.

이 가로막는 것이 스로틀 밸브다.

부압 작동형 카뷰레이터의 경우 스로틀 밸브는 벤츄리 피스톤보다 하류의 메인 보어에 마련되어 있다. 밸브 방식에는 편평한 금속판이 작두처럼 아래위로 움직이는 슬라이드 밸브형과, 메인 보어에 꼭 맞는 동그란 금속판이 보어 중심에 설치된 축을 중심으로 회전하면서 개폐하는 버터플라이형이 있는데, 바이크의 경우는 후자가 사용되고 있다. VM형에서는 벤츄리 피스톤이 스로틀 밸브를 겸한다.

스로틀＝throttle이란 조절판이란 뜻이다. 가속＝acceleration에서 파생된 액셀과 동의어로 사용되는 경우가 많다. 스로틀 밸브 조작은 바이크에서는 와이어를 이용해서 핸들 오른쪽에 있는 스로틀 그립으로 조작한다. 이것을 액셀 그립이라고도 하는데, 스로틀 밸브를 액셀 밸브라고는 하지 않는다.

스로틀 밸브에는 이것이 닫히는 방향에 용수철 ＝ 리턴 스프링이 달려 있다. 따라서 스로틀 그립과 스로틀 밸브를 연결하는 와이어는, 밸브를 여는 방향으로 힘을 가하는 것 하나만 있으면 된다. 오른손의 힘을 빼면 스프링의 힘으로 스로틀이 닫힌다.

그러나 일부 4스트로크 차량에서는 닫히는 쪽도 그립으로 강제적으로 조작할 수 있도록 스로틀 와이어를 2가닥 장비하고 있는 것도 적지 않다. 이것을 강제 개폐식이라고 한다. 엔진 브레이크를 걸 때에 흡입 부압에 의해 스로틀 밸브가 열리는 것을 방지하고, 또 리턴 스프링을 약하게 해서 조금이라도 스로틀 조작을 가볍게 하기 위해서다.

VM형 카뷰레이터

벤츄리 피스톤이 스로틀 밸브 기능까지 겸하는 방식의 카뷰레이터다. 스로틀 그립으로 직접 벤츄리 피스톤을 조작하기 때문에 라이더가 정확

●VM형 카뷰레이터

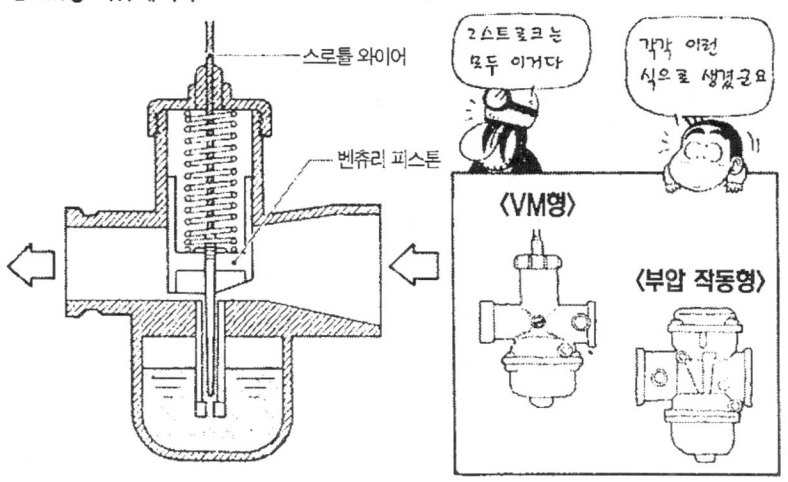

하게만 조작해 준다면 응답성이 확실하다. 또 별도의 스로틀 밸브가 없기 때문에 그 만큼 통기 저항이 적고, 또 메인 보어 길이를 짧게 할 수 있는 점에서도 통기 저항을 줄일 수 있다. 2스트로크 차량은 전부 이 방식을 사용한다.

다만 4스트로크에서는, 가령 엔진 회전이 낮을 때에 스로틀 그립을 난폭하게 열어 젖히면, 벤츄리부의 공기 유속이 떨어져서 부압을 확보하기가 힘들기 때문에 공연비가 틀려져서 울컥거리는 현상이 일어난다. 이런 경우에 부담 없는 조작할 수 있다는 면에서는 부압 작동형이 유리하다.

실은 VM이라는 것은 미쿠니(일본의 카뷰레이터 메이커)에서 부르는 명칭이다. 이 밖에도 이런 타입의 카뷰레이터를 TM이라 하기도 하고, 케이힌(이것도 일본의 매이커)에서는 PJ, PWJ, CR이라고 부른다. 저마다 조금씩 구조가 다르긴 해도 기본적으로는 똑같은 타입이다.

그러나 안타깝게도 이들을 총칭하는 명확한 명칭이 확립되어 있지 않다. 굳이 이름을 붙이자면 직접 작동형이라고나 할까? 이 책에서는 편의상 VM형이라고 부르겠다.

부압 작동형 카뷰레이터

VM형과는 달리, 스로틀 밸브가 독립되어 있는 카뷰레이터다.

위의 그림처럼 벤츄리 피스톤 위에 공기실＝석션 챔버가 있고, 피스톤 상단과 카뷰레이터 본체는 얇은 고무 막＝다이어프램으로 연결되어 있다. 벤츄리 피스톤은 스프링의 힘으로 아래 방향으로 눌리고 있다. 이런 타입에서의 벤츄리 피스톤을 버큠 피스톤이라고 부르는 경우도 있다.

스로틀 밸브를 열면 통기 저항이 감소된 만큼 엔진 회전이 상승하려고 한다. 이에 따라 공기 유량이 증가해서 유속이 빨라지고, 그 만큼 벤츄리부에 작용하는 부압도 커지려고 한다. 그런데 이 부압이 동시에 석션 챔버에도 작용하도록 공기가 지나는 통로가 나 있다. 챔버의 부압이 커진 만큼 스프링의 힘을 물리치면서 벤츄리 피스톤이 위로 끌려 올라

● **부압 작동형 카뷰레이터의 구조**

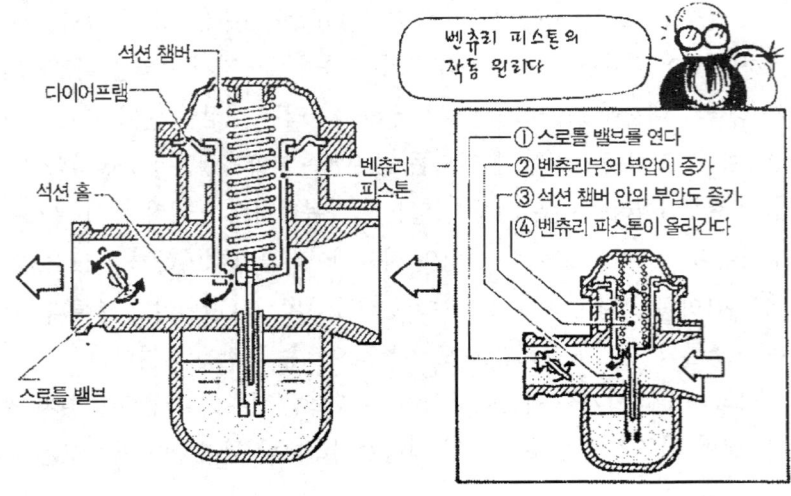

벤츄리 피스톤의 작동 원리다

① 스로틀 밸브를 연다
② 벤츄리부의 부압이 증가
③ 석션 챔버 안의 부압도 증가
④ 벤츄리 피스톤이 올라간다

석션 챔버
다이어프램
벤츄리 피스톤
석션 홀
스로틀 밸브

●카뷰레이터를 작게 만들기 위한 벤츄리 피스톤 형상

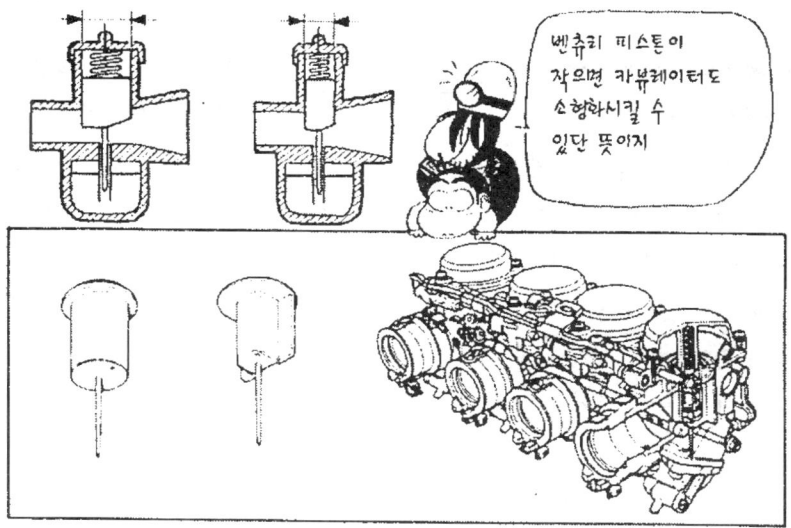

벤츄리 피스톤이
작으면 카뷰레이터도
소형화시킬 수
있단 뜻이지

간다. 이런 식으로 벤츄리부의 부압, 혹은 통기 유속이 일정하게 유지되면서 가솔린을 빨아올리는 힘이 균형화 되어 안정된 공연비를 유지하는 것이다.

이러한 과정을 거치기 때문에 스로틀 반응성은 VM형보다 둔하지만, 다소 난폭하게 조작해도 반응이 부드럽고 다루기 편하다. 따라서 현재의 4스트로크 모델의 대부분이 이 방식을 채용하고 있다.

그러나 2스트로크에서는 쓰이지 않는다. 흡입 부압이 작기 때문에 벤츄리 피스톤을 정확하게 작동시키기가 힘들고, 또 크랭크실이라는 부피가 큰 공간이 카뷰레이터 바로 다음에 있기 때문에 과도한 스로틀 반응성이 기본적으로 나타나기 어렵기 때문이다.

또 4스트로크라도 레이싱 머신이나 일부 고성능 시판차에서는 VM형을 사용하는 경우도 있다.

이 부압 작동형은 부압 서보형이라고도 불린다. 그 밖에도 CV(케이

364

힌), SU나 BS(미쿠니)라고 불리기도 한다.

벤츄리 피스톤

가변 벤츄리형 카뷰레이터에 있어서, 메인 보어에 있는 벤츄리부의 「좁아지는 정도」를 조절하는 피스톤처럼 생긴 밸브. 아래위로 슬라이드 하면서 벤츄리부의 단면적을 조절한다.

벤츄리 피스톤의 생김새는 기본적으로 원기둥 모양이다. 즉 단면 형상은 진원이다. 이것은 기계 가공하기가 편하므로 옛날부터 지금까지 줄곧 사용되어 왔다. 다만 원기둥 부품을 메인 보어에 끼워 넣으려면, 메

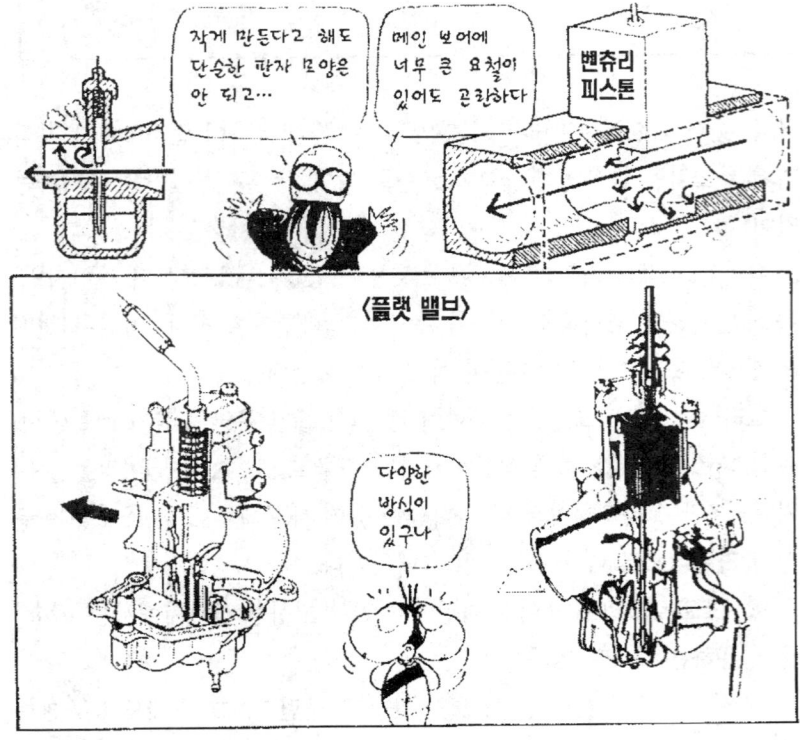

인 보어에는 그것이 들어설 만큼의 오목한 자리가 필요하다. 이 공간은 쓸모 없는 공간이며 공기 흐름을 방해하는 저항이 되어 버린다.

이것을 해결하기 위해 원기둥의 밑면을 제거한 원통형으로 만들고, 카뷰레이터 본체에는 이 원통의 얇은 판이 들어갈 홈＝슬릿을 파 놓은 타입도 있다. 케이힌의 CR 시리즈에 그런 예가 있는데, 그러나 가공하기가 어려워서 아직 일반적이지 못하다.

또한 원기둥이나 원통형에서는 이것이 들어 설 공간 확보와, 동시에 각종 보조적 구멍을 마련하기 위해서 메인 보어의 크기가 그만큼 커야＝길어야 할 필요가 있다. 메인 보어는 가능하다면 짧을수록 통기 저항이 적다. 더구나 카뷰레이터 자체도 작고 짧아지므로 나중에 배치하기도 편하다.

그래서 벤츄리 피스톤을 단순한 판자 모양으로 만든 플랫 밸브가 시도되었던 적도 있다. 그러나 얇은 금속판으로는 스로틀 전개시 이외에는 원활하게 통로가 좁아지는 「벤츄리 형상」이 나올 수 없다. 판자가 삐죽하게 튀어나와 있을 뿐이라서 공기의 흐름을 방해하고 저항이 된다. 따라서 안정적으로 가솔린을 빨아올릴 수가 없다. 벤츄리 피스톤 아래쪽에는 어느 정도의 두께가 필요한 것이다.

이러한 경위를 거쳐 개발된 것이 이른바 현재의 플랫 밸브형 카뷰레이터다. 이 벤츄리 피스톤은 단순한 얇은 판자가 아니다. 사각형 단면의 상자처럼 생겼으며, 그 양쪽에 날개가 달려 있는 모습이다.

이 날개는 카뷰레이터 본체에 파여 있는 슬릿에 끼워져 있다. 가는 원기둥 양쪽에 날개가 달려 있는 것도 있다.

이 타입이라면 메인 보어에 슬릿을 마련할 공간만 있으면 된다. 또 초창기 플랫 밸브까지는 못 미치더라도 메인 보어 길이를 줄일 수 있다. 4스트로크/2스트로크를 불문하고 지금은 대다수의 스포츠 바이크에 사용되고 있다.

공 연 비

엔진이 빨아들이는 혼합기의, 가솔린과 공기의 혼합 비율. 혼합비라고도 하며, 에어/퓨얼 비율에서 A/F(에이 바이 에프)라고도 한다. 이 비율의 수치는 체적이 아니라 각각의 질량이다. 가솔린의 비율이 많을수록 「공연비가 진하다」 또는 「리치(rich)」라는 표현을 쓴다. 반대는 「엷다」 또는 「린(lean)」이다.

완전히 연소하는, 즉 가솔린이 공기 중의 산소 분자와 남김없이 산화 반응을 일으켜서, 둘 다 남지도 모자라지도 않은, 그런 공기:가솔린 비율을 이론 공연비라고 하며, 일반적으로 14.7:1이라고 한다. 그러나 실제로는 이론 공연비로 연소시키는 것은 불가능하지는 않지만 매우 어렵다. 좀 더 진한 편이 확실하게 점화되기 쉽고 파워도 더 잘 나온다. 힘이 가장 좋은 공연비＝출력 공연비는 12~13:1 부근이라고 하며, 대부분의 경우 이 정도로 엔진을 돌리게 된다. 아니 현실적으로는 이것보다 더 진한 공연비일 경우가 많다. 연소실을 냉각해서 녹킹 등 이상 연소의 발생을 막기 위해서다. 또 「이론 공연비까지」라는 단서는 붙지만 공연비가 엷어질수록 배기 온도가 높아지고 여기서 비롯되는 문제도 많아진다.

카뷰레이터의 구조와 공연비 보정

엔진이 잘 돌기 위해서는 흡입 혼합기의 적정한 공연비가 필수적이다. 그런데 벤츄리부에 가솔린이 나오는 구멍이 하나만 달랑 있어서는, 다양한 스로틀 개도와 엔진 회전수에 따라 적정한 공연비를 유지할 수 없다. 또 가속 상태 등 운전 상황에 따라서는 공연비를 기준적인 것에서 변화시키는 편이 좋을 수도 있다.

그래서 실제 카뷰레이터는 오른쪽 그림처럼 수많은 구멍이 여기 저기

●언제나 알맞은 혼합기를 만들기 위한 메커니즘

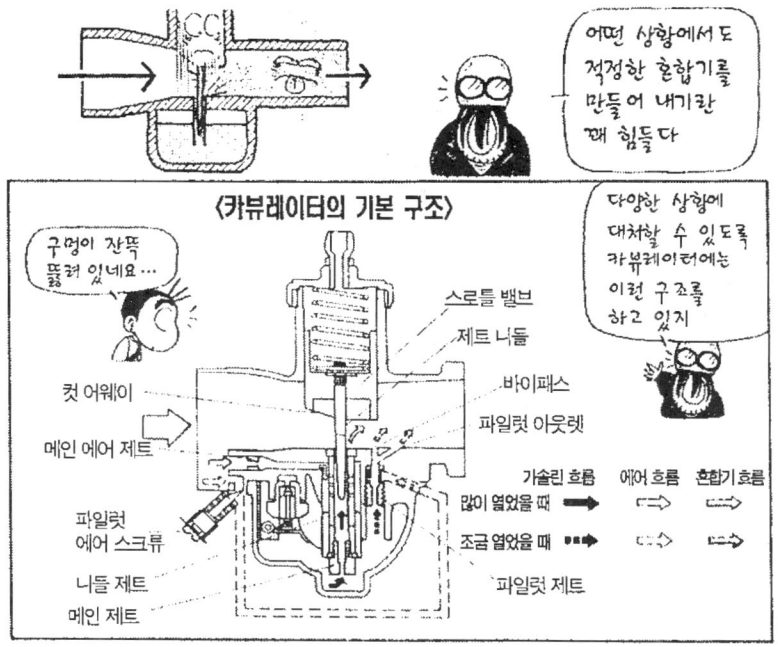

에 뚫려 있는 구조를 하고 있다. 어렵게 생각할 필요 없다. 각각의 역할 분담을 정리해 보면 된다.

① 스로틀 개도가 클 때

벤츄리 피스톤에 달려 있는 굵은 바늘처럼 생긴 것 = 제트 니들이 위에서 꽂혀 있는 구멍이 가솔린의 메인 노즐이다. 벤츄리부에서 발생한 부압에 의해 이곳에서 가솔린이 빨려 나오게 된다.

여기서 빨려 나오는 가솔린의 양은 메인 제트에서 계량된다. 메인 제트는 가운데에 구멍이 뚫린 나사인데, 구멍의 크기에 비례해서 번호가 붙여져 있어서, 번호가 클수록 구멍도 크고 그래서 가솔린이 많이 나온다. 즉 이것을 교환함으로서 공연비를 조정할 수 있다. 카뷰레이터 세팅

〈세팅 파츠의 영향 범위〉

세팅 파츠	스로틀 밸브 개도					
	0 1/8 2/4		1/2	3/4	1/1
파일럿 스크류					
파일럿 제트					
컷 어웨이					
제트 니들					
메인 에어 제트					
메인 제트					

각 파츠의 영향 범위는
서로 겹쳐 있지

을 할 수 있다는 말이다. 아울러 이 밖에도 「~ 제트」라는 이름의 것은 기본적으로 이런 구조를 하고 있으며, 그것이 가솔린이든 공기든 그 유량을 조절하는 부품으로서, 번호가 다른 것으로 교환함으로서 세팅을 변경할 수 있도록 되어 있다.

메인 제트는 니들 제트라고 불리는 파이프 아래쪽에 달려 있다. 니들 제트의 윗끝은 벤추리부에 얼굴을 내밀어서 메인 노즐이 되고 있다. 2 스트로크용 카뷰레이터에서는 메인 노즐부에 돌출부가 달려 있어서 흡입 부압이 낮아도 가솔린을 빨아올리기 쉽도록 되어 있다.

이것들은 스로틀 개도 약 3/4~전개의 공연비를 결정한다.

② 스로틀 개도가 중간일 때

메인 노즐만 휑하니 뚫려 있는 구조라면 스로틀이 절반쯤 열렸을 때에는 가솔린이 너무 나와 버린다. 엔진이 공기를 빨아들이는 힘이 강하기 때문에 흡기 유속으로 발생하는 부압 이상으로 가솔린을 빨아 당기기 때문이다.

그래서 제트 니들이 필요하다. 니들이란 바늘이란 뜻인데, 벤추리 피스톤에 장착된 이 바늘이 니들 제트 속에 적당하게 꽂힘으로서 가솔린의 유출량을 제어하게 된다. 제트 니들은 앞으로 갈수록 가늘어지는 테이퍼 형상을 하고 있으며, 이 테이퍼 정도가 조금씩 다른 부품으로 교환할 수가 있다.

제트 니들은 또 벤츄리 피스톤에 클립으로 장착되어 있는데, 클립이 끼워지는 부위에는 홈이 5개정도 파여 있어서, 이 위치를 바꿈으로서 유출량을 조정할 수도 있다.

이상은 스로틀 개도 1/8~3/4 부근까지 영향을 미친다.

③ 스로틀 개도가 작을 때

스로틀 개도가 1/4 이하가 되면 메인 제트의 계량은 매우 엉성해진다. 제트 니들의 계량도 부정확해진다. 이 때에는 파일럿계 제트로 계량된 공기와 가솔린이 공연비를 결정한다. 또 이 때에는 메인 노즐로부터 가솔린이 흘러나오지 않도록, 벤츄리 피스톤에 공기가 흘러오는 쪽을 향해 뚫려 있는 구멍=컷 어웨이로 풍압을 불러들인다. 컷 어웨이의 크기도 선택할 수 있다.

④ 엔진 회전 보정

스로틀 개도가 똑같더라도 엔진 회전수에 따라 공연비가 틀려질 경우가 있는데, 이 때에는 에어 블리드의 비율이나 그 위치로 조정한다.

또 극히 고회전으로 돌 때에만 작동하는 가솔린 통로를 별도로 마련해서 파워 제트로 계량하는 방식도 있다.

⑤ 가속 보정

급가속할 때에 스로틀을 왈칵 열면 공기는 곧 흐르지만 질량이 큰 가솔린은 약간 뒤늦게 움직이기 시작한다. 이럴 경우에 보조적으로 가솔린을 보급해 주는 것이 가속 펌프. 자동차에서는 일반적이다.

바이크는 무게가 가볍고 가속이 좋지만 채용하고 있는 예가 있다. 가속 펌프는 스로틀 기구와 연결되어 있어서 급격하게 스로틀을 열었을 때에만 작동하도록 되어 있다.

⑥ 고도 보정

표고가 높은 곳에 가면 대기의 밀도가 낮아지므로 엔진 상태가 나빠지는 경우가 있다. 이럴 때의 공연비를 보정하는 장치를 갖추고 있는 카뷰레이터도 있다.

초 크

카뷰레이터의 공연비 보정 장치 중의 하나다. 엔진이 차가운 상태에서 시동을 걸 때에는 혼합기 속의 가솔린 입자의 기화율이 낮다. 가솔린은 기화되지 않으면 불이 붙지 않는다. 따라서 진한 혼합기를 공급해야 할 필요가 있다.

그래서 벤츄리부 앞부분에 버터플라이형 스로틀 밸브와 똑같이 생긴 밸브=초크 밸브를 마련한다. 시동 시에 이것을 닫으면 공기 흐름이 거의 차단되는데, 엔진 흡입 부압은 메인 보어 전체에 강하게 작용하므로 공기 대신에 가솔린이 많이 빨려 나오게 되어 짙은 혼합기가 공급된다. choke란 「질식시키다, 숨통을 조이다」라는 뜻이며 공기

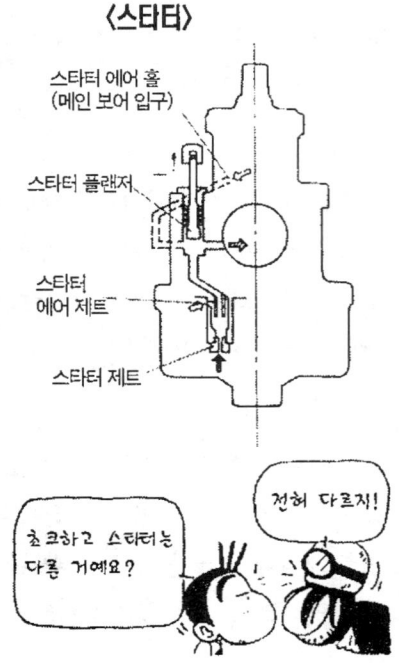

〈스타터〉

스타터 에어 홀
(메인 보어 입구)

스타터 플랜저

스타터
에어 제트

스타터 제트

초크하고 스타터는 다른 거예요?

전혀 다르지!

가 지나지 못하도록 통로를 조인다.

이 초크 밸브를 작동시키기 위한 입력 수단이 초크 레버나 초크 노브다. 시동 시에 초크를 과도하게 작동시키면 가솔린이 너무 흘러 들어가서 플러그가 젖어서 오히려 시동 걸기가 더 힘들어진다. 필요 최소한으로 작동하게끔 레버를 조작할 수 있는 요령을 라이더라면 터득해야 한다.

아울러 초크 레버를 당기면 아이들링 회전수를 올려서 회전을 안정시킴과 동시에, 시동 시의 스로틀 개도를 자동으로 조정해 주는 퍼스트 아이들 기구를 채용하고 있는 기종도 많다.

시동 기구, 하면 초크 밸브라고 단정짓는 경향이 있는데, 실제로는 초크 방식은 4스트로크 엔진에만 쓰일 뿐이다. 2스트로크는 흡입 부압이 작기 때문에 초크 방식으로는 충분한 가솔린을 빨아들일 수 없다. 그래서 스타터를 사용한다.

스타터는 시동 전용으로만 작동하는 가솔린&공기 통로다. 레버나 노브를 당기면 이 통로가 열려서 가솔린이 흘러들어 간다. 유입량을 미세하게 조정할 수 있도록 만들어진 것이 적기 때문에 시동이 걸리면 일찌감치 해제하는 편이 좋다.

이 스타터 방식은 초크 밸브 같은 거추장스러운 물건이 메인 보어를 가로막고 있지 않으므로, 정상 주행 시의 통기 저항을 악화시키지 않는다. 그래서 최근에는 4스트로크도, 레버에는 choke라고 쓰여 있어도 내용은 스타터인 것이 매우 많아지고 있다.

플로트 챔버

카뷰레이터는 분무기의 원리에 의해 가솔린을 빨아올린다. 따라서 분무기의 물탱크에 해당하는, 가솔린을 담아 두는 그릇이 필요한데 이것이 플로트 챔버다.

이 플로트 챔버에는 언제나 일정한 높이로 가솔린이 차 있지 않으면 안 된다. 이 가솔린 윗면의 위치를 유면, 또는 플로트 레벨이라고 한다.

유면이 높으면 벤츄리부의 부압이 똑같더라도 가솔린이 빨려 나오기 쉽고, 낮으면 그 반대다. 또 위에 있는 연료 탱크로부터 중력으로 가솔린이 계속 흘러 내려온다면, 부압 유무에 관계없이 메인 보어에 가솔린이 넘쳐 흐르게 된다. 각 제트 류를 세팅했을 때의 유면을 유지해야 할 필요가 있다.

이것을 제어하는 기구는 극히 원시적이다. 수세식 변기의 물탱크와 똑같다. 플로트 챔버 안에 뜨게=플로트가 있어서 챔버에 담겨 있는 가솔린 위에 떠 있다. 유면이 일정 이상이 되면 뜨게가 플로트 밸브를 들어 올려 가솔린의 유입을 멈춘다.

밸브 위치가 어긋나거나 밸브에 이물질이 낄 경우에는 유면이 너무 높아져서 가솔린이 메인 보어안으로 계속 넘쳐 들어간다. 이런 상태를 오버 플로우라고 한다. 그래서 메인 보어로 직접 흘러 들어가지 못하도록 오버 플로우 파이프를 통해 가솔린을 외부로 흘려 버리게 되어 있지만, 그래도 역시 완전하게 막지는 못한다. 정지 시에 가솔린이 뚝뚝 떨어질 정도라면 즉시 연료 콕을 오프로 하고 원인을 찾아야 한다. 다만 플로트로 유면을 제어하는 단순한 기구이기 때문에, 바이크를 넘어뜨리거나 크게 기울이면 기구에 문제가 없더라도 오버 플로우 할 수가 있다.

아이들 링

스로틀을 전혀 열지 않고 엔진이 돌고 있는 상태. 이 때의 회전수를 아이들링 회전이라고 한다.

스로틀 그립이 전폐되어 있더라도(끝까지 되돌려 있더라도) 스로틀 밸브가 적당히 열리도록 스토퍼가 마련되어 있다. 이 스토퍼는 나사로 되어 있어서 아이들 어저스트 스크류라고 한다. 바이크에서는 날씨에 따라 엔진 상태가 변했을 때, 손쉽게 아이들링 회전수를 조정할 수 있도록 이 스크류를 손으로 돌릴 수 있게 되어 있다.

다운 드래프트형 카뷰레이터

기본적인 카뷰레이터는 메인 보어가 수평으로 놓이는 형태로 사용하게 되어 있다. 그러나 V형 엔진 등에서는 이런 형태로 카뷰레이터를 장착하기 힘들다. 또 4스트로크 엔진에서 흡기 포트를 직선으로(흡배기계/포트를 참조) 뽑으면 병렬 엔진이라도 카뷰레이터가 아래쪽을 향하게 된다. 실린더 경사각을 크게 주면 더더욱 그렇다.

그런데 수평 배치를 전제로 한 카뷰레이터를 여기에 장착하려고 하면 유면이 기울어져서 각 제트류에서의 계량이 어긋나게 된다. 그래서 바이크에 탑재되었을 때의 메인 보어 기울기에 맞춰서 플로트 챔버 구조, 공기 & 가솔린 통로 배치 등을 설정한 것이 다운 드래프트형이라고 불리는 카뷰레이터다.

본래는 메인 보어가 수직이 되도록 배치한 카뷰레이터를 다운 드래프트형이라고 하는데, 현재의 주류를 이루고 있는 경사 배치형도 이렇게 불리고 있다.

흡기 디바이스

디바이스란 「부가 장치」라는 뜻인데, 카뷰레이터는 각종 공연비 보정 장치가 하도 많아서, 카뷰레이터 자체가 디바이스 덩어리라고 해도 과언이 아니다. 그렇지만 그 기본적인 구조 이외에 부수적으로 마련되는 흡기계 디바이스도 있다.

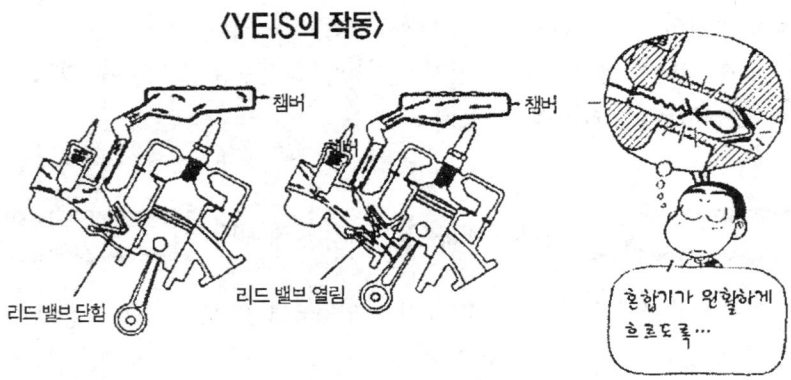

〈YEIS의 작동〉

챔버

챔버

리드 밸브 닫힘

리드 밸브 열림

혼합기가 원활하게
흐르도록…

전자 제어 카뷰레이터가 그 중 하나다. 각종 제트류와 흡입 부압의 관계만으로는 미처 조정하지 못하는 부분의 공연비를 컴퓨터로 보정을 가하는 것이다. 기본적인 카뷰레이터 구조에 가솔린, 또는 공기의 전용 통로를 부가해서 여기에 전자 밸브를 달아 놓는다. 그리고 점화계의 디지털 진각이 그렇듯이, 엔진 회전수와 스로틀 개도 등을 토대로 ECU가 전자 밸브를 개폐한다. 바이크에서는 2스트로크에서 채용하는 예가 많다.

카뷰레이터 이외의 디바이스로는 흡기 매니폴드나 인슐레이터에 설치되는 것이 있다. 이것은 단순한 구조다.

가령 2스트로크에서는 엔진의 단속적인 흡기에 의해 흡기 통로의 공기가 진동을 일으켜서, 이것이 흡기의 흐름을 방해하는 경우가 있다. 그래서 인슐레이터부에 공기실 = 챔버를 설치해서 진동을 상쇄시키는 기구가 있다. 야마하의 YEIS 등이 이것이다. 에어클리너의 레조네이터와 동일한 원리다. 다른 기통의 인슐레이터와 파이프로 연결하는 방법도 있다.

또 4스트로크 다기통 엔진에서는 카뷰레이터를 소형화시켜서 저중속 성능을 높여 놓고, 고회전 시에는 다른 기통의 카뷰레이터로도 혼합기를 빨아 들여서 고속 성능도 확보하기 위해 각 인슐레이터나 흡기 매니폴드를 서로 연결하는 방식도 있다.

퓨얼 인젝션

카뷰레이터는 아무리 전자 제어를 한다고 해도 어차피 분무기에 지나지 않는다. 고회전형, 즉 사용 회전역이 매우 넓은 엔진에서는 그 모든 회전역에서 완벽한 공연비를 유지하기가 힘들다.

그래서 흡입 부압에 의존하는 카뷰레이터와는 달리, 필요한 양만큼의 가솔린을 펌프로 뿜어 주자는 것이 퓨얼 인젝션=연료 분사 장치다. 가솔린의 분사량을 기계적으로 제어하는 방식과 컴퓨터로 작동/제어하는 전자 제어 연료 분사 장치가 있는데, 현재는 후자가 주류다.

흡기관에는 가솔린을 뿜어내는 분사 노즐이 달려 있고 이것을 인젝터라고 부른다. 가솔린은 전자 펌프로 일정 압력=연압이 걸려 있다. 인젝

● 가솔린을 펌프로 뿜어 넣는 퓨얼 인젝션

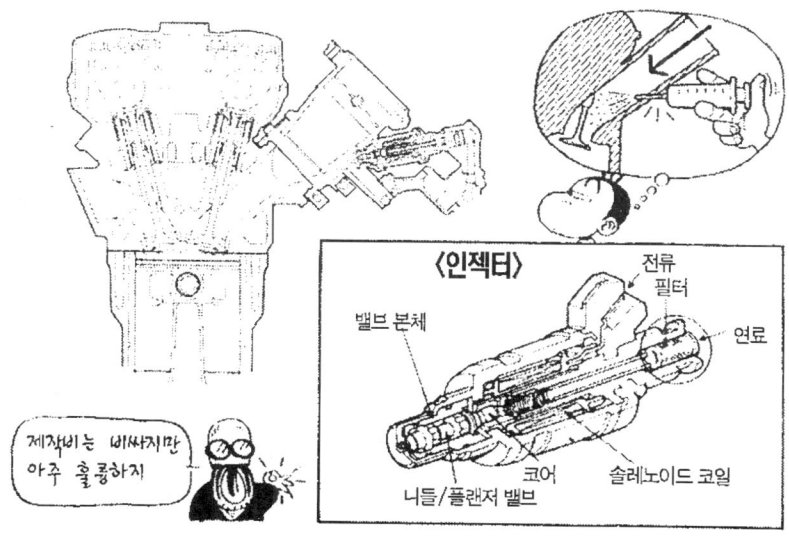

〈인젝터〉

제작비는 비싸지만 아주 훌륭하지

터에는 전자석으로 개폐되는 전자 밸브=솔레노이드 밸브가 장착되어 있다. 피스톤 위치 등 적절한 타이밍이 오면 컴퓨터 유니트=ECU가 그것을 판단해서 솔레노이드 밸브를 연다. 솔레노이드 밸브는 온/오프 동작만으로 움직이며, 연료 분사량은 밸브 개방 시간으로 조정하게 된다.

자동차의 세계에서는 이미 상식적인 시스템이다. 이유는 첫째, 배기가스 규제. 그리고 연비다. 또한 파워 추구와 함께 넓은 회전역에서 커다란 토크를 획득하고, 적절한 엔진 응답성도 필요하다… 라는 식의 조종성 향상을 추구한 결과다.

다만 2000만원 짜리 자동차에서 수십만원의 원가 상승은 대수롭지 않지만, 200만원 대의 바이크에서는 심각한 문제다. 더구나 바이크는 무게가 가볍기 때문에 중저속 토크가 그다지 없어도 충분히 가속한다. 연비를 높여야 한다는 요구성도 작고, 현재까지는 배기 가스 규제도 대부분의 주요 국가에서는 심하지 않다…. 이런 이유로 바이크에는 아직 보급률이 낮지만 점차 채용하는 예가 늘고 있다.

연료 분사 방식은 가격 상승도 문제지만, 크기와 무게가 증가한다는 것도 바이크로서는 큰 문제다. ECU도 그 중 하나인데 요즘의 기술 수준이라면 작고 값싸게 만들 수 있다. 점화 시기 등을 제어할 목적으로 이미 ECU를 탑재하고 있다면 그것을 활용하면 된다.

인젝션에서는 가솔린 통로에 연압을 가할 펌프도 필요하다. 그러나 이것도 연료 펌프를 이미 장착하고 있는 바이크라면 제작비와 중량에 별 영향이 없다. 물론 고압형으로 바뀌어야 하겠지만 펌프는 하나만 있으면 된다. 인젝터 부분은 카뷰레이터와 동등한 수준, 아니면 오히려 작게 만들 수 있다.

이렇게 보면 역시 인젝터 방식이 훨씬 좋다. 최고 출력은 카뷰레이터 방식과 동등하지만, 엔진 응답성이나 저중속에서의 조종성 등이 우수하기 때문에 결과적으로 빠르게 달릴 수 있다. 동시에 다루기 편해지고 연

● 컴퓨터가 최적의 연료 분사량을 결정한다

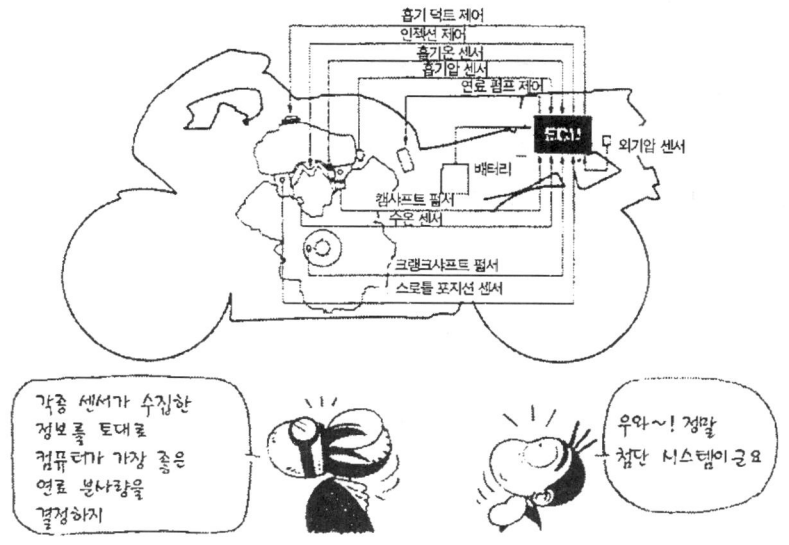

비도 향상된다.

그러나 인젝션 방식은 고지식하다고나 할까, 융통성이 없다. 흡배기의 흐름을 곧이곧대로 제어하는 4스트로크라면 상관없지만, 이 부분이 꽤 어설프게 이루어지는 2스트로크에서는 어렵다. 예를 들어 2스트로크는 주행 중에도 연소실이 자주 불발을 일으키곤 한다. 이 때에는 배기 챔버의 트랩 효과를 기대할 수 없어서 흡입 공기량도 적다. 카뷰레이터는 여기에 걸맞는 만큼의 가솔린을 알아서 보낸다. 인젝션에서는 제대로 연소했을 때와 똑같은 양을 공급한다. 연료 분사 방식은 GP 레이서 등에서 계속 연구가 진행되고는 있지만, 아날로그 기계인 카뷰레이터 성능에 도달하려면 아직도 시간이 걸릴 것으로 보인다.

과 급 기

　일정한 배기량으로 보다 높은 출력을…. 이것은 예로부터 변함없는 주제다. 그 가장 손쉬운 방법이 과급이다. 엔진이 빨아들이는 공기를 미리부터 압축해 놓으면 공기 밀도가 올라간다. 여기에 걸맞는 가솔린을 공급하면 큰 파워를 얻을 수 있다. 「흡기 덕트」항을 참조. 엔진의 배기량을 변경하는 일없이 실질적인 배기량 확대 효과를 얻는 장치다. 공기를 압축하는 장치를 과급기라고 한다.

　과급기가 장착된 엔진에서는 「강제적으로 공기를 밀어 넣는다」라는 표현이 곧잘 쓰인다. 틀린 말은 아니지만 동시에 「빨아들이기」도 하는 것이다. 보통의 자연스럽게 흡기하는 방식(자연 흡기＝내추럴 애스퍼레이션, 줄여서 NA)이나 과급기 방식이나 실린더 내부와 외부와의 기압차로 공기를 빨아들이는 점은 똑같다.

● 보다 많은 공기를 공급하려면……

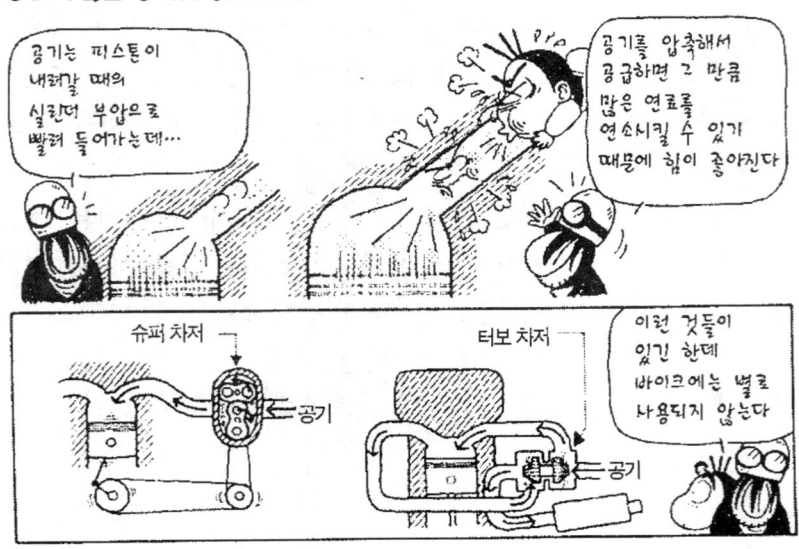

과급 방식에는 두 가지가 있다. 하나는 슈퍼 차저로서, 이것은 엔진의 동력으로 직접 컴프레서를 돌려 대기를 압축해서 엔진에 흡입시킨다. 그러나 이것은 컴프레서가 크고 무거운 점이 결점이다.

또 하나는 터보 차저다. 엔진에서 연소한 가솔린의 에너지 중에서 30%는 배기 손실로 버려지고 있는데 이 버려지는 에너지를 사용하는 것이다. 배기 가스의 에너지로 터보 유니트의 터빈을 돌린다. 터빈에 연결된 컴프레서가 공기를 압축한다.

이 터보 장치는 자동차에서는 흔한 존재인데, 바이크에서도 1982년경에 반짝하고 유행하려는 움직임을 보이다가 곧 사라져 버렸다. 스로틀을 열고서 터보 효과가 나타나기까지 시간차가 발생해서, 이것이 바이크에서는 조종성을 극단적으로 악화시켰기 때문이다. 슈퍼 차저라면 시간차가 짧기 때문에 만약 소형 컴프레서가 개발된다면…???

우수한 과급 시스템이 개발된다면 250cc급 차중과 크기로 대형 바이크 성능을 발휘시키는 것도 불가능하지 않다. 그 장래성이 없진 않지만, 적어도 일본에서는 배기량에 따른 출력 규제가 있기 때문에 실제로 출현할 가능성은 매우 적다.

아울러 2스트로크 엔진에 과급기를 장착하는 것은 상당히 어렵다. 크랭크실의 압력이 올라가면 피스톤이 내려올 때에 저항이 된다. 그리고 배기 챔버의 트랩 효과 등으로 혼합기를 불러들이기 때문에 4스트로크와는 사정이 다르다.

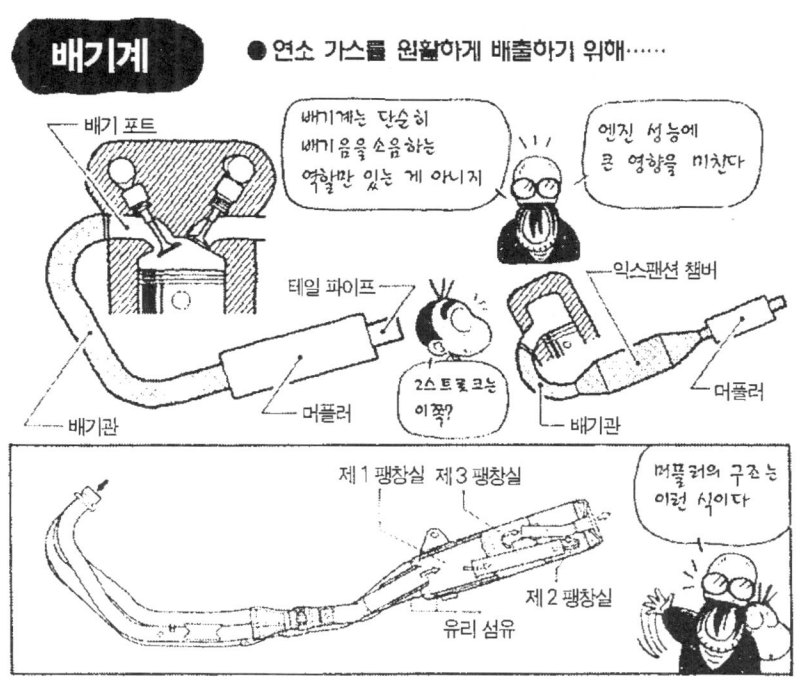

배기계 ● 연소 가스를 원활하게 배출하기 위해……

배기 포트

배기계는 단순히
배기음을 소음하는
역할만 있는 게 아니지

엔진 성능에
큰 영향을 미친다

테일 파이프

익스팬션 챔버

2스트로크는
이쪽?

머플러

머플러

배기관

배기관

제1 팽창실 제3 팽창실

머플러의 구조는
이런 식이다

제2 팽창실

유리 섬유

배 기 계

장작이나 석탄을 때는 난로에는 굴뚝을 단다. 실내에 연기가 들어차지 않도록 하기 위한 것이지만, 그렇다고 이 굴뚝을 제거하면 연료가 제대로 타지 않는다. 굴뚝이 연기를 배출하면서 난로 안으로 신선한 공기를 불러들이기 때문이다.

엔진도 마찬가지다. 연소실에서 연소한 가스가 배기 포트에서 직접 대기 중에 배출된다면, 우선 그 주위의 부품이 뜨거워져서 파손된다. 사람이 만지면 화상을 입는다. 배기 가스가 효율적으로 배출되지 않으므로 파워도 안 나온다. 그래서 배기 가스를 인도하는 굴뚝으로서 배기관이 있다. 배기음을 줄이는 머플러도 필요하다. 배기 경로에 밸브나 챔버 등

배기 디바이스를 설치해서 배기 효율이나 신기 충전 효율을 향상시키는 경우도 있다. 이처럼 엔진 외부에 장착되는 배기에 관련된 부분이 배기계다.

배 기 관

배기계의 기본적인 경로를 구성하는 파이프를 가리킨다. 바이크에서는 배기 포트 출구부터 머플러까지의 부분. 집합 머플러의 경우라면 그 집합부까지의 파이프를 가리키는 경우가 많다.

참고적으로 자동차에서는 각 기통의 배기 포트에서 배출된 배기 가스를 한 곳으로 모으는 관을 배기 매니폴드라고 부르는 일도 많다. 이것과 1개, 또는 그 이상의 머플러와 연결하는 관을 배기관, 최종 머플러 이후의 관을 테일 파이프라고 부르는 것이 일반적이다.

바이크의 배기관은 기본적으로 철제 파이프다. 그러나 이대로는 금세 뜨거워지기 때문에 금방 녹이 슨다. 바이크에서는 겉으로 드러나는 중요한 부품이다. 그래서 배기관을 2중으로 해서 바깥쪽 파이프를 도금 처리하는 예도 많다. 다만 이 방식은 무거워지기 때문에 스테인리스 파이프를 한 겹으로 사용하는 경우도 많다.

배기관과 엔진 성능

옛날의 항공기나 경기용 자동차 등의 엔진에서는 아주 짤막한 배기관이 구색 갖추기 식으로 달랑 달려 있는 예가 많았다. 소음 문제 따위로 왈가왈부하는 일이 없었던 것도 있지만, 그 보다 당시에는 배기 효율에 대한 인식이 없었던 것이다. 배기 가스는 가만 놔둬도 제멋대로 대기 중으로 뛰쳐나가니까 내버려 둬! 라는 식이다.

그러나 1960년대부터 사고 방식이 완전히 바뀌게 된다. 배기 가스를 「잘 내보낸다」에서 「잘 빨아낸다」로, 더 나아가 「너무 빨려 나온 것을 다시 되돌리는」것 까지 고려해서 배기 효율을 높인다. 이 노하우는 여느 선진적 기술과 마찬가지로 레이스에서, 그것도 고회전 고출력을 철저하게 추구하는 모터사이클 레이스에서 주도적으로 배양되었다고 해도 과언이 아니다.

여기서는 배기관의 치수가 상당히 중요한 의미를 지닌다. 배기 효율을 지배하고 있는 것은 배기 관성과 배기 맥동인데, 이들 효과는 배기관 형상에 따라 크기가 좌우되며 효과가 나타나는 엔진 회전수도 달라진다. 특히 길이가 효과에 절대적인 영향을 미친다. 배기관의 굵기(내경)는 배기 포트 크기에 따라 자연히 정해진다. 또 2기통 이상의 경우에는 각 기통의 배기관을 집합시킴으로서 애스퍼레이터 효과 등을 이용할 수 있는데, 여기서도 집합부까지의 배기관 길이가 중요한 것이다.

머플러

사일렌서라고도 한다. 우리말로는 소음기다.

연소실에서 나온 배기 가스는 고온 고압이다. 이것이 갑자기 대기 중에 나오면 폭발적으로 팽창해서 강한 압력파, 즉 커다란 소리를 발생한다. 타고 달리는 본인은 기분 좋을지 모르지만, 인간은 홀로 살고 있는 것이 아니고, 또 주위에는 바이크나 자동차들도 많이 달리고 있다. 그래서 머플러가 필요하다. 지금은 레이싱 머신이라도 장착이 의무화되어 있다.

그 구조는 우선 다단 팽창형이 많다. 머플러 본체 내부가 여러 개의 방으로 나뉘어 있어서, 배기관을 타고 온 배기 가스가 각 방을 통과할 때마다 서서히 팽창해 간다. 배기관에 작은 구멍이 잔뜩 뚫린 파이프 =

디퓨저 파이프가 붙어 있어서, 그 구멍을 통해 가스가 흘러나올 때에 압력 에너지를 감쇠시키는 방식도 있다. 디퓨저 파이프 바깥을 머플러 본체가 감싸고 있다. 디퓨저 파이프와 머플러 본체 사이에 유리 섬유 등의 흡음재를 채워 넣어서 이것으로 압력 에너지를 감쇠시키는 방법도 있다. 또 연속적으로 흘러나오는 배기 가스의 압력파를 머플러 내부에서 간섭시켜서(정압과 부압을 중복시켜서) 소음하는 방법도 있다.

실제로는 이들 각 수법을 조합시켜 사용하는 경우가 대부분이다.

가장 손쉬운 방법은 배기 가스가 쉽사리 나오지 못하도록 저항을 크게 해 버리는 것이다. 가령 최종 출구를 가늘게 좁혀 버리면 된다. 현실적으로 이런 부분이 없진 않지만, 그러나 이걸로는 배기 저항이 너무 커서 파워가 나오지 않는다.

또 아무리 소음이 중요하다고는 해도 스포츠 바이크란 취미성 도구다. 「좋은 소리」도 중요한 요소다. 이것을 작은 배기량으로 실현하기 위해서는 기계 작동음 = 잡소리를 줄여서 배기음을 돋보이게 하는 한편, 머플러에서 「나쁜 소리」에 해당하는 주파수를 제거하고 「좋은 소리」의 주파수를 살리는 노력도 필요하다. 가능한 한 배기 저항을 줄이면서도 음량을 낮추고, 동시에 좋은 소리가 나도록 메이커에서는 고심을 한다.

참고적으로 머플러 내부 부품을 제거하는 등의 개조를 하게 되면 배기 저항은 다소나마 줄어드는 것이 사실이다. 그러나 배기 효율이란 머플러를 포함한 전체적인 것으로 생각해야 하고, 또 흡기계와의 밸런스도 있다. 소리가 커지기 때문에 힘이 좋아진 것처럼 느끼기 쉽지만 실제로는 성능이 떨어져 있는 경우가 허다하다. 특히 2스트로크에서는 예외 없이 파워가 낮아지고, 또 윤활 불량을 일으켜 엔진이 눌어붙을 확률이 상당히 높다. 「배기 챔버」항을 참조할 것.

● 이상적인 레이아웃으로 만들기가 어려운 배기계

배기계의 길이와 무게

배기 효율만 생각한다면 배기계는 배기 포트에서 곧바로 일직선으로 뻗는 것이 최고다. 그러나 이것으로는 바이크 형태에 집어넣을 수가 없다. 일반적으로는 엔진의 배기 쪽을 주행풍으로 식히려는 이유 등으로 배기관은 우선 앞을 향해 뻗어 나온다. 그리고 배기 저항을 줄이기 위해 가능한 한 급격하게 구부러지지 않도록 뒤를 향하게 한다.

그러나 앞바퀴나 뱅크각의 존재가 있어서 쉽지 않다. 또 바이크에는 배기 포트 출구 근처에 프레임의 다운 튜브가 있는 일이 많은데, 이것을 피해 나아가기가 꽤 어렵다. 단기통인데도 배기관이 2가닥으로 되어 있을 경우, 그 이유의 일부는 여기에 있다.

완만하게 구부림과 동시에 배기관은 배기 관성과 배기 맥동 등을 이용

하기 위해 어느 정도의 길이가 필요하다. 그런데 이것 또한 엔진 성능적
으로 최적의 길이가 그대로 바이크 형상에 들어 맞는다는 보장이 없다.
2스트로크 단기통을 비롯해서 도중에서 마치 똬리를 틀 듯이 배기관을
구부리고 있는 예가 적지 않다.

가능한 한 부드럽게 연결되는 형상을 갖추되, 엔진 성능상 최고치에
가까운 값을 낼 수 있는 길이의 배기관을, 바이크 모양 안에 집어넣기
위해 설계자는 고생을 한다. 자동차보다 훨씬 힘든 작업이다. 특히 가로
형 크랭크 V형 엔진이 어렵다.

배기계를 일직선으로 뽑기 위해서는 배기 포트가 뒤를 향하도록 엔진
을 탑재해서, 배기계가 그대로 뒤를 향해 뻗도록 하는 후방 배기가 좋
다. 실제로 그런 예도 있다.

다만 여기서는 배기계의 길이를 확보하기가 어렵다. 또 일반차에서는 배기계로 인해 전기 장치나 시트 등이 뜨거워지는 것도 문제다. 그리고 머플러 등 무거운 부품이 차체 후방 높은 곳에 위치하게 되면 조종성에 상당히 나쁜 영향을 미친다. 500cc GP 레이서에서는 위쪽의 배기 챔버를 티타늄제로 만든 예도 있지만 어디까지나 특수한 경우다. 문제점이 너무 많아서 일반적이지 못하다.

후방 배기에만 한정된 이야기가 아니라, 바이크에서는 배기계 중량이 조종성에 미치는 영향이 매우 크다. 차체가 가볍고 작기 때문에 1kg의 무게 증가가 그대로 나타난다. 그 중량이 어디에 놓이는가에 따라 핸들링 특성이 크게 바뀌어 버린다. 특히 문제가 되는 것이 머플러인데, 이곳에는 소음 성능이 필요하다.

아무리 구조를 개선해도 소음 효과를 높이기 위해서는 어느 정도의 머플러 용량이 필요하다. 날로 엄격해지는 소음 규제에 맞추기 위해 머플러가 자꾸만 커지고 있는 것이 사실이다. 더구나 머플러를 구성하는 철판이 얇으면 이것이 진동을 일으켜서 소음이 커지고, 대량 생산을 위해서는 비교적 두꺼운 철판을 사용하는 편이 생산성이 좋기 때문에 더더욱 무거운 부품이 될 수밖에 없다. 400cc급 4스트로크 4기통의 집합 머플러를 예로 들자면 배기관을 포함한 중량이 약 11kg 정도나 된다.

커스텀 샵 등에서 판매하고 있는 것은 단품 제작이기 때문에 훨씬 가볍게 만들 수 있다. 또 레이서 등은 머플러 본체를 카본 화이버 등으로 제작해서 경량화시킨다. 그러나 값싸고 누구나 손쉽게 살 수 있다는 면으로 본다면 어느 정도의 중량은 타협을 봐야 한다?

집합 머플러

일반적으로는 4기통 엔진의 4가닥 배기관을 하나로 집합하는 방식의

● 배기관을 하나로 모아서 배기 효율을 높이는 집합 머플러

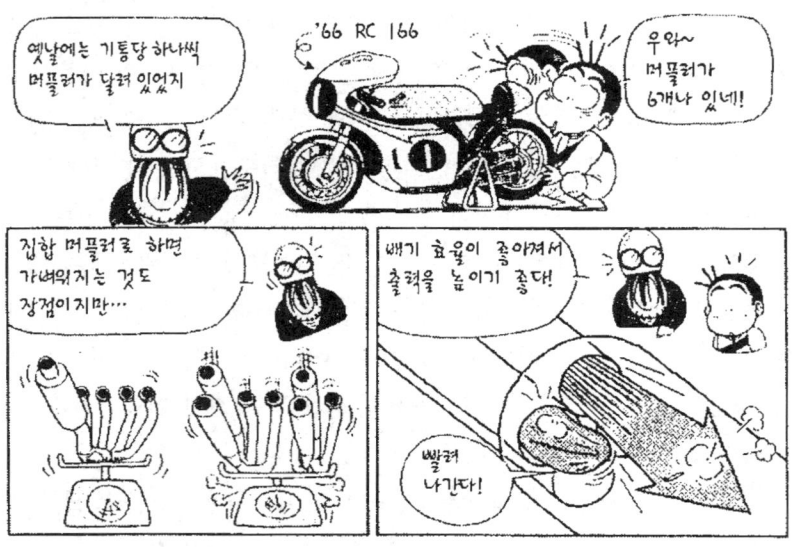

배기계를 말한다. 본래 머플러는 소음기를 가리키는 말이지만 이런 식
으로 쓰일 때에는 배기계 전체를 가리킨다. 집합 방식은 「배기 간섭」항
을 참조할 것.

집합 머플러의 장점은 애스퍼레이터 효과나 디퓨저 효과에 의해 하나의
기통이 다른 기통의 배기를 촉진한다는 점이다. 덕분에 고출력을 추구
하기가 쉽다.

다만 특정 회전역에서 배기 효율이 향상되는 반면에 그 회전역을 벗
어난 곳에서는 토크가 저하되는 등 출력 특성이 까다로워진다. 토크가
도중에 뚝 떨어지는 토크 계곡이 나타나기도 쉽다.

옛날의 바이크는 기통마다 배기계가 독립되어 있는 것이 보통이었다.
단기통의 집합체라는 식의 사고 방식이다. 그러나 70년대 초부터 로드
레이스에서 집합 머플러 방식이 시도되기 시작해서 현재에 이르고 있
다. 그 효과와 동시에 이미지적인 외관 스타일이라는 의미로도 근래의

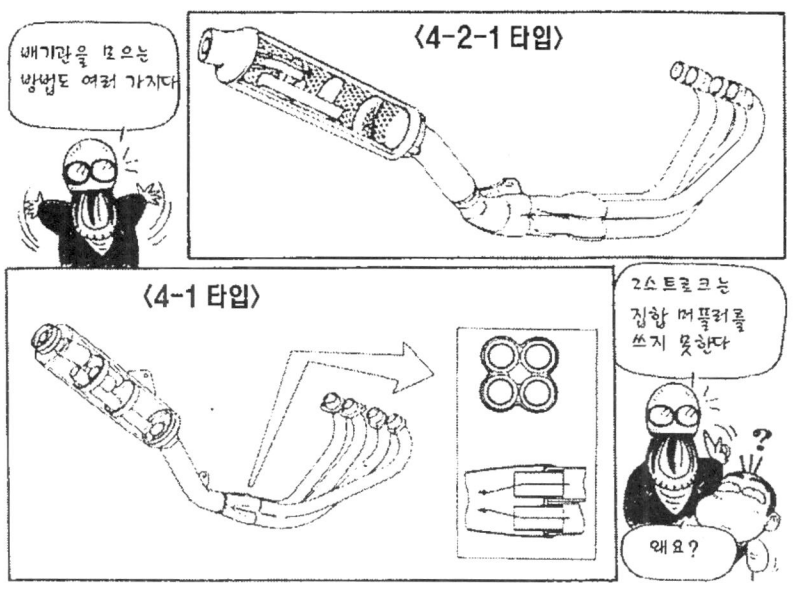

시판차에 많이 채용되고 있다.

이러한 흐름과는 또 다른 집합 방식도 있다. 기통마다 독립된 배기계라도 배기 관성이나 배기 맥동을 활용할수록 역시 출력 특성은 까다로워진다. 이런 경향을 억제하기 위해 각 기통의 배기관을 부분적으로 서로 잇거나 모으거나 하는 방법이, 레이스에서의 집합 머플러 방식과 평행으로 채용되어 왔다. 배기 관성이나 맥동이 동조하지 않는 회전역에서 이들을 조절하기 위해서다. 엔진 아래에 챔버를 마련해서 여기에 배기관을 한 차례 연결하는 예도 있다.

이것과 앞서 설명한 집합 머플러의 「고출력 논리」가 한데 뭉친 것이 현재의 고성능 바이크의 배기계다. 실제로 2기통 이상의 4스트로크에서는 각 기통의 배기계가 완전히 따로 독립해 있는 경우는 찾아보기 힘들고, 내용적으로는 모두 집합 머플러 형태를 취하고 있다.

머플러가 1개인 이른바 집합 머플러는 무게가 가볍다는 이점도 있다.

다만 머플러는 하나라도 크기가 상당히 크고, 더구나 그것이 어느 한쪽에만 달리게 되므로 좌우 중량 균형이 맞지 않게 된다.

아울러 2스트로크에는 집합 머플러를 사용하지 않는다. 배기 챔버의 배기 맥동 효과가 엔진 성능을 결정적으로 좌우하는데, 이 효과를 살리기 위해서는 기통마다 독립된 챔버가 있어야 하기 때문이다.

배기 간섭

배기관을 어디에서인가 집합시켰을 경우, 어느 한 기통의 배기 가스가 다른 기통의 배기를 방해하는 현상. 이것을 피하기 위해서는 집합시키는 기통의 배기 행정이 가능한 한 벌어져 있는 편이 좋다. 4스트로크 4기통의 경우를 들면 양끝의 2개 기통, 그리고 가운데의 2개 기통은 서로 배기 행정이 크랭크샤프트의 회전 각도로 360도 어긋나 있으므로 우선은 이것끼리 집합시킨다. 그 후에 한 번 집합시킨 2개의 배기관을 다시 하나로 모은다. 이것이 4-2-1 타입으로서 기본적인 집합 방식이라고 할 수 있다.

그러나 바이크에서는 4가닥의 배기관을 동시에 하나로 모은 4 into1 타입도 많다. 배기 관성이나 맥동, 디퓨저 효과 등을 이용하는 사고 방식의 차이인데, 일반적으로는 4-2-1 타입보다 고회전형이며 모난 특성이라고 한다. 다만 겉으로 보기엔 4 into1이면서도 내부에 격막이 있어서 실질적으로는 4-2-1 타입과 같은 것도 있다.

또 4기통의 배기관을 배기 행정 순서대로 원주 상에 늘어놓는 형태의 4into1 타입으로 해서, 배기 가스에 소용돌이 모양의 힘이 발생하도록 하는 것도 있다. 집합 방식은 이렇게 해야 정답이다라는 결론이 아직 확립되어 있지 않은 것이 실정이다.

● 흐르는 연소 가스의 관성이 배기를 촉진한다

배기 관성

배기 가스는 「물체」다. 「흐르기」도 하지만 동시에 덩어리 쨰로 움직이면서 돌진하는 관성력이 있다. 흡기 관성과 동일한 원리인데, 오히려 그 힘은 배기 쪽이 더 세다. 이 배기 관성을 효과적으로 이용하면 배기 효율은 크게 향상된다. 고성능 엔진에서는 상당히 중요한 부분인데, 배기 맥동과 혼동하지 말 것.

4스트로크 엔진을 예로 들면, 배기 행정에서 피스톤이 상승하면서 연소가 끝난 가스가 배기 포트를 향해 졸졸졸 흘러 나간다… 라고 생각할 경우, 피스톤이 상사점에 도달하더라도 그 위의 연소실에 고여 있는 연소 가스는 미처 배출되지 않을 것이 아닌가? 라고 생각할 지 모른다. 그러나 실제는 다르다.

배기 뺄브가 열린 순간, 연소가 끝난 가스가 단숨에 배기 포트로 뛰쳐나가는 것이다. 이것을 블로우 다운이라고 한다. 피스톤에 밀려서가 아니라 스스로 뛰쳐나간다. 기체가 팽창하면서 흘러 나간다라기 보다는 오히려 「덩어리」가 돌진해 나아가는 느낌이다. 아주 부드러운 고무 덩어리가 포트에서 배기관으로 이어지는 관 속을 세차게 달려나가는 것을 상상하면 이해하기 쉽다.

덩어리가 돌진하므로 그 뒤편의 기압은 내려간다. 대기압 이하가 된다. 이것이 실린더 안에 계속 남아 있는 연소 가스를 빨아낸다. 배기 효율이 올라가는 것이다.

배기 포트가 부압인 상태에서 흡기 밸브를 열어 주면 새로운 혼합기 =신기를 빨아들이므로 충전 효율도 올라간다. 또 여기서는 실린더로 유입되는 신기가 배기 가스를 내몰게 되며, 2스트로크의 소기와 동일한 효과도 얻을 수 있다. 흡배기 밸브가 둘 다 열려 있는 밸브의 오버 랩시에 일어나는 현상이 바로 이것이다.

피스톤이 상승하면서 연소 가스를 밀어내는 요소도 없진 않지만, 이러한 배기 관성에 의한 가스 교환이라는 부분을 주목하지 않을 수 없다. 특히 고회전 고출력을 추구하는 바이크용 엔진에서는 매우 중요하며, 따라서 밸브의 오버 랩도 크다. 2스트로크에 대해서는 「배기 챔버」항에 나와있다.

다만 배기 가스 덩어리가 돌진해 나아간 그 뒤편은 언제까지나 부압이지는 않다. 배기관에서 대기 중으로 뛰쳐나가면, 이번에는 부압 상태인 배기관 내부를 향해 공기(대부분은 배기 가스)가 역류한다. 이 역류도 일종의 덩어리가 돌진하는 것과 같다. 더구나 진행 방향은 막다른 골목인 실린더. 즉 실린더와 배기 포트가 정압이 된다. 여기서 또 다시 가스 덩어리가 밖으로 향하는 현상이 일어나며, 세력이 약해지면서 파상 운동을 되풀이한다. 배기 포트가 부압일 때에 배기 밸브를 닫지 않으면 배기 효율, 충전 효율이 모두 저하된다.

정확하게는 흡기 포트보다 배기 포트의 기압이 낮을 때, 배기 밸브가

닫히도록 밸브 타이밍을 설정한다. 혹은 부압 상태가 끝나는 시기와 배기 밸브가 닫히는 시기가 일치하도록 배기계의 파이프를 조절한다. 이 파이프란 배기 포트와 배기관을 합친 것으로서, 이 길이와 굵기에 따라 역류가 발생하기까지의 시간이 바뀌는데 결국은 배기관 길이로 조절하는 것이다.

배기관 출구 위치는 머플러와의 접속 부분, 또는 집합 머플러일 경우에는 그 집합 부분이다. 외기에 닿아 있지 않더라도 가스의 흐름으로 보면 여기서 일단락이 끝난다. 2단계로 집합되어 있을 경우에는 그 2단계 째도 또 다른 일단락이 되며, 여기서도 별도의 파상 운동이 발생하므로 그것도 계산 항목에 포함시켜야 할 필요가 있다.

다만, 배기 가스 덩어리의 이동 속도는 별로 변하지 않는 한편, 엔진 회전(배기 행정의 시간)은 크게 변한다. 관성 배기를 활용할 회전역을 설정해 놓고 거기에 맞춰 배기관 길이를 결정하는 수밖에 도리가 없다. 일반적으로 배기관이 짧은 편이 고회전에서 효율이 올라간다. 실제로는 밸브 타이밍과 배기관 길이는 서로 연관 지어서 결정된다. 관성 배기의 효과를 크게 활용할수록 그 회전역 이외에서는 토크(파워)를 얻기 어려워진다.

에스퍼레이션 효과

집합 머플러에서는 하나의 배기관을 흐르는 배기 가스가, 인접해 있는 다른 배기관의 배기 가스를 빨아 현상이 일어난다. 이 빨아 내기 효과 중의 하나가 애스퍼레이션 효과다.

수도꼭지를 떠 올려 보자. 꼭지를 틀어서 물이 세차게 나오도록 한다. 이 물줄기에 종이 조각을 천천히 갖다 대면, 도중에서 종이가 확 하고 물줄기에 빨려 들어간다. 이것이 애스퍼레이션 효과다. 한 쪽 배기관을 세차게 가스가 흘러나올 때, 이 효과로 인접해 있는 배기관 내부에 떠다니는 잔류 가스를 빨아, 동시에 관내 압력을 낮춘다.

이것과는 별도로 인젝터 효과라는 것이 있다. 배기 가스가 확 하고 강하게 흘러나올 때에는, 「배기 관성」항에서 설명했듯이 가스 덩어리가

● **압력파가 배기 효율을 높인다**

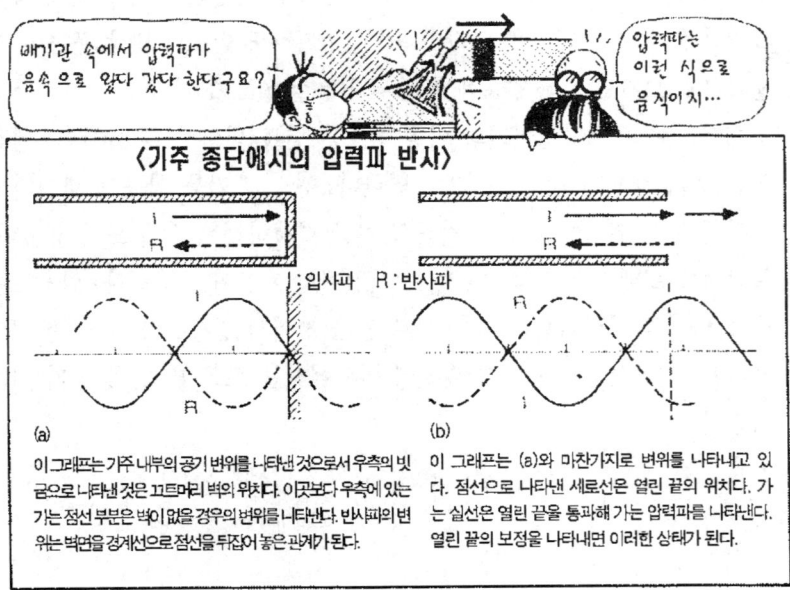

〈기주 종단에서의 압력파 반사〉

I:입사파   R:반사파

(a)

(b)

이 그래프는 기주 내부의 공기 변위를 나타낸 것으로서 우측의 빗금으로 나타낸 것은 끄트머리 벽의 위치다. 이곳보다 우측에 있는 가는 점선 부분은 벽이 없을 경우의 변위를 나타낸다. 반사파의 변위는 벽면을 경계선으로 점선을 뒤집어 놓은 관계가 된다.

이 그래프는 (a)와 마찬가지로 변위를 나타내고 있다. 점선으로 나타낸 세로선은 열린 끝의 위치다. 가는 실선은 열린 끝을 통과해 가는 압력파를 나타낸다. 열린 끝의 보정을 나타내면 이러한 상태가 된다.

돌진하는 것이며 그 뒤편은 부압이 된다. 이 부압으로 인접한 배기관의 가스를 빨아 효과를 말하며, 이것도 관성 효과의 일종이다.

실제로는 이 두 효과가 겹쳐서 효력을 발휘한다. 이러한 효과를 어느 회전역에서 활용할 것인가를 정해서 배기관 집합부까지의 길이를 결정한다. 관성 배기와 마찬가지로 밸브 타이밍과의 밸런스가 중요하다.

배기 맥동

배기 가스는 높은 압력을 가지고 있는데, 이 압력파가 배기계 파이프 속을 맥동한다. 이것을 이용하면 배기 효율이 향상되고, 또한 신기 충전 효율도 향상된다. 다만 배기 관성이 가스 자체의 이동인 것에 비해, 이것은 압력파의 이동이라는 점에 주의해야 한다. 이것에 대해서는 「흡기 맥동」항을 참조할 것.

위의 그림처럼 2종류의 관 속을 압력파가 전달되는 상황을 생각해 보자. 처음에 왼쪽에서 오른쪽으로 압력파가 진행한다고 하자. 오른쪽 끝이 닫힌 상태=닫힌 끝의 관에서는 그 닫힌 끝에서 압력파가 반사되어 오리라는 것은 이해하기 쉽다. 압력파 중에 압력이 높은 부분=정압파는 그대로 정압파로, 부압파는 부압파로 반사된다.

이번에는 오른쪽 끝이 절단되어 있는 상태=열린 끝의 관을 보자. 이 열린 끝에서도 압력파가 반사되어 되돌아온다. 그러나 이 경우는 정압파는 부압파로, 부압파는 정압파로 반전한다.

이 원리가 배기계 파이프 속에서 전개된다. 배기 밸브가 열리면 고압의 배기 가스가 단숨에 배기 포트로 튀쳐나온다. 이 정압파가 배기관의 출구(머플러 입구나 집합부 등)에 도달하면, 이곳은 열린 끝이기 때문에 부압파가 반사되어 엔진 쪽으로 되돌아간다. 배기 밸브까지 도달하면 밸브가 열려 있더라도 이것이 뚜껑으로 작용해서 닫힌 끝이 되기 때

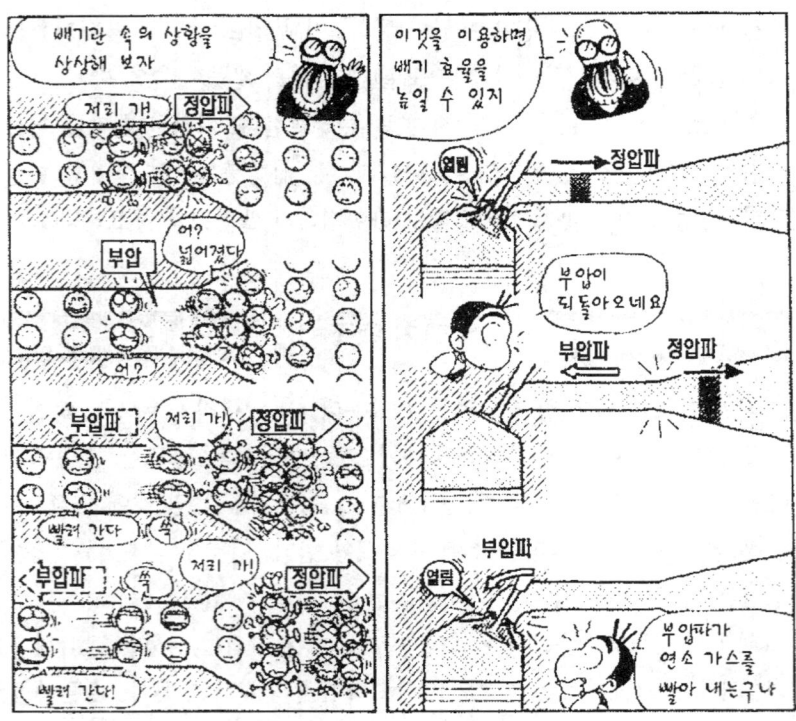

문에 부압파인 채로 반사되어 또 출구를 향하고, 이번에는 다시 정압파로 반전되어… 라는 현상을 되풀이한다. 압력파는 시간이 갈수록 감쇠되어 다음 배기 행정에서 커다란 정압파가 발생하면 그것이 주도권을 잡는다.

  이런 배기 맥동을 반복하고 있는 중에 다음 배기 밸브가 열리는 순간, 그곳에 타이밍 좋게 부압파가 와 있으면 배기 효율이 올라간다. 반대로 정압파가 와 있으면 효율이 떨어진다. 부압파가 알맞는 타이밍으로 되돌아오도록 배기관 길이를 조정하는 것이다. 압력파는 음속으로 이동하기 때문에 문제는 거리이고 굵기는 관계없다. 배기 관성이 그랬듯이, 여기서도 설정해 놓은 타이밍이 맞아 떨어지는 회전수는 한정된다.

집합 머플러에서 배기관이 2단계로 모여 있을 경우에는 압력파 반사도 두 곳에서 일어난다. 이것을 이용해서 여러 개의 엔진 회전역에 동조 타이밍을 설정해서, 넓은 회전역에 걸쳐 토크를 높이는 수법도 있다. 이 원리는 배기 관성 이용법과 마찬가지다.

다만, 배기 가스라는 물체 그 자체가 이동하는 배기 관성과, 물체의 이동과는 별도로 압력파가 음속으로 이동하는 배기 맥동과는, 타이밍을 동조시키기 위한 배기관 길이가 서로 다르다. 실제 배기관 속에서는 관성과 맥동에 의한 두 가지의 다양한 압력 변동이 서로 겹치면서, 결과적으로 특정 부분에 있어서의 압력이 결정된다.

복합적으로 작용한다는 뜻인데, 고회전 고출력 엔진에서는 배기 관성의 영향력이 훨씬 크다는 것이 정설이다. 여기에 맞춰서 배기관의 길이와 밸브 타이밍을 설정하고, 부가적으로 맥동 효과도 고려하는 것이 보통이다. 중요도의 비율은 3:1 정도라고 한다. 흡기 쪽도 마찬가지다.

2스트로크에서는 배기 챔버로 맥동 효과를 철저하게 이용한다.

배기 챔버

2스트로크 엔진의 배기계는 도중에 상당히 불룩해졌다가 그 후에 다시 좁아지는 독특한 형상이다. 챔버(chamber)란 방이라는 뜻인데 이것을 배기 챔버, 또는 익스펜션 챔버라고 부른다. 단순히 챔버라고 부르는 경우도 있다. 테일 파이프 끝에 머플러가 장착된다.

2스트로크에서는 실린더 벽에 뚫린 배기 포트를 피스톤으로 여닫는다. 이 때문에 배기 포트가 열리기 시작하는 시점과 완전히 닫히는 시점은 피스톤 상사점에 대해 반드시 대칭이다. 포트 윗끝 위치도 압축비 관계 때문에 한도가 있다. 즉, 포트 개폐 시기를 설정하는 데에는 제약이 많다. 따라서 배기 포트에 단순히 배기관을 접속해서만 가지고는 연소

가스를 충분히 배출시키지 못하고, 동시에 한 번 실린더로 빨아들인 신기를 배기계 쪽으로 밀어 내 버리게 된다.

그래서 배기 챔버를 사용한다. 배기 맥동을 이용해서 배기 가스를 빨아, 신기를 되돌려 밀어 넣는다.

배기 챔버의 기본 구성은 위의 그림과 같다. 배기관부에서 급격하게 넓어지는 테이퍼 부분을 다이버전트 콘(divergent＝발산하는), 그 후에 급격하게 좁아지는 테이퍼 부분을 컨버전트 콘(convergent＝수렴하는)이라고 한다.

이 두 곳이 각각 열린 끝과 닫힌 끝 역할을 한다. 테이퍼 부분은 그것이 벌어져 갈 때에는 그 테이퍼 중앙에서 관이 싹둑 절단되어 있는 것과 똑같은 타이밍으로 반전된 반사파를 낳는다. 좁아지는 테이퍼는 닫힌 끝이다.

배기 포트에서 고압 가스가 퍽 하고 나온다. 여기서 배기 관성에 의한 빨아 효과도 있지만, 그 후에는 맥동 효과가 주도권을 잡는다.

● 2스트로크 엔진의 배기 챔버가 하는 일

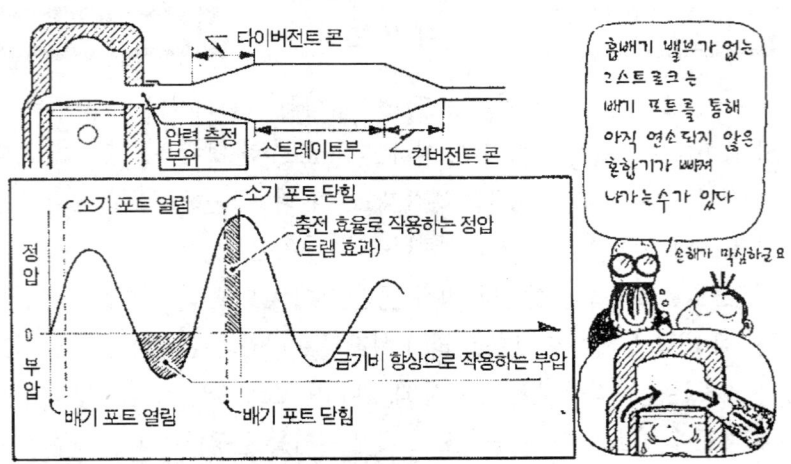

〈최대 토크 발생시의 압력 파형과 포트 타이밍〉

이 고압파가 다이버전트 콘에 도달하면 반전해서 부압파가 되어 배기 포트를 향해 되돌아간다. 이것이 실린더 내부에 남아 있는 연소 가스를 적극적으로 빨아냄으로서 배기 효율을 높이는 것이다. 그리고 이미 열려 있는 소기 포트를 통해 신기를 쭉쭉 빨아 당겨서 배기 포트와 배기관 부분까지 빨아낸다. 이 신기의 흡입 효율을 급기비라고 한다.

한편, 다이버전트 콘에서 부압 반사파를 발생시키면서도 출구 방향으로 진행한 정압파는 컨버전트 콘에서 정압파인 채로 반사되어 엔진 쪽으로 되돌아간다. 이 정압파가 이미 배기 포트와 배기관까지 빨려 나와 있던 신기를 꾸욱 하고 실린더로 되밀어 넣는다. 충전 효율이 올라간다. 이것이 트랩 효과다.

이 빨아 내기 효과와 트랩 효과가 2스트로크의 성능을 결정적으로 좌우한다. 맥동파는 음속으로 이동하기 때문에 배기 온도를 바꾸지 않는 한, 위에서 설명한 동조 회전역은 어느 일정한 범위로 한정된다. 그 회전역을 벗어나면 이 효과에 의지하는 비중이 상당히 큰 만큼 토크가 크게 떨어지기 쉽다. 챔버 효과를 활용해서 토크(파워)를 낼수록 이 경향은 강해진다. 4스트로크보다 출력 특성이 까다로워지는 이유가 여기에 있다.

아울러 본래의 동조 포인트보다 훨씬 낮은 회전역에서는 맥동파가 감쇠되면서 2왕복해서 다시 동조하는 곳이 생기는데 여기서도 어느 정도 토크가 나온다. 이 두 개의 토크 상승 곡선을 산으로 비유한다면 산 사이에 끼인 골짜기에 해당하는 부분에서는 파워가 떨어진다는 말이 된다.

점화 시기를 고회전역에서 늦추는=지각(遲角)시키는 이유는 배기 온도를 올려서 음속을 바꿈으로서, 맥동 타이밍의 어긋남을 줄여서 회전 상승률을 향상시키기 위해서다.

이상과 같이 간단하게 설명했지만, 실제로는 다이버전트 콘과 컨버전트 콘의 테이퍼 각도, 챔버의 부피, 테일 파이프 길이나 굵기 등도 파워 특성에 영향을 미치는데, 실은 이들이 서로에게 어떤 식으로 연관되어 있는지가 아직도 명확하게 밝혀져 있지 않다. 배기 챔버 속에서는 배기 관성을 비롯한 수많은 압력파가 복잡하게 우왕좌왕 하고 있기 때문이다.

보다 높은 효과를 노리면서 넓은 회전역에서의 토크를 추구하기 위해, 각 부의 치수를 바꾸거나 테이퍼 각도를 2단계로 변화시키는 등 다양한 연구가 되풀이되고 있긴 하지만, 그 설정치는 지금도 4스트로크의 배기계보다 계산으로 결정하기가 훨씬 어렵고, 매이커에서도 계산보다는 실험 을 우선으로 삼고 있다.

2스트로크의 배기 디바이스

기계는 원래 단순한 편이 우수하다. 그러나 기본 구조만으로는 대처하지 못하는 문제를 해결하기 위해, 부득이 하게 부수적으로 장착하는 기구가 디바이스다. 전자 제어 카뷰레이터 등 바이크에는 각종 디바이스가 많은데, 그 중에서도 그 필요성과 효과가 큰 것이 2스트로크 엔진의

●2스트로크 엔진을 진화시킨 배기 디바이스

파워를 추구하다 보면
모난 특성이 되기 쉬운
2스트로크지만,
간단한 기구를 추가해
주면 그 약점을 충분히
극복할 수 있지!

이거 말예요?

〈YPVS〉

고속 회전역

배기 타이밍이 이르다 (파워 밸브 전개)

저·중속 회전역

파워 밸브

배기 타이밍이 늦다 (파워 밸브 전폐)

배기 디바이스다. 2스트로크는 이 덕분에 비약적으로 진화했다.

2스트로크는 출력 특성이 까다롭고 모가 나기 쉽다. 배기 포트 개폐 타이밍에 제약이 많기 때문이다. 흡기 쪽에는 로터리 밸브를 사용하는 방법도 있지만 배기 쪽은 무리다. 배기 챔버를 아무리 주물럭거려도 한도가 있다.

그래서 배기 디바이스가 등장한다. 아이디어로서는 옛날부터 있었던 것 같은데, 양산차로는 1983년의 2세대 야마하 RZ이 그 첨병이라고 할 수 있다. 배기 포트에 반원 단면의 드럼을 설치해 놓고, 이것을 엔진 회전수 변화에 따라 서보 모터로 회전시켜서 배기 포트 윗끝의 위치=배기 타이밍을 연속적으로 변경하는 밸브로 사용하는 것이다. 저회전 시에는 밸브를 닫아서 배기 포트가 열리는 타이밍을 늦추고, 닫히는 타

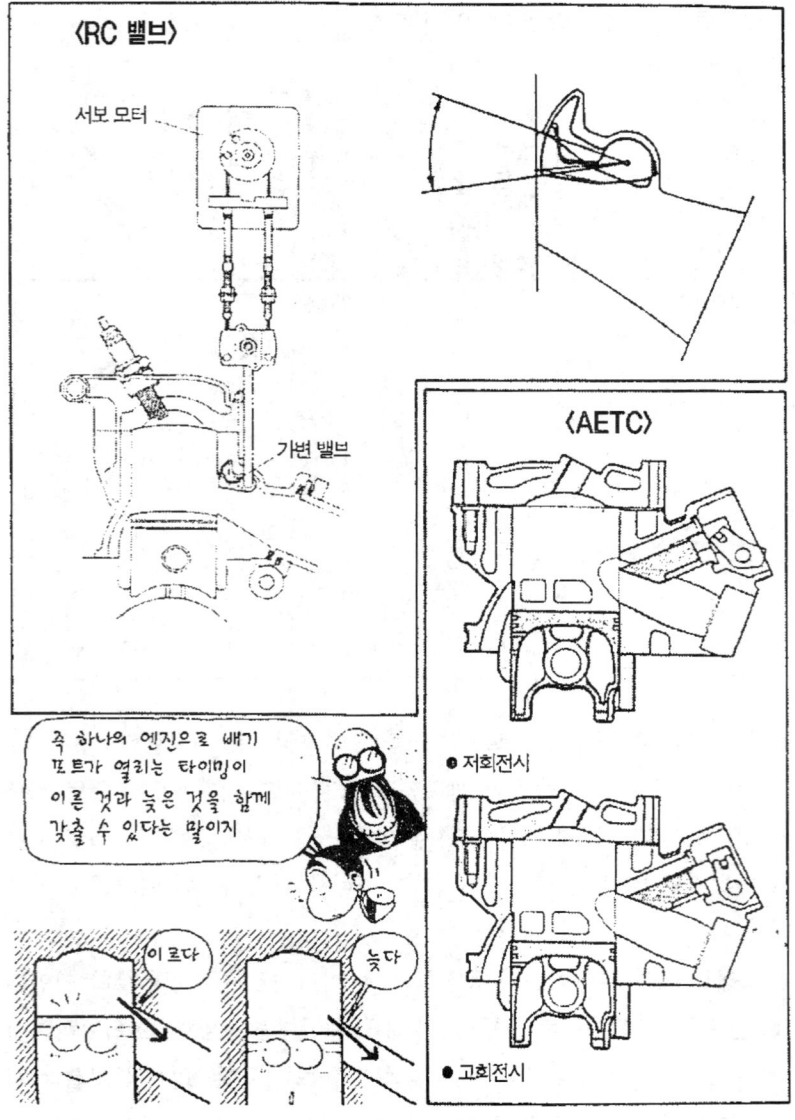

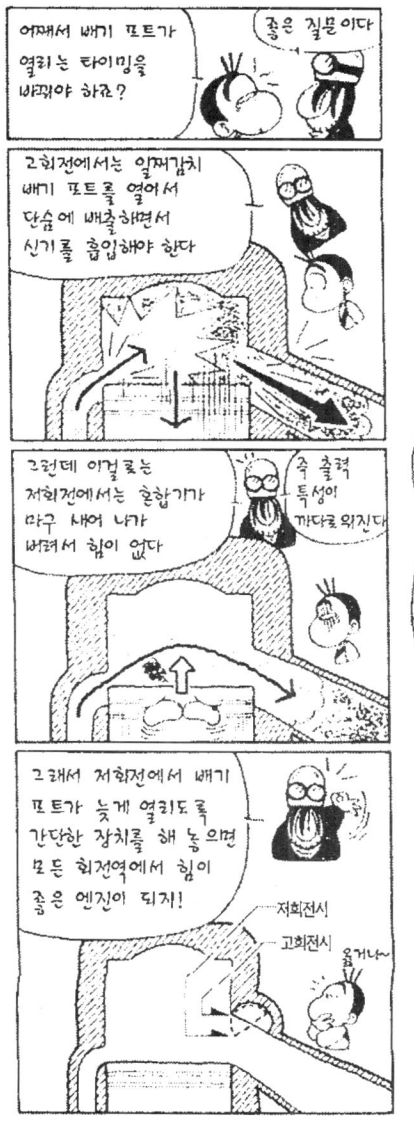

〈CRV〉

● 저회전시

배기 플랩 밸브
배기 로터리 밸브

레조네이터 챔버

● 고회전시

배기 플랩 밸브

레조네이터 챔버

배기
로터리 밸브

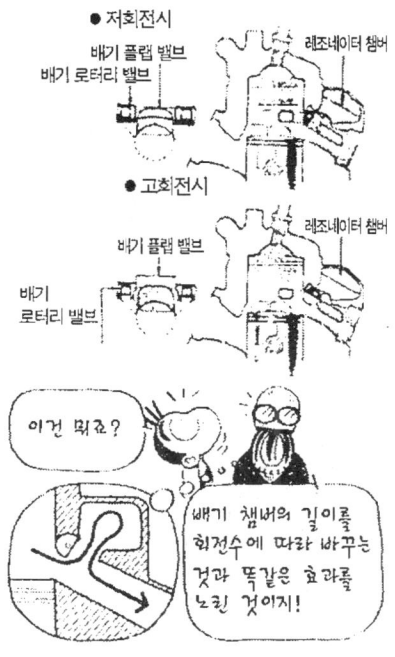

이것 뭐죠?

배기 챔버의 길이를 회전수에 따라 바꾸는 것과 똑같은 효과를 노린 것이지!

이밍을 빠르게 앞당긴다. 야마하에서는 이것을 YPVS라고 부른다.

혼다의 RC밸브도 원리는 똑같다. 밸브는 날개 모양으로 생겼으며 YPVS보다 회전 반경이 큰 만큼, 밸브 끝이 실린더 벽을 따라 움직이면서 타이밍을 대폭적으로 변화시킬 수 있다. 스즈키의 AETC는 밸브를 직선적으로 작동시키는 방식이다.

명칭이나 작동 시스템 따위야 어찌됐든 이것들은 배기 타이밍 가변 장

● 배기 디바이스 덕분에 다루기 편해진 2스트로크 엔진

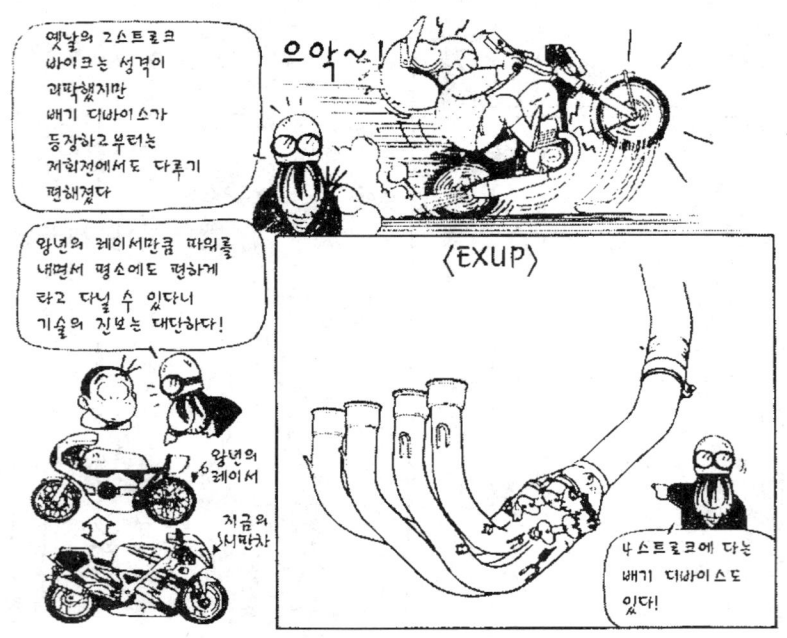

치이며, 그 효과는 상당히 커서 온로드 바이크에 많이 채용되어 있다. 밸브 개폐 정도는 엔진 회전수 외에도 스로틀 개도 등도 계산에 넣어서 컴퓨터로 제어한다.

다른 방법도 있다. 예를 들어 혼다의 CRV라는 방식은 밸브로 배기 타이밍을 변화시키면서, 동시에 그 밸브로 레조네이터 챔버를 여닫고 있다. 저회전 시에는 그 챔버로 통하는 입구를 열어서 배기 맥동이 전달되는 경로를 실질적으로 늘여서, 마치 배기 챔버의 길이가 길어진 것과 동일한 효과를 낳는 것이다. 오프로드 계통 바이크에서는 이러한 레조네이터 챔버 개폐 방식의 배기 디바이스가 많다. 이 작동 및 효과는 어느 특정 회전수에서 스위치적으로 바뀌는 온/오프 방식이다. 신속한 응답성 & 회전 상승률이 중요시되는 오프로드에서는 서보 모터에 의한 연

속 동작으로는 미처 추종할 수 없기 때문에 이런 방식을 취하게 된다.

이러한 배기 디바이스에서 쓰이는 밸브를 배기 밸브라고 부르는 경우도 있는데, 4스트로크의 배기 밸브와는 당연히 의미가 다르므로 주의해야 한다.

4스트로크의 배기 디바이스

4스트로크 엔진은 2스트로크보다 넓은 회전역에서 토크가 나온다. 그러나 보다 큰 토크, 혹은 파워를 추구해 가면 역시 까다로운 성격이 되기 쉽다. 이것을 해결하는 방법 중의 하나가 밸브 타이밍 가변 장치로서 이것도 일종의 배기 디바이스, 아니 정확하게는 흡배기 디바이스다.

순수한 배기 디바이스도 있다. 야마하의 EXUP은 4기통 엔진의 배기관 집합 부분에 회전 밸브를 장착해 놓고, 저회전에서는 이것을 닫아서 배기 압력파의 정압을 반사시켜서 흡기가 새어나가는 것을 막는다. 회전이 상승함에 따라 밸브가 열리면서 배기 가스가 잘 빠지게 되고, 고회전역에서 동조하도록 설정된 밸브 타이밍과 배기관 길이의 효과가 발휘된다.

이런 디바이스의 실제 예는 적지만, 이 밖에도 밸브를 사용해서 집합 방식을 바꾸거나, 길이가 다른 몇 종류의 배기관을 수시로 변경하는 식의 특허 출원은 각 메이커로부터 나와 있다.

점화계/전장계

● 혼합기에 불을 붙이는 점화 플러그

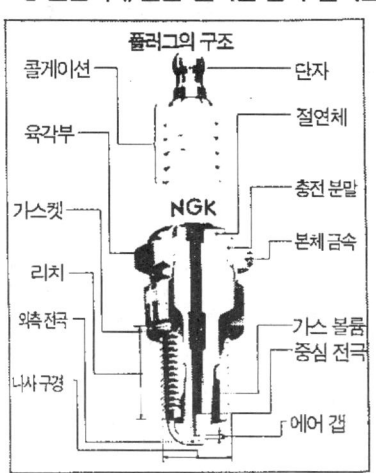

점 화 계

엔진이 잘 돌기 위한 대표적인 요소는 ① 좋은 혼합기, ② 충분한 압축, 그리고 ③ 좋은 불꽃이다.

빨아들인 혼합기에 전기 점화로 불을 붙여 주지 않으면 가솔린 엔진이란 연소(이른바 폭발)해 주지 않는다. 바꿔 말하면, 그 덕분에 운전 상황 등에 따라 원하는 시기를 골라 연소시킬 수 있다는 뜻이다. 그러기 위해서는 전기 불꽃을 만들어 내는 장치가 필요하다. 이에 관한 기구를 점화계라고 한다. 이 항에서는 점화계를 비롯해서 그 밖의 전장계 일부에 대해서도 언급하련다.

점화 플러그

플러그란 틀어막는 마개라는 뜻이다. 혼합기에 불을 붙이기 위해 전

● 점화 플러그에 다양한 종류가 존재하는 이유는?

〈플러그 품번 보는 법〉

NGK (예 : BP8ES)

B	P	8	E	S
나사구경	타입	열가	리치	전극 타입
B 14 C 12 D 10 E 8	P 절연체 돌출형 R 저항 들이 U 연면형	4 열형 ↑ ↑ ↓ ↓ 12 냉형	E 19.0 H 12.7	S 표준(동심 들이) K 외측2극 전극

(주) 플러그 열가 NGK 8번은 덴소 24번에 상당한다

플러그는 모두 똑같아 보이는데요?

근데 이걸 봐라!

쾅!

이건 너무 깊어요

좀 더 방열 성능이 좋은 걸로 바꿔 줘!

으~음

기 불꽃을 만들어 내는 직접적인 부품이다. 이그니션 플러그, 점화 플러그, 스파크 플러그 등 여러 가지 이름이 있지만 줄여서 단순히 플러그라고 부르는 경우도 상당히 많다.

플러그의 구조는 앞 페이지의 그림처럼 되어 있다. 연소실 안으로 얼굴을 내미는 끄트머리 부분에는 중심 전극과 외측 전극(측방 전극이라고도 한다)으로 이루어진 틈새＝에어 갭이 있고, 이 에어 갭 부분에서 고압의 전기를 방전시켜 불꽃을 일으켜서 혼합기에 불을 붙인다.

중심 전극은 플러그 머리 부분인 단자까지 하나로 이루어진 금속 막대 같은 것으로써, 이 단자에는 이그니션 코일에서 뻗어 나온 하이텐션 코드가 연결된다. 외측 전극은 나사부에 용착되어 있어서 엔진의 실린더 헤드와 전기적으로 연결되어 있다.

에어 갭이 클수록 불꽃이 크기 때문에 혼합기에 점화시키기가 쉽다. 다만, 그러기 위해서는 그 만큼 높은 전압이 필요하며 플러그의 마모를 촉진시킴과 동시에 전원부의 크기도 커진다. 에어 갭은 0.8mm 내외가

일반적이다. 아주 작은 틈새지만 그래도 불꽃을 튀겨야 할 때의 연소실 기압은 상당히 높은 상태다. 기압이 높을수록 방전하기 어려워지기 때문에 이곳에는 10000~25000 볼트나 되는 고압 전류를 걸어야 한다.

이런 고전압에서도 에어 갭 이외의 다른 장소로 전기가 흐르지 않도록 하기 위해서 에어 갭 부분 이외에는 높은 절연 성능이 필요하다. 따라서 플러그의 주요 부품은 자기(瓷器)다.

이 자기의 겉표면에 주름＝콜게이션을 만들어 놓은 것도 절연 성능을 더욱 높이기 위해서다. 단자부와 본체 금속 사이의 자기 표면을 따라 전기가 누전 되는 현상＝플래쉬 오버가 일어나지 않도록 하는 것이다.

말이 자기지 일반 사기 그릇과는 차원이 다르다. 플러그는 언제나 800℃ 가량의 고온이 되며, 순간적으로는 2000~3000℃나 되는 고온 가스에 노출되었다가, 바로 다음 순간에는 60℃ 정도의 차가운 신기를 뒤집어 쓴다. 이런 열 부하와 동시에 강한 진동을 받아도 파손되지 않을 것, 고온에서도 높은 절연성을 유지할 것, 플러그 본체가 너무 뜨거워지지 않도록 스스로의 열을 엔진으로 전달하는 열 전도성이 높을 것 등이 요구되며, 이런 조건을 만족시킬 수 있는 것으로서 알루미나 자기가 사용된다.

중심 전극도 열 전도 성능과 고온 강도가 중요하다. 또 계속되는 방전에도 마모되지 않는 소재가 필요해서 니켈 합금이 쓰인다. 개중에는 내마모 성능을 향상시키기 위해 금이나 백금, 또는 이들의 합금 등 귀금속을 사용하는 경우도 있다. 또 냉각 성능을 높이기 위해서 중심 전극의 뿌리 부분(자기 부분에 묻히는 부분)에 구리를 봉입하는 타입도 많다.

외측 전극도 중심 전극과 마찬가지로 니켈 합금, 혹은 귀금속이 사용된다. 이것이 용접되는 나사부 등의 본체 금속은 탄소강이다.

점화 플러그의 종류

플러그의 사양은 그 플러그 품번에 나타나 있다. 실제로 예를 들면 위의 표와 같은데, 이것은 NGK사의 것으로써 플러그 메이커에 따라 기호와 숫자가 다르게 표기된다. 플러그를 고를 때에는 나사부 사이즈, 열가(熱價), 전극 형상 등을 충분히 검토하지 않으면 안 된다.

① 나사부 사이즈

플러그를 엔진 실린더 헤드에 꽂아서 고정하는 부분의 나사 구경이 맞지 않으면 장착할 수조차 없다. 또 나사 구경이 같더라도 그 나사부의 길이=리치가 맞지 않으면, 가령 너무 길면 피스톤에 부딪혀 버린다. 너무 짧으면 연소실까지 닿지 않으므로 제대로 점화되지 않는다.

어째서 나사 구경이나 길이에는 여러 종류가 있는가? 우선 나사 구경은 자동차에서는 ø14mm가 일반적이며 바이크에서도 2스트로크 엔진 등에서는 이 사이즈가 많이 사용된다. 그러나 바이크는 ø12mm나 ø 10mm 짜리도 많이 쓰이며 개중에는 ø8mm짜리도 있다.

사실은 나사 구경이 큰 편이 플러그 성능으로 보면 유리하다. 열가와도 관계가 있지만 플러그는 일정한 온도 범위 내에 있어야 제대로 불꽃을 튀길 수 있다. 나사 구경이 클수록 플러그의 온도를 그 범위 내에 유지시킬 수 있는 엔진의 운전 상황 범위=히트 레인지가 넓다.

그러나 소배기량 4스트로크 엔진에서, 더구나 4밸브 방식에서는 실린더 헤드의 연소실에 플러그가 얼굴을 내밀 수 있는 면적은 제한을 받게 된다. 고회전 고출력을 추구하는 바이크용 엔진은 밸브 사이즈를 가능한 한 크게 키운다. 또 배기량에 비해 기통수가 많다. 즉, 실린더의 보어 사이즈가 작다. 결국 이런 것을 우선시키다 보니 플러그 크기가 희생을 당하는 것이다. 250cc 4기통 모델 등은 그 좋은 예다. 물론 제대로 불꽃

● 열형 플러그와 냉형 플러그

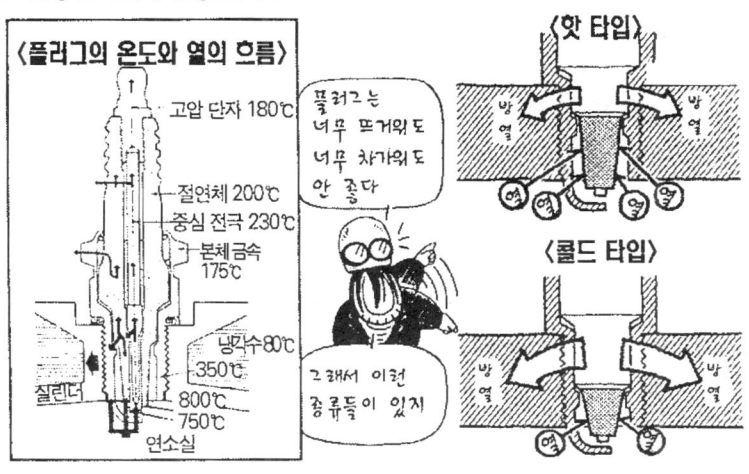

이 발생하도록 플러그의 품질과 전원 등에 나름대로 대책이 강구되어 있다.

다음은 리치에 대해서다. 예를 들어 공랭 2스트로크 엔진이라면 실린더 헤드의 두께도 그다지 두껍지 않으므로 리치를 짧게 설정할 수 있다. 그러나 수냉에서는 워터 재킷이 차지하는 공간이 있다. 4스트로크라면 실린더 헤드에 흡배기 밸브와 포트를 마련해야 하는 관계 때문에 실린더 헤드가 두껍다. 즉 리치가 길어야 한다.

② 열가

열가 선택을 잘못하면 엔진 상태가 나빠지거나, 심하면 망가질 수도 있다.

엔진이 작동하는 중의 플러그 온도 분포는 위의 그림과 같다. 끄트머리의 애자의 온도가 가장 높아서 대략 800℃ 정도가 된다. 아니, 그렇게 되도록 설계되어 있는 것이다.

플러그 끄트머리의 온도가 너무 낮으면 이른바 「그을음 현상」이 발생한다. 가솔린 입자나 카본, 오일 따위가 애자부 표면에 묻어서 이것이 전기가 흐르는 통로 역할을 해 버린다. 전기의 입장에서 보면 굳이 저항이 큰 에어 갭 말고도, 지나기 편한 이곳을 통해 흐르게 되므로 불꽃이 튀지 않는다. 즉 실화(失火)하는 것이다.

플러그 끄트머리는 이러한 부착물을 깨끗이 태워 없애는 자기 정화 작용을 위해 일정한 온도(무연 휘발유의 경우 520~550℃ 라고 한다) 이상으로 올라 있지 않으면 안 된다.

한편, 온도가 너무 극단적으로 오르게 되면, 정해진 점화 시기에 전기 불꽃이 튀기도 전에, 뜨거워진 플러그가 열원이 되어서 흡입 혼합기에 불이 붙는 조기 착화=프리이그니션이 발생한다. 이것은 연소실 안에 쌓인 카본이나 배기 밸브를 열원으로 발생하는 프리이그니션보다 성질이 고약해서 출력 저하 정도로는 끝나지 않는다. 운전을 계속하면 피스톤 크라운에 구멍이 뚫리는 등 결정적인 파괴에 이르는 수가 있다. 플러그가 녹아 버리는 경우도 있다.

그래서 적정 온도를 유지하기 위해 플러그에는 스스로에게 가해지는 열을 적절히 「받거나 버리거나」 하는 기능이 갖춰져 있다. 그러나 엔진의 종류나 사용 용도에 따라 플러그에게 가해지는 열이 다르다. 이에 맞춰서 「받거나 버리거나」의 정도가 다른 플러그를 선택해야 할 필요가 있는 것이다.

이 「받거나 버리거나」가 열가다. 사용되는 회전수가 낮다거나 스로틀을 크게 여는 빈도가 적을 경우에는, 플러그 끄트머리의 애자가 깊숙한 곳까지 본체 금속과 떨어져 있는(가스 볼륨이 큰) 것을 사용한다. 애자의, 연소 가스로부터 열을 받아들이는 면적이 크고, 본체 금속과 애자가 접하고 있는 방열 면적이 작기 때문에 플러그 온도가 쉽사리 오른다. 이런 플러그를 열형=핫 타입이라고 한다. 반대로 가스 볼륨이 작은 것이 냉형=콜드 타입이다.

바이크의 엔진은 일반적으로 고회전형이며, 또 높은 부하로 사용되는 일이 많기 때문에 자동차보다 냉형을 장착하는 것이 보통이다. 지금보다 열형으로 하는 것을 「열가를 낮추다」라고 하며, 반대를 「열가를 높이다」라고 표현한다. 다만 열가에는 절대적인 수치는 없다. 각 플러그 메이커마다 독자적인 기준으로 숫자를 표기해 놓고 있을 뿐이다.

선택의 기준은 바이크 메이커가 지정하는 상표의 플러그 지정 열가다. 지정된 것 외의 상표를 사용할 경우에는 플러그 메이커 등에게 열가를 문의할 것. 또 지정 상표라도 지정 이외 열가의 플러그를 사용해 볼 경우에는 상하 1단계 범위 내의 것을 고르는 편이 무난하며, 수시로 전극의 연소 상태를 확인해야 한다. 특히 너무 바짝 타면 위험하다.

다만 어느 정도의 엔진 사용 상황에 있어서 플러그를 적정 온도로 유지하는가를 나타내는 히트 레인지가 기술의 진보로 점차 넓어지고 있다. 점화계의 전원부를 비롯해서 엔진 자체의 진보도 있고 해서 평소에는 표준 플러그를 사용하면 아무 문제없다.

③ 전극 형상

플러그 끄트머리 부분을 보면, 본체 금속에서 중심 전극 & 애자가 튀어 나와 있는 자기 돌출형이 있다. 이것은 끄트머리가 혼합기에 노출되기 쉽기 때문에 점화 성능과 내프리이그니션 성능이 우수하다고 알려져 있다. 다만, 이 플러그를 사용할 것을 전제로 설계된 엔진이 아니면 피스톤 등에 플러그가 부딪힐 가능성이 있다.

전극부 형상에도 여러 가지 아이디어가 담겨 있다. 그 중 하나가 중심 전극 직경이 ø1mm 정도인, 통상적인 크기의 절반 이하밖에 안 되는 가는 것이 있다. 전기 불꽃으로 혼합기에 불이 붙어 화염핵이 발생한 직후에, 이 화염핵의 에너지를 전극으로 흡수해서 실화되는 것을 억제하는 것이 목적이다. 전극이 가늘기 때문에 그 만큼 빨리 소모되므로 전극에는 귀금속이 쓰인다.

④ 기타

위의 것 이외의 플러그 사양에서 주의해야 할 것이 저항이 들어 있는지 여부다. 플러그에 저항을 넣는 것은 방전할 때의 전파 노이즈를 줄이기 위해서다. 전자 제어 부품이 많아진 요즘에는 이 노이즈가 바이크의 컴퓨터 등을 오작동 시키지 않도록 저항들이 플러그를 지정하는 경우가 증가하고 있다.

플러그의 트러블

점화 플러그는 매우 중요한 부품이지만, 그와 동시에 누구나 손쉽게

●플러그에 불꽃이 튀지 않는다?

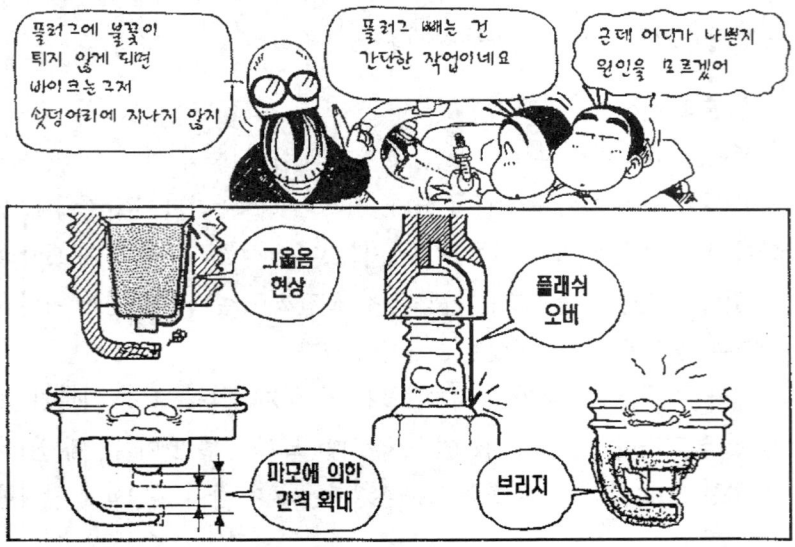

탈착이 가능하다. 애마의 플러 그를 풀어 보는 것부터 엔진과의 대화를 시작해 보는 것도 좋다고 생각한다.

떼어 낸 플러그에 하이텐션 코드의 플러그 캡을 끼우고, 본체 금속을 엔진 아무 대나 대고 시동 모터나 킥 스타터 등으로 엔진을 돌려 본다. 에어 갭에 푸르스름한 불꽃이 선명하게 튈 것이다. 이것이 혼합기에 불을 붙이고 엔진을 돌리는 출발점이다.

만약 여기서 불꽃이 불그스름하게 약하게 튄다면 엔진이 제대로 돌 수 있을 리가 없다. 연소실 안은 대기 중보다 훨씬 불꽃이 발생하기 어려운 상태이기 때문이다. 불꽃이 전혀 튀지 않는다면 엔진 시동이 걸리지 않는다.

강한 불꽃이 발생하지 않을 경우, 그 원인은 플러그 이외에 있을 수도 있다. 플러그에 전기를 공급하는 전원부나 그곳으로 이어지는 배선, 하이텐션 코드나 플러그 캡 등에 결함이 있을 때다. 이런 경우에는 신품 플러그, 또는 다른 기통의 플러그와 바꿔 끼워 가면서 확인해 보면 알기 쉽다. 다음은 플러그 자체의 트러블을 중심으로 설명해 보겠다.

① 그을음

열가에 대해 설명하면서도 잠깐 언급했지만 이 그을음 현상이 플러그 트러블 중 가장 많다.

그을음이 일어나는 원인에는 여러 가지가 있다. 그 중 상당히 많은 것이 잘못된 시동 방법으로 말미암아 혼합기를 너무 많이 빨아들인 경우다. 이럴 때에는 플러그를 가솔린 등으로 세척하고 말린 후에 다시 시동을 걸면 그것으로 해결된다. 이것 말고 주행 중에 플러그가 점차 망가지는 일이란 요즘의 엔진이나 플러그에서는 찾아보기 힘들다. 전극 마모, 애자 손상, 플러그 캡이나 하이텐션 코드의 이상, 부적정한 열가 등을 확인해 본다.

다만 점화계 이외가 원인일 경우도 있다. 신품 플러그를 달았더니 상태가 좋았는데 조금 지나니까 또 그을음이 생기고…… 라는 경우에는 카뷰레이터 세팅이 잘못되어 있는 등 엔진 쪽에 문제가 있을 수 있다.

② 전극 마모

불꽃이 튈 때마다 전극의 금속은 마모되고 있다. 마모되면 에어 갭의 간격이 벌어져서 불꽃이 발생하기 어려워지고 그을음이 발생하기 쉬워진다. 외측 전극을 두들겨서 간격을 좁혀 주는 것도 응급 처치는 되지만, 중심 전극/외측 전극 모두 마모된 것은 모서리가 둥글게 닳아 있어서 이것으로는 불꽃이 발생하기 어렵다. 피뢰침을 떠올리면 이해하기가 좋은데, 모서리가 날카롭게 돋아 있는 편이 전기 에너지가 집중하기 쉬운 것이다. 결론은 신품으로 교환하는 것.

에어 갭의 치수를 바이크 메이커에서 지정하는 경우가 있다. 그러나 신품 플러그의 표준 값도 엇비슷하다. 평균적으로 0.8mm 정도다.

③ 애자 손상

애자에 금이 가지는 않았는지 꼼꼼히 확인한다. 상처가 있으면 그곳에서 누전 되어 엔진 상태 불량 → 그을음 발생이 된다. 조금이라도 손상이 있으면 이것도 신품으로 교환한다. 플러그는 완전한 소모품이다. 주행 거리로 판단해서 교환하기도 하지만 그런 기준은 있으나 마나다.

주행 방법에 따라서도 크게 바뀐다. 플러그가 의심스럽거든 일단 교환하는 것이 상책이다.

④ 열가 부적정

지금 사용하고 있는 플러그의 열가가 지정 값보다 높을 경우, 또는 저속으로 주행하는 일이 많아서 바이크의 사용 용도가 그 플러그의 열가와 맞지 않을 경우에는 그을음이 발생하기 쉽다.

열가의 적정 여부를 판단하려면 플러그 끄트머리 애자의 색깔을 본다. 엔진 작동 중의 플러그 온도를 색으로 판단하는 것이다. 이것은 차가운 엔진을 시동 걸자마자 해서는 안 되고, 충분히 워밍업하고 어느 정도 실제로 달린 다음에 판단한다.

시커멓다면 열가가 너무 높다 (다른 원인이 없다면)는 뜻이다. 부착물 등이 없다면 양호한 상태. 부착물이 없더라도 애자가 희푸르게 변해 있으면 너무 뜨겁다는 뜻이며 열가가 너무 낮다.

그렇긴 한데, 완전한 그을음 이외는 그 색깔로 판단하기가 어렵다. 옛날에는 곧잘 「노릇노릇한 색깔」이 좋다고도 했는데 요즘의 4스트로크는 상태가 양호할 때에는 색깔이 거의 없다. 열가가 낮은지 여부는 더욱 판단하기 어렵다. 2스트로크는 4스트로크와 마찬가지로 요즘에는 거의 색이 없지만 사용하는 오일에 따라 색이 변한다.

레이스에서는 언제나 똑같은 오일을 사용하고, 확인할 때에는 신품 플러그를 장착해서 부착물의 색깔이 플러그에 미치는 영향을 방지한다. 또 베테랑 엔지니어가 확대경 등을 사용해서 세심하게 조사한다. 플러그 열가의 적정 여부를 확인한다기 보다는 그 색깔을 보고 연소실 온도나 연소 가스 상태 등 엔진의 다양한 작동 상태를 판단하는 것이 보통인데, 마음만 먹으면 플러그 한 개로 그 정도까지 파악할 수 있다는 뜻이다.

경험이 필요한 것이다. 우선은 자기 애마의 상태가 좋을 때부터 가끔씩 플러그를 확인해서 정상일 때의 플러그 색깔을 감각으로 파악하는 일이 중요하다.

⑤ 플래쉬 오버

플러그 자체의 문제는 아니지만 플러그 캡에 결함이 있으면 그곳에서 애자의 표면을 따라 본체 금속으로 전기가 누전 되는 플래쉬 오버가 발생한다. 어두운 곳에서 엔진을 돌려보면 푸르스름한 불꽃이 플러그 겉을 따라 흐르는 것이 보인다. 비오는 날 등에 특히 일어나기 쉽다. 대책은 플러그 캡을 교환하는 것이다.

⑥ 디퍼지트

연소실에서 혼합기가 연소할 때에 각종 물질이 발생해서 이것이 플러그에 묻는 일이 있다. 특히 윤활용 오일을 가솔린에 섞어서 달리는 2스트로크 엔진에서는 오일의 품질이 나쁘면 발생하기 쉽다. 이런 퇴적물 = 디퍼지트가 쌓이면 그을음 현상처럼 누전의 원인이 되고, 심하면 이 부분이 열원이 되어 조기 착화를 일으키는 원인이 된다. 때로는 디퍼지트가 에어 갭을 메워 버리는 브리지가 발생하기도 한다.

디퍼지트가 쌓인다면 청소보다는 신품으로 교환하자. 원인이 오일에 있을 것 같으면 다른 메이커의 것으로 변경해 보자.

하이텐션 코드

이그니션 코일에서 발생시킨 2만 볼트 정도의 고압 전류를 점화 플러그까지 전달하는 배선이다. 플러그 코드라고도 한다. 고압 전류를 감쇠시키는 일없이 효율적으로 전달함과 동시에, 외부로의 누전을 막는 성능이 필요하다. 바이크용으로는 구리를 주체로 한 도선이 대부분이며,

이것을 합성 고무 등으로 감싸고 있다.

이 하이텐션 코드와 플러그를 접속하는 것이 플러그 캡이다. 하이텐션 코드에 비틀어 끼우는 형식의 것이 많다.

아울러 이 하이텐션 코드와 플러그 캡에는 플러그 본체와 마찬가지로 전파 장애 방지를 위한 저항이 들어 있는 것이 늘어 나는 추세에 있다.

트윈 플러그

기통 당 점화 플러그를 2개 장착하고 있는 엔진의 점화 방식을 가리킨다. 2점 점화 방식이라고도 한다.

두 곳에서 혼합기에 불을 붙임으로서 신속하게 연소시키고자 하는 발상이다. 그러나 순수한 고성능 엔진에서는 2개의 점화 플러그를 마련하려면 밸브 사이즈가 작아진다. 4밸브 방식에서는 더더욱 레이아웃이 힘들어진다. 오히려 보어 사이즈가 큰 대배기량 단기통이나 2기통 엔진에서 연소 시간 지연 대책으로 채용하고 있는 사례가 많다. 공랭 엔진에서의 이상 연소 방지 대책으로 채용하는 예도 있다.

이그니션 코일

점화 플러그의 에어 갭에 방전하기 위해 배터리나 발전기에서 얻은 전류를 2만 볼트 정도의 고전압으로 만드는 승압 장치.

오른쪽 그림처럼 하나의 철심에 두 개의 코일 A와 B를 감고 코일 A에 전류를 흘려 보낸다. 이 전류를 단속기(포인트)로 급격하게 차단하면 코일 B에 전류가 발생한다. 이것을 자기 유도 작용이라고 하는데, 이때 코일 B에 발생하는 전압은 A에 대한 B의 코일 권수에 비례하게 된다. 즉 B가 A의 10배만큼 감겨 있으면 발생하는 전압도 10배다. 이 원

● 2만 볼트의 고전압을 발생시키는 원리

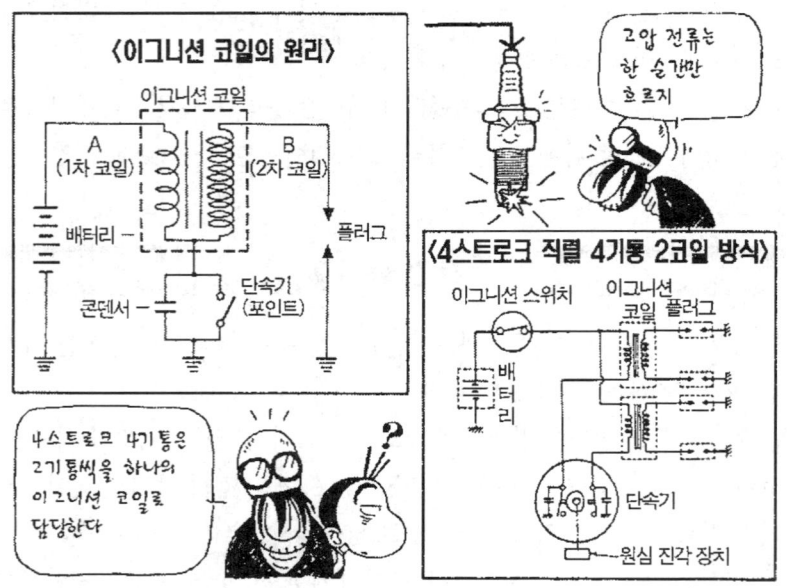

〈이그니션 코일의 원리〉

이그니션 코일

A
(1차 코일)   B(2차 코일)

배터리   플러그

콘덴서   단속기
(포인트)

2압 전류는
한 순간만
흐르지

〈4스트로크 직렬 4기통 2코일 방식〉

이그니션 스위치   이그니션
코일 플러그

배터리

단속기

원심 진각 장치

4스트로크 4기통은
2기통씩을 하나의
이그니션 코일로
담당한다

리를 이용한 것이 이그니션 코일이다. A를 1차 코일, B를 2차 코일이라
고 부른다.

1차 코일에 전류를 흐르게 하면 철심에는 자장이 발생하는데 이 흐르
던 전류를 차단하면 자장이 반대 방향으로 변화한다. 자장이 바뀌면서
기전력이 발생해서 2차 코일에 전류가 흐른다.

사실은 처음에 1차 전류를 흐르게 해 놓고 급격하게 차단하는 방식=
전류 차단식이 아니라도 괜찮다. 1차 전류를 급격하게 흘려 보내도 자장
의 변화는 일어난다. 이렇게 해서 2차 전류를 발생시키는 타입을 용량
방전식, 혹은 CDI라고 한다.

어느 쪽 방식이든 2차 코일에 발생하는 전류=2차 전류는 자장이 바
뀌는 한 순간이라는 점에 주목해야 한다. 연속적으로 고압 전류를 만들

고 있지는 않다. 1차 코일에 흐르는 전류＝1차 전류가 변화한 순간이야 말로 2차 전류의 발생 시기이고, 동시에 플러그에 불꽃을 튀기는 때인 것이다. 즉 이것이 점화 시기다.

실제의 이그니션 코일은 2차 코일에는 수 만 번이나 에나멜선이 감겨 있다. 1차 코일은 그 보다 약간 굵으며 수 백 번의 단위다.

다기통 엔진의 경우, 자동차에서는 하나의 이그니션 코일에서 발생한 고압 전류를 디스트리뷰터라는 분배기를 거쳐서 각 기통의 플러그로 보내는 방식이 일반적이다. 그러나 이것으로는 기통수가 많을수록 1차 코일에 전류가 흐르는 시간이 줄어든다. 4기통이라면 단기통의 1/4의 시간밖에 전기를 흘릴 수 없으며, 그만큼 2차 전류의 에너지가 적어지게 된다.

바이크처럼 고회전으로 돌려서 사용하는 엔진의 경우는 문제가 된다. 또 크랭크 샤프트나 캠샤프트에 접속해서 회전시키는 디스트리뷰터를 놓을 공간도 협소하다. 따라서 바이크에서는 디스트리뷰터를 사용하는 타입은 거의 없다.

기본적으로는 기통수만큼 이그니션 코일을 장착한다. 이그니션 코일→하이텐션 코드→점화 플러그가 직결되는 구조다.

그러나 4스트로크 직렬 4기통에서는 위의 그림과 같은 방식으로 코일을 두 개만 장착하는 것도 많다. 1/4번, 또는 2/3번 기통은 피스톤이 동시에 상하로 움직이므로 그 동위상 기통을 하나의 코일이 담당하는 것이다. 당연히 불꽃은 두 기통에서 동시에 발생한다. 다만 한 쪽 기통은 배기 상사점 부근이라서 의미 없는 불꽃이다.

두 개의 플러그에 동시에 불꽃을 튀기기 때문에 그만큼 코일 용량은 늘어나지만, 4개의 코일을 장착하는 것보다는 중량과 제작비용을 절약할 수 있다. 2기통에서도 두 개의 기통이 동위상 타입이라면 이 방식을 사용할 수 있다.

무접점 점화 방식

이그니션 코일의 1차 전류 제어 방식이 전류 차단식일 경우, 원하는 점화 시기에 딱 맞도록 1차 전류의 흐름을 차단해 주는 장치가 필요하다.

이것은 옛날에는 말 그대로 스위치처럼 생긴 장치로 했었다. 스프링의 힘으로 닫혀 있는 스위치를, 점화 시기에 도달하면 캠으로 눌러 열어서 1차 전류를 차단시키는 단순한 구조다. 이 캠은 2스트로크라면 크랭크 샤프트, 4스트로크라면 캠 샤프트 끝에 달려 있다. 이 스위치를 콘택트 브레이커라든지 콘택트 포인트, 또는 단순히 포인트라고 부른다.

그러나 이 포인트 방식은 결점이 많다. 포인트 접점에 기름 등 오물이 묻으면 접촉 불량을 일으킨다. 또한 언제나 전류를 직접 차단/연결하므로 접점이 손상, 마모된다. 접점이 거칠어지면 전기가 통하기 힘들어진다. 접점이 마모할수록 통전 시간이 줄어들고, 또 전류를 차단하는 타이밍=점화 시기가 변한다. 따라서 수시로 정비 점검을 해 줘야 하고 수명이 다 되면 교환해야 하는 번거로움이 있다.

그래서 등장한 것이 무접점 점화 방식이다. 포인트 방식의 포인트를 코일로, 캠을 자석 로터로 바꿔 단 초소형 발전기라고 생각하면 된다. 플러그에 불꽃을 튀길 시기에 로터의 자석 부분이 코일에 접근하면, 그 코일=펄서 코일에 전류가 발생한다. 이 전류는 아주 미약하지만 이것이 신호가 되어 트랜지스터 유니트=이그나이터를 작동시켜 1차 전류를 차단한다.

이 방식이라면 메인터넌스가 필요 없다. 이그나이터를 대량 생산하면 비싸지도 않다. 요즘은 거의 가 이 방식이다.

포인트 방식과 무접점 방식은 어디까지나 점화 시기를 검출하는 방법에 차이가 있을 뿐이다. 무접점 방식을 트랜지스터 점화 방식과 혼동해서는 안 된다. 다만 무접점 방식을 채용함에 따라서 트랜지스터 방식이나 CDI 방식, 디지털 진각 등이 가능해진 것은 사실이다.

배터리 점화 방식

1차 코일로 보낼 전류를 배터리에서 공급하는 방식. 배터리에서 직접 1차 코일로 전류를 보내는 방식 외에도, 도중에서 전류를 승압시키는 트랜지스터 방식이나 CDI 방식이 있다. 저회전에서도 안정된 불꽃을 얻을 수 있는 장점이 있다. 다만 배터리라는 무거운 물건을 싣지 않으면 안 된다. 이에 상반되는 것이 플라이 휠 마그네토 점화 방식이다.

플라이 휠 마그네토 방식

발전기에서 일으킨 전류를 배터리에 비축하지 않고 이그니션 코일에 1차 전류로서 직접 사용하는 방식. 발전기의 전류를 그대로 1차 코일로 보내는 방식과 도중에서 증폭하는 방식이 있지만, 두 방식 모두 일반적으로는 저회전시의 전류가 약하다. 반면에 고회전시에 강한 전류를 얻을 수 있는 것이 장점이다.

또한 점화계에 배터리가 필요 없으므로 그 만큼 바이크를 가볍게 만들 수 있다. 이 장점을 살려서 레이싱 머신 등에서 채용하는 경우가 많다. 그리고 일반 시판차에서도 등화류에 필요한 전기를 점화계와는 별도로 발생시켜서 배터리를 경유하지 않고 직접 흘림으로서, 배터리를 아예 장착하지 않는 배터리리스 방식도 오프로드 바이크 중에 있다. 아이들링 등 낮은 회전역에서 등화류로 보낼 전류량을 확보하기 위해 배터리를 장착하는 경우도 있지만, 이 배터리는 작은 것으로도 충분하다.

플라이 휠 마그네토란 발전기＝제너레이터라는 뜻. 바이크의 발전기는 크랭크 샤프트 끝에 자석 달린 플라이 휠을 설치하고, 그 옆에 코일을 마련하는 방식이 적지 않기 때문이다. 마그네트가 아니라 마그네토(자석 발전기)라고 부른다.

트랜지스터 점화 방식

무접점 점화 방식의 장점을 살린 점화 방식의 하나. 또 1차 전류를 차단하는 순간에 고전압을 발생하는 전류 차단식의 하나이기도 하다.

기계식 포인트를 사용할 경우에는 그 접점의 내구성으로 볼 때 커다란 1차 전류를 보낼 수가 없다. 그러나 무접점 방식이라면 그런 걱정이 없다. 배터리에서 공급받은 전기를 트랜지스터 유니트에서 증폭해서 흘리다가 이것을 단숨에 차단해서 보다 강력한 불꽃을 얻을 수 있다. 또 고회전역에서도 전압을 유지하기 편하다. 요즘에는 전류 차단식의 주류가 되었다.

● 대표적인 점화 방식

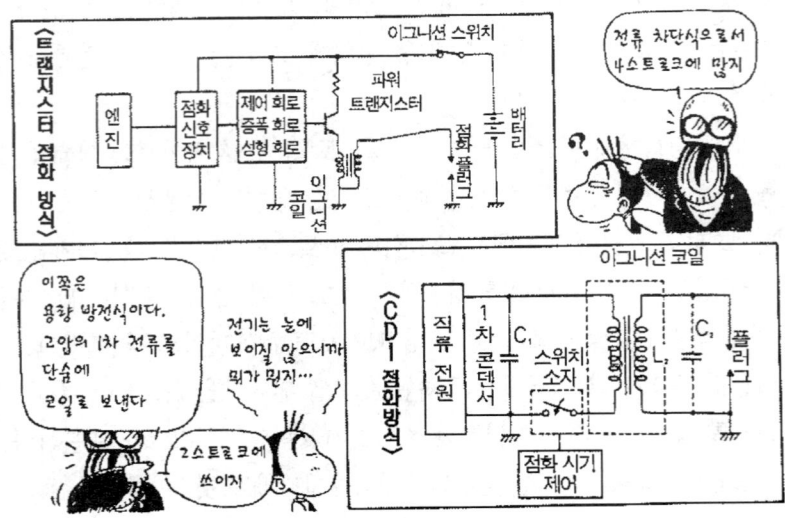

CDI

Capacitive Discharge Ignition의 약자로서, 우리말로는 용량 방전식 점화라고 한다. 전류 차단식과는 달리 콘덴서에 충전해서 수백 볼트로 승압된 1차 전류를, 점화 시기에 맞춰 단숨에 코일로 보내 이 순간에 2차 전류를 발생시킨다. 전원 공급 방식에서는 배터리 방식과 플라이 휠 마그네토 방식이 있다.

특징은 2차 전류를 크게 키울 수 있으며 강력한 불꽃을 얻을 수 있다. 그리고 2차 전류 발생이 빠르게 이루어지므로 고회전 엔진에 유리하다. 또 플러그의 그을음이 발생하기 어렵다. 이 특성은 특히 2스트로크 엔진에 안성맞춤이라서 고성능 2스트로크는 이것이 주류다.

다만, 강한 불꽃을 얻을 수 있는 반면에 방전 시간이 짧다. 저회전시나 혼합기가 옅은 상태에서는 비교적 긴 시간에 걸쳐 불꽃이 튀겨 주는 편이 확실하게 점화할 수 있다. 그래서 4스트로크 엔진에서는 트랜지스터 점화 방식을 채용하는 것이 많지만, 레이서 등 일부에서는 CDI 방식을 사용하는 것도 있다.

킬 스위치

메인 키(이그니션 키)를 끄지 않더라도 순식간에 엔진의 점화계 전류를 차단할 수 있는 스위치. 통상적으로 핸들의 오른쪽 그립부에 있다. 넘어지거나 사고 났을 때 등 비상시에 엔진이 심하게 공회전하는 것을 막거나, 화재가 일어나지 않도록 하기 위해 사용한다. 차단되는 것은 점화계 뿐이며 엔진은 정지하더라도 등화류 등의 전원은 그대로 살아 있다.

바이크만의 독특한 장비다. 보통 자동차에는 없지만 레이싱 머신에서는 이와 유사한 장치가 의무화되어 있다.

● 혼합기는 한 순간에 연소하는 것이 아니다

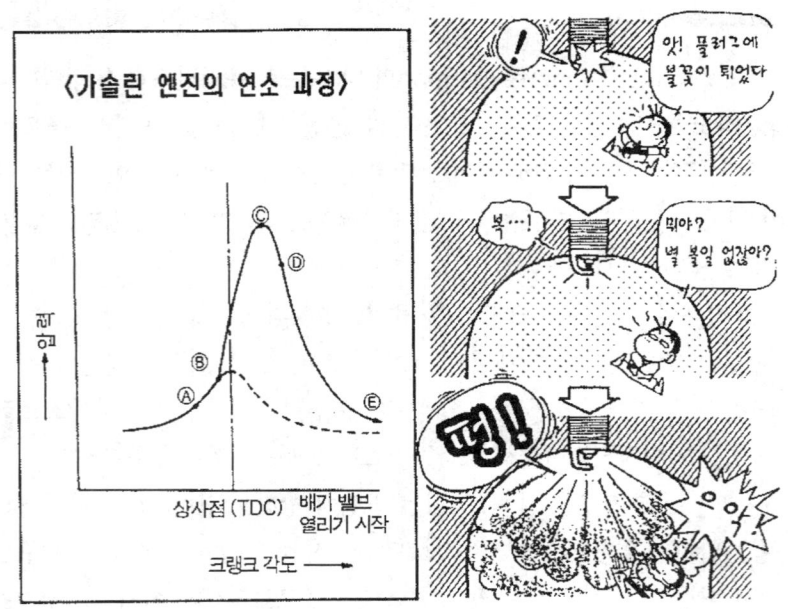

〈가솔린 엔진의 연소 과정〉

상사점(TDC) 배기 밸브 열리기 시작

크랭크 각도 →

점화 시기

플러그에 언제 전기 불꽃을 튀게 할 것인가, 라는 타이밍을 가리킨다. 플러그의 불꽃으로 혼합기를 연소시키게 되는데, 적절한 시기에 태우지 않으면 충분한 압력이 나오지 않을 뿐더러 연소 압력이 구동력이 되지 않는다. 잘못하면 엔진이 망가진다.

위의 그래프처럼 혼합기가 흡입→압축되어 A점에서 플러그에 불꽃이 튀면, 우선 혼합기에 작은 불씨(화염핵)가 생긴다. 이 불씨가 조금씩 성장하다가 B점부터는 급격하게 사방으로 타 들어가며, C점에서 최대 압력이 되었다가 D점 부근에서 연소가 끝난다. 이것이 일반적으로 「폭발」이라고 불리는 것의 진행 과정이다.

이 최대 압력이 되는 C점을 피스톤이 상사점을 지난 바로 직후에 오게 하면 가장 효율적으로 크랭크 샤프트를 돌리는 힘으로 변환시킬 수 있다. 그러나 플러그에 불꽃이 튀더라도 단숨에 혼합기가 타는 것은 아니므로 점화 시기는 반드시 피스톤 상사점 전에 있다. 상사점보다 앞에 있을수록 「점화 시기가 이르다」 라고 하고, 반대로 상사점에 가까울수록 「늦다」라고 표현한다.

점화 시기가 너무 이르면 연소 압력이 커넥팅 로드를 똑바로 밑으로 누를 뿐, 크랭크를 돌리는 힘이 되지 않는다. 혹은 올라오는 피스톤을 억눌러서 되밀어 버리는 힘이 된다. 그 이전에 노킹 등 이상 연소가 발생해서 동력 손실이 일어나고 심하면 엔진이 망가진다.

점화 시기가 너무 늦으면 혼합기가 본격적으로 타 들어 갔을 때에는 이미 피스톤이 크게 내려가서 연소실이 팽창해서 압력이 오르지 않는다. 즉 파워가 나오지 않는다. 배기 가스 온도만 뜨거워질 뿐이고 연비도 나빠진다.

따라서 적절한 점화 시기라는 것이 존재하는데, 이것은 엔진마다 다르다. 혼합기의 상태나 압축비 등으로 연소 속도가 달라지기 때문이다. 같은 엔진이라도 운전 상황에 따라 달라진다. 고회전이 될수록 피스톤의 운동 속도가 빨라진다. 또 회전역에 따라서도 흡기 효율이 변하고 실효 압축비 등도 변화한다. 일반적으로 회전이 높아질수록 점화 시기를 앞당겨야=진각시켜야 한다.

진각 장치

「점화 시기」항에도 있듯이 이것을 회전수에 따라 변화시켜야 할 필요가 있다. 엔진 회전수가 오르면 점화 시기를 앞당기는 것이다. 이것을 진각(進角), 반대로 늦추는 것을 지각(遲角)이라고 한다.

회전수 상승에 따라 단순하게 진각시키는 것이 아니라, 엔진마다 어느 회전수 이상에서는 일정한 점화 시기가 되도록 한다. 이런 식으로 조정하는 장치를 진각 장치라고 한다.

진각 장치의 기본적인 것은 원심 가버너(governor)다. 크랭크 샤프트나 캠샤프트 끝에 추를 달아 놓고, 이 추를 축의 중심을 향해 스프링으로 잡아 당겨 놓는다. 회전이 올라가면 원심력에 의해 추가 바깥쪽으로 벌어지게 되며, 이 움직임으로 점화 시기를 변화시킨다. 일정 이상의 회전역에서는 추가 스토퍼에 닿기 때문에 그 이상은 진각하지 않는다.

또 저회전이라도 스로틀을 크게 열었을 때에는 실효 압축비가 상승하기 때문에 점화 시기를 앞당기는 편이 좋다. 그래서 흡기 포트의 부압에 의해 다이어프램을 작동시켜 점화 시기를 보정하는 장치가 달려 있는 것도 있다. 바이크에서는 채용하는 예가 적지만 자동차에서는 곧잘 쓰인다.

이러한 방식을 아날로그 진각이라고 부른다. 그러나 기계적인 움직임에 의존하는 부분이 큰 만큼 신뢰성이 낮은 면이 있다. 개중에는 무접점 점화 방식의 트랜지스터 유니트로 엔진 회전수를 감지해서 제어하는 방식=전자 제어 진각도 있긴 하지만, 이것 역시 단순히 회전수에 비례시킬 뿐일 경우에는 아날로그 진각이다.

아날로그 진각의 문제점은 어느 회전역까지는 점화 시기를 앞당겼다가, 도중에 늦추거나 일정하게 하다가, 다시 진각시키는 등의 세심한 제어가 불가능하다는 점이다. 엔진의 각 회전역마다의 최적 점화 시기를 설정해 가다 보면 그런 식의 조작을 하고 싶어지게 마련이다.

디지틀 진각은 이것이 가능하다. 펄서 코일의 신호 등으로 엔진 회전수를 검출해서, ROM(리드 온리 메모리)에 기억시켜 놓은 회전역별 점화 시기표=맵에서 컴퓨터가 가장 적절한 값을 찾아내서 1차 전류를 차단하는 것이다. 이러한 전자 제어 진각, 줄여서 전자 진각은 이것이 효율적으로 작용하는 2스트로크 엔진에서 채용하는 예가 많다.

2스트로크는 배기 챔버가 출력 특성에 미치는 영향이 상당히 크다. 그래서 어느 정도 이상의 고회전역에서는 점화 시기를 늦추어=지각시켜서 배기 온도를 높임으로서, 배기 맥동 타이밍의 어긋남을 수정해서 회전이 매끄럽게 상승하도록 제어하는 기술이 요즘 들어 일반적이 되었다.

이에 그치지 않고 더욱 섬세하게 제어하는 것도 있다. 또 4스트로크에서도 점화 시기를 보정함으로서 출력 특성을 다소 개선시킬 수 있으므로 디지털 진각 방식을 채용하고 있는 예도 있다. 「배기 챔버」항을 참조.

이런 조작을 하기 위해서는 컴퓨터 유니트가 필요한데, 요즘에는 더 이상 제작 비용이 걸림돌이 되지 않는다. 겉모습은 단순한 상자이며 그 자체의 작동 상황 따위는 눈에 보이지 않지만, 엔진의 특성을 크게 좌우하기 때문에 블랙 박스라고 불리기도 한다.

2스트로크에서는 점화 시기를 단순히 엔진 회전수뿐만이 아닌, 스로틀 개도도 관련시켜서 3차원 맵으로서 ROM에 기억시켜 제어하는 것도 있다. 스로틀 회전 속도, 기어 단수, 감속비 등도 관련시키는 예도 있다. 더 나아가 카뷰레이터와 배기 디바이스도 동시에 제어하는 수준까지 2스트로크는 진화되어 있다.

이렇게 되면 블랙 박스는 더 이상 점화 시기를 제어하는 도구가 아니다. 이런 것을 엔진 매니지먼트 시스템이라고 부르기도 한다. 컴퓨터, 즉 ECU(일렉트로닉 컨트롤 유니트)의 중추부인 CPU(센트럴 프로세싱 유니트;중앙 처리 장치)는 하나만 있으면 된다. ABS(앤티 록 브레이크 시스템)이나 전자제어 연료분사 장치가 있을 경우에는 그 처리도 여기에 맡길 수 있다. 각종 시스템을 어떻게 처리할 것인가라는 프로그램을 기억시킬 ROM의 용량을 키우고, 그에 필요한 센서를 붙이기만 하면 된다.

기계는 「심플 이즈 베스트」가 기본이긴 하지만, 이러한 전자 제어는 싫든 좋든 간에 앞으로도 더욱 퍼져 나아갈 것임에 틀림없다. 오히려 기계적으로는 지금까지와 똑같은 구조를 가지고도 보다 유연한 특성과 고성능을 발휘할 가능성이 있다. 제작 단가도 오히려 싸질 수 있다. 다만 우리들 라이더 입장에서는 이러한 작동은 「상자 속」에 맡길 수밖에 없으며, 더더욱 블랙 박스의 인상은 짙어 간다.

제너레이터

영어의 Generator로서 발전기라는 뜻. 같은 의미로 다이나모 (Dynamo)라는 단어도 있는데, 이것은 직류 발전기를 가리키는 경우가 많다. 옛날에는 이 직류 발전기가 주류였다. 그러나 이것은 크고 무겁고, 또 낮은 회전에서의 발전량이 적다.

1960년대가 되자 그 결점을 해결하기 위해 다이오드를 사용한 교류 발전기가 개발되어 순식간에 보급되면서 다이나모의 시대는 막을 내렸다. 출력되는 전류는 교류지만 이것을 다이오드로 직류로 정류시켜서 배터리에 충전하거나, 그대로 점화계와 등화류 등에 사용한다.

이 교류 발전기가 ACG(Alternating Current Generator)다. 자동차에서는 알터네이터(Alternator)라는 명칭이 일반적인데 내용은 똑같다.

「플라이 휠 마그네토 점화」항에서도 말했듯이 바이크에서는 엔진의 크랭크 샤프트 끝에 ACG를 직결하는 것이 일반적이다. 구조가 간단하고 제작비가 싸다. 그러나 병렬 다기통 엔진에서는 ACG를 실린더 뒤에 배치하는 것도 있다. 엔진 폭을 줄이고 뱅크각을 키우기 위해서, 또는 중량 배분 등 설계 자유도를 늘려서 조종성을 향상시키기 위해서다. 다만 이 경우, 크랭크 샤프트에서 ACG를 구동할 기구가 필요하게 되며, 적지만 저항 손실이 발생하고 무게가 느는 면도 있다.

어쨌거나 바이크에는 어떤 방식이던 간에 제너레이터가 필요하다. 최소한 점화계의 전원이 없으면 엔진을 돌릴 수가 없다. 다만 단시간 주행이라면 점화계 전원을 확보한 배터리만 있으면 된다. 그래서 일부 레이서 등에서는 제너레이터를 장착하지 않은 것도 있다. 제너레이터는 플라이 휠 효과 등에 따른 저항 손실로 이어지며, 발전하는 것 자체가 발전량에 맞먹는 엔진 파워를 낭비하는 것이기 때문에 그것을 피한 결과다.

이너 로터 방식

크랭크 샤프트 끝에 제너레이터가 직결되어 있는 타입에서는 원통형 뚜껑처럼 생긴, 자석 달린 플라이 휠=로터 안쪽에 발전용 코일이 마련되어 있는 것이 일반적이다. 로터 제작이 간단하고, 로터의 자석이 코일을 통과할 때의 속도가 빠르기 때문에 저회전에서도 발전량이 많은 것 등이 이유인데, 이것을 아우터 로터 방식이라고 한다.

한편 레이서 등에서는 지름이 작은 로터가 코일 안쪽에 달려 있는 것이 많다. 플라이 휠 효과가 적은 만큼 엔진 응답성이나 가속 성능이 좋아진다. 이런 방식을 이너 로터 방식이라고 한다.

배 터 리

축전지라는 뜻. 일부 레이서에서는 니켈 카드뮴 전지를 사용하는 예도 있지만, 일반 바이크에서는 여러 장의 구리판 사이에 희류산(希硫酸)을 충전한 웨트 배터리가 사용된다.

자동차에서는 대형 디젤 차량에 24볼트 배터리도 사용되지만, 바이크에서는 6볼트나 12볼트가 보통이다. 요즘에는 소형 바이크도 12볼트가 일반적이다.

배터리에 충전되는 희류산을 전해액이라고 부른다. 사용하다 보면 증발해서 점점 줄기 때문에 규정치까지 보충해야 하는데, 증발하는 것은 수분이므로 증류수, 또는 전극판 보호제 등이 첨가된 보충액을 보충한다. 이것들을 일반적으로 배터리 액이라고 부른다.

그러나 요즘에는 배터리가 완전 밀폐된 타입이 많아지고 있는데 이것은 배터리 액을 보충할 필요가 없다. 매인터넌스를 할 필요가 없다고 해서 메인터넌스 프리 배터리, 줄여서 MF 배터리 라고 불린다. 바이크가 넘어지더라도 회류산이 새어 나오지 않는 것도 큰 장점이다.

배터리가 가장 큰 일을 하는 것은 시동을 걸 때에 시동 모터를 돌리는 것이다. 그 외에는 아이들링 시의 등화류 점등을 제외하면 기본적으로 ACG의 발전량으로 사용량을 충당할 수 있다.

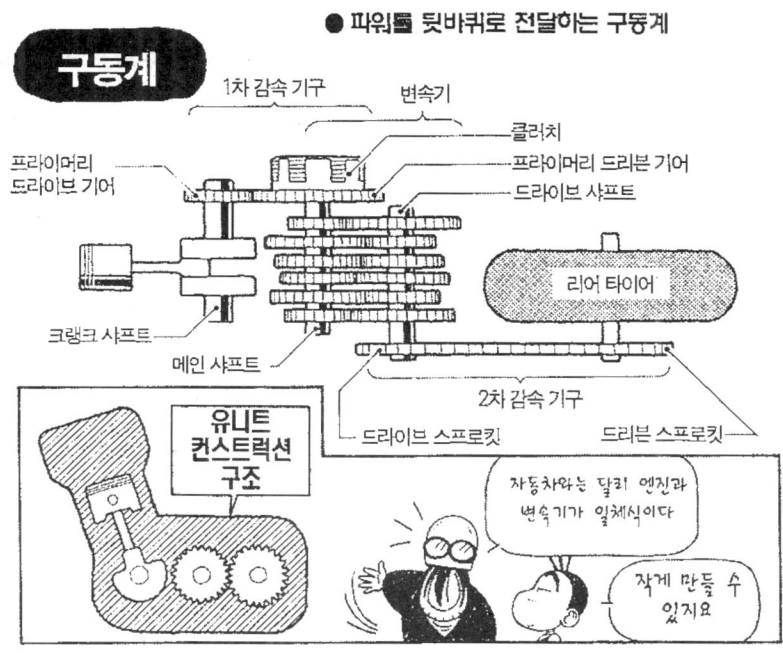

● 파워를 뒷바퀴로 전달하는 구동계

구동계

1차 감속 기구   변속기
    클러치
프라이머리   프라이머리 드리븐 기어
드라이브 기어   드라이브 샤프트

리어 타이어

크랭크 샤프트
메인 샤프트
2차 감속 기구
드라이브 스프로킷   드리븐 스프로킷

유니트
컨스트럭션
구조

자동차와는 달리 엔진과
변속기가 일체식이다

작게 만들 수
있지요

구 동 계

크랭크 샤프트에 발생한 회전력과 회전 그 자체 = 동력을 구동륜인 뒷바퀴로 전달하는 부분을 구동계, 또는 파워 트레인이라고 부른다. 원래 엔진과는 별개의 기구지만 바이크에서는 이것이 엔진과 일체식으로 되어 있는 유니트 컨스트럭션 구조가 대부분이다.

구동계에는 크랭크 샤프트의 회전을 변속기로 전달하는 1차 감속 기구, 구동력을 단속하는 클러치, 주행 속도에 대한 엔진 회전수와 구동력을 조절하는 변속기, 엔진과 뒷바퀴를 연결하는 2차 감속 기구가 있다.

감속 기구

예를 들어, 10000rpm에서 5kg-m의 토크를 발생하는 엔진이 있다고 치자. 구동할 뒷타이어의 반경이 30cm라고 하자.

이 엔진의 크랭크 샤프트와 뒷바퀴의 축이 직결되어 있을 경우, 10000rpm에서의 엔진 성능을 발휘하기 위해서는 뒷바퀴도 매분 10000회전으로 돌아야 한다는 뜻이며, 타이어의 외주가 약 188cm이니까 1분당 18.8km 전진한다. 무려 1128km/h다!

이런 속도로 달리지 않는 한 10,000rpm의 성능을 써먹을 수가 없다. 더구나 이런 속도는 절대로 안 나온다. 크랭크의 회전이 그대로 뒷바퀴의 회전이므로 토크도 그대로 5kg-m이다. 뒷타이어가 노면을 걸어차는 힘은 약 17kg 정도. 이걸로는 도저히 풍압 등의 저항을 이겨내지 못하고 100km/h도 내기 힘들 것이다. 크랭크와 뒷바퀴를 체인으로 연결해도 여기서 회전수를 바꾸지 않는다면 결과는 마찬가지다.

현실적인 속도로 달리면서 엔진의 회전역을 효율적으로 써먹고, 동시에 충분한 가속력과 등판 능력을 얻기 위해서는 엔진 회전, 즉 크랭크의 회전수를 낮추는 감속 기구가 필요하다. 특히 일반 4륜차와 비교해서 바이크는 엔진 회전수가 2배 이상이나 높고, 또 타이어 지름이 크기 때문에 더 많이 감속해야 한다.

회전수를 낮추는 비율이 감속비다. 반으로 줄이면 감속비는 2다. 기어를 예로 들면, 구동 기어 이빨 수가 15, 상대방 기어가 30이면 2다. 구동 기어 10, 상대 기어 30이라면 회전수는 1/3이 되며 감속비는 3이다. 감속비가 1미만이면 증속이 된다. 제원표 등에는 30/15 라는 식으로 기어 이빨 수로 표기하는 경우도 있다.

감속비 숫자가 클수록 「감속비가 크다」 또는 「로우 기어드」라고 표현한다. 반대는 하이 기어드다.

●엔진 회전수를 감속해서 타이어를 돌린다

　기어끼리 직접 맞물려 있지 않고 체인으로 연결되어 있을 경우라도 회전 방향이 바뀔 뿐이지 감속비로써는 마찬가지다. 풀리의 경우에는 그 유효 직경을 기어 이빨 수와 동일한 방법으로 계산하면 된다.

　감속을 하게 되면 후륜 구동력＝토크가 늘어난다. 지렛대의 원리에 따라. 가령 회전수를 반으로 줄이면 토크는 2배, 3분의 1이라면 3배가 된다. 즉 감속비에 반비례하는 것이다. 토크가 작은 (배기량이 작은) 엔진일수록, 또는 차체가 무거운 바이크일수록 큰 감속비가 필요하다. 감속을 하더라도 마력 자체는 변하지 않는다. 다만 실제로는 섭동 저항이 발생하므로 토크와 마력이 조금씩 손실되기는 한다.

　큰 감속비를 얻기 위해서, 또 넓은 속도역에서 제대로 엔진을 사용하기 위해서 기본적으로는 1차 감속 기구, 변속기, 2차 감속 기구의 3단계로 감속한다. 이 3단계의 모든 감속비(3개의 수치를 곱한 것)가 총감속비다.

1차 감속 기구

크랭크 샤프트에서 회전력을 추출하는 부분이다. 변속기로 회전력을 받아 넘기는 부분, 또는 구동계의 첫 번째 단계라고도 볼 수 있다.

동력을 추출하는 것만이 목적이라면 여기서 감속할 필요는 없다. 그러나 최종적인 뒷바퀴의 회전수와 토크를 고려한 큰 감속비를 얻기 위해서는 변속기 하나로는 역부족이다. 구동력을 전달 받는 쪽에 상당히 큰 기어가 필요하게 되기 때문인데, 무엇보다도 그럴 공간이 없다. 변속기의 회전을 낮춰서 기어 체인지를 수월하게 할 필요도 있으므로 보통은 여기서 우선 1단계 감속을 한다. 이곳의 감속비가 1차 감속비다.

바이크의 가장 기본적인 1차 감속 기구는 기어를 사용한 접속이다. 크랭크 샤프트에 구동측 기어, 미션의 메인 샤프트에 상대측 기어가 있

● 첫 단계는 크랭크 샤프트 → 변속기에서 감속

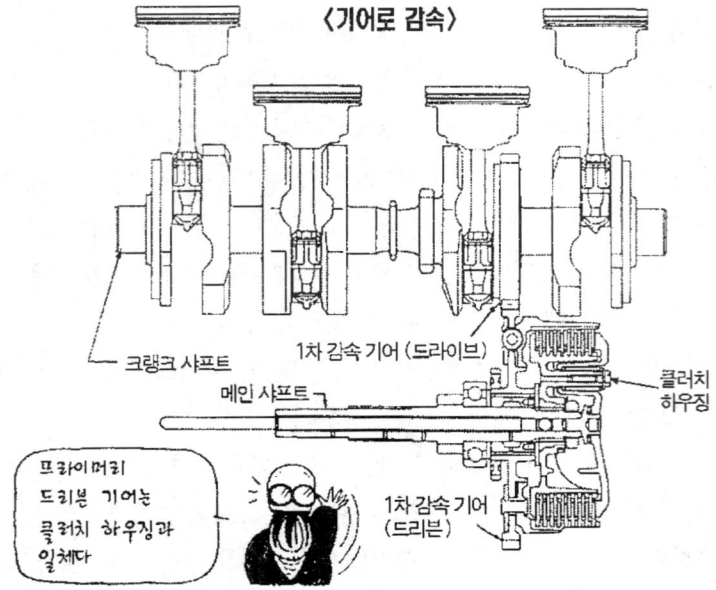

〈기어로 감속〉

크랭크 샤프트

1차 감속 기어 (드라이브)

클러치 하우징

메인 샤프트

프라이머리 드리븐 기어는 클러치 하우징과 일체다

1차 감속 기어 (드리븐)

어서, 이 둘이 서로 맞물린다.

　구동측 기어는 크랭크 샤프트 길이를 줄이기 위해 크랭크 웨브에 직접 기어를 깎아 놓은 것도 적지 않다. 상대측 기어는 대부분이 클러치 하우징과 일체로 되어 있다. 다만 2스트로크 엔진에서는 크랭크실의 1차 압축을 확립하기 위해서는, 크랭크 웨브를 구동측 기어로 활용할 수 없기 때문에 크랭크 끝에 별도의 기어를 삽입한다.

　이들 기어를 프라이머리 기어라고 부르며 각각 프라이머리 드라이브 기어, 프라이머리 드리븐 기어라고 한다.

　기어의 형상에는 2종류가 있어서 하나는 평 톱니바퀴＝스퍼 기어다. 이빨이 축과 평행으로 나 있으며, 축방향으로 기어를 미끄러뜨리려는 힘＝스러스트가 발생하지 않으므로 대형차에 많이 사용된다.

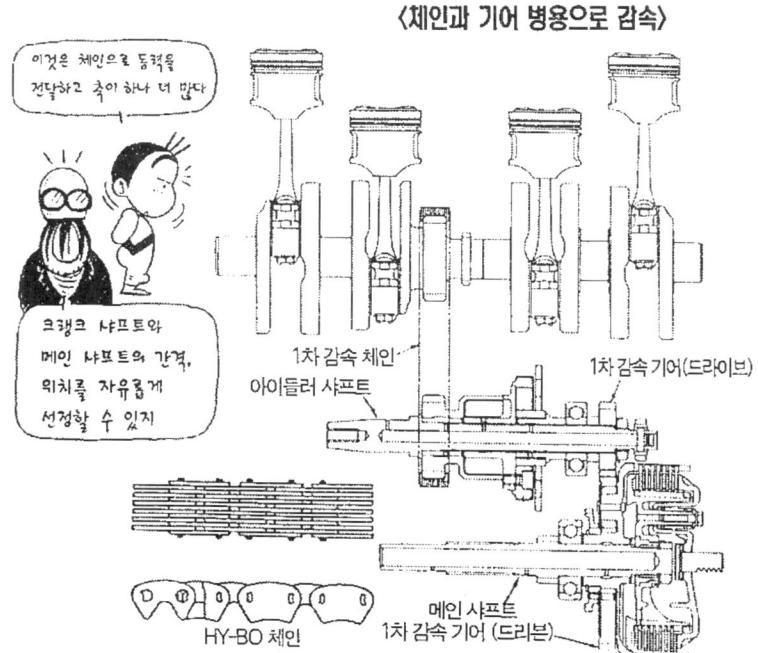

〈체인과 기어 병용으로 감속〉

이것은 체인으로 동력을 전달하고 축이 하나 더 많다

크랭크 샤프트와 메인 샤프트의 간격, 위치를 자유롭게 선정할 수 있지

1차 감속 체인
아이들러 샤프트

1차 감속 기어(드라이브)

HY-BO 체인

메인 샤프트
1차 감속 기어 (드리븐)

또 하나는 나선 톱니바퀴＝헬리컬 기어로써, 스러스트가 일어나긴 하지만 기어 소음이 작아서 소형차에 많이 쓰인다.

기어 말고 체인을 사용하는 방식도 있다. 이 경우의 체인은 사일렌트 체인 계통 (「캠 체인」항을 참조)으로써, 호그워너 오토모타브사의 등록 상표인 하이보 체인(HY-VO)이 쓰인다. 기어식보다 소음이 적고, 프라이머리 기어의 직경보다 크게 크랭크 샤프트←→메인 샤프트의 간격 설정이 자유롭다. 다만 저항이 크고, 또 고회전 엔진에서는 체인의 출렁임 등이 문제가 될 때가 있다.

바이크용 엔진의 축 배치는 크랭크 샤프트와, 여기서의 회전을 받아내는 미션의 메인 샤프트, 그리고 미션의 상대측에 해당하는 드라이브 샤프트의 3축 구성이 기본이다. 그러나 크랭크에서 회전을 추출하는 위치나 클러치 직경을 고려한 공간 확보 등의 이유로, 크랭크와 미션 사이에 또 하나의 샤프트를 설치하는 경우가 있다. 이 샤프트를 중간 축, 아이들러 샤프트, 프라이머리 샤프트 등이라 부른다.

크랭크와 아이들러 샤프트 사이에서 감속하는 경우도 있고, 하지 않는 경우도 있다. 감속할 경우에는 메인 샤프트로 가면서 또 한 번, 즉 미션까지 2단계로 감속하게 되는데, 이 둘의 감속비를 곱한 것이 1차 감속비가 된다.

클러치

정지해 있을 때, 기어는 뉴트럴 위치에 있고 엔진은 돌고 있다. 여기서 무턱대고 기어를 1단으로 집어 넣으면 엔진이 꺼진다. 애당초 기어가 제대로 들어가지도 않는다. 엔진은 돌고 있는데 뒷바퀴는 정지해 있기 때문이다. 그래서 구동계의 경로를 끊고 이어주는＝단속하는 장치가 필요한데, 이것이 클러치다.

●엔진의 힘을 끊었다가 이었다가 하는 클러치

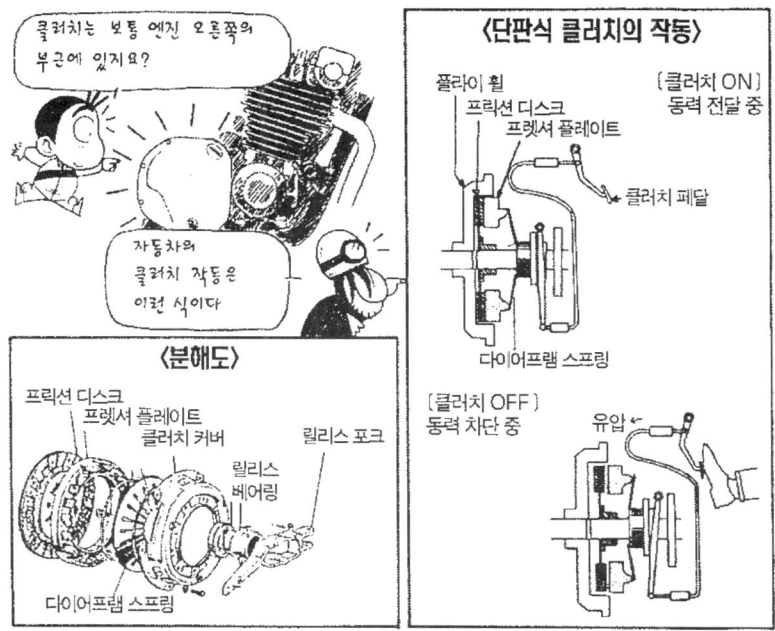

또 출발할 때에는 엔진과 뒷바퀴의 회전 차이를 흡수하면서 적절하게 구동력을 전달해야 할 필요도 있다. 이 때도 클러치가 필요하다. 반클러치 조작이다.

자동차에서는 일반적으로 마찰판=프릭션 디스크가 한 장인 단판식 클러치가 쓰인다. 크랭크 샤프트에 달린 플라이 휠, 그리고 프레셔 플레이트. 이 두 금속판 사이에 브레이크 패드와 똑같은 재질의 프릭션 디스크가 한 장 있다. 그리고 다이어프램 스프링이라고 불리는 우산 모양의 용수철이 프레셔 플레이트를 플라이 휠을 향해 강하게 밀어 붙이고 있다.

프릭션 디스크 중앙에는 세로 홈=스플라인이 패인 구멍이 뚫려 있고, 여기에 스플라인이 새겨진 미션 샤프트가 삽입되어 있어서, 회전 방

〈다판식 클러치의 작동〉

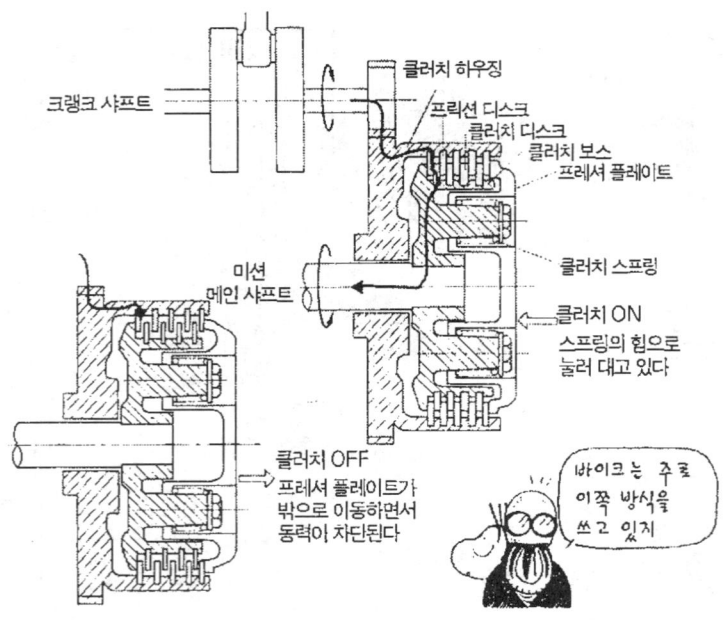

향으로는 고정되면서도 축 방향으로는 슬라이드할 수 있도록 되어 있다.

클러치 접속 상태에서는 프릭션 디스크가 양쪽 금속판 사이에 샌드위치 되어서 강한 마찰력을 발생하므로, 이들은 한 덩어리가 되어 회전하면서 크랭크의 회전을 미션으로 전달한다.

클러치 페달을 밟으면 다이어프램 스프링의 중앙 부분이 눌리게 된다. 그러면 이 우산형 용수철의 바깥쪽이 들리게 되고, 프레셔 플레이트를 플라이 휠에 누르고 있던 힘이 빠진다. 프릭션 디스크는 자유로운 상태가 되므로 엔진 회전과는 관계없이 돌 수 있고, 또 멈출 수 있다. 이것이 클러치 오프 상태, 즉 동력이 차단된 상태다. 완전히 차단하지 않고 마찰력을 조금만 발생시키면 반클러치다.

이러한 단판식은 바이크에서도 BMW 등이 사용하고 있다. 그러나 이 방식으로 클러치 용량, 즉 마찰력을 키우기 위해서는 클러치 지름이 커야 한다. 일반적으로 바이크는 그런 공간을 확보하기가 곤란하다. 또 클러치 지름이 클수록 플라이 휠 관성력이 크기 때문에, 예민한 스로틀 응답성과 가속 성능에 방해가 되는 면도 있다.

그래서 프릭션 디스크를 3~8장 정도 사용해서 지름을 줄이면서도 마찰력을 확보한다. 이것이 대부분의 바이크가 사용하고 있는 다판식 클러치다.

다판식에서는 자동차의 플라이 휠에 해당하는 것이 클러치 하우징, 또는 클러치 아우터라고 불리는 것이다. 미션의 메인 샤프트에 꿰어 있지만 고정되어 있지는 않다. 대부분의 경우는 프라이머리 드리븐 기어 역할도 겸하고 있으며, 언제나 크랭크 샤프트와 함께 회전한다.

클러치 하우징 외주는 여러 갈래로 쪼개져 있으며, 이 슬릿에 프릭션 디스크 외주에 나 있는 돌기 부분이 끼워진다. 프릭션 디스크는 클러치 하우징과 일체가 되어 언제나 함께 돌지만 축 방향으로는 움직일 수 있다.

한편, 미션의 메인 샤프트에 스플라인으로 맞물려 있는 것이 클러치 보스(클러치 센터)다. 클러치 보스의 큰 지름쪽 스플라인과 클러치 디스크의 안쪽 돌기가 서로 맞물리며, 클러치 디스크는 언제나 클러치 보스와 함께 돈다.

프릭션 디스크와 클러치 디스크는 서로 한 장씩 겹쳐서 들어 있다. 그리고 가장 바깥쪽에 프레셔 플레이트가 장착된다. 프레셔 플레이트는 클러치 보스에 스프링으로 연결되어 있다. 이 스프링을 클러치 스프링이라고 하는데, 바이크에서는 일부 기종을 제외하고 다이어프램 스프링이 아닌 코일 스프링이다. 이 스프링에 의해 프레셔 플레이트와 클러치 보스가 서로 맞닿아서 마찰력이 발생한다.

클러치를 끊으려면 스프링의 힘을 물리치면서 프레셔 플레이트를 띄운다. 그 방법으로는 속이 비어 있는(=중공) 메인 샤프트 속을 지나는 푸쉬 로드로 밀어 올리는 방식, 프레셔 플레이트 쪽에서 잡아당기는 방식 등이 있다. 클러치 와이어의 움직임을 이러한 밀거나 당기는 움직임으로 바꾸는 기구를 릴리스 기구라고 하는데, 여기에는 스크류식이나 캠식, 랙&피니언식 등이 있다.

바이크의 클러치는 엔진 오일(2스트로크에서는 미션 오일)에 잠겨 있는 것이 대부분이다. 내구성을 높임과 동시에 부드러운 단속이 이루어지도록 하기 위해서다. 다판식에서는 소음이 곧잘 문제가 되는데 여기서는 소음도 적다. 이런 것을 습식 클러치라고 한다.

그러나 습식에서는 클러치가 오일을 휘젓는 저항이 동력 손실로 이어지는 면이 있다. 그것을 피하기 위해서 로드 레이서나 일부 시판차에서는 자동차처럼 오일에 잠겨 있지 않은 건식 클러치를 채용하는 예도 있다. 건식의 경우에는 클러치가 크랭크 케이스의 사이드 커버 바깥쪽에 달려 있으며, 사이드 커버와 클러치 하우징 사이에는 오일 씰이 삽입된다.

다판식에서 습식인 것을 습식 다판 클러치, 건식인 것을 건식 다판 클러치, 자동차에서 쓰이는 방식을 건식 단판 클러치라고 한다.

《다판식 클러치의 구성》

클러치 스프링
프렛셔 플레이트
클러치 디스크
프릭션 디스크
클러치 보스
클러치 하우징
푸쉬 로드

크랭크 샤프트에 달려 있는 판을 타이어에 달려 있는 판에 갖다 댄다고 생각하면 이해하기가 쉽다

유압 클러치

바이크는 통상적으로 핸

들 왼쪽에 달려 있는 클러치 레버를 당기면, 여기에 이어져 있는 클러치 와이어가 당겨져서 클러치의 릴리스 기구를 작동시킨다. 그러나 와이어가 아닌, 자동차처럼 유압으로 작동시키는 방식도 있다. 유압 브레이크와 동일한 구조로 이루어져 있으며 빈번한 정비가 필요 없다. 또 와이어와 달리 작동 저항이 없다. 다만, 클러치의 미묘한 연결 과정 등을 파악하기 어려운 면은 있다. 또 무게가 무거워지고 제작비도 비싸다.

원심 클러치

스쿠터 등에는 클러치 조작 기구가 없다. 출발할 때에는 스로틀만 비틀면 된다. 그러나 물론 클러치 자체가 없는 것은 아니다. 그 단속을 자동으로 하게 되어 있는 구조다. 이런 것을 자동 클러치라든지 오토 클러치라고 한다.

스쿠터에 쓰이고 있는 것은 자동 원심 클러치로서 드럼 브레이크와 같은 구조를 하고 있다. 크랭크 샤프트에 의해 회전하는 드럼 속에 브레이크 슈와 같은 마찰재가 있는데, 이것이 스프링의 힘으로 안쪽으로 당겨지고 있는 때에는 클러치가 끊어져 있는 상태다. 엔진 회전이 높아지면 원심력으로 마찰재가 밖으로 벌어지면서 드럼 안쪽에 닿아 마찰력이 발생해서 클러치가 연결된다.

유체 클러치라는 것도 있다. 선풍기를 두 대 마주 보게 세워 놓고 한쪽의 스위치를 켜면 그에 따라 반대쪽도 돌게 되는데, 이것이 구동력이 전달되는 원리다. 상자 속에 두 개의 날개차 들어 있고 이 상자에는 오일이 채워져 있다. 대부분의 자동차에 사용되고 있는 토크 컨버터도 이 일종이다. 다만 토크 컨버터에는 서로 마주 보는 날개차 사이에 오일의 흐름 방향을 바꾸는 스테이터가 있어서 동력 전달뿐만 아니라 토크를 증폭시키는 역할을 한다.

바이크에도 과거에는 토크 컨버터 모델이 있었다. 그러나 이것은 무게가 무겁고 저항도 크기 때문에 소형 바이크에는 맞지 않는다. 대형 바이크는 스포츠성이 중요하므로 애당초 자동 클러치의 요구가 적다. 지금은 찾아보기 힘들다.

토크 댐퍼

스로틀을 여닫았을 때의 가감속 충격이 크면 타고 다니기 까다롭고 피곤하다. 구동계에도 부담이 간다. 이 충격을 흡수하는 것이 토크 댐퍼다. 구동계의 특정 부분을 리지드로 고정하지 않고, 회전 방향으로 조금만 따로 놀게 만드는 것이다.

구체적으로는 우선 클러치에 이 기구가 마련되어 있다. 클러치 하우징 본체와, 이것이 프라이머리 드리븐 기어에 연결되는 스플라인을 일체로 하지 않는 것이다. 일정 이상의 힘이 걸리면 쌍방이 적절히 어긋나다가 다시 제자리로 되돌아오도록, 회전 방향으로 코일 스프링이 삽입되어 있는 구조가 많다. 아이들러 샤프트가 있는 엔진에서는 이것을 2중 구조로 해서, 쌍방의 어긋나는 양을 제어하는 코일 스프링 (이 경우는 비틀리는 방향으

〈토크 컨버터〉

오일 흐름

펌프 임펠러 스테이터   터빈 라이너

스위치를 켜지 않은 쪽도 돌기 시작했어요!

이것이 원리다!

로 스프링 힘이 작용하도록)을 장착하는 예도 있다.

2차 감속 기구에도 토크 댐퍼가 설치되는 것이 많다. 체인 드라이브 바이크에서는 드리븐 스프로킷을 고정하는 플랜지의 돌기 부분이 고무에 박혀 있어서, 이 고무가 뒷바퀴의 허브 속에 들어 있는 구조다. 고무가 변형되면서 토크 댐퍼로 작용한다. 샤프트 드라이브 바이크에서는 구동계의 일부가 아이들러 샤프트와 동일한 구조로 되어 있다.

백 토크 리미터

4스트로크 엔진에서는 거칠게 쉬프트 다운을 했을 때, 급격하게 강한 엔진 브레이크가 걸려서 뒷바퀴가 퉁퉁 튀는 일이 발생하곤 한다. 이것을

●심한 엔진 브레이크가 걸렸을 때에 반클러치 상태를 만드는 장치

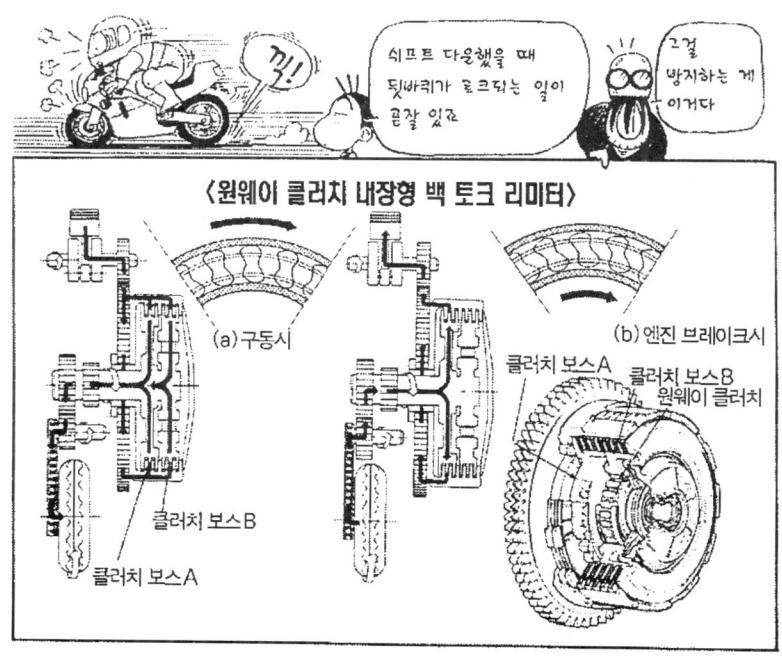

〈원웨이 클러치 내장형 백 토크 리미터〉

(a)구동시 (b)엔진 브레이크시

클러치 보스A 클러치 보스B 원웨이 클러치

클러치 보스B

클러치 보스A

방지하기 위해 엔진 브레이크가 심하게 걸리면 자동적으로 반클러치 상태를 만들어 내는 것이 이 장치다.

앞의 그림처럼 한쪽 방향으로 회전할 때에는 구동계가 고정되어 동력을 전달하면서도, 반대 방향으로는 잠금 장치가 풀려서 헛도는 원웨이 클러치라는 장치가 기본적인 클러치 기구에 추가되어 있다. 가속시에는 고정 상태, 감속시에는 풀림 상태가 되어 프릭션 디스크의 압착력을 일부분 해제하는 구조다. 클러치 전체로써의 마찰력이 줄게 되어, 엔진 브레이크가 일정 이상의 크기가 되면 클러치가 미끄러지기 시작한다. 그림은 혼다의 방식이며, 가와사키의 것은 원웨이 클러치의 구조가 다를 뿐 원리는 똑같다.

이 시스템을 채용하면 그 만큼 클러치가 크고 무거워진다. 제작비도 더 든다. 일부 대형 바이크에 채용되어 있을 뿐이다. 다만 일반적인 클러치의 바이크로도 누구나 이것과 똑같은 효과를 거둘 수 있다. 감속 할 때에 수동 조작으로 반클러치를 쓰면 된다.

변 속 기

예를 들어 10km/h와 100km/h는 속도차가 10배다. 만약 감속비가 일정하다면, 100km/h일 때의 엔진 회전이 10,000rpm이라면 10km/h에서는 1,000rpm밖에 안 된다. 이걸로는 날카로운 가속은 불가능하다. 40km/h에서의 등판 능력이나 기민한 가속이 필요할 때에도 무리가 있다. 엔진은 전기 모터와는 달리 그렇게 넓은 회전역에서 충분한 토크를 발휘할 수가 없다. 또 150km/h로 달리기 위해서는 15,000rpm이나 돌지 않으면 안 된다.

주행 속도=뒷바퀴의 회전수에 대해 엔진 회전수를 조절하기 위해, 또는 뒷바퀴의 구동력을 조절하기 위해 감속비를 변화시키는 장치가 필

●출발부터 고속 주행까지 처리하는 변속기

요하다. 이것이 변속기다. 트랜스미션, 줄여서 단순히 미션이라고도 한다.

바이크의 변속기에서는 4~6쌍의 기어가 있다. 1쌍의 기어가 하나의 변속단＝기어 포지션의 감속비를 결정한다. 출발시에는 뒷바퀴의 회전수가 적고, 또 큰 힘이 필요하므로 감속비가 큰 기어를 사용한다. 이것이 로우 기어, 1단 기어, 혹은 단순히 1단이라고 불리는 기어 포지션이다.

일단 달리기 시작하면 구동력은 그다지 필요 없고, 또 엔진 회전이 너무 오르지 않도록 보다 작은 감속비의 기어로 바꾼다. 1단 다음으로 감속비가 큰 기어 포지션이 세컨드 기어, 혹은 2단 기어다. 그 다음부터 차례로 서드→포스, 혹은 3단→4단이 된다. 감속비가 가장 작은 기어 포지션을 톱 기어라고 한다. 감속비는 1미만의 것이 많다.

기어 포지션을 바꾸는 작업을 기어 쉬프트라고 한다. 감속비가 작은 쪽으로 바꾸는 조작을 쉬프트 업, 그 반대는 쉬프트 다운이다. 통상시의 주행에서는 부드러운 승차감과 연비 향상, 소음 감소 등을 위해서 비교적 일찌감치 쉬프트 업 해서 주행 속도에 대한 엔진 회전을 낮춘다.

그러나 강한 가속력이나 등판력이 필요할 때에는 쉬프트 다운 해서 구동력을 키움과 동시에, 엔진의 회전수를 올려서 토크(힘)가 좋은 회전역을 유지한다. 이렇듯 같은 주행 속도라도 엔진 회전수를 변화시킬 수 있는 것은 변속기 덕분이다.

기어 포지션의 수=변속 단수는 엔진이 충분한 토크를 발휘하는 회전역이 좁을수록, 즉 모난 특성의 엔진일수록 많이 필요하다. 또는 상황에 따라 섬세하게 엔진 회전수를 조절하는 스포츠성이 큰 경우에도 이것이 많은 편이 여러 모로 편리하다. 또 그 바이크의 최고 속도가 높을수록, 정지 상태에서 최고 속도까지 대처해야 할 속도역이 넓기 때문에 많은 단수가 필요하다. 참고적으로 뉴트럴 포지션은 단수에 포함시키지 않는다.

미션에서는 감속비를 기어비, 또는 기어 레이쇼라고 부르는 경우도 많다. 감속비가 큰 것을 「기어비가 낮다」, 그 반대를 「높다」 라고도 한다. 기어비가 가장 많이 벌어져 있는 것이 1단과 2단 사이이다. 출발 가속에서는 엔진 회전이 낮더라도 큰 구동력이 필요하므로 1단 기어에는 큰 감속비가 요구된다. 높은 기어 포지션이 될수록 그 전후의 기어비 차이는 작아진다. 고속 주행시의 풍압을 이겨내기 위해서는 엔진 파워가 가장 탐스러운 회전역을 벗어나면 곤란하기 때문이다.

톱 기어는 엔진 특성을 효과적으로 발휘해서 속도를 낼 수 있는 기어비가 좋다. 그러나 일반 바이크에서는 최고 속도보다도, 평범하게 고속도로 등을 크루징할 때의 쾌적성, 그리고 소음 규제 등의 요인으로 결정되는 부분이 크다. 1단과 톱 기어의 적절한 기어비를 우선 정해 놓은 다음에, 나머지 각 기어 포지션의 기어비를 어떤 식으로 배분할 것인가는, 엔진의 특성이나 바이크의 성격을 총체적으로 고려한 엔지니어의 사상이 크게 반영되는 부분이다.

각 기어 포지션의 기어비가 근접해 있을수록 「크로스 레이쇼」 라는 표현을 쓴다. 그 반대는 「와이드 레이쇼」다. 엔진이 모난 특성일수록 크로스 레이쇼로 하지 않으면 쉬프트 업 했을 때에 가속력이 크게 떨어진다.

또 스포츠 지향성이 클수록 크로스 레이쇼가 다루기 편하다.

1단과 톱 기어가 정해져 있는 상태에서 크로스 레이쇼를 실현하려면 변속 단수가 늘어나게 된다. 그러나 크로스 레이쇼가 될수록, 또는 변속 단수가 많을수록 주행 중의 기어 체인지 작업이 바빠진다.

바이크는 일반적으로 자동차보다 출력 특성이 까다롭고, 또 스포츠 지향이 강하다. 그래서 스포츠 바이크는 전체적으로 크로스 레이쇼 경향이 강한 5~6단 변속이 보통이다. 이 이상의 단수는 조작하기 불편하고 비현실적이다. 아울러 레이스에서는 변속 단수가 6단 이하로 규제되어 있다.

로드 레이서나 일부 스포츠 바이크의 1단 기어는 출발 가속보다 코너링에서 사용할 것을 중시하기 때문에, 일반적인 2단 기어 정도의 기어비로 설정되어 있어서 그 만큼 전체적으로 크로스 레이쇼를 실현하고 있다.

변속기의 구조

바이크의 미션은 2축 구성이다. 크랭크 샤프트에서 프라이머리 기어를 거쳐 회전력을 받아 들이는 샤프트가 그 중의 하나다. 이것을 메인 샤프트라고 한다. 메이커에 따라서는 이것을 카운터 샤프트라고 부르고 있는데 이 책에서는 메인 샤프트라고 통일한다. 여기에 변속 단수만큼의 구동 기어＝드라이브 기어가 달린다. 샤프트 끝에는 통상적으로 클러치가 장착된다.

메인 샤프트에서 회전력을 받아 들이는 것이 드라이브 샤프트다. 메이커에 따라서는 이것을 카운터 샤프트, 또는 아웃 풋 샤프트라고도 하는데, 이 책에서는 드라이브 샤프트로 통일한다. 메인 샤프트도 그렇지만 「샤프트」를 「액슬」이라고 부르는 경우도 있다.

이 2개의 샤프트의 명칭은 통일성이 없는 데다, 자칫하면 반대 의미로도 해석될 수 있다. 기술 서적 등을 읽을 때에는 충분히 주의해야 한다.

드라이브 샤프트에는 드라이브 기어와 쌍을 이루는 형태로, 변속 단수만큼의 상대 기어＝드리븐 기어가 달려 있다. 샤프트 끝은, 체인 드라이브 바이크라면 크랭크 케이스 밖에 튀어 나와 있어서, 여기에 뒷바퀴를 구동할 체인이 걸릴 드라이브 스프로킷이 장착된다. 이곳을 통해 엔진 외부로 구동력이 추출되는 것이다.

쌍을 이루는 각 변속 기어에서, 드라이브 기어나 드리븐 기어 중 어느 하나는 샤프트 위에서 자유롭게 회전한다. 이것과 쌍을 이루는 기어는 세로 홈＝스플라인으로 샤프트와 맞물려 있어서, 축 방향으로는 상대방 기어와 서로 어긋나지 않을 정도로 슬라이드 하지만, 회전 방향으로는 고정되어 있다.

정확하게 말하면 1단 기어의 드라이브 쪽은 메인 샤프트와 일체식 구조인 경우가 많다. 또 예를 들어 3단과 4단 기어가 바로 옆에 달려서 일체식으로 되어 있는 예도 많다. 이것은 경량 소형화를 위해서지만 작동 원리로써는 위에서 설명한 것으로도 문제될 바 없다. 아울러 각 기어는 1단부터 톱 기어까지 옆으로 일렬로 늘어서 있지는 않은데, 쉬프트 조작을 편하게 하기 위해서는 이것이 형편이 좋기 때문이다.

각 포지션의 기어가 하나도 남김없이 쌍을 이루는 상대방과 정확하게 정면으로 맞물려 있는 상태에서는 반드시 어느 한 쪽이 자유롭게 회전할 수 있다. 아무 기어도 구동력을 드라이브 샤프트로 전달하지 않는다. 이 상태가 뉴트럴 포지션, 또는 중립 상태로써, 줄여서 단순히 뉴트럴, 또는 중립이라고도 한다.

임의의 기어 포지션에서 있어서, 자유롭게 돌고 있는 기어＝프리 회전 기어를 샤프트에 「고정」시키면, 그 포지션의 기어비로 감속된 회전이 메인 샤프트→드라이브 샤프트로 전달된다. 이 「고정」을 시키는 것

●2축으로 구성되는 바이크의 트랜스미션

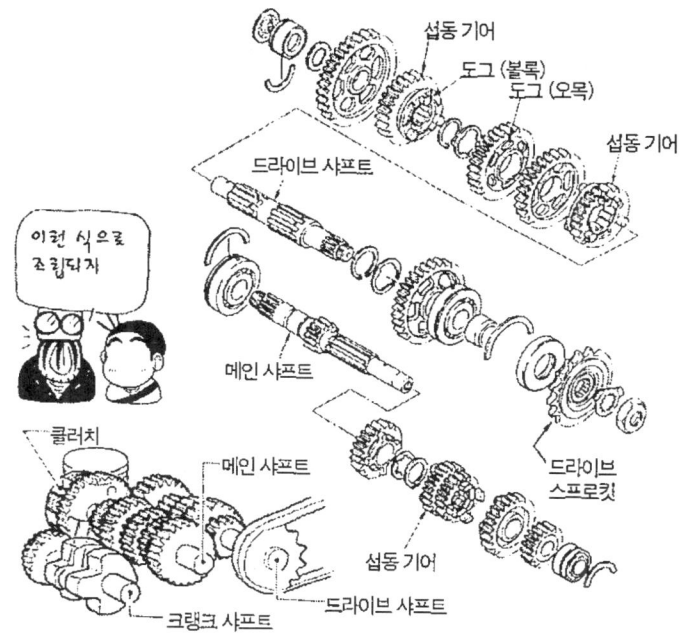

이 프리 회전 기어 옆에 반드시 존재하는, 스플라인으로 샤프트와 맞물려 있는 기어＝스플라인드 기어다.

스플라인드 기어 측면에는 돌기처럼 튀어 나온 이빨＝도그가 달려 있다. 스플라인드 기어를 옆으로 슬라이드 시키면 이 도그가 프리 회전 기어 측면에 있는 구멍에 끼워진다. 그러면 프리 회전 기어는 옆에 있는 기어의 스플라인을 통해 샤프트에 고정되는 것이다.

각 기어는 옆으로 슬라이드 하지만, 자기와 쌍을 이루는 기어와는 언제나 맞물려 있다. 이 방식을 상시 치합식이라고 부른다. 자동차의 미션도 지금은 상시 치합식이 주류지만, 프리 회전 기어를 샤프트에 고정시키기 위한 독립된 도그 클러치를 갖추고 있다. 바이크에서는 이것을 인접 기어에 겸비시켜서 경량 소형화하고 있다. 참고적으로 기어 자체를 슬라이드 시켜서 맞물리거나 빼거나 하는 것을 선택 섭동식이라고 한다.

스플라인드 기어를 샤프트 위에서 슬라이드 시키는 것이 쉬프트 기구다. 메인 샤프트&드라이브 샤프트와 평행으로, 마치 지렁이가 기어간 듯한 홈이 새겨진 굵은 파이프 샤프트가 있다. 이것을 쉬프트 캠, 또는 쉬프트 드럼이라고 부른다. 쉬프트 캠 옆에는 두 갈래로 쪼개진 형상의 쉬프트 포크가 있어서 샤프트 위에서 자유롭게 움직일 수 있다. 쉬프트 포크 뿌리 부분은 쉬프트 핀에 의해 쉬프트 캠의 홈에 접속되어 있다. 두 갈래로 쪼개진 가지 부분은 스플라인드 기어에 나 있는 홈에 이것을 감싸듯 끼워져 있다.

기어 체인지 페달을 조작하면 쉬프트 캠이 회전하면서 그 홈 형상을 따라 쉬프트 포크가 움직여서 원하는 스플라인드 기어를 슬라이드 시킨다. 체인지 페달로 쉬프트 캠을 회전시키는 구조에는 여러 가지가 있지만, 어쨌거나 반드시 1단계 기어 쉬프트에 필요한 양만큼만 돌도록 되어 있다. 다만 뉴트럴 포지션만은 그대로 통과할 수 있다.

쉬프트 조작에서는, 쉬프트 하기 전의 포지션에서 프리 기어를 고정하고 있던 스플라인드 기어를 뉴트럴 위치로 되돌리는 일도 동시에 하게 된다. 즉, 한 번의 기어 조작으로 2개의 스플라인드 기어를 움직이는 것이다.

쉬프트 패턴

체인지 페달을 조작했을 때, 기어 포지션이 어떻게 변화하는가, 라는 형식을 가리킨다. 기본적으로는 체인지 페달을 차체 왼쪽에 설치한다는 것을 포함해서, 페달을 밟으면 쉬프트 다운, 걷어 올리면 쉬프트 업… 이라는 식의 패턴이 전세계적인 협약이다.

● 바이크의 트랜스미션은 「상시 치합식」이다

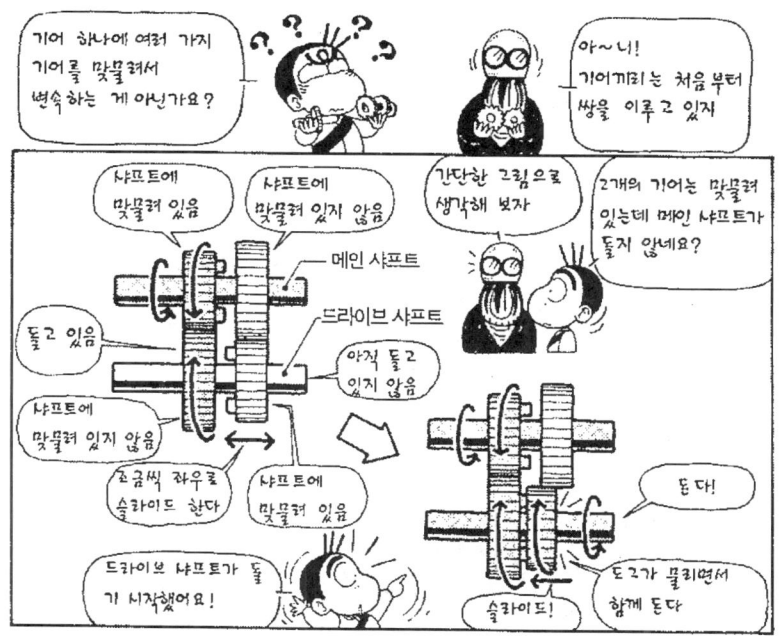

계속 밟아 내리면 통상적으로 1단 기어 포지션에서 멈춘다. 계속 걷어 올리면 톱 기어에서 멈춘다. 이처럼 다운이나 업이 일방 통행인 것이 리턴식이다. 스포츠 바이크는 예외 없이 이 방식이다.

로터리식이라는 것도 있어서 이것은 쉬프트 업(거의가 밟아 내리는 식)을 계속하면, 톱 기어 다음이 뉴트럴, 그 다음이 1단, 2단… 이라는 패턴을 되풀이한다. 시내 주행 등에서 신호등에서 출발 가속하고 바로 다음 신호등에서 정지할 때에 편리하다. 비즈니스 바이크에 주로 채용된다.

리턴식 중에는 밟아 내리면 맨 끝이 뉴트럴이 되는 것도 있었다. 뉴트럴 포지션을 찾기 쉬운 장점이 있지만, 와인딩 주행 등에서 감속했을 때에 뉴트럴이 되어 버리는 경우가 종종 있어서 지금은 거의 찾아보기

● 기어 체인지를 하는 쉬프트 기구의 구조

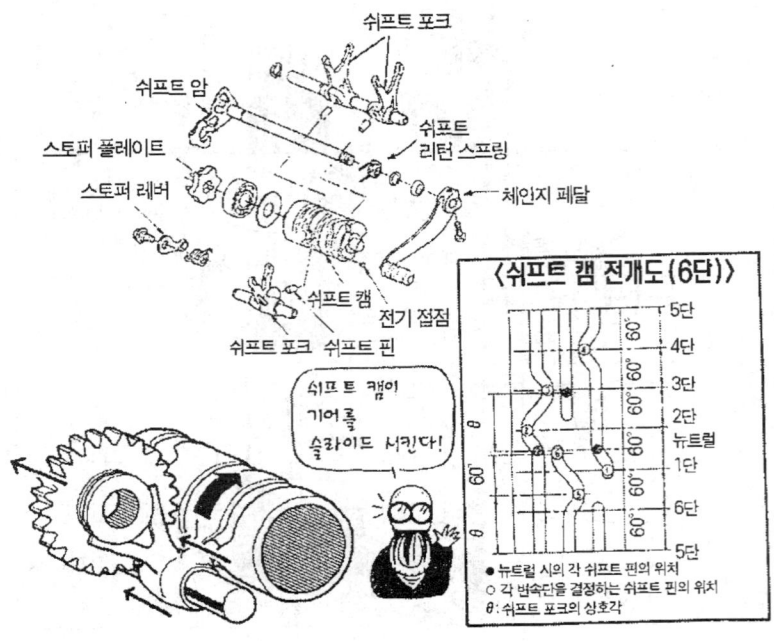

쉬프트 포크

쉬프트 암

쉬프트
리턴 스프링

스토퍼 플레이트

스토퍼 레버

체인지 페달

쉬프트 캠
전기 접점

쉬프트 포크   쉬프트 핀

쉬프트 캠이
기어를
슬라이드 시킨다!

〈쉬프트 캠 전개도(6단)〉

5단
4단
3단
2단
뉴트럴
1단
6단
5단

● 뉴트럴 시의 각 쉬프트 핀의 위치
○ 각 변속단을 결정하는 쉬프트 핀의 위치
θ : 쉬프트 포크의 상호각

힘들다. 1단과 2단 사이에 뉴트럴이 있는 것이 상식이다.

　로드 레이서에서는 밟아 내리면 쉬프트 업, 걷어 올리면 쉬프트 다운
인 패턴을 채용하는 라이더가 많다. 가속은 중요한 작업이며 이 때의 조
작을 확실하게 하기 위해서다. 풀 뱅크 중에 쉬프트 업 할 경우, 페달 밑
으로 발을 넣을 수 없는 사태도 발생하지 않는다. 그러나 톱 클래스 선
수도 통상적인 패턴을 선호하는 사람이 꽤 있고, 이것은 개인적인 취향
문제다.

자동 변속기

　감속비 변경을 자동으로 처리하는 변속기를 말한다. 오토매틱 트랜스 미션, 줄여서 오토매틱이나 오토 등으로 불리는 경우도 있다. 다만 클러 치 조작이 필요 없는 자동 클러치와 혼동하지 말기 바란다. 자동 변속기 는 자동 클러치와 함께 사용되는 경우가 대부분이지만, 감속비 변경과 구동력 단속은 전혀 별개 문제이며, 담당하는 기구도 서로 다르다.

　자동 변속기에는 자동적으로 다른 기어로 바꾸는 방식과, 무단계로 감속비를 바꿔가는 타입이 있다. 자동차의 대부분은 전자다.

　스쿠터 등이 채용하고 있는 것은 후자인 무단 변속기다. 드라이브 쪽 과 드리븐 쪽에 각각 풀리가 달려 있고, 여기에 단면 형상이 V자형으로

● 무단계로 변속해가는 V벨트 무단 변속기

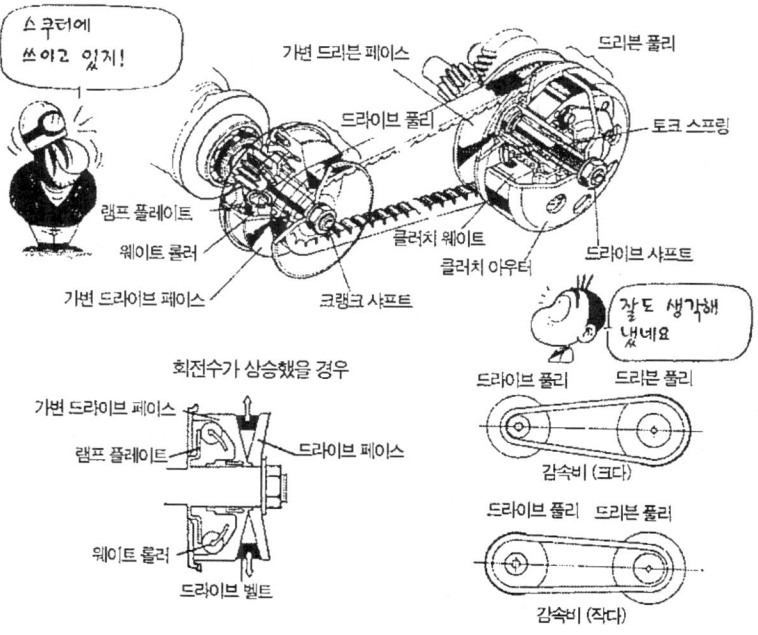

생긴 벨트=V벨트가 걸려 있는 단순한 구조다.

이 풀리가 포인트다. 두 개의 원뿔을 꼭지점끼리 서로 맞대어 놓은 모양을 하고 있는데, 이 원뿔이 서로 겹치는 간격이 변한다. V벨트가 걸리는 부분의 지름 = 유효 직경이 변화한다는 말이며, 기어의 이빨 수가 변화하는 것과 똑같은 효과를 낳는 것이다.

드라이브 쪽 풀리는 유효 직경이 작아지도록, 반대로 드리븐 쪽은 커지도록 스프링이 잡아당기고 있는데 이 상태가 저속 주행시다. 여기서는 감속비가 크다.

드라이브쪽 풀리에는 원심력이 작용하면 바깥으로 벌어지는 추=원심 가버너가 있다. 속도가 오를수록 원심력이 커지고, 원심 가버너가 원심력을 물리치면서 그라이브쪽 풀리의 원뿔을 서로 벌린다. 즉, 유효 직경이 커진다. 동시에 그 힘으로 벨트를 잡아 당김으로서 벨트가 드리븐 쪽 풀리로 파고 들어서 그 유효 직경을 줄인다. 이런 식으로 변속비가 변화해서 벨트 장력은 일정하게 유지된다.

무단 변속기는 CVT(continuously variable transmission)이라고도 불린다. 그 중에서 위와 같은 스쿠터 방식을 V벨트 무단 변속기라고 부른다.

CVT는 변속 충격이 없다. 스포츠 주행에서 이 가치는 매우 크다. 또 전자 제어 등으로 변속비 설정을 세밀하게 정해 놓으면 언제나 최적의 엔진 회전을 유지할 수 있다. 벨트 방식에서는 고속시에 벨트 출렁임 등이 문제가 되지만, 그러나 사실은 이 밖에도 다양한 CVT 구조가 존재한다.

얼마전 일본 모터크로스 선수권 대회에서는 혼다의 워크스 머신이 플랜저 펌프를 이용한 구조 (상세한 것은 공표되어 있지 않다)의 CVT를 장착해서 크게 활약한 적이 있다. 그 머신의 클러치는 자동이 아닌, 통상적인 수동 클러치였지만, CVT를 채용한 덕분에 라이더는 기어 체인

●트로이들 방식 CVT

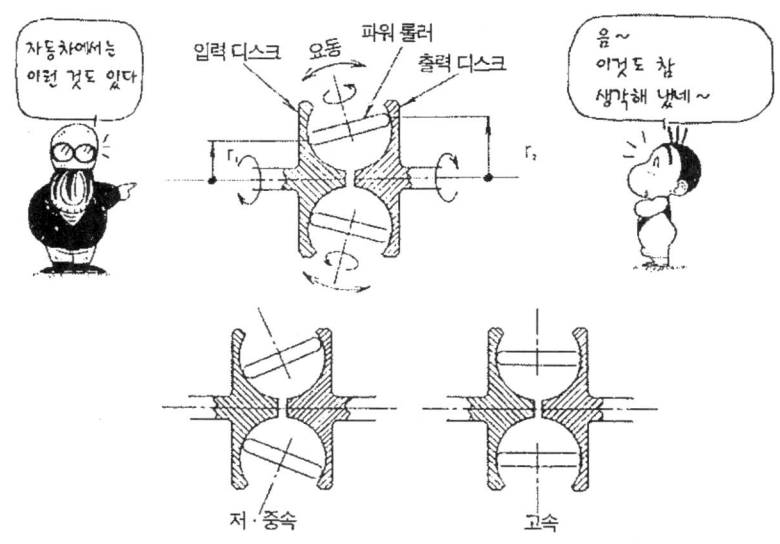

지 작업에서 해방된 만큼 레이스에 전념할 수 있었다고 한다. 또 위의 그림과 같은 트로이들 방식 CVT라는 것도 있다.

오토매틱은 느긋하게 달릴 때 쓰이는 것… 이라는 개념은 이미 무너지고 있다. 「기어와 클러치 를 조작하는 게 바이크의 재미 아닌가?」 라는 주장도 있을 수 있다. 실제로 레이싱 머신이 풀 오토매틱이 되더라도 일반 스포츠 바이크는 매뉴얼 방식을 고수할지도 모른다. 그래도 라이더의 뜻대로 구동력을 제어할 수 있는 자동 변속기라면 다른 의미로써의 스포츠성을 더욱 즐길 수 있다.

엔진 시동 기구

엔진은 처음에 모종의 힘으로 크랭크를 돌려주지 않으면 흡입→압축

→연소→배기로 이어지는 사이클을 개시하지 못한다. 이 돌리는 힘을 발생하는 시동 장치는 구동계 자체는 아니지만 구동계의 일부로 취급된다.

고전적인 것이 킥 스타터 방식이다. 킥 페달로 클러치 하우징을 직접 돌리기 때문에, 기어가 몇 단에 들어가 있든 관계없이 클러치를 끊으면 언제나 시동 걸 수 있다. 뉴트럴 시에는 클러치 조작이 당연히 필요 없다. 킥 페달을 밟지 않을 때에는 킥의 드라이브 기어가 축 위를 슬라이드 해서 맞물림이 풀리는 구조다. 이런 것이 프라이머리 방식이다. 기어가 뉴트럴에 들어가 있어야만 킥을 할 수 있는 세컨데리 방식은 요즘의 바이크에서는 찾아보기 힘들다.

또 하나의 시동 방식은 셀프 스타터 방식이다. 시동 모터 및 이것을 돌릴 수 있을 정도의 용량을 갖춘 배터리가 필요하지만, 최근에는 이것들을 상당히 작고 가볍게 만들 수 있다.

편리한 것은 단연 셀프 스타터다. 셀프/킥 병용식이라는 것도 있어서 배터리가 방전되었을 때에 밀어 걸기로 시동을 걸 수 없는 자동 클러치 스쿠터 등에서는 매우 쓸모 있다.

로드 레이서 등 경량화를 위해 시동 기구를 장착하지 않는 경우도 있다. 이 때에는 기어를 넣고 클러치를 끊은 다음, 바이크를 밀어서 여세를 붙인 후에 클러치를 잇는 밀어 걸기로 시동을 건다.

〈프라이머리 킥 스타터〉

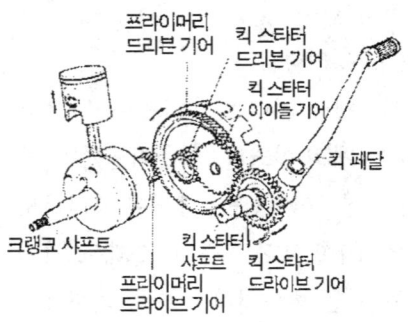

프라이머리 드리븐 기어
킥 스타터 드리븐 기어
킥 스타터 이이들 기어
킥 페달
크랭크 샤프트
킥 스타터 샤프트
프라이머리 드라이브 기어
킥 스타터 드라이브 기어

킥으로 시동을 거는 것도 색다른 맛이지

셀프가 편해요!

2차 감속 기구

트랜스미션보다 뒷바퀴 쪽에 있는 구동계를 바이크에서는 2차 감속 기구라고 부른다.

대부분의 바이크는 여기서의 동력 전달을 위해 체인을 사용하는 체인 드라이브 방식이다. 사용하는 체인은 롤러 체인(「캠 체인」항 참조)이다. 이것이, 미션의 드라이브 샤프트 끝에 장착된 드라이브 스프로킷과, 리어 휠에 달려 있는 드리븐 스프로킷을 서로 연결한다.

여기서의 감속비＝2차 감속비는 양쪽 스프로킷의 이빨 수의 비율이다. 스프로킷을 교환하면 손쉽게 변경할 수 있다. 체인 방식은 무게가 가볍고 저항 손실이 적고, 제작 비용도 싸다.

또 뒷바퀴의 구동 반발력이 리어 서스펜션을 늘리는 방향으로 작용하는 데에 반해서, 이 때의 드라이브 체인의 텐션은 반대 방향으로 작용한다. 따라서 가감속할 때의 힘이 리어 서스펜션에 미치는 영향이 적다. 바꿔 말하면 라이더의 감각으로 조작하기 편한 움직임을 리어 서스펜션이 나타낸다.

난점은 드라이브 체인의 내구성이다. 또 사용 중에는 수시로 텐션 조정과 급유를 해야 하는 번거로움이 있다. 그래도 요즘에는 체인의 재질이 향상되고, 또 조인트 부분에 오일 씰을 마련해서 그 속에 그리스를 밀봉한 씰 체인이 개발되는 등 점차 개량되고 있다.

체인 드라이브와 동일한 구조를 취하면서도 체인 대신에 벨트를 사용하는 벨트 드라이브 방식도 있다. 소음이 적고 가감속 충격을 벨트가 흡수하기 때문에 승차감이 좋다는 점이 장점이다. 다만 구동 저항이 비교적 크고 고속 주행에서는 내구성에 문제가 있지만, 이것도 근래에는 많이 개량되고 있다.

금속 샤프트로 뒷바퀴를 구동하는 것이 샤프트 드라이브 방식이다. 난

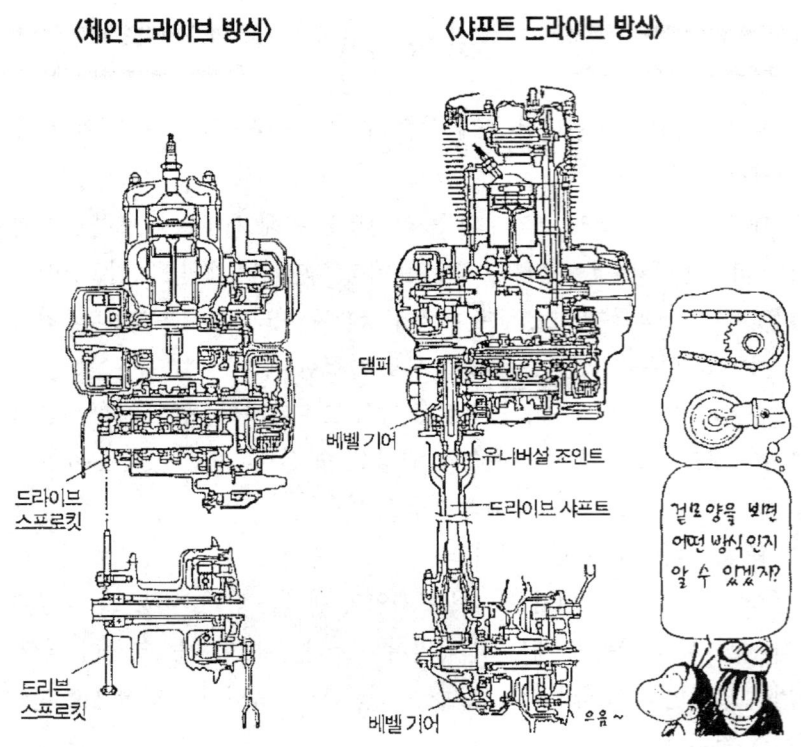

〈체인 드라이브 방식〉　　　〈샤프트 드라이브 방식〉

댐퍼

베벨 기어

유니버설 조인트

드라이브 샤프트

드라이브
스프로킷

드리븐
스프로킷

베벨 기어　　으음~

겉모양을 보면
어떤 방식인지
알 수 있겠지?

점은 뭐니뭐니해도 무겁다는 점. 샤프트 자체보다는 그곳부터 리어 휠 액슬을 향해 회전 방향을 직각으로 바꾸는 우산형 기어＝스파이럴 베벨 기어가 무겁다. 동시에 스프링 아래 중량이 증가한다.

　가로형 크랭크 엔진에서는 이와 똑같은 기어가 미션의 드라이브 샤프트 끝에도 필요하다. 2차 감속은 이들 기어로 이루어진다. 이 기어 부분에서의 저항 손실이 비교적 크고, 기어비를 변경하기도 어렵다.

　그러나 샤프트 자체의 동력 전달 효율은 상당히 우수하다. 그리고 무엇보다도 내구성과 정비성 좋고 소음이 적다. 드라이브 체인의 장력이 없기 때문에 가속시에 차체 뒷부분이 들리는 등 구동력이 리어 서스펜션에 미치는 영향은 크지만, 이것은 리어 서스펜션의 구조로 해결 가능한 문제다. 투어링 모델 등에는 참으로 안성맞춤인 구동 방식이다.

바이크 엔진 A to Z

초 판 발 행 ┃ 2000년 6월 26일
재 판 발 행 ┃ 2022년 8월 1일

原　　著 ┃ 쓰지 · 쓰카사
編　　譯 ┃ 月刊 모터바이크 편집팀
발 행 인 ┃ 김 길 현
발 행 처 ┃ (주) 골든벨
등　　록 ┃ 제 3—132호(87. 12. 11)　ⓒ 2000 Golden Bell
I S B N ┃ 89-7971-259-6
가　　격 ┃ 15,000원

우04316 서울특별시 용산구 원효로 245 (원효로1가 53-1)
● TEL : 영업부 02-713-4135 / 편집부 02-713-7452　　● FAX : 02-718-5510
● http : // www.gbbook.co.kr　　● E-mail : 7134135@ naver.com